主编单位

甘肃省蜂业技术推广总站
(甘肃省养蜂研究所)

项目资助
国家蜂产业技术体系
(天水综合试验站)
CARS-44-SYZ18

甘肃蜜蜂高效养殖

理论与实践

THEORY AND PRACTICE

祁文忠　主编

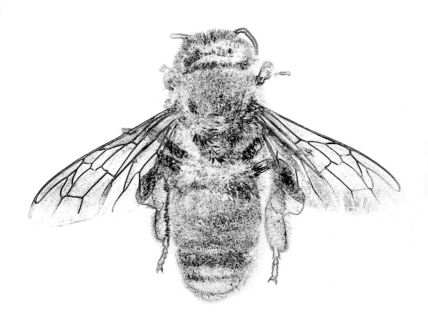

甘肃科学技术出版社

图书在版编目（CIP）数据

甘肃蜜蜂高效养殖理论与实践 / 祁文忠主编 . -- 兰州：甘肃科学技术出版社，2021.8
ISBN 978-7-5424-2846-2

Ⅰ.①甘… Ⅱ.①祁… Ⅲ.①蜜蜂饲养 Ⅳ.①S894.1

中国版本图书馆CIP数据核字（2021）第125637号

甘肃蜜蜂高效养殖理论与实践

祁文忠　主编

责任编辑　陈　槟　史文娟
封面设计　坤灵文化传媒

出　版　甘肃科学技术出版社
社　址　兰州市读者大道 568 号　730030
网　址　www.gskejipress.com
电　话　0931-8773023　（编辑部）　0931-8773237　（发行部）
京东官方旗舰店　https://mall.jd.com/index-655807.html

发　行　甘肃科学技术出版社　　印　刷　甘肃城科工贸印刷有限公司
开　本　787毫米×1092毫米 1/16　　印　张　20.25　插页 18　字　数 470 千
版　次　2021 年 9 月第 1 版
印　次　2021 年 9 月第 1 次印刷
印　数　1~1 000
书　号　ISBN 978-7-5424-2846-2　　定　价　68.00 元

编 委 会

主　　任：张世文
委　　员：祁文忠　韩爱萍　张贵谦

主　　编：祁文忠
编写人员：祁文忠　师鹏珍　刘彩云　逯彦果
　　　　　郝海燕　田自珍　赵国伟　张贵谦
　　　　　刘晓鹏　梅　绚　申如明

前　言

养蜂业是现代农业组成部分,是保持生态平衡的重要一环,对农业的增产增收起到重要保障作用,蜜蜂为人类提供天然的营养食品和珍贵的保健品,提升人们的健康水平和生活品位。饲养中蜂更有对山区适应性强、可持续性强、风险低的优势,既有利于保持生态多样性,又对环境不产生污染的特点。养蜂是快速高效、生态环保的精准扶贫策略。西北地区蜜源丰富,有良好的蜜蜂养殖条件,素有"西北大蜜库"之称。

甘肃养蜂历史悠久,养殖技术独特,新老养殖方法兼顾,具有投资少、见效快、省劳力的特点,近些年来,中蜂产业发展速度快,有的县作为脱贫致富主导产业来抓。然而,大多蜂农蜜蜂养殖基础技术薄弱,养殖方式落后,经营模式传统,缺少实践经验,越冬死亡率偏高,蜂病防治不到位,种质保护意识差等现象,对蜂产业健康高效发展带来一定影响。

基于以上原因,归纳多年的养蜂试验、研究、生产、示范、推广、培训实践经验,汇总成《甘肃蜜蜂高效养殖理论与实践》一书。本书收录了甘肃蜂业概况、甘肃蜜源植物、蜜蜂高效养殖、蜜蜂授粉、蜜蜂病虫害防治、国家蜂产业技术体系天水综合试验站工作亮点等方面的内容,通过对甘肃蜂业历史渊源、资源情况、产业化发展、甘肃藏区中蜂考究等方面论述,帮助蜂业从业者了解甘肃蜂产业,尤其在蜜蜂高效养殖方面收录了大量内容,将中蜂活框基础科学饲养技术、四季管理技术、安全越冬方法、不同地区蜂箱选择使用、高寒阴湿地区中蜂养殖模式、中蜂人工育王技术、实用救灾技术等方面研究和养殖内容作为重点论述,同时也总结了西蜂定地规模化高效养殖关键技术、室内越冬技术、转地饲养线路试验成果和经验。在蜜蜂授粉方面通过大田油菜、温室果蔬蜜蜂授粉试验数据说明，主要是引导人们认识授粉增产提质效果，推进授粉产业发展。蜜蜂病虫害防治方面重点讲述中蜂的"两病一虫"及防治，蜂产业技术体系工作重点是基础研究解决养殖生产实际问题、基地建设示范带动、加强培训提升技术、固定观测动态监控、支撑产业打造品牌、服务县域经济增长、发展中蜂精准扶贫等方面经验成就亮点展示，体现国家蜂产业技术体系在地方蜂业发展中的作用。但愿能为广大养蜂者在蜜蜂养殖实践中给予借鉴与帮助，也可供养蜂管理者、工作者参考。

《甘肃蜜蜂高效养殖理论与实践》一书在编写过程中，得到甘肃省蜂业技术推广总站的组织、指导和大力支持，在此表示衷心感谢。在大量的试验研究、资料收集、归纳整理过程中，师鹏珍、刘彩云、逯彦果、席景平、田自珍、郝海燕、梅绚、张贵谦等给予热情帮助和有力支持完成该书的出版。

在编写过程中，力求从一线蜂农技术需求出发，将研究结果，实践经验全面展现，学术性和实用性统一，基础理论与实践操作兼顾，积累了多年来蜜蜂高效养殖工作探索经验总结。由于时间仓促，水平有限，书中疏误在所难免，恳请读者批评指正。

编者

2020 年 12 月

目　录

第三篇　甘肃蜜蜂高效养殖

第四篇　蜜蜂授粉

第五篇　中蜂病虫害防治

第六篇　国家蜂产业技术体系甘肃工作亮点

第七篇　照 片

第一篇

甘肃蜂业

甘肃蜂业概况

祁文忠 甘肃省养蜂研究所

一、甘肃蜂业历史渊源

甘肃省蜜蜂养殖历史悠久,(秦州直隶州新志卷之十三人物)记载,汉代姜岐上邽(今甘肃天水)人,晋代皇甫谧在《高士传》中记载了他的业绩,姜岐,字子平,东汉延熹(公元158—167年)时,时汉阳上卦(今天水)人也。汉代的养蜂专家。由于遭受太守桥元的迫害,他称病不就官职,不要功名利禄,母亲死后便把家产尽让与兄,自己却隐居山中,以养蜂养猪为业,同时招收学生,传授养蜂、养猪技术。晋代皇甫谧所著的《高士传》一书中写道:"教授者满于天下,营业者三百余人,辟州从事不诣,民从而居之者数千家。"在甘肃省陇东南一带影响颇大。姜岐可算作中国古代的一位养蜂专家,被列为高士,很受人们的尊敬。"后举贤良,公辟以为茂才,为蒲坂令,皆不就,以寿终于家。"皇甫谧赞道:"牧调蜂,天涯啸傲。"西晋皇甫谧《离士传》"姜岐"原文:姜岐,字子平,汉阳上卦人也。少失父,独与母兄居,治《书》《易》《春秋》,恬居守道,名重西州,延熹中,沛国桥元为汉阳大守,召岐,欲以为功曹,岐称病不就。元怒敕督邮尹益收岐,若不起者趣嫁其母,而后杀岐。益争之,元怒益挝之。益得杖,且谏曰:"岐少修孝义,栖迟衡庐,乡里归仁,名宣州里,实无罪状,益敢以死守之"。元怒乃止。岐于是高名逾广。其母死,丧礼毕;尽让平水田与兄岑,遂以畜蜂、豕为事,教授者满于天下,营业者三百余人,辟州从事不诣,民从而居之者数千家。后居贤良公府,辟以为茂才,为蒲圾令,皆不就。以寿终于家。姜岐已经被中国蜂业界尊为养蜂鼻祖。如今天水、陇南小陇山林区,养蜂者数不胜数,许多人家都是世代养蜂,可能是姜岐当年教授者满天下,沿袭至今的结果。

唐代诗人杜甫在《发秦州》中就有"充肠多薯蓣,崖蜜亦易求。密竹复冬笋,清池方可舟"的著名诗句。秦州植被良好,蜜源丰富,特别是盛产崖蜜。

北堂书钞(隋唐)秘书虞世南辑录,北堂书钞卷第一百四十七,蜜四十一,范子云陇西天水出白蜜价值四百。说明古代陇西天水蜂蜜质量价格都是上等。

明代李时珍的《本草纲目》中就有"蜜出氐,羌中最胜,甘美耐久,全胜江南",陇南、天水出产的蜂蜜是著名的甘肃特产。

《岷州乡土志》反映岷州清朝同治四年前的事情,虫鱼属中记载"蜂,人饲之,以酿蜜,割取者为白蜜,连蜂熬成者为红蜜。渣榨为黄蜡,其房入药,又有野蜂作蜜崖缸,但人无取之者"。《岷州乡土志》记载:"蜂蜜陆运大半往兰、秦等州,小半本境行销,每岁约一百余担。"可见岷县中蜂蜜的畅销历史已经非常久远了。《西北考察日记》卷上，甘肃人民出版社2002年1月第一版，顾颉刚著，民国二十六年五月五日至十日在岷县，七日在岷县县城记录道"养蜂业亦盛，年销白蜜可十万元"，"十日在岷县清水乡磻沟村，住于一姓杨人家，见壁上粘有《代蜂辨冤》一书，系岷人王植槐字普三者所著，以三三四式之句作成唱本，其大意谓养蜂之家每逢铲蜜，辄并蜂捣之，为之心伤。因忆其祖最爱养蜂，初次取多留少，继则取少留多，以供隆冬蜂粮，绝不伤害蜂命，故蜂之繁殖力强而产蜜亦多。其书虽曰劝善，实是改良养蜂法，此当地之有心人也，惜不一晤。"可见岷县中蜂蜜养殖历史已经非常久远。1941年，甘肃省水利林牧股份有限公司畜牧部，在岷县秦许乡马烨仓藏族聚居区开办的养蜂场，是甘肃第一家官办的蜂场，探索改进民间养蜂之法，养殖意大利蜜蜂36群，养殖当地土蜂(中华蜜蜂)40群。

在陇南花果众多草木丰茂、蜜源可靠的地方，蜂在殷商时代已被驯养，至汉时专门养蜂者较多。《后汉书·西南夷列传》载："白马氏者，武帝元鼎6年(前111年)，分广汉两部，合以为武都。土地险阻，有麻田，出名马、牛、羊、漆、蜜。"可见，甘肃陇南在后汉之末为中国养蜂业的始期发源地。古代把蜜蜂作为吉祥、幸福、甜蜜、勤劳的象征，这些地区群众，仍有"蜂是飞财，无缘不来"之说。

范晔《后汉书·西羌传》："武都土地险阻，有麻田出名马，牛羊漆蜜。"宋代的《证类本草》记载：蜜(《本经》作石蜜，苏恭云当去石字)，生武都山谷、河源山谷及诸山中，今川蜀、江南、岭南皆有之。蜡、白蜡，生武都山谷，出于蜜房木石间，今处处有之，而宣、歙、唐、邓、伊芳洛间尤多。石蜜即崖蜜也。其蜂黑色，似虻，作房于岩崖高峻处，或石窟中，人不可到。但以长竿刺令蜜出，以物承之，多者至三、四石，味酸，色绿，入药胜于它蜜。成书于光绪年间的《阶州直隶州续志》卷十四·物产中也记载：蜜蜡：蜂蜜，阶州贡(《唐志》)。白蜜，文州贡(《寰宇记》)。蜡烛，阶、文、成州贡(《唐志》)。石蜜生武都山谷(《名医别录》)。蜜本经，盖以生岩石者为良耳。今直题曰"蜂蜜"，正名也(《本草纲目》)。蜂子生武都山谷(《名医别录》)。蜂尾垂锋，故谓之蜂。蜂有礼范，故谓之葬(《礼记》)云："葬则冠而蝉有绥化"。《书》云："蜂有君臣之礼"是失(《本草纲目》)。蜡生武都山蜜卢木石间(《名医别录》)。生于蜜中，故谓之蜜蜡(《别录注》)。土蜂生武都山谷(《名医别录》)。武都崖蜜历史悠久也。在甘肃陇东、陇南山区，"蜂是飞财，无缘不来"之说至今影响很大。所以，山区养蜂是一件很荣耀的事情。

1938年，临夏有人从西安购进意大利蜂种试养，从此甘肃有了外种蜜蜂饲养的历史。1941年，甘肃省水利林牧股份有限公司畜牧部，在岷县开办养蜂场，是甘肃第一家官办的蜂场。岷县养蜂场主要经营养蜂，并探索改进民间养蜂之法，设5个蜂场，养有意大利蜂36群，当地土蜂(中蜂)40群。

1957年，甘肃省农垦局贯彻1957年中华人民共和国农业部、农垦部北京养蜂座谈会精神，编著《中蜂新法饲养讲习会讲议》，召集全省农牧干部和养蜂爱好者，举办养蜂讲习班,拉开中蜂新法饲养推广的序幕。

1958 年,甘肃建立了第一个种蜂场(天水种蜂繁殖场),从江西南昌向塘种蜂场、湖北荆州蜂场购进意大利蜂 3000 群,这是甘肃省大规模养蜂的开端。

1979 年,在天水种蜂繁殖场基础上,甘肃省养蜂研究所成立后,开展科技研发,技术推广,产业发展等工作。1996 年组建甘肃省蜂业技术推广总站,加挂为副牌子,2005 年将甘肃省蜂业技术推广总站转制为主牌子,形成一套人马,两块牌子,集推广服务、科研开发、蜂业管理为一体的综合性省级养蜂推广科研机构。

1988 年, 全国中蜂协作委员会第三次科技经验交流会于 1988 年 8 月 6 日至 10 日在甘肃省天水市召开。参加会议的有云南、广东、湖北、湖南、广西、江西、福建、浙江、甘肃、陕西、贵州、四川、安徽十三个省的农牧、商业(土产)、科研、教学、产品加工等部门和中国农业科学院养蜂研究所的代表 104 名。农牧渔业部畜牧局对这次会议的召开予以充分的重视和支持,并派员参加。农牧渔业部王素芝同志作了主要讲话。

1995 年,中国养蜂学会在甘肃敦煌召开了首次以“蜜蜂授粉促农”为主题的学术研讨会,会上就全国对蜜蜂授粉工作的研究成果和动态,进行交流和研讨,开创了中国蜜蜂授粉工作的新局面,同时也推动了甘肃省蜜蜂授粉工作的进一步发展。

2000 年,全国蜜蜂授粉会在甘肃天水召开,推动了甘肃省蜜蜂授粉工作逐步走向正规渠道。

2014 年 7 月,由中国养蜂学会、国家蜂产业技术体系主办,甘肃省养蜂研究所、国家蜂产业技术体系天水综合试验站承办的国家蜂产业技术体系饲养与机具功能研究室第 6 次、国家蜂产业技术体系病敌害防控和质量监控研究室第 4 次、中国养蜂学会蜜蜂饲养管理专业委员会第 19 次、中国养蜂学会蜜蜂生物学专业委员会第 4 届 2 次、中国养蜂学会蜜源与蜜蜂授粉专业委员会第 12 次、中国养蜂学会蜜蜂保护专业委员会第 10 次学术研讨会于 2014 年 7 月 19 日—20 日在甘肃省天水市召开,来自全国各地的会议代表 180 人出席了本次会议。会议主题为:蜜蜂规模化饲养与高效授粉应用。会议围绕以下 4 个专题进行学术研讨:(1) 蜜蜂规模化饲养管理技术模式下关键技术与蜂机具革新的研究;(2)蜜蜂生物学基础研究;(3)蜜蜂病虫害防控技术与病理学研究;(4)蜜蜂高效授粉技术与授粉生物学研究。国家蜂产业技术体系首席科学家、中国养蜂学会理事长、中国农业科学院蜜蜂研究所所长吴杰研究员,甘肃省农牧厅副厅长姜良,天水市人民政府副秘书长孙晓,甘肃省养蜂研究所所长张世文出席会议并致辞。

二、资源情况

(一)蜜源资源

甘肃地域辽阔,地形复杂,气候差异大,蜜源丰富,素有“西北大蜜库之称”,随着退耕还林草战略的实施和农业产业结构调整,蜜源面积大幅度增加,甘肃省蜜源植物有 650

多种,主要蜜源植物有 30 多种,主要有洋刺槐、油菜、狼牙刺、党参、黄芪、红芪、葵花、芸芥、百里香、野藿香、益母草、百号、紫花苜蓿、红豆草、小茴香、漆树、椴树、五倍子、沙枣、枸杞、柿子、杏子、荞麦、棉花、苦豆子、籽瓜等,面积 230 万公顷,载蜂量已超过 100 万群。丰富的蜜源为养蜂提供了得天独厚基础条件。蜜源资源最为丰富的地区是天水、陇南、武威、张掖、定西、庆阳、平凉、甘南等市。

(二)蜂种资源

甘肃中蜂属北方中蜂和阿坝中蜂类型,被誉为中华蜜蜂之良种,是甘肃山区定地饲养的当家蜂种。2008 年各地中蜂饲养量 18 万群左右,近些年来,随着国家蜂业"十二五"发展规划的落实,甘肃省蜂业"十二五"发展规划的实施,通过国家蜂产业技术体系建设项目的实施,推动了中蜂产业的发展,山区农民家庭养殖中蜂积极性高涨,到 2016 年,全省蜂群数量上升到 62 万群,中蜂养殖数量快速上升到 42 万群。近些年来,由于中蜂养殖投资小,见效收,保护环境,属于短、平、快特色产业,贫困地区多为山大沟深的山区,山区贫困县将中蜂产业列为产业扶贫项目,中蜂产业发展猛增,2019 年全省蜂群达到 88 万群,其中,中蜂 68 万群。中蜂养殖主要分布在陇南、陇东、中部地区,新法饲养普及率 30%~80%,中蜂养殖呈现出快速可持续发展局面。

(三)从业人数与产值

2019 年底,甘肃省养蜂研究所在各县上报基础数据和 2016—2019 年在全省蜂产业调查汇总得知,养蜂从业人员接近 8.8 万人,具有一定规模的养蜂人员 1.5 万人(养殖规模达到 30 群以上),正常年份年产蜂蜜约 2 万吨以上,蜂王浆 500 吨,花粉 1000 吨,蜂蜡 600 吨,蜂胶 10 吨左右,原料产品产值 10.92 亿元,其中,中蜂蜂蜜年产 6800 吨,产值 6.8 亿(100 元/kg)。

三、蜂业机构与研发

甘肃省蜂业技术推广总站(甘肃省养蜂研究所)发展简况:1959 年在国家农业部的直接关怀下,甘肃省成立了西部第一家天水种蜂繁殖场,1979 年成立甘肃省养蜂研究所,1996 年组建甘肃省蜂业技术推广总站,2005 年将甘肃省蜂业技术推广总站转制为主牌子,形成一套人马,两块牌子,集推广服务、科研开发、蜂业管理为一体的综合性省级养蜂推广科研机构。取得了 40 多项科研成果,获得省部级科技进步二、三等奖 10 个。承担了国家蜂产业技术体系、省科技支撑计划、省农业重点研发和省农业科技创新等科研推广项目 18 项,取得专利 27 项,制定养蜂行业地方标准 11 项,编撰养蜂书籍 5 部,发表专业论文 500 多篇。

四、产业化发展状况

甘肃省蜂产品加工生产始于20世纪70年代中后期,甘肃省养蜂研究所筹建了蜂乳车间(后更名为甘肃省养蜂研究所甘肃省蜂乳厂,再后改为甘肃省蜂乳厂,再改名大明制药厂),随之产生了天水西联蜂业、甘肃耐克特蜂业、天水汇涛蜂业、天水维尔康蜂业有限公司、甘肃省云昌蜂业有限公司、武威百花蜂业天然保健品有限公司、山丹县碧原蜂业有限责任公司、甘肃省景泰县宇翔蜂业公司、岷县汇丰蜂业、宕昌县兴昌蜂业、两当秦南蜂业、武都太泉养蜂场等蜂产品加工厂家。目前全省已经获得了SC(食品生产许可)认证的蜂产品加工企业52家。近些年甘肃省狠抓蜂产业品牌建设和基地认证工作,先后获得国家农产品地理标志认证和国家地理标志保护认证的蜂蜜产品7个,分别为两当狼牙蜜、武都崖蜜、宕昌百花蜜、岷县蜂蜜、舟曲棒棒槽蜜、麦积山花蜜、清水邦山蜂蜜,另有徽县蜂蜜也在积极申报认证中。陇南市和舟曲县取得了全国"中华蜜蜂之乡"称号、岷县取得了全国"黄芪蜜之乡"称号。

五、文人蜂情

收录了一些古今文人赞美蜜蜂的诗词、名句,加深对蜜蜂的认识和喜爱。

(一)蜜蜂诗词

蜜蜂在大自然中以其轻巧的身材、优美的舞姿、嗡嗡的鸣声,穿梭于五彩斑斓的花海,使大自然平添生趣。于是,历代的文人墨客用各种美丽的词语、诗词、歌谣、格言赞颂蜜蜂,成为千古绝唱。"蚕吐丝,蜂酿蜜,人不学,不如物",古代流传的《三字经》充分体现了我们的祖先对蜜蜂的崇敬和赞颂。

咏蜂 [明]吴承恩

穿花度柳飞如箭,粘絮寻香似落星。

小小微躯能负重,器器薄翅会乘风。

咏蜂 [唐]罗隐

不论平地与山尖,无限风光尽被占。

采得百花成蜜后,为谁辛苦为谁甜。

咏蜂 [明]王锦

纷纷穿飞万花间,终生未得半日闲。

世人都夸蜜味好,釜底添薪有谁怜。

咏蜂 [明]王欣

采酿春忙小蜜蜂,何消振翅蛰邻童。

应愁百卉花时尽,最恨烧烟取蜡翁。

咏蜂　　[宋]姚勉

百花头上选群芳，收拾香腴入洞房。

但得蜜成甘众口，一身虽苦又何妨。

咏蜂　　[当代]葛显庭

三百天来九州跑，南疆北国采花娇；

终日酿蜜身心劳，甜蜜人间世人效。

（二）诗人赞蜂

战国时期，屈原在《楚辞·招魄》中，有这样的诗句："粔籹蜜饵，有餦餭些。""瑶浆蜜勺，实羽觞些。""瑶浆蜜勺"和"粔籹蜜饵"即以蜜酿制蜜酒，用蜜和米面制做蜜糕；《天问》中写有"蜂蛾微命，力何固？"意思是蜂蚁那样的小生命聚集在一起，力量为什么如此强大？

唐诗人李商隐的《无题》有这样的名句："春蚕到死丝方尽，蜡炬成灰泪始干"（蜡炬即用蜂蜡做的蜡烛）。在他被贬时，患上黄肿病，留下"栎林蜀黍满山岗，穗条迎风散异香，借问健身何物好？天心摇落玉花黄"的诗。玉花黄这里指玉米花粉。

唐诗人孟浩然有这样的诗句："燕入巢窝处，蜂来造蜜房"，意为燕子筑巢的邻近之处，蜜蜂也造起了酿蜜的蜂房。

唐诗人杜甫在《徐步》和《秋野》诗中，曾用如下诗句描述蜜蜂："花蕊上蜂须"和"风落收松子，天寒割蜜房"，意思分别是：蜜蜂的触角上沾满花粉，风停了，收拾粉子；天寒了，采割蜂蜜。

唐诗人柳宗元在《天对》中用"细腰群哲，夫何足病"，即一群细腰蜂的螫刺，有什么值得担忧呢。

北宋诗人欧阳修擅以花粉延年，并向皇帝宋仁宗奏报："欲知却老延龄药，百草摧时始见花"；"我有一樽酒，令君思共倒，上浮黄金蕊，送以清香袭，为君求朱颜，可以却君考。"

梁诗人简文帝在咏蜂中写到："逐风从泛漾，照日乍依微。知君不留盼，衔花空自飞。"意思是蜜蜂随风在空中荡漾，山野洒满明媚的阳光。我知道你不会长久在一地，带着花粉飞来飞去为他人奔忙。

宋诗人王安石《北山暮旧示道人》的诗句："千山复万山，行路有无间。花发蜂递绕，果垂猿对攀。"描述了群山起伏复连绵，行路有阻行路难，花开时节招蜂采，果熟群猴争相攀。

宋诗人陆游在《见蜂采桧花偶作》中写道："来禽海棠相续开，轻狂蝴蝶去还来。山蜂却是有风味，偏采桧花供蜜材。"意思是沙果海棠花相继开放，轻狂的蝴蝶飞去又飞回。可是小小蜜蜂却不一样，偏偏采桧树花把蜜酿。

（三）苏东坡的蜜蜂诗

安州老人食蜜歌

安州老人心似铁，老人心肝小儿舌。

不食五谷唯食蜜，笑指蜜蜂作檀越。

蜜中有诗人不知，千花百草争含姿。

老人咀嚼时一吐，还引世间痴小儿。

小儿得诗如得蜜，蜜中有药治百疾。

正当狂走捉风时，一笑看诗百忧失。

东坡先生取人廉，几人相欢几人嫌。

恰似饮茶甘苦杂，不如食蜜中边甜。

因君寄与双龙饼，镜空一对双龙影。

三吴六月水如汤，老人心似双龙井。

这是宋诗人苏轼写给僧人仲殊的诗。仲殊，名张挥，安州人，世居钱塘，他不吃五谷杂粮，以食蜂蜜菜蔬为主，诗中借介绍老人吃蜂蜜的习惯，称誉老人的人品和诗作。苏轼嗜茶，人所共知；但苏轼爱食蜂蜜，知道的人就少了。他是在流放黄州和惠州时，曾养过蜜蜂，因而深爱之。仲殊和尚与苏轼的嗜好相同，两人都爱食蜂蜜，因而"香味相投"，一见如故，成为好友。仲殊和尚用餐时，喜欢先把素菜浸于蜂蜜中，或以蜂蜜沾菜后才吃，其他人都很嫌弃，不愿与仲殊和尚共餐，惟独苏轼与仲殊和尚嗜同味合，一同进食甚欢。

（四）其他

莎士比亚对蜜蜂生活的生动描述："它们是一个王国，还有各式各样的官长，它们有的像郡守，管理内政，有的像士兵，把刺针当作武器，炎夏的百花丛成了它们的掠夺场；它们迈着欢快的步伐，满载而归，把胜利品献到国王陛下的殿堂。国王陛下日理万机，正监督唱着歌建造金黄宝殿的工匠；大批治下臣民，在酿造着蜜糖；可怜的搬运工背负重荷，在狭窄的门前来来往往。脸色铁青的法官大发雷霆，把游手好闲直打瞌睡的雄蜂送上刑场……"引自《亨利五世》。

全国人大原副委员长、著名诗人郭沫若1961年11月10日视察从凤院"蜜蜂大厦"后题词《游凤院果树园》："晨兴来凤院，橘树八千章。袅袅风枝重，累累果实黄。颂君怀正则，奴汝笑荒伧。想见花开日，游蜂必甚狂。"

数岁月风雨兼程，历寒暑执着养蜂。运匠心酿造真品，育生灵百万雄兵。踏千山追季采蜜，涉万水百花欢腾。爱草木传媒授粉，护自然环保之功。下南国春潮如涌，上北疆森林密丛。奔中原千军万马，赴西域车流似洪。天当被星空帏帐，地作床蓬蒿是庭。昂起首日月为伴，弯下腰黄土亲迎。送晚霞日落而息，沐晨露何待曦明。取精华琼浆玉液，佑人康大爱至诚。勤劳作朝夕轮回，苦其志道义扬弘。堪重负屈委忍辱，奉甘甜无悔人生。观天文风霜雨雪，晓地理捭阖纵横。测植物花开花落，知进退绿水山青。望天收风险重重，痴情迷甘受苦伶。舍老幼漂泊游牧，耐贫寂劳累息声。写春秋德绩卓著，谱序曲后继无承。叹瑰宝人中奇才，隐喧世默默无名。世界上蜜蜂消失，殃人类不再复生。养蜂人穷途殆尽，桑田间沧海倒倾。

甘肃中蜂资源

祁文忠

一、甘肃东南部中蜂

2011 年中国农业出版社出版的《中国畜禽遗传资源志·蜜蜂志》记载,中国中华蜜蜂(中蜂)分为北方中蜂、华南中蜂、华中中蜂、云贵高原中蜂、长白山中蜂、海南中蜂、阿坝中蜂、滇南中蜂、西藏中蜂 9 个类型。根据区域划分甘肃省中蜂属阿坝类型中蜂和北方中蜂,在渭河以北区域应归属于北方中蜂,青藏高原缘区、渭河以南区域为阿坝中蜂。甘肃中蜂主要分布于陇南、天水、定西、平凉、庆阳全区域和甘南、临夏的大部分县区。甘肃省饲养的中蜂具有抗寒、抗逆、抗病、体格大、产量高和善于利用零星蜜源的特点,适合于甘肃省贫困山区定地饲养以及做为当地脱贫攻坚的特色优势产业。甘肃省中蜂资源不仅数量多,种类丰富,特别是青藏高原边缘区域中蜂个体大、吻长、能维持大群、采集力和适应性强等优点著称,被誉为中华蜜蜂之良种,是甘肃山区定地饲养的当家蜂种。甘肃中蜂在过去,许多地区还沿用杀蜂取蜜原始方式,但近年来,通过技术培训,大多蜂农是采用了土法饲养和新法饲养相结合的办法,充分利用中蜂土生土长、自生自衍的这一自然界的发展规律,发展蜂群,隔蜂取蜜,将收集的蜜蜂添补新法蜂群,这样既取了蜜,又不伤及蜂群。壮大新法饲养蜂群,便于生产和大群越冬,这种方法可谓两全其美。青藏高原边缘的岷县、临潭、卓尼、宕昌等县和秦岭山脉的康县、两当县等地,以棒棒巢为主,陇东一带以墙洞、崖窑、土坯制作而成的巢穴为主,陇中、天水一带大多以简易木箱、棒棒巢、背篓为主。在山沟深处,高海拔区域,气温相对低,春繁时间迟,蜂群发展相对缓慢,大宗集中蜜源较少,草原面积大,野生草花蜜源丰富,流蜜期长,但流蜜不太涌、流蜜细长的地区,科学养蜂技术掌握不全面,先进的新法养殖技术发挥不出优势,发展生态蜂箱殖较为适宜,有优势,生态蜂箱养殖,管理粗放,易学易掌握,并且生态蜂箱养殖取蜜容易、简便,全部是成熟蜂蜜,也不伤子,对蜂群正常发展不受影响,适合于各类人群饲养,是高寒山区值得推广的重要养殖方法之一。徽县、麦积、清水、积石山、临夏、陇西等县区新法养殖普及率高,徽县达 78%,养殖效益也高,各地饲养的蜂箱大都不尽相同,以 10 框标准箱为多,也有少量 16 框横卧式蜂箱、高窄式蜂箱和 7 框箱,多为 3~10 脾,最大群达 15 脾,年群产蜜 5~40kg,有的地区强群单产可达 75kg。但近年来许多县区将南方中蜂群大量引入,存在蜜蜂病虫害暴发、越冬困难、蜂种退化等隐患。

二、甘肃藏区中蜂考究

甘肃省藏族以县级分布情况来看,除甘南藏族自治州七县一市及武威市的天祝藏族自治县以外,还有张掖市的肃南县、凉州区;陇南市的文县、武都区、宕昌县;定西市的岷县;兰州市的城关区、永登县;临夏州的临夏县、积石山县等地。经2005年以来,甘肃省养蜂研究所(甘肃省蜂业技术推广总站)多次调查,2013—2014年又进行了全省全面调查,2014—2016年国家畜禽遗传资源委员会蜜蜂委员会专家(石巍、胥保华、罗岳雄、祁文忠、陈超、汤娇)三次对甘肃藏区中蜂进行了考究,肃南县、肃州区、天祝县、兰州市的城关区、永登县这些藏区深入调查,没有发现中蜂迹象,乌鞘岭以北的河西地区中蜂未见踪迹,甘肃中蜂主要分布在乌鞘岭以东,区域海拔范围800~3500m。甘南藏族自治州的碌曲、玛曲、夏河、合作四县区高原大陆性高寒阴湿类型,海拔2930~3800m,冷季长、暖季短,年平均气温-0.5℃~3.5℃,极端低温-23℃,无霜期48d,有时无绝对无霜期,由于这些县市低温时间长,越冬期太长,蜜粉源花期短,蜜蜂难以生存,在多次调查中都没发现定地饲养的中华蜜蜂,也没发现野生中华蜜蜂。中华蜜蜂主要生存在甘南州的临潭、卓尼、舟曲、迭部四县,定西市的岷县,临夏州的临夏县、积石山县,陇南市的武都区、文县、宕昌县。甘肃的这些藏族聚居区,往往偏僻,交通不便,文化基础差,但这些区域大多林草丰茂,植被良好,盛产各种中草药,蜜源丰富,具有良好的养蜂条件和深厚的养蜂基础。在调查中,均发现有中华蜜蜂定地或野生生息。

(一)蜂种与特性

1.蜂种名称

甘肃省藏区养殖的中华蜜蜂属于阿坝中蜂类型地方品种。云南农业大学潭垦教授在岷县、临潭县考查,认为在该区域特有的生态条件下,中华蜜蜂形成了优良的特性:适应性很强,它耐寒,越冬能力强;个体最大、绒毛最长、体色最深,属于一个新的类群或亚种。临潭县、卓尼县、舟曲县、迭部县、岷县、武都区、文县、宕昌县将现养殖的中华蜜蜂普遍俗称为"土蜂",临夏州的临夏、积石山县将现养殖的中华蜜蜂当地人普遍俗称为"麻非(fei)"或称"尕麻非"。

2.中心产区及分布

甘南州的临潭县、卓尼县、舟曲县、迭部县四县蜂群数量少,养殖的中华蜜蜂从古到今一直沿用传统原始饲养方式或野生生息繁衍,最近几年来有初学新法饲养者,但技术落后,不得其法。定西市的岷县,陇南市场的武都区、文县、宕昌县养殖的中华蜜蜂从古到今一直沿用传统原始饲养方式,为定地养殖,最近几年来个别县才采用新法饲养技术,没有转地饲养的,蜂种原产地、中心产区及分布是没有变化。临夏回族自治州的临夏县、积石山县中蜂新法养殖推广的较早,大多蜂场还是定地养殖,有个别蜂场小转地,据调查了解,转地范围在甘南州的夏河县桑科草原,时间7~8月份。甘肃这些藏区饲养的中华蜜蜂都是自然交替,没有人工育王,也没有发现引种的现象。

3. 产区自然生态条件及对蜂种形成的影响

岷县、临潭县、卓尼县、宕昌县、临夏县、积石山县这些区域属于黄土高原和青藏高原东边缘(甘南高原)交会区,秦岭西端余脉,海拔高,植被生长大体类同,域内草原丰茂,油菜面积大,盛产中药材200多种,特别是红芪、黄芪、大黄、秦艽、羌活、泡参、柴胡、防风、黄芩、党参等都是非常好的特种蜜源。主要蜜源有油菜、党参、红芪、黄芪、山花。辅助蜜源有大黄、瑞玲草、红(白)三叶草、草木樨、野藿香、大蓟、飞廉、飞蓬、蚕豆、地椒、秦艽、羌活、泡参、柴胡、防风、黄芩等各种草山花分布广。每年4~9月各种植物开花接连不断,有较好的蜜蜂养殖条件,特别适宜中蜂养殖。

舟曲县、迭部县、武都区、文县属于长江流域,位于甘肃南部,地处南秦岭山地,秦岭西端,岷山山系呈东南—西北走向,长江二支流白龙江、白水江从西向东横贯。域内气候温和湿润、四季分明、冬无严寒、夏无酷暑,属甘肃的"江南"区,降水比较充足,并随着海拔的升高而逐渐增大。这些区域林业资源丰富,林草丰茂,蜜源植物充足,主要蜜源植物有刺槐、油菜、狼牙刺、党参、红芪、五倍子、漆树、椴树、野坝子等。辅助蜜源有油葵、草木樨、野藿香、大蓟、秦艽、柴胡、防风、黄芩、花椒、杏、梨、柑橘、野生杂灌花、山楂树等,花期3~10月,各种植物开花接连不断,具有发展养蜂业得天独厚的资源优势和物质基础,特别是随着近几年生态环境的逐步好转,为养蜂业的发展提供了更好的自然环境条件。

4. 蜂种生物学特性及生态适应性

岷县、临潭县、卓尼县、宕昌县、临夏县、积石山县这些区域属于黄土高原和青藏高原东边缘(甘南高原)交会区,海拔高,气候较为寒冷,中华蜜蜂特性:适应性很强,它耐寒,越冬能力强;个体大、体色深、绒毛长;它飞翔迅捷、嗅觉灵敏、出勤早、收工晚、善于利用零星分散和起伏的蜜源。主要蜂产品为蜂蜜,一年取蜜1~2次,为混合杂花蜜,蜂蜜色泽为浅琥珀色、琥珀色、深色,香味独特,特别是党参蜜与文县党参蜜一样可谓蜜中珍品。群产5~15kg,价格100~200元/kg,当地零售。

舟曲县、迭部县、武都区、文县属于长江流域,地处南秦岭山地,中华蜜蜂具有山区、林区中蜂的特点,适应性很强,飞行敏捷,善于躲避敌害,对黄蜂(胡蜂)有独特的防御能力。主要蜂产品为蜂蜜,一年取蜜1~2次,为混合杂花蜜,蜂蜜色泽为浅琥珀色、琥珀色、深色,香味独特。7~8月份,特别是文县域内的党参(纹党)集中开花,可取到纯党参蜂蜜,蜜色泽枣红色,透亮,不结晶,可谓蜜中珍品。群产5~15kg,价格100~200元/kg,多为当地零售。

蜜蜂的农作物授粉利用价值,在这些地区没有引起重视,这里对蜜蜂授粉增产没有意识,没有租蜂授粉和主动引进蜜蜂授粉现象。目前人为利用蜜蜂授粉还是空白,也没有被有关部门和绝大多数种植业从业者所认识和重视。

(二)蜂种来源与发展

1. 蜂种来源

甘肃省藏区养殖的或野生的中华蜜蜂都是当地品种,自生自繁,自然交替,归类于阿坝中蜂类型地方品种。

甘肃省藏区蜜蜂养殖历史悠久,汉代姜岐"牧豕调蜂,天涯笑傲"的养蜂授徒业绩影响到这些藏族聚居地区,处处蜜蜂飞舞,时时蜜香飘逸,养蜂者不计其数,许多人家都是世代养蜂。

甘肃省藏区养殖的中华蜜蜂,大多养殖都是用棒棒巢、简易木箱、墙洞、土坯巢等,采用原始的自生自繁、毁巢取蜜的方法饲养,临夏州的临夏县、积石山县新法养殖推广的较早,多数蜂场还是原始老法定地养殖,少数采取活框养殖,有个别蜂场小转地,据调查了解,转地范围在邻近的甘南州夏河县桑科草原,时间7~8月份。岷县、临潭县、卓尼县、宕昌县、舟曲县、迭部县、武都区、文县近几年来新法养殖技术才得以推广,但数量规模都不大,也没有发现转地流动养殖的蜂群。

2. 群体数量

经2016年调查,临夏州的临夏县、积石山县是回族自治州的藏族人口生活混合县,临夏县现养殖中华蜜蜂4585群,其中藏族人口养殖占13%,约600群;积石山县现养殖中华蜜蜂2570群,其中藏族人口养殖占18%,约462群;定西市岷县现养殖中华蜜蜂44 526群,其中藏族人口生活在西寨、清水、秦许、寺沟、麻子川、维新六个乡镇的部分地域,养殖中蜂的占1.8%,约800群;陇南市宕昌县、武都区、文县属藏族的边缘化特征,以古羌、吐蕃、白马等藏族为主。宕昌县藏族人口生活以新城子、南河、哈达铺为主的乡镇,全县中华蜜蜂养殖22 350群,藏族生活地区养殖占3.2%,约715群;武都区藏族人口生活以坪垭、磨坝、瑶寨为主的乡镇,全区中华蜜蜂养殖41 093群,藏族生活地区养殖占3.7%,约有1520群;文县藏族人口生活以铁楼、中寨为主的乡镇,全区中华蜜蜂养殖40 650群,藏族生活地区养殖占2.6%,约有1056群。甘南藏族自治州的碌曲、玛曲、夏河、合作四县市蜜蜂难以生存,临潭、卓尼、舟曲、迭部四藏族县是中华蜜蜂生存与难以生存的过渡带,养蜂数量少,蜂群总数为28 450群,其中,临潭4080群,卓尼4150群,舟曲13 800群,迭部6420群。结合多年来甘肃省蜂业技术推广总站(甘肃省养蜂研究所)调查,以2014—2016年国家畜禽遗传资源委员会蜜蜂委员会(石巍、胥保华、罗岳雄、祁文忠、陈超、汤娇)调查为准,甘肃藏区中华蜜蜂饲养总量为33 603群。

3. 体型外貌

总体看,甘肃省藏区中蜂具有体格大、能维持大群、性情温驯、认巢能力强、不易发生迁飞、采集力强、造脾快、分蜂性弱、可养成大群;蜂王行动稳定,不怕光,稍有震动,也不惊慌,故在轻轻抽脾检查时,可以照样产卵;蜂王产卵量力强,产卵稳定,繁殖迅速,哺育蜂儿数比较陡,蜂群性情温和,检查蜂群时,工蜂安静栖息脾上,能利用大宗蜜源,且蜂王大多为黑褐色或枣红色。

据云南农业大学潭垦研究,甘肃岷县、临潭县的中华蜜蜂脱离出所有样点,占据最远的位置,可以看出,甘肃岷县、临潭县的中华蜜蜂是目前已知的中国东方蜜蜂中最大的个体。单个形态学性状分析看,甘肃岷县、临潭县的中华蜜蜂其覆毛的长度,绒毛的长度,胫节、股节、基附节的长度,背板3、4的长度,腹片的宽度,蜡镜的长度、宽度、蜡镜间距、跗基节的宽度,前翅的长度和宽度,翅脉角度B4和E9拥有最大的值,而其背板2、3、4色度值,小盾片和喙的色素度最小,说明甘肃岷县、临潭县的中华蜜蜂个体最大,颜色最深。

下面是云南农业大学潭垦对甘肃岷县、临潭县的中华蜜蜂38个形态特征测定的平均值。

表 1 岷县、临潭县中华蜜蜂38个形态特征的平均值

序号	形态特征	甘肃陇南 Mean SD	序号	形态特征	甘肃陇南 Mean SD
1	第五背板上的覆毛长	43.250 ±1.300	20	前翅宽	301.260 ±1.520
2	第四背板上的绒毛长1	46.670 ±1.800	21	小盾片的颜色1	5.370 ±0.970
3	第四背板上的绒毛长2	87.690 ±0.770	22	小盾片的颜色2	4.830 ±0.430
4	股长	256.800 ±1.020	23	喙的颜色1	7.000 ±0.000
5	胫长	319.410 ±3.480	24	喙的颜色2	5.270 ±0.330
6	跗节长	203.240 ±1.580	25	肘脉a	54.560 ±1.660
7	跗节宽	112.520 ±0.650	26	肘脉b	13.650 ±0.260
8	第二背板颜色	5.530 ±0.670	27	翅脉A4	32.170 ±0.400
9	第三背板颜色	6.700 ±0.300	28	翅脉B4	107.880 ±3.170
10	第四背板颜色	6.230 ±0.370	29	翅脉D7	95.370 ±1.530
11	第三背板长	196.420 ±1.630	30	翅脉E9	19.120 ±0.350
12	第四背板长	195.040 ±1.060	31	翅脉G18	88.520 ±0.020
13	第三腹板长	260.370 ±2.820	32	翅脉J10	45.270 ±1.680
14	第三腹板的蜡镜长	115.880 ±1.100	33	翅脉J16	102.790 ±0.250
15	第三腹板的蜡镜宽	220.210 ±2.020	34	翅脉K19	80.710 ±0.640
16	第三腹板蜡镜间距	31.720 ±0.940	35	翅脉L13	13.080 ±0.440
17	第六腹板长	245.550 ±2.320	36	翅脉N23	81.580 ±0.340
18	第六腹板宽	301.640 ±6.370	37	翅脉O26	31.450 ±1.360
19	前翅长	873.350 ±4.760	38	翅钩数	17.470 ±0.070

甘肃中蜂产业现状及发展前景

祁文忠[1]，师鹏珍[1]，梅绚[2]，李景云[3]

（1.甘肃省养蜂研究所,甘肃天水 741020；2.岷县畜牧局,甘肃岷县 748400；

3.徽县畜牧局,甘肃徽县 742300）

一、基本概况与发展现状

（一）基本概况

甘肃地域辽阔,地形复杂,气候差异大,蜜源丰富,素有"西北大蜜库之称"随着退耕还林草战略的实施和农业产业结构调整,蜜源面积大幅度增加,总面积比 20 世纪 80 年代增加 10%以上,全省蜜源植物有 650 多种,主要蜜源植物有 30 多种,面积 230 万公顷,载蜂量已超过 100 万群。

1. 中蜂分布 甘肃中蜂主要分布在乌鞘岭以东,区域海拔 800~3500m。据统计,2008 年各地中蜂饲养量 18 万群左右,近些年来,随着国家蜂业"十二五"发展规划的落实,通过国家蜂产业技术体系建设项目的实施,重点县区基地建设,推动了中蜂产业的发展,山区农民家庭养殖中蜂积极性高涨,到 2014 年,全省中蜂数量上升到 27.7512 万群,约占全省蜜蜂总数(52.5495 万多群)的 52.81%。其中,陇南山区及天水、定西部分地区蕴藏量最大,有 21.7108 万群蜂,约占全省中蜂总量的 78.23%,乌鞘岭以北的河西地区中蜂寥寥无几。新法饲养普及率 30%~78%。甘肃是中蜂生存与难以生存的过渡带,地处青藏、蒙新、黄土高原和秦岭山脉,地理区位独特,甘肃中蜂属阿坝类型中蜂,被誉为中华蜜蜂之良种,是甘肃山区定地饲养的当家蜂种。具有十分重要的科考、研究、保护价值。甘肃处于中国中蜂生存边缘地域,中蜂种质资源在此以北存在濒临灭绝的危险,中蜂种质资源在全国占有重要位置。甘肃中蜂遗传基因价值极为重要,在新品种选育中是非常好的素材。

2. 饲养状态 中蜂新法饲养逐年增长,各地大都不尽相同,以 10 框标准箱为多,也有少量 16 框横卧式蜂箱、高窄式蜂箱和 7 框箱为主,多为 3~10 脾,最大群达 15 脾,年群产蜜 5~40kg,有的地区群产可达 75kg。老法饲养占 65%~70%,青藏高原边缘的岷县、临潭、卓尼县等和秦岭山脉的徽县、两当等地,以棒棒巢为主,陇东一带以墙洞、崖窑、土坯制作而成的巢穴为主,陇中、甘南、陇南一带多以简易木箱、棒棒巢、背篓为主。老法饲养的中蜂多为 5~8 脾,有的可达 12 脾,且巢脾大,大多为 42cm×30cm~65cm×32cm,年群产5~20kg。

3. 养殖方式　许多地区还沿用杀蜂取蜜原始方式,但近年来,大多蜂农是用土法饲养和新法饲养相结合的办法,充分利用中蜂土生土长、自生自衍的这一自然界的发展规律,发展蜂群,隔蜂取蜜,将收集的蜜蜂添补新法蜂群,这样既取了蜜,又不伤及蜂群。壮大新法饲养蜂群,便于生产和大群越冬,这种方法可谓两全其美。在甘肃省陇东地区,蜂农们采用窑洞养蜂,在天气恶劣、越冬期需要保温时,将蜂群向窑洞移动,起到保护和躲避恶劣天气作用,夏季太阳光极强,气温高时把蜂箱移进窑洞,防止阳光直射,起到遮阳作用,其他时节则移至洞门口,这也算得上是当地中蜂养殖的一个好方式,值得推广。天水、陇南等地新法养殖普及率高达到50%~78%,科学养殖技术普及,养殖效益高。

(二)发展现状

1. 健全服务体系　确定了15个中蜂养殖重点县,蜂业专业机构正在建立,随着行业协会、蜂农合作社的建设发展,养蜂科技服务体系得到逐步完善,全省5个县建立了15个示范基地,示范带动作用明显。

2. 完善标准化生产　不断完善蜂产品质量安全标准体系,制定了10个无公害地方蜂产品标准,建立蜂产品质量可溯源制度,加强蜂产品生产环境和产品质量的检测。中蜂蜜价位不断盘升,每千克售价40~120元,养蜂积极性高涨。

3. 授粉产业兴起　利用蜜蜂授粉方面做了研究、推广和宣传普及工作,在一定范围内取得了较好的成绩,积累了一定的授粉工作经验。特别是利用中蜂在设施农业果蔬授粉试验推广正在推进,在嘉峪关、天水、武威等地建立了试验示范基地。使种植户对蜜蜂授粉作用有了较为深刻的认识,初步形成了有偿授粉格局。

4. 建立发展模式　在近几年推进中蜂产业发展中,建立了三个发展模式,一是在徽县利用体系示范基地建设与发展,重点试验研究高产量、高质量蜂蜜生产,进行中蜂继箱生产成熟蜜试验示范。指导组建"企业+科研推广+蜂农"的徽县养蜂生产经营模式,这种模式是利用企业品牌、资金优势,加强标准化安全生产投入,利用科研推广单位技术支撑,利用蜂农科学生产,减少了中间环节,保证了产品质量,增加了蜂农收入。目前南京九蜂堂蜂产品有限公司给徽县投资2000套蜂箱,成立利益共享的西北原生态中蜂蜜生产供应基地,确保养蜂户利益,推动甘肃蜂产业发展。当地开发商徽县荣基房地产有限公司老总邓志忠,投资1200套蜂箱帮助村民发展养蜂事业,带入致富之路。二是针对舟曲县扶贫及灾后重建,推进特色产业发展机遇,2013年与舟曲县人民政府签订了合作协议,我们进行了中蜂养殖技术指导、培训等工作。县上筹集了190万元,支助发展中蜂产业,投放标准蜂箱及蜂具4000套,建立了政府为主导的"政府+科研推广+公司+蜂农"舟曲扶贫模式。三是岷县大主在国家蜂产业技术体系示范基地建设以来,中蜂产业发展喜人,县上将中蜂产业发展列入岷县七要畜牧产业之一(四黑两草一蜂),对做出具体规划和安排,提出了工作思路、发展目标、发展措施,中蜂产业有了突破性的发展,势头良好,建立了县级中华蜜蜂保护区。县上为了鼓励养蜂事业的发展,岷县政发〔2014〕156号文,将标准化养殖中蜂60群以上的蜂农列入畜牧养殖奖励对象,县上可奖励10000元,鼓励规模化养蜂,推动岷县养蜂业向着规模化、标准化、专业化、科学化方向可持续发展,推动了"政府+科技服务+蜂农"的岷县模式。

5. 加强培训,提高科学养蜂技术水平　养蜂技术培训是提高蜂农科学养蜂技能,夺取高产的一项重要基础措施,这是我们长期开展的重要工作。按照"分类培训、服务产业、注重实效、创新机制"的原则,在示范县示范基地入村入社培训,观摩示范,现场指导,针对性强,目的是将蜂农养蜂技术水平不断提高,标准化、规范化、规模化饲养意识加强,示范带动效果明显,培训工作取得了良好效果。

二、存在的问题

虽然边远山区中蜂发展势头迅猛,山区农民将中蜂养殖作为一项脱贫致富的途径,产业发展有了良好的局面,发展形势喜人,但还存在着许多问题有待改进。

(1)发展不平衡,新法饲养的普及力度不够,范围不大,在一些地方人们的思想观念落后,认为养蜂是"飞财"可遇不可求,积极性有待提高,百群以上的较大蜂场较少,整体快速发展受到影响,制约规模化养殖。

(2)囊状幼虫病区域时有发病,危害严重,给蜂农极大的心理打击和困惑。

(3)大量的西方蜜蜂的进入,蜜源后期由于管理不善蜂群相互起盗严重,往往是中蜂被盗垮,甚至全场覆灭,对中蜂损伤较大。

(4)各地的养蜂技术推广和管理机构不健全、相互联系不够紧密,产品促销等工作不到位,蜂业管理与发展处于比较松散无序状态,阻碍着中蜂养殖业的联动发展。

三、发展前景与思路

养蜂业被称为"农业之翼""空中农业"和"生态农业"。它投资小,见效快,不与农业争水、争肥、争地,这项产业的推广应用,不占耕地,不增加生产投入,不会产生"三废",保护生态环境。中蜂蜂蜜以它的独特品位,价位不断盘升,高于同等意蜂蜂蜜的2~5倍,山区发展中蜂产业,蜂农积极性高,引导蜂农科学生产,保护中蜂资源,促进生态文明建设,能给蜂农带来不错的收入,给农业带来巨大的效益,可谓"阳光产业"。推动和发展中蜂产业前景广阔,对生态环境建设意义重大。

1. 抢抓机遇,推进蜂业发展　随着国家养蜂业"十二五"发展规划的实施,落实甘肃省养蜂"十二五"发展规划,筹划"十三五"发展规划,认真实施国家蜜蜂现代产业体系工作和相关市(州)县政府关于发展蜂业的安排意见,抢抓机遇,加大宣传,推进甘肃蜂业发展,目前部分发展中蜂产业条件良好的县区,已把发展中蜂产业当作特色养殖来抓,提出了工作思路、发展目标、技术措施,发展中蜂产业带来了新机遇,新常态。

2. 建设好中蜂保护基地 针对甘肃良好的蜜源条件、特殊的地理区位和中蜂养殖现状,结合中华蜜蜂保护区建立,加强管理,对转地饲养的外来蜂群有计划的引导安排,加强中华蜜蜂种质资源保护,慎防甘肃中华蜜蜂这个瑰宝退化与灭绝。进行地方良种选育,筛选家养良种,达到良种夺高产的目的。保护不同血统的基因数据,为建立中国中华蜜蜂基因数据库提供资料。加大对病虫害研究,加强防控力度,尽快解决严重的病虫害危害这一难题。

3. 健全培训长效机制 按照国家蜂业发展规划和国家蜂产业技术体系建设新要求,加强蜂农基础培训,指导示范,为蜜蜂养殖人员打下扎实的理论基础,做好形式多样,生动活泼的养蜂技术研讨与交流,每年根据蜂场实际和出现的问题具有针对性的培训,解决养蜂生产第一线中的实际困难,建立长效培训机制,提高科学养蜂技术水平。

4. 建立养蜂示范基地 大力提倡新法饲养,普及中蜂活框饲养技术,实行新老结合的科学养蜂方式,扬长避短,利用中蜂生物学特点,发挥在山区生存优势。选择蜜蜂养殖情况较好的乡镇,建立蜜蜂养殖试验示范场,进行实用技术指导示范与推广,进行有关部门人员、蜂农的观摩示范,起到以点带面,辐射周边,从实践中汲取实用技术,同时也为国家蜜蜂产业技术体系建设岗位科学家提供试验研究平台,主推高效养殖方法,推进现代蜂业科学发展。鼓励引导蜂农办大场、养强群,生产原生态蜂蜜,用事实说话,用产量质量说话,让蜂农们从思想深处真正认识到科学饲养的好处,使他们确实体会到科学饲养带来的甜蜜和喜悦。

5. 争取资金扶持,提升规模养殖 中蜂蜜质量品位优良,价位一度盘升,深受各个层次消费者青睐,中蜂养殖投入产出比与其他养殖产业如牛、羊、猪等相比,优越性远远高出许多,可谓是投资小、见效快的阳光产业,是贫困山区农民致富的一项主要门路。各级政府和有关部门对养蜂业引起了重视,把中蜂养殖当作特色养殖来抓,要充分依托有关的优惠政策,筹划经费,有重点地进行蜂箱、蜂具、饲料补贴,改善落后的生产方式,提升科学养蜂水平。通过不懈努力和社会各阶层的广泛支持,中蜂产业会开创规模化、规范化、标准化的大好养殖局面,将会向高效健康发展方向迈出坚实的步伐。

参考文献:

[1]祁文忠,田自珍,师鹏珍,等.天水地区蜂群室内与室外越冬效果对比[J].中国农学通报,2014(2):30-38.

[2]谭垦,胡箭卫,祁文忠,等.甘南东方蜜蜂的分类地位[J].中国养蜂,2005(11).

[3]李旭涛,孟文学.西北蜂业全书[M].兰州:甘肃科学技术出版社,2007(1):403-414.

[4]吴杰,刁青云.蜂业救灾应急实用技术手册[M].北京:中国农业出版社,2010:1-12.

[5]张中印,吴黎明.养蜂配套技术手册[M].北京:中国农业出版社,2012:1-2.

[6]祁文忠,师鹏珍,缪正瀛,等.对甘肃中蜂规模化养殖瓶颈的调查与思考[J].中国蜂业,2012(2):24-25.

[7]祁文忠,董锐,师鹏珍,等.西北地区定地蜜蜂规模化高效养殖关键技术[J].中国蜂业,2014(10):14-20.

论文发表在《中国蜂业》2015 年第 8 期。

在徽县大力发展中蜂养殖是
农民致富的有效途径

祁文忠[1]，周雷[2]，韩爱萍[1]，安福来[3]，李景云[3]

(1.甘肃省蜂业技术推广总站;2.麦积区水利局,741020;3.徽县畜牧中心,742300)

徽县位于甘肃东南部,地处秦岭南麓嘉陵江上游,属暖温带半湿润大陆性季风气候区,海拔704~2504m,年平均气温12℃,降雨量746mm,日照1726.4h,无霜期210d。夏无酷暑,冬无严寒,素有"陇上江南"之美称。雨水充沛,土壤肥沃,油料作物种植面积大,长势好;森林覆盖面大,生长茂盛,全县有森林175万亩[①],森林覆盖率达45.8%,植被覆盖率达到80%,该县具有得天独厚的蜜蜂养殖条件。中华蜜蜂资源丰富,3.3万群蜂群中,中蜂占83%,主要分布在榆树、柳林、麻沿、嘉陵、大河店、高桥等乡镇,新法饲养普及率达60%以上。深山林区,交通不便,其他转运蜂群难以到达,丰富的蜜源为当地发展中蜂提供了良好的条件。

一、资源优势明显,发展养蜂潜力大

1. 养蜂资源优势明显,发展养蜂空间大　徽县蜜源植物有400多种,可形成商品蜜的蜜粉源植物有近20种,蜜源期长,从东到西,从南到北,从低海拔到高海拔,接连不断,从3月初到10月底,蜜粉源植物相继开花泌蜜,发展养蜂条件优越。科学估算徽县载蜂量在10万群以上,在现有3万多群蜜蜂的基础上,还有很大的发展空间。

2. 传统养蜂习惯积淀浓厚,农民乐易发展养蜂　据考证东汉年间,上邽人姜岐,养蜂教徒,教授乡人,他的学徒满天下,并普及推广规模养蜂数千家。如今天水、徽县这一小陇山林区,养蜂者数不胜数,许多人家都是世代养蜂,可能是姜岐当年教授者满天下,沿袭至今的结果。例如,苟店、麻庄,就有六成多的农户以养蜂为业,所以徽县有大力发展养蜂业的良好基础。

3. 有优良的蜂种资源　中蜂个体大,品质优,能维持大群,一般蜂群7~9脾,最大群13脾,生产性能好,产量高,善于利用零星蜜源,是非常好的当家蜂种。

4. 技术服务为发展养蜂事业奠定基础　多年来甘肃省养蜂研究所（甘肃省蜂业技术

注：① 1 亩 ≈ 666.7m²

推广总站),长期进行科学养蜂技术培训,技术指导,普及中蜂新法饲养,引进推广新品种、新技术。目前农民大多都容易接受技术指导,科学发展养蜂积极性高,徽县养殖大户、高产户都是前期技术培训的农民,掌握了新技术,生产效益大大提高,起到示范带头作用。

二、重视养蜂,收入可观,形势喜人

徽县对蜜蜂养殖很重视,近年来养蜂收入可观,形势喜人,在蜜蜂养殖中,涌现出了一些重点乡,专业村,模范户,他们养殖数量大,相对比较集中,经济效益好。例如2007年榆树乡饲养蜜蜂6000余群,平均每群生产蜂蜜35kg,年产值352万元,养蜂业收入占全乡人均纯收入的1/5。养殖100群以上的蜂农就有11户,最大的养殖户饲养蜜蜂175群,最高收入6.9万元。养蜂数量较多的苟店村67户农民,有43户养蜂,麻庄村户55户农民,有23户养蜂,分别占农户的64%和42%,成为名符其实的养蜂重点村。同时,涌现了一批模范养殖户,带动了乡村发展养蜂势头。

苟店村桃园社赵卫东,年龄38岁,初中文化,养殖175群蜂,全部采用新法活框饲养,2007年上半年,养蜂收入达49 610元,下半年采取小转地,收入19300元,全年养蜂收入接近7万元,成为该村养蜂带头人,发家致富能手;麻庄村麻庄社的梁桂平,34岁,初中文化,目前养中华蜂115群,至6月养蜂总收入达24 325元,日子过的红红火火,人人为之羡慕;石碑村吊沟社的王胜世,51岁,高中文化,子女在外工作,夫妇俩以养蜂为业,有中华蜜蜂110群,采用定地与小转地相结合,2007年养蜂收入达41 200元,脱了贫,致了富,奔向了小康。

三、发展养蜂中亟待解决的问题

虽然徽县有着丰富的蜜源资源,中蜂养殖也有一定的规模,经济效益比较突出,但亟待解决的问题不可忽视。

(1)长期贫困,经济滞后,对养蜂生产投入不够,形不成规模化养殖,蜜源利用率不高。

(2)管理不规范,标准化程度不高,如蜂箱、巢框尺寸不统一,对生产管理带来诸多不便。

(3)部分养蜂者,虽然有一定的实践经验,但系统性养蜂知识匮乏,科学养蜂理论基础不够扎实。

(4)县乡间公路连接落后,特别是深山林区,路况很差,运蜂车难以到达蜜源深处,致使大部分蜜源资源因无法利用,而白白浪费,对蜜源的充分开发利用和深入挖掘不够。

四、进一步发展养蜂思路

(1)依托甘肃省农民创业培训政策,加强蜂农培训,指导示范,提高科学养蜂技术水平,为蜜蜂养殖人员打下扎实的理论基础,做好形式多样,生动活泼的养蜂技术研讨与交流,组织农户参观典型养蜂户,选择蜂场进行现场指导示范,促进整体养蜂水平提高。

（2）在组织和管理模式上，采取"技术单位+养蜂户""养蜂户+企业"，形成"饲养—加工—营销"一条龙的生产模式，灵活运行机制，使企业与蜂农形成利益共同体，以蜂农为主体，研究所为技术支撑，主管部门做好指导协调，推进蜂业产业发展。

（3）做好大力宣传，能够使主管农牧的政府干部，充分认识到，养殖蜜蜂所带来的巨大经济效益、社会效益和生态效益，增加对养蜂业的重视，加大对发展养蜂的政策扶持和资金支持力度。

（4）建立健全养蜂管理机构体系，发展健全的、结构合理的推广服务体系，成立养蜂联合体和行业协会，解决蜂农小生产和大市场的矛盾，提高组织化程度，行成集约化生产，增强抗御市场风险的能力，有效地在市场、企业与蜂农之间架起相互联系的桥梁，加强产前、产中、产后的全程服务，促进技术、信息交流，引导蜂农走向市场。

（5）加强领导，合理规划，做好养蜂标准化建设。通过认真调查研究，做好规划，重点选择培养技术骨干、养蜂能手，按无公害蜂产品生产规范要求，进行标准化、规范化养殖建设，作为标准化试点，这样以点带面，辐射周边，起到示范效应。

参考文献：
2007 年甘肃省养蜂研究所"微县养蜂情况调查报告"内部材料。

论文发表在《蜜蜂杂志》2008 年第 7 期。

第二篇

甘肃蜜源植物

甘肃东南部蜜源调查

祁文忠

蜜源是蜜蜂赖以生存的物质基础,全省蜜源植物有 650 多种,主要蜜源植物有 30 多种,主要蜜源植物有刺槐、油菜、狼牙刺、漆树、椴树、五倍子、党参、黄芪、红芪、红豆草、益母草、黄芩、紫花苜蓿、草木樨、荞麦、苹果树、杏树、柿树、小茴香、籽瓜、瑞苓草、柴胡、野藿香、飞莲、飞蓬、牛奶子、百里香、老瓜头、棉花、苦豆子、蚕豆、密花香薷等,面积 230 万公顷,载蜂量已超过 100 万群。

一、庆阳市蜜粉源植物资源概况

庆阳位于甘肃东部,陕、甘、宁三省交会处。辖西峰、庆城、镇原、宁县、正宁、合水、华池、环县 7 县 1 区。海拔高度在 885~2082m。在 2.7 万 km² 的总面积中,耕地占 18.9%,草地占 20.5%,林地占 10.6%,荒地占 38%。年均降水量 513.1mm,蒸发量1504.9mm,日照时数 2421.6h,年均气温 7℃~10℃,无霜期 140~180d,属内陆性季风气候。农业以草畜、果品、瓜菜为主要的三种产业优势明显。主要蜜源以刺槐、油菜、荞麦为主。

二、平凉市蜜源植物概况

平凉位于甘肃省东部,南接甘肃天水和陕西宝鸡,北与甘肃庆阳及宁夏固原相连,东与陕西咸阳及甘肃庆阳接壤,西面与定西相邻。该地区辖崆峒区及泾川、灵台、华亭、崇信、庄浪、静宁 6 个县。全区东西狭长,陇山纵横本区中部,其东部为陇东黄土高原,西部属陇西黄土高原。陇山海拔在 2000m 以上,最高峰达到 2857m。全区气候温和,雨量适中,属温带半湿润气候,全年平均气温 7℃~9℃,全年平均降水量 500~700mm,集中于 7~9月。降水分布从东南向西北递减。干旱、冰雹和霜冻是本区的三大自然灾害。主要蜜源以刺槐、油菜、紫花苜蓿、林区杂花、荞麦为主。

三、天水市蜜源信息

天水位于甘肃东南部,自古是丝绸之路必经之地。全市横跨长江、黄河两大流域,新亚欧大陆桥横贯全域。境内四季分明,气候宜人,物产丰富,素有西北"小江南"之美称。天水市适宜多种粮食作物、经济作物和林果瓜菜生长,为全国十大苹果基地之一。森林覆盖率达 26.2%,是西北最大的天然林基地之一。域内交通便捷,五横三纵省道国道及市区环形交通的贯通,天兰、陇海铁路复线的通车,使天水的交通更为便利。主要蜜源以刺槐、油菜、漆树、椴树、五倍子、紫花苜蓿为主。

四、陇南市蜜源植物信息

陇南市位于甘肃省东南端,东接陕西省,南通四川省,扼陕甘川三省要冲,素有"秦陇锁钥,巴蜀咽喉"之称。下辖武都区、康县、文县、成县、徽县、两当县、西和县、礼县、宕昌县8县1区,辖区面积2.79万km²,总人口287万人。陇南是甘肃省唯一属于长江水系并拥有亚热带气候的地区,被誉为"陇上江南"。境内高山、河谷、丘陵、盆地交错,气候垂直分布,地域差异明显,有水杉、红豆杉等国家保护植物和大熊猫、金丝猴等20多种珍稀动物。拥有2个国家级自然保护区(白水江国家级自然保护区、甘肃裕河国家级自然保护区)、1个省级自然保护区(文县尖山大熊猫自然保护区)、3个国家森林公园(文县天池、宕昌官鹅沟、成县鸡峰山)和2个国家湿地公园(文县黄林沟国家湿地公园、康县梅园河国家湿地公园)。陇南气候温润,光热水资源丰富,富集着诸多物种资源,特别是蜜粉源植物分布广、花期长,总面积达3833万亩,种类达到600多种,其中,党参、黄芪、五味子、五倍子、漆树、椴树、板栗、狼牙刺、洋槐、油菜、荞麦等主要蜜源植物有10余种,是全省中华蜜蜂的重点养殖区。据初步测算,全市蜂产业总体发展潜力在40万群以上。

五、定西市主要蜜源植物信息概况

定西市位于甘肃省中部,辖安定区、陇西县、通渭县、临洮县、岷县、漳县、渭源县,共6县1区。全区总面积29.131万km²,森林面积199.31万亩,林覆盖率4.56%,除渭源植被较好外,其他各县植被稀少,尤以中部和北部突出。全区大部分属于黄土高原,海拔在1300~2000m,地形多山少川。年平均气温4℃,通渭华家岭最低为3.4℃,日照时数240~322h,无霜期140~180d,年平降水量从北向南递增。定西盛产当归、黄芪、红芪、党参、丹参等名贵中药材238种,为蜂养殖提供了优质丰富的蜜源。

六、甘南藏族自治州蜜源植物概况

甘南藏族自治州是全国十个藏族自治州之一,地处青藏高原东北边缘,南与四川阿坝州相连,西南与青海黄南州、果洛州接壤,东面和北部与陇南、定西、临夏毗邻。海拔1100~4900m,大部分地区在3000m以上,平均气温1.7℃,没有绝对无霜期。甘南州有丰富良好的天然植被,在海拔400~4000m均有植被分布,其中3100~4000m高度的阳坡是禾本科和莎草科为主草地,阴坡是灌丛植物。在1400~3000m的高度上,阳坡多为草坡或农田,阴坡多为茂密的森林。树种多为云杉、冷杉、落叶松、油松等。森林上层还有以杜鹃为主的灌木林,底层有以栎、桦为主的杂木林。一些经济林木如花椒、苹果、梨、核桃、杏等,主要生长在舟曲、迭部、临潭、卓尼四县。甘南有草原面积4084万亩,甘南有林地1382万亩,占全省森林资源总面积的30%,森林蓄积量占全省总量的45%。

七、临夏回族自治州蜜源资源概况

临夏回族自治州辖临夏市、临夏县、永靖县、和政县、广河县、康乐县、东乡族自治县、积石山县。平均海拔2000m。自治州大部分地区属温带大陆性气候，冬无严寒，夏无酷暑，四季分明，气候适宜，空气新鲜，清爽宜人。年均气温6.3℃，最高气温32.5℃，最低气温零下27.8℃，年平均降雨量537mm，蒸发量1198~1745mm，日照时数2572.3h，无霜期137d。经调查，全自治州有蜜粉源植物221种，分属110属，44科。其中主要蜜粉源植物有玉米、油菜、苜蓿、枣树、荞麦等。枣树主要分布在永靖、东乡两县，其他全州均有分布。

浅析甘肃蜜源资源与发展

祁文忠,郝海燕

(甘肃省养蜂研究所,甘肃天水 741020)

摘　要:本文在对甘肃主要蜜源植物的种类、分布、特点分析的基础上,根据蜜源开发利用方面存在的问题,就如何更进一步合理开发利用当地的蜜源资源提出了自己的见解。

关键词:蜜源资源;发展

甘肃位于中国西部,面积 42.5 万 km²,处于亚热带与温带,地域辽阔、地形复杂,是地处青藏、蒙新、黄土三大高原交会处,地形狭长,从东南到西北长 1655km,南北宽 530km。地形多样复杂,山地、高原、平川、河谷、沙漠、戈壁交错分布,集黄土沟壑、戈壁绿洲、高原牧场、天然森林和人工植被于一体,特色各具。丰富的植被蕴藏着丰富的蜜源资源,种类繁多,其中草原面积 1600 万 hm²,油料作物种植面积 66.7 万 hm²,莽莽林海面积342.7万 hm²,中南部的中草药生产基地的建设,目前种植面积 13.1 万 hm²,并以每年 25.5%的速度增长。据科学调查,全省现有蜜源植物 650 多种,其中能形成商品蜜粉的主要蜜源植物有 27 种之多,它们是刺槐、油菜、狼牙刺、党参、黄芪、红芪、葵花、芸芥、百里香、野藿香、益母草、百号、紫花苜蓿、草木樨、红豆草、小茴香、漆树、椴树、五味子、五倍子、沙枣、枸杞、柿子、杏子、荞麦、棉花、籽瓜等。这些主要蜜源植物面积达 300 多万亩。丰富的蜜源资源,为养蜂生产提供了良好的物质基础,依据科学的空间数学模型测算,储蜜量在 6 万 t以上,载蜂量在 100 万群以上。

一、蜜源的种类与分布

1. 天水暖带湿润区和陇南亚热带湿润区。这一区域属于温和半湿润季风气候区,夏无酷暑,冬无严寒,雨水充足,是以秦岭山脉为分水岭的长江水系和黄河水系共存的地带,土壤肥沃,油料作物种植面积大,长势好;森林覆盖面积大,生长茂盛。主要蜜源植物集中分布在秦城、北道、秦安、甘谷、武山、清水、徽县、成县、武都、文县、两当、西和、礼县等县区,其主要品种有刺槐、油菜、狼牙刺、漆树、椴树、五倍子、五味子、荞麦、柿子、杏子等。还有分布在文县、甘谷等地的党参(其中文党主要分布在文县,潞党分布在甘谷),红芪分布在武都、宕昌等地。

2. 位于黄土高原和六盘山区的陇东地区。这一区域有平展的塬区和关山林区、子午岭林区。主要蜜源有刺槐、荞麦、油菜、小茴香、漆树、椴树、椿树、五倍子、杏子、紫花苜蓿、草木樨、百里香、枸杞等,分布在平凉的泾川、灵台、崇信、华亭,庆阳的西峰、宁县、正宁、合水、环县等县区。

3. 陇中干旱、半干旱地区和陇中南部高寒阴湿地区。这一地域气候多样,小气候明显,生长着各种蜜源。主要有紫花苜蓿、红豆草、草木樨等抗旱牧草蜜源;有党参(潞党)、黄芪、红芪、小茴香、百里香、益母草、枸杞、野藿香等中草药蜜源;有油菜、芸芥、葵花等油料蜜源;有刺槐、漆树、椴树、椿树、五倍子等林木蜜源;还有多种山花蜜源和后期的荞麦蜜源。它们分布在定西、通渭、陇西、渭源、岷县、漳县、临洮、会宁、静宁、兰州、白银等地。

4. 河西走廊,又称"甘肃走廊"属温带干旱区。这一地域的年降雨量50~200mm,日照时间长,适合于耐旱植物生长,蜜源主要有油菜、葵花、棉花、籽瓜、沙枣、百号、山花等,它们主要分布在武威、民勤、景泰、白银、山丹、张掖、天祝、民乐、临泽、安西、敦煌、酒泉等地县。

5. 甘南高寒湿润区和祁连山脉区的河西南部的高寒半干旱区。这类地域分布着大面积的天然草原和人工草场,主要蜜源植物有油菜、野藿香、紫花苜蓿、飞莲、飞蓬、百里香、黄芩、大蓟、防风、沙参等。分布在康乐、积石山、合作、夏河、碌曲、玛曲、临潭、天祝、肃南、肃北、阿克塞等地。

二、蜜源的特点

1. 泌蜜差异性大,花期衔接好,时间长。从4月初起至10月底花期接连不断。一是油菜蜜源由海拔低的地域向海拔高的地域递进,由东南向西北递进,从陇东南的天水、陇南四月开花至西北的甘南、武威、张掖八月结束,开花时间有四个多月。二是刺槐从南到北,从河谷、平川到浅山、深山、高山花期前后60d,素有立体蜜源之美称。三是党参在同一株上花朵繁多,逐渐生长逐渐开花,花期近60d。四是黄芪两年生和三年生两种接连花期有两个多月。五是河西地区温差大,降雨量少,日照时间长,有利于植物营养的积累,泌蜜量大,且含糖量高,流蜜稳定,有"铁蜜源"之称。六是草原面积大,各类草花开花泌蜜参差不齐,流蜜时间长,对繁殖蜂群和生产都非常有利。周边地区(如青海、宁夏、新疆、陕西、四川等)相互穿插,机动余地大,放蜂场地宽阔,进退自如,可选择性强。

2. 是优质蜂产品生产基地。蜂产品产量较稳定,素有"西北大蜜库"之称。因地理、气候特点,生产的蜂蜜酶值高、蜂王浆10-羟基癸烯酸含量高、品质好,产品在国际市场和国内市场上畅销、抢手。年产蜂蜜1.55万t、蜂王浆200t、花粉700t、蜂蜡300t、蜂胶10t左右。

3. 特种蜜源资源丰富,生产的特种蜂蜜产品多,在市场上价位高、销量好。如党参蜂蜜、黄芪蜂蜜、红芪蜂蜜、小茴香蜂蜜、百里香蜂蜜、枸杞蜂蜜、益母草蜂蜜、狼牙刺蜂蜜、五味子蜂蜜等,在市场上有较高的卖点和较强的竞争力。百号花粉、党参花粉等特种花粉,药用价值高,开发前景好,潜力大。

4. 蜜源种类多,气候复杂,小气候明显,地理复杂多样。且随着西部大开发退耕还林草,建造山川秀美大西北政策的实施,蜜源植物面积在原有的基础上逐年增大。蜂群放牧场地可选性强,活动余地大,进退自如,能够灵活机动地有效利用蜜源。收成稳定,具有高产、稳产的特点。

5. 有大面积的草原,辅助蜜源丰富,在蜜蜂饲养中生产、繁殖、换王、培育越冬蜂等效果极佳。

6. 蜜源面积大、分布广、潜力大、合理载蜂优势明显。每年全国放蜂三大线路中,西线由云、贵、川退出的200多万群蜜蜂,有120多万群进入甘肃省及周边省份追花夺蜜。

7. 欧亚大陆桥纵贯全省,对积极挖掘甘肃蜜源资源,开拓蜂产品国内、国际市场,开发中亚、西亚和欧盟各国市场有着便利的条件和积极意义。

8. 秋后蜜源结束,气温下降快,有利于蜂群休整、小越冬。是西线蜂群长途转运的中枢地和中转地。

三、蜜源开发中存在的问题

虽然甘肃有着丰富的蜜源资源,但由于经济、交通、观念等因素的影响,还没有完全合理的开发利用,主要存在的问题有:

1. 由于地域、历史等原因,甘肃的综合力量与东部发达省有较大的差距,长期贫困,经济滞后,对养蜂生产投入不够,养蜂业的发展远不如浙江、福建、四川等养蜂发达省份,蜜源利用率不高。

2. 观念落后,恋家守旧,惧怕走出去放蜂亏本,接受养蜂新技术、新思路能力差。山区农民定地饲养蜜蜂的意识淡薄,认为"蜜蜂是飞财,可遇而不可求"的愚昧思想严重,不能够充分合理利用蜜源资源。

3. 虽然铁路贯穿全省,公路有几条国道在全省纵横交错,但县乡间公路连接落后,运蜂车难以到达蜜源深处,致使大部分蜜源资源因无法利用。

4. 政府部门对发展养蜂重视不够,投入不足,就蜜蜂对农作物、林果、牧草授粉所带来的可观效益,了解不深,片面看待。对养蜂的好处宣传力度不够,各地的养蜂技术推广和管理机构不健全、相互联系不够紧密,种质引进、产品促销等工作不到位,阻碍着养蜂业的发展和蜜源植物的开发与利用。

四、发展思路

针对上述问题,笔者就今后发展甘肃省养蜂业,充分利用好蜜源资源,提出自己的一点看法和思路。

1. 抓住西部大开发的发展机遇,利用西部大开发的良好政策环境,依托甘肃省各级政府,在发展思路上的创新点和有关的优惠政策,争取生态环境建设和发展养蜂业方面的资金投入。鼓励贫困山区农民大力发展养蜂事业,把养蜂业当作脱贫致富的一项主要门路,促进外来蜂群的合理放牧。

2. 充分利用甘肃丰富的蜜源资源,以生态经济促蜂业发展,推进全省蜜源植物资源的合理配置和有序开发,以点带面,辐射全省,抓住特色,稳步推进,使蜜源生态建设与科学养蜂的良性循环体系尽快得以实现,符合可持续发展战略的思路。

3. 大力宣传,使各级领导干部,特别是农牧业战线上的干部,充分认识到,蜜蜂为农作物授粉所带来的巨大社会效益、经济效益和生态效益,从行政管理角度上,增加对养蜂业的重视,各地区建立健全养蜂管理机构体系,加大技术推广力度,做好养蜂员的技术培训工作。使甘肃省养蜂业整体水平不断提高,合理利用蜜源资源。

4. 加强领导,合理规划,有效利用现有蜜源资源,挖掘未开发利用的蜜源潜力,积极建设人工栽培蜜源生态体系,充分研究、发展和建设特种蜜源,合理保护和长期建设常规蜜源。

5. 认真贯彻和宣传国家关于农产品及相关农业投入品质量安全认证及产品质量安全标准方面的法律、法规和规章制度,推广应用无公害蜂产品标准。建立无公害蜜源保护基地,推进建立绿色蜂产品生产体系、有机蜂产品生产体系。

6. 努力倡导省政府出台蜂业管理办法以及蜜源资源保护办法,建立蜜源资源保护体系,把保护蜜源植物列入法律范畴,加强宣传,使蜜源植物保护意识深入人心。

参考文献:

[1]甘肃省养蜂研究所.甘肃蜜源植物志[M].兰州:甘肃科学技术出版社,1983.

[2]中国养蜂学会,等.中国蜜粉源植物及其利用[M].北京:农业出版社,1993.

[3]章定生,佘坚强,曹九明,等.蜜源植物数学模型的建立与应用[J].湖北养蜂,1985(4).

[4]祁文忠,田自珍.甘肃中南部几种中草药材蜜源及其利用[J].蜜蜂杂志,2001(8).

[5]祁文忠.天水的主要蜜源及养蜂生产的利用[J].养蜂科技,2000(11).

[6]甘肃省农业厅办公室主办.甘肃农牧简报[J].2002(1-16).

论文发表在《中国养蜂》2005年第7期。

甘肃特种蜜源——黄芪

祁文忠¹，冯国强¹，张振中²

（1.甘肃省养蜂研究所，甘肃天水 741020；

2.天水西联蜂业有限责任公司，甘肃天水 741000）

摘　要：黄芪是甘肃省中南部农民种植的中药材经济作物，是很有价值的特种蜜源，本文通过对黄芪的形态特征、生境与种植、泌蜜习性、影响因素、蜂群管理等方面的介绍，对蜂友充分了解和合理利用提供帮助。

关键词：特种蜜源；黄芪

随着农业产业结构的调整，当地政府鼓励农民种植具有地方特色的经济作物。根据甘肃中南部的气候、土质特点，农民把种植黄芪中药材，作为一项脱贫致富的措施。目前种植的面积大，分布广，是一种非常好的特种蜜源，对蜂群的生产繁殖非常重要。黄芪蜂蜜优质上等，可与洋槐蜜相媲美，是特种蜂蜜。

一、形态特征

黄芪又名绵黄芪、口芪、绵芪。是补益类中药材，目前在甘肃大面积种植的有蒙古黄芪和膜荚黄芪两种。

1. 蒙古黄芪，学名 *A atragalus mongholicus* Bunge.，蝶形花科，多年生草本，茎直立，有主秆一年生 1 枝，两年生 1~4 枝，三年生 5~30 枝，秆高 40~80cm。俗称低秆黄芪。奇数羽状复叶，小叶较密 25~37 片，宽椭圆形、椭圆形或矩圆形，托叶披针形。总状花序腋生，花多数，花冠黄色，萼钟状。蜜腺长在花冠内子房基部。荚果膜质膨胀，半卵形。新鲜根比较脆嫩，易断；主根直径 1~3cm，长 40~100cm，供药用。一般药用黄芪为两年收获，即从育苗到收获生长周期为两年，收子的一般为三年收获。

2. 膜荚黄芪，学名 *A atragalus membranaceus* (Fisch.) Bunge.，蝶形花科，多年生高大草本植物。茎直立，每株有主秆一年生 1 枝，两年生 1~4 枝，三年生 5~30 枝，有的多达 45 枝。主秆紫红色，有浓密的白色长毛，秆高 60~150cm。俗称高秆黄芪。奇数羽状复叶，小叶 21~31，卵状披针形或椭圆形，托叶狭披针形。总状花序腋生，花白色，萼筒形。蜜腺长在花冠内子房基部。荚果膜质，膨胀，卵状矩圆形，有黑色短毛。根较柔硬，不易断。根直径 1~2cm，长 30~60cm，供药用。一般两年已生长成熟并收获。即从育苗到收获生长周期为两年。很少有三年生留种子的黄芪。

二、生境与栽培

1. 野生黄芪多生于海拔2000m以上的山坡、草丛、灌丛或疏林中。喜阴湿、土层疏松、深厚、肥沃地带生长，山地、平地都适宜生长。在甘肃中南部大部分地方都已人工栽培，成为主要的经济作物。

2. 近几年来，人工大量栽培，一般情况下蒙古黄芪和膜荚黄芪栽培方法相同，栽培方法是：第一年3月育苗，9~10月起苗贮藏。第二年3~4月栽培，栽培时先将地翻熟，平整好并施足肥料，再将去年所育的苗精心栽培，保持株距35cm，行距40cm。管理时注意除草、松土、防田鼠。栽培的当年秋后收获，即生长周期两年。少数到第二年收种子，即生长周期三年。

3. 目前甘肃省内以"中国黄芪之乡陇西"为主的渭源、岷县、临洮、漳县、临潭、卓尼、宕昌、武都等县均大量栽培，各县有数万亩至十几万亩不等。已形成新型的一个主要特种蜜源。

三、开花泌蜜习性

1. 黄芪开花时间随海拔的升高而推后，品种、生长期的不同花期有所不同。如陇西、渭源、临洮、武都等低海拔的地方，花期稍早些，岷县、漳县、宕昌、卓尼等海拔较高的地方花期稍晚些。总之由于海拔、品种和收获年限的不同，花期也有所不同，蒙古黄芪栽培当年7月初至8月中旬开花泌蜜；收子黄芪（第三年）5月底至7月初开花泌蜜，且流蜜比头一年好。膜荚黄芪花期与蒙古黄芪栽培当年的花期基本一致，但开花时间稍长一些，花期7月初至8月底。黄芪开花，主秆花序先开，然后分支花序逐渐开放，在一个花序上，下部花朵先开，依次往上开。蒙古黄芪当年育的苗不开花，膜荚黄芪当年育的苗大部分不开花，也有少量开花的，但不流蜜。总体来说生长一年的不流蜜，生长两年的泌蜜丰富，但不及生长三年的流蜜涌。黄芪最佳流蜜温度为20℃~28℃，晴朗的天气上午9时至下午5时流蜜。前期雨多、土地肥沃长势好，花朵繁多，则流蜜好；湿度大，天气闷热，泌蜜丰富；花期时有小雨，但很快天晴，有助于流蜜。天气干旱、长势差流蜜很少，难以收到商品蜜。黄芪开花前后两个花期结连有70d左右，流蜜期30~40d。一般年景群产蜜20~40kg，丰年群产50~70kg。

2. 黄芪蜂蜜无杂花区蜜质乳白，透明，色、香、味可与洋槐蜜媲美；部分带有红芪花区生产的蜂蜜呈浅琥珀色。成熟的黄芪蜜香味清淡爽口，绵润悠长。结晶较慢，结晶后蜜质细腻，洁白，是尚好的特种蜂蜜。

3. 黄芪初花期有一定的花粉，粉团小，米白色。大流蜜期进粉较少。

四、影响流蜜的主要因素

1. 黄芪流蜜的大小,与面积、生长期的长短有很大关系。市场上黄芪药材价格影响着栽种面积,如果市场上黄芪药材行情好,价位高,则农民大量栽培,这样黄芪面积大,而且大部分是两年生的黄芪。生长两年的和生长三年的在流蜜量上有一定的差别,三年生的比两年生的流蜜好一些。一般生长周期三年的,是留收种子的,面积比较小。但特殊情况就不同了,如果上一年黄芪市场行情不好、滞销,就有大量黄芪不挖留在地里,因此,这年就有大面积的三年生黄芪,而当年栽培的就少了,这年大流蜜期在6月份,有可能是个丰收年。如果上年黄芪市场行走销、价位高,则农民大量栽培黄芪,当年黄芪就面积大,那么这年大流蜜期限就在7月份。在实际工作中要做好实地考察工作,如果不了解情况,盲目放蜂,大量超过合理载蜂量,势必会造成极大损失。

2. 栽种黄芪的绝大部分地区都没有灌溉条件,全是靠天吃饭的旱作农业,降水的多少直接影响着收成。干旱对黄芪的生长发育及泌蜜不利,花期长期无雨、高温、干燥大大影响流蜜。2001年雨量充沛,黄芪长势好,是个丰收年。2002年干旱少雨,产量减少一半多,是个歉收年,有些地方没有收入。

3. 耕作条件也影响着流蜜状况,耕作精细,无杂草,合理施肥,长势好,流蜜好。否则流蜜差。

五、蜂群管理要点与注意事项

1. 采集黄芪的蜂群,大部分都是陇东南采完洋槐的蜂群,特别是天水地区的洋槐花期,先后有40d左右,由于抓产、换王,花期又缺粉,蜂群下降是在所难免。进入黄芪场地,积极组织调整蜂群,加快繁殖恢复群势。由于黄芪有补气升阳的功效,对蜂群健康有明显作用,实践证明,在洋槐场地退下来的蜂群,到黄芪场地复壮效果特别好,幼虫水灵、保满,子脾面大、平整,发育成蜜蜂后体质好,个体大、寿命长、采集力强,大流蜜期到来时可夺取高产。

2. 抓紧时间育王换王,这时的蜜源、气候都适合育王和处女王的交尾,实践中蜂王交尾成功率高。及时换掉老王、劣王,为繁殖越冬蜂和来年的发展打好基础。

3. 适时抓紧治螨。

4. 进入黄芪场地前,要做好蜜源的调查了解,掌握面积、种类、生长期和长势、气候等实际情况,做到心中有数。

5. 选择放蜂场地时,要远离沟壑、河谷到地势较高的安全地方摆放。甘肃省中南部,属青藏高原与黄土高原交会过渡带,灾害性天气频繁,时有山洪暴发,被洪水冲走的蜂场有之。

6. 蜜源后期,根据当地党参的面积、长势情况,就地不动或小转地进入党参蜜源场地。

参考文献：

[1]徐万林.中国蜜源植物[M].哈尔滨:黑龙江科学技术出版社,1987.

[2]甘肃省养蜂研究所.甘肃蜜源植物志[M].兰州:甘肃科学技术出版社,1983.

[3]祁文忠,田自珍.甘肃中南部几种中草药材蜜源及其利用[J].蜜蜂杂志,2001(8).

论文发表在《蜜蜂杂志》2003年第8期。

甘肃特种蜜源——党参

祁文忠，逯彦果，缪正瀛

（甘肃省养蜂研究所，甘肃天水 741020）

摘 要:在多年对党参蜜源的观察研究的基础上,通过本文对党参蜜源的形态特征、生境与种植、泌蜜习性、影响因素、蜂群管理等方面介绍,供同仁们参考并帮助蜂友了解和合理利用。

关键词:党参;特种蜜源

一、形态特征

党参[*Codonopsis pilosula* (Franch.) Nannf.],别名口党参、毛党参、潞党参、文党参等。桔梗科(Campanulaceae),草质缠绕藤本植物,根圆柱形,药用。藤本茎长约 1.5m,分枝多,一个根上可生长 1~10 枝不等的茎蔓,根越大,茎蔓的枝数就越多。叶互生,卵形或狭卵形。每技蔓花 1~17 朵,生分枝顶端,萼裂片 5,花冠淡黄绿色,宽钟状,下垂。蜜腺与花盘组织融合,花盘构成五角形的环状结构,环状结构的边缘 5 个角处,有略为突起的分泌花蜜的蜜腺,属于花内蜜腺,由于花朵像大钟一样垂掉着,雨水难以冲掉花蜜。雄蕊 5,子方半下位,3 室。蒴果 3 瓣裂,有宿存花萼。党参根药用,味甘,性平。在甘肃省域内大面积种植的有潞党参和文党参两种。

二、生境与种植

1. 生境分布 野生党参多生山坡、灌木丛中,喜阴湿、土质肥沃、疏松地带生长,甘南州的大部分地方,岷县、漳县、渭源、宕昌、文县、舟曲等地,都有大量的野生党参生长。随着农业产业结构的调整,甘肃中南部许多地方,大量人工栽培党参,成为当地主要的经济作物,分布在以"中国党参之乡"——渭源为主产地的陇西、临洮、甘谷、岷县、漳县、宕昌、武都、文县、卓尼、临潭等县。栽培的以潞党参和文党参为主。各县种植面积 2 万~15 万亩不等。

2. 栽培方式 第一年育苗,第二年栽培并收获。海拔在 2000m 以上的地区,4~5 月份育苗,海拔在 2000m 以下的,气温稍高一些的地区,一般 6~7 月份育苗,也有 10~11 月份土冻前育苗的。党参根耐寒,−30℃也不会冻坏,故不起苗贮藏,第二年土地解冻后直接移栽。栽培前首先将地翻熟,平整好,并施足底肥,保持株距8~10cm,行距18~20cm,科学栽培,精心管理。10月份割党参蔓,然后挖根收获。

三、开花泌蜜习性

1. 花期　党参蜜源是甘肃中南部地区秋后主要蜜源,花期7月下旬至9月下旬,长在2月有余。每株党参有1~10枝藤蔓,每枝藤蔓上有1~17个朵花,花朵由下而上,逐渐生长,逐渐开花。党参单花开花时间,一般为26.5~95.5h,平均为66.8h,在加保护罩阻止昆虫授粉的情况下,开花时间可达162.5h。花期随着海拔高度的升高,稍推后,花期也稍短一些。

2. 流蜜期　党参的盛花期在8月初至9月上旬,30~40d,这一时期是党参开花强度变化最为活跃的阶段,开花强度高峰通常出现于8月初至9月初,20~30d(开花强度为30~100朵/㎡),这个阶段也就是大流蜜时期。研究表明,党参泌蜜适宜温度为16℃~30℃。单花泌蜜一天内顺时递增,下午泌蜜量最大。单花泌蜜量为11~240ul/朵,平均数为30.6ul/朵。党参花的蜜腺在花冠未开裂前就已经开始分泌花蜜,当花冠开放后,蜜蜂等昆虫通过采蜜授粉后,植物自身调节,蜜腺组织自然萎缩,泌蜜慢慢停止。党参流蜜不稳定,有丰年、平年和歉收年。根据多年的观察研究与养蜂生产实践统计,丰年群产50~80kg,平年群产20~30kg,歉收年0~10kg或只能维持饲料,也有绝收年,需要给蜜蜂喂糖。

3. 党参蜂蜜　成熟的党参蜂蜜,蜜质独特,口感绵润,浓稠香醇,琥珀色,不结晶。

4. 党参花粉　花粉呈黄褐色,粉团略小,团粒结的不如荞麦花粉团那么紧。

四、影响开花泌蜜的主要因素

1. 温度　党参开花泌蜜,气温在6.5℃~30.5℃,泌蜜量与气温之间为正相关。上午气温较低泌蜜量少,14~18时气温较高,泌蜜量也好一些,夜间气温低,基本不泌蜜。刮干热风影响流蜜。

2. 降雨量　我们西北降雨量少,干旱的年景多,经常由于在党参生长期干旱,造成歉收或绝收。如果,在党参生长期雨量充足,长势良好,泌蜜丰富,花期天气晴朗,花期前雨水多,且白天晴夜间雨,流蜜非常涌,是个丰收年。

3. 合理耕作　精心耕作,合理施肥,枝株能很好吸取土壤中的各种矿物质,长势好,花枝繁茂,有利于泌蜜。

4. 合理的载蜂量是丰收的前提　种植面积大小和放蜂密度,对收成有着重要影响。由于党参花期长,丰年产量很高,最近几年,许多养蜂者在采集时,发现流蜜很好,就电话通知亲朋好友,在通讯、交通非常发达的今天,得到消息者在1~3d内,完全可以赶来采集,形成放蜂密度急剧上升,有的公路沿线,200群的蜂场间隔不到100m,数倍超过合理载蜂量,结果导致谁也取不到蜜,有的还引起盗蜂,造成重大损失。所以养蜂者要保持清醒头脑,冷静分析,全面了解,不能一哄而上,造成不必要的损失。

5. 蜜源面积不是一成不变　市场上党参药材行情的好坏,价位的高低,直接影响着种植面积的大小,所以面积随着上一年党参药材行情,都有不同程度的变化,有的年景变化幅度很大,这点应引起广大蜂农重视。

6. 施增产素影响流蜜　近年来,一些地方农民,给党参施一种叫"壮根灵"的生长增产素,这种增产素使党参根系生长壮大,但叶蔓不长,每株枝蔓只有少量花朵或无花朵,有的甚至不开花不泌蜜。如今年党参流蜜良好,"壮根灵"一打,流蜜马上停止,蔓不再生长,也就不会有新花朵生成,对党参蜜源破坏极大,这种情况已向其他县区扩展。

五、蜂群管理要点

1. 保持强群,合理生产　党参是该地区最后一个蜜源,要加强管理,维持强壮的群势,保持蜂多于脾或蜂脾相称,合理生产,在蜜源前、中期(8月初至8月底),蜂蜜、王浆、花粉都可以生产,从8月底开始,王浆、花粉就要停止生产,取蜜也要忍,保持箱内要有充足的饲料。

2. 选育良种,更换劣王　8月初蜂群进入党参蜜源场地后,抓紧组织培育蜂王,更换老、弱、劣王。利用蜜源花期长的特点,能够保证育王、交尾、换王的正常进行。

3. 贮备饲料,安全越冬　党参蜜不结晶,是理想的越冬饲料,在取蜜的同时,要选择产过几代子的较新而且平整巢脾,贮备越冬饲料,放在继箱靠边,等封盖后抽取备用。

4. 精心管理,培育越冬蜂　9月初党参蜜源已到后期,流蜜也逐渐减少,这时要着手培育越冬蜂,调整巢脾,扩大产卵空间,保持足蜂,用新王培育越冬蜂,奖励饲喂,当地温差大,夜间适当保温。细心操作,慎防盗蜂。

5. 即时囚王,强迫停产　9月底蜜源已基本结束,应在9月下旬即时囚王,强迫停产,保持健壮的越冬适龄蜂。

6. 抓紧时机,断子治螨　除在平时和培育越冬蜂前治螨外,要在10月上中旬越冬蜂出房后,抓住时即,进行一次彻底的断子治螨。

7. 安全"冻蜂",保证春繁　为了减少蜂群的活动,越冬蜂出房飞行排泄后,10月中旬对蜂群进行遮阳降温,有条件的可以转地到阴凉的地方,促使蜂群结团,保持蜂群安静。这里气温下降快,蜂农认为是"冻蜂"的好地方。

论文发表在《蜜蜂杂志》2007年第7期。

地震后蜂群和蜜源泌蜜情况变化的迷惑

祁文忠,席景平,王鹏涛

(甘肃省蜂业技术推广总站,甘肃天水 741020)

5·12 汶川 8 级大地震发生后,向蜂场打电话询问受灾情况,过后多次下蜂场了解灾情和受损情况,甘肃境内陇南部分重灾区有一定损失,其他地区无论是外省来甘转地饲养蜂群还是本省定地饲养蜂群,除有个别蜂箱震倒轻微损失外,普遍没有大的直接损失。养蜂人员转地饲养的住在帐篷内,定地饲养的在家,都住平房,且地震发生在白天,躲避及时,没有人员伤亡。但在不同地方,蜜蜂和蜜源泌蜜有异常变化。

甘肃省天水市麦积区党川乡观音村,是属秦岭山脉地域,森林茂密,养蜂条件良好,67%的村民定地饲养中蜂。谢国政饲养 80 多群中蜂,地震前几天蜂群进蜜良好,准备要取蜜,5 月 12 日 14 时 30 分左右大地震发生,震感强烈,蜂箱大幅度摇晃,架放在屋墙上的个别筒状蜂巢震落。地震过后蜜蜂没有采集活动,且大量蜜蜂爬出箱外,久久不肯回巢,当时也没在意,认为是被强烈颠簸摇晃的结果,到了傍晚蜂群还比较紊乱,扇风放臭,当时夜间温度较低,可还有大量蜜蜂外结团不进巢,奇怪的是到 23 时 40 分和 13 日凌晨 4 时左右两次强烈余震过后蜂蜜才陆续回巢。地震过后外界蜜源植物停止泌蜜,也没了花粉,震后当天下午蜜蜂完全没有采集活动,5 月 13 日没有进蜜现象,到 5 月 19 日蜂巢内蜜粉已消耗完,不得不补充饲喂白糖(往年这时已取两次蜜)。6 月 1 日发现一群蜜蜂有青幼年蜂爬出巢外蹦跳,欲飞不能,漫漫死亡。6 月 2 日有数群蜜蜂大量青幼年蜂爬出巢外,谢国政饲养 80 多群蜜蜂中有 15 群出现这种情况,村内其他蜂场也类似。起初怀疑饲喂白糖有问题,但白糖是正规厂生产,正规商店购买,且没有喂白糖的蜂群也出现此类现象,排除了白糖质量问题。患病蜂群症状与爬蜂群症状相像,6 月 3 日我们通过对病蜂解剖观察和专家会诊,排除爬蜂病。打开蜂箱检查,发现群内严重缺粉,巢脾上一粒花粉也没有,检查了多群都是如此,村里其他养蜂户也是如此。原来是严重缺粉造成蜜蜂营养不良所致,还有轻微花粉中毒,当时有一种叫棱枝南蛇藤(俗称芍蔓)的有毒蜜源植物开花,一般年份外界蜜粉正常,蜜蜂不会采集这种有毒花粉的,在外界缺的情况下,蜜蜂采集了少量棱枝南蛇藤花粉。在往年从没有缺粉现象,在这样茂密林区,各种植被种类繁多,怎么能缺粉呢?使人迷惑不解。6 月 4 日下午,蜂群开始进蜜进粉,6 月 5 日进蜜粉正常,蜂群病状逐渐缓解消除。

5·12 汶川大地震发生后蜂群和蜜源泌蜜情况的种种现象,其他地区是否有类似现象未知。笔者就该地出现的各种现象,分析了造成原因的可能性,这种可能性只是想象推测而已,并无确切科学根据。

1. 强烈地震可能将林木根系的毛系须根拉断,养分、水分、微量元素吸取不全面,根压和蒸腾拉力破坏,影响到植物生理变化,导致泌蜜吐粉停止。

2. 强震使树木大幅度摇晃摆动,可能使枝条受损,阻断正常营养的输送。

3. 在枝条强烈晃动时,损伤植物蜜腺中的维管束、薄壁组织、分泌组织和角质层,使碳水化合物、水分、无机盐输送通道受阻。蜜腺泌蜜是植物体各项生理功能的综合效应,不论哪里出现了问题,都会影响蜜腺正常泌蜜活动。

4. 地震发生是否会使地磁、地电、地应力、地声、地温、地光等因素的出现或与往日的不同,产生了"生物应激反应",干扰了蜂群的正常生活秩序,蜂群内部出现紊乱状态,同时产生消极怠工现象。

5. 地震后当地小气候可能有变化,对植物生理有一定影响。天水市麦积区党川乡这一带林区流蜜中止,但相距 100~200km 的西和、礼县区域,刺槐流蜜基本没有影响,产量有所减少,但还是丰收年。两个地域距汶川震中直线距离基本相等,没有地震强度差异。

论文发表在《中国蜂业》2008 年第 7 期。

第三篇

甘肃蜜蜂高效养殖

中蜂活框基础饲养技术

祁文忠

中蜂,俗称土蜂。长期处于野生和半野生状态。

甘肃省地域辽阔,气候温和,蜜源丰富,广大山区农民素有养蜂习惯。但是很多地方仍沿袭"伤蜂、毁脾、一锅煮"的旧饲养方法,致使蜂产品的产量低、质量差,同时又破坏了蜂种资源。

中蜂的工蜂身体为黑色,腹部有明显或不明显的褐黄色环,全身被褐色绒毛,体长约12mm,吻长约5mm,雄蜂为黑色,体长约13.5mm。蜂王体色有两种,一种是整个腹部呈黑色,另一种腹部呈枣红色,并有明显黄色环。中蜂出工早,收工晚,飞行敏捷,善于利用分散和零星蜜源。

一、生物学特性

(一)个体

1. 蜂王 是蜂群中唯一生殖器发育完全的雌性蜂,身体最大,是蜜蜂的母亲。寿命3~5a,在正常情况下一群蜂只有一只蜂王,1a内的蜂王产卵力强,代谢旺盛,对工蜂的控制能力强,维持蜂群正常生活秩序能力强。在繁殖季节,蜂王每天产卵的总重量比自身体重量还大,这与它食用蜂王浆有关。

2. 工蜂 是生殖器发育不完全的雌性蜂,在正常情况下,是不产卵的。在群体中,工蜂的身体最小,头部为黑色,有灰黄色绒毛,腹部背板由黑色和深浅不一的黄色环相间。甘肃中蜂以黑色环为主。寿命在流蜜期为40~50d,零星蜜源期60~70d,越冬期无工作时约150d。工蜂是蜂群中一切工作的承担者,如哺育、采集、清洁、酿蜜、保卫、调节群内温

表 1 中、意蜂各个阶段发育期

	蜂种	卵期	未封盖幼虫期	封盖期	出房日期
蜂王	中蜂	3	5	8	16
	意蜂	3	5	8	16
工蜂	中蜂	3	6	11	20
	意蜂	3	6	12	21
雄蜂	中蜂	3	7	13	23
	意蜂	3	7	14	24

湿度等群内一切工作都是工蜂完成的。

3. 雄蜂　是蜂群中的雄性个体,是由蜂王在雄蜂房中产下未受精卵发育而来的。身体粗壮,在蜂群中个体仅小于蜂王,体为黑色,全身被黑色绒毛。只是与处女王交配,被称为蜜蜂中的"花花公子"。寿命为 10 个月左右,但一般到秋天会被工蜂驱赶出巢而饿死。

(二)群体

一群蜂是由一只蜂王、几百只雄蜂和几千只至几万只工蜂和组成。其中有不同的分工,又互相依赖,以保持群体在自然界里的生存和种族的延续。

二、过箱技术和过箱后的管理

过箱就是指把饲养在旧式蜂巢中的中蜂换入到活框式蜂箱饲养的一项技术。过箱只是科学养蜂的开始,并不等于新法饲养。

旧式饲养的中蜂,是生活在自然状态下,任其自身自灭,常因不能进行检查和处理而造成自然分蜂、飞逃、病虫害等损失,取蜜落后,每年只能取蜜 1~2 次,不能充分发挥中蜂的采集力,使产量很低,一般年产 5kg 左右,最多 15kg。而且是"一锅煮"的毁巢取蜜方法,使蜂蜜杂质多、质量差。

过箱后就能及时检查,并采取必要的管理措施,进行人工育王、人工分蜂、防病治病等工作。能加快繁殖,适时取蜜,充分发挥中蜂的采集能力,使蜂蜜质量提高,产量也比旧法饲养提高 5 倍以上。

(一)过箱的时间和条件

过箱要选择在外界条件较好的时机进行。

1. 外界蜜粉源和温度

外界有较丰富的蜜粉源,气温在 15℃以上,天气晴暖、无风。

2. 过箱操作

流蜜期只要天气晴暖,上下午均可,蜜源缺少时在傍晚或夜间,若气温低或短蜜期可在夜晚把蜂群搬入室内,关闭门窗,保持温度在 20℃左右,借助红光照明操作。

3. 过箱群势

一般选择要过箱的蜂有 2 框以上。

4. 过箱蜂的子脾

过箱时要选择无病蜂群,要有子脾,特别是要有卵、幼虫脾,以增强蜂的恋巢性。

5. 过箱间隔

过箱要分期、分批进行,同一场地每次过 2~3 群,隔 3~5d 后再过下一批。

6. 过箱时间

过早虽可增加繁殖期,但早春气温不稳定变化大,蜜源不好,若遇寒流会冻子、飞逃。过迟会影响繁殖和当年的取蜜。最好的时间应该是谷雨至立夏期间(4月上旬至5月上旬)。

(二)过箱前的准备

1. 移动过箱蜂

准备过箱的蜂群逐日移至过箱地点。

2. 准备过箱用具

穿好24~26号铁丝的巢框、收蜂笼、木板、脸盆、毛巾、面网、蜂刷、割蜜刀、起刮刀、钳子、钉锤、剪刀、小钉、细麻绳、放蜜脾的容器等。过箱时最好有2个人一起协同操作。

(三)过箱时注意事项

1. 操作时动作要轻、快、灵、巧。

2. 防止震散蜂团,注意蜂王。

3. 割下的蜜脾、空脾分别贮放,毁去雄蜂房、王台。

4. 清理现场,过箱后场地要清扫干净,尤其是滴在地上的蜜、蜡等。

(四)过箱方法

1. 驱蜂离脾

(1)翻巢。首先将原老巢上部与底部用起刮刀撬开,抬起上部蜂巢,保持巢原状,观察蜂脾构成方向,根据蜂脾建造形状,保持巢脾与地面成垂直方向翻转蜂巢,使蜂巢底下翻转在上面,这样不会在翻巢过程中折断巢脾。

(2)驱赶蜂群。将蜂巢一头垫起,在靠高的巢一方放收蜂笼,用木棒或锤子敲击蜂巢,中蜂受到震动就会离脾跑到较高的一端进入收蜂笼,对巢脾上没有跑完的蜜蜂用羽毛或蜂扫轻轻拨弄驱赶,使蜜蜂全部进入收蜂笼,在驱赶蜜蜂时要认真查看蜂王是否进入蜂笼,如果蜂笼中蜂团安静稳定说明蜂王进入了蜂笼。

2. 割脾装脾

(1)割脾。右手握刀沿巢脾基部切割,左手托住,取下巢脾置于木板上进行裁切。裁切巢脾时先用巢框做模具,放在巢脾上,按照去老脾留新脾、去空脾留子脾、去雄蜂脾留粉蜜脾的原则进行切割,把巢脾切成稍小于巢框内径、基部平直且能贴紧巢框上梁的形体。

(2)装脾。将穿好铁丝的巢框套装已切割好的巢脾,巢脾上端紧贴上梁,顺着框线,用小刀划痕,深度以接近房底部为准,在将铁丝压入房底。

(3)绑脾。绑脾的方法较多,如夹绑、吊绑、钩绑等,根据各自条件而选择。在这里介绍一种,准备食用筷子、橡皮筋,将在巢框上镶装好的巢脾,在距巢脾两侧边1/3处,从压入铁丝的背面放上已套好橡皮筋的筷子,橡皮筋从巢脾的另一面拉上去扣住筷子,这样1

张脾了上绑两个就固定好了,其余巢脾依次绑好。

3. 抖蜂入箱

(1)移摆巢脾。将绑好的巢脾即日放入活框箱内,子脾大的放在中间,较小子脾依次排列两侧,最外边放粉蜜脾,蜂路不超过 9mm。

(2)抖蜂入箱。将收蜂笼中的蜂团提在蜂箱上方稍用力一抖动,蜂团抖入箱内,盖好覆布,盖上箱盖,开巢门,观察 3~5min,如果没有向外飞逃现象就暂时别打扰。

(3)驱蜂上脾。过 30min 揭开箱盖观察,应该是蜜蜂上脾护子,开始清理杂物,建设新家,如果有个别蜂群可能滑上脾,就要采取措施驱蜂上脾,方法有将蜂团用蜂扫、起刮刀等工具驱赶上脾,或将巢脾轻轻移向蜂团引导上脾。

(五)过箱后的管理

1. 观察   2. 第二天观察

3. 开箱检查   4. 除去过箱辅助物

5. 加础   6. 调节巢门

7. 少开箱

三、一般管理技术

(一)场地选择条件

1. 蜜粉源丰富   2. 水源清洁

3. 小气候明显   4. 环境优美

(二)蜂群排列

中蜂嗅觉灵敏,但容易迷巢而引起互相咬杀。所以应该采取单箱、分组的方法排列,不能像西方蜜蜂那样排列整齐;交尾群要单箱另放,巢门互开;蜂箱多采用依地形高低错开排放;蜂箱最好架高,离地一尺;巢门前保持宽敞,使蜜蜂出进无阻;巢门最好面向朝南面。

(三)检查蜂群

蜂群内部的情况,是经常发生变化的。为了掌握其变化规律,就要采取有效的管理方法。检查蜂群一般应选择晴朗、无风、外界气温在 20℃时进行。若气温低时检查蜂群动作要快,尽量缩短开箱时间。春季早晚温度低,应在中午开箱检查;夏季宜在早晚进行检查;蜜源缺少时应该在傍晚检查。流蜜期可结合取蜜时间进行检查。

检查时,目的要明确;身上和手上要避免汗味或其他刺激性气味;应站在蜂箱的侧面以免阻挡蜜蜂飞行,提脾应在蜂箱的上方,防止蜂王跌落在地。应背光看脾。

1. 全面检查

包括是否失王、蜂王产卵情况、蜂数、蜜、粉积存、子脾多少和发育情况、病虫害情况等。

全面检查除分蜂期以外一般半个月一次。断蜜期、越冬期、早春和晚秋不宜做全面检查。

2. 局部检查

外界气温低，蜜源缺乏，或为了了解蜂群内部的某种情况，而不宜做全面检查时，可进行局部检查。

(1)判定箱内贮蜜量，打开箱盖顺蜂路向下看或提一张边脾。若巢脾上部有封盖蜜房，证明食料充足，若巢脾上角及边脾无蜜，应进行补助饲喂。

(2)判定巢脾增减，蜂群发展期看边脾是否空或看隔板外有无蜂，边脾有无卵圈、多少，再决定增减巢脾。

(3)判定分蜂，如发现王台快封盖或已封盖，表明分蜂期已近，应采取措施。

(4)判定加础，打开箱盖，若发现巢房加高、发白、出现赘脾时，可加础造脾。

(5)蜂子发育，检查幼虫孵化情况，病害，如幼虫滋润、饱满，由乳白色浆液包围，封盖子整齐完好，说明发育正常。若在一张脾上有插花现象或幼虫干枯死亡或封盖子被咬开，说明蜂子发育不正常。

(6)判定蜂王在否，提取中间巢脾，若有幼虫和卵，说明蜂王在；若中间几张脾上只有少量幼虫及封盖子，说明失王不久；若在一个巢房中有数粒零乱的卵，说明失王已久，工蜂开始产卵；蜜蜂躁动不安，振翅发声，证明已经失王。

3. 箱外观察

蜂群内部的情况往往反映到箱外的现象上。由于外界自然条件的限制，如风力大、气温低、连阴雨等不宜开箱检查时可通过箱外观察的方法，了解、分析和判断蜂群内部的情况，采取适当的管理措施。

(1)自然分蜂的预兆：巢门已开大，中午无阳光照射，而个别蜂群的巢门有好多蜜蜂悬挂、工蜂怠工、停止出勤，可以判定为蜜蜂准备分蜂。

(2)蜂群强弱：在同一种情况下，采集蜂出进并有很多蜜蜂聚集在门口扇风，箱内声音大，清晨在巢门口凝结很多露水。这样的蜂群就是强群。反之，是弱群。

(3)自然交替：天气正常，蜂群没有发生分蜂，在巢门前有被拖出或被刺死的蜂王，可判定蜂王已被自然交替。

(4)蜂群内过热：巢门拥有很多蜜蜂，并在巢门口振翅扇风，说明巢内过热。应扩大巢门或扩大蜂巢。

(5)蜂王产卵的盛衰：如工蜂大量采集花粉、蜂箱内的卵虫必多；若工蜂采集花粉稀少，巢内卵虫必少。

(6)从蜂箱前有死蜂的情况，判定致死的原因。

(四)合并蜂群

为争取高产，不仅要增加蜂群的数量，还要增加蜂群的质量。合并弱群或失王群。蜜蜂是群体生存,各群的气味各不相同,如果任意把两群蜜蜂合并在一起,就会互相咬杀,所以合并蜂群时一定要采取适当的方法。

1. 直接合并

一般在流蜜期进行。

(1)把无王群连蜂带脾放到另一群的隔板外,相隔一框距离,喷些蜜水,第二天将巢脾靠拢。

(2)用白酒、蜜水混合在一起,将群内蜂路放宽,喷在蜂体上,然后将两群蜜蜂合并在一起。酒对蜜蜂的神经有麻痹作用。

2. 间接合并

在有王群内隔板外加一铁纱隔板,或用一张报纸隔严。将合并的蜂群紧靠傍边,第二天抽出铁纱隔板,或被咬破的报纸。这时两群蜂的气味已通,整理好蜂脾。

3. 合并时的注意事项

(1)劣王群合并到良王群;

(2)弱群合并到较强群;

(3)无王群合并到有王群;

(4)两群都有王,在合并的前一天,将较次的一只蜂王拿掉,第二天再并入有王群;

(5)对于失王时间长、群内老蜂多、子脾少、工蜂可能已产卵的蜂群,在合并前一天,要调入一、二框未封盖子脾,除去王台,分散合并到几个蜂群;

(6)合并蜂群应尽量邻箱合并;

(7)缺蜜群并入有蜜群;

(8)老王群并入新王群;

(9)副群合入主群;

(10)合并蜂群时不能使用有刺激性的物品。

(五)蜂王的诱入

在新法饲养中蜂的过程中,选用良种是培育和维持强群的重要措施。在养蜂生产中对老、劣、病、残、产卵力弱的蜂群以及因失王、人工分蜂、交换蜂王等的蜂群都要诱入新蜂王。

诱入蜂王前应将接受群的王台提前一天除净,幼年蜂易接受蜂王;蜜源丰富时易成功;失王不久,工蜂还未产卵或改造王台时易成功;傍晚比白天易成功;诱入安静的蜂王比惊慌的蜂王易成功;弱群比强群易成功。对失王久,工蜂已产卵的蜂群应先调入正常卵虫脾,将原卵虫脾灌入稀蜜水,毁掉工蜂卵。给强群诱入时应将原群搬离,在原地置一空箱,使老蜂飞出,待蜂群接受蜂王后再搬回原地进行合并。断蜜期在诱王前 24h 对蜂群进行饲喂。

1. 间接诱入　除净王台,把蜂王和几只幼蜂用纱网扣在巢脾上有蜜的地方,24~48h再放开。

2. 直接诱入　将蜂王喷上蜜水直接放入箱内,适用于流蜜期和越冬期。

(六)围王的解救

1. 围王的原因　群味不同,诱入尚未接受时易发生;处女王交尾回巢,行动慌张,带有异味时;因盗蜂、敌害攻入箱内,造成群内混乱;检查蜂群时操作不慎,蜂王受惊,行动慌乱;诱入新蜂王释放后因受惊而行动惊慌;处女王试飞或交尾迷巢;蜂王老劣或躯体残缺。

2. 解救方法

投水解围,将被围的蜂王和整个蜂团用手捧入水中,围王的工蜂随即飞散,救出蜂王,再用诱入器诱入。

转移目标解围,将少量蜜水或糖水,喷入被围的蜂团上,工蜂开始吃蜜,可转移围王的目标,解救围王。

在平板上放一张涂有樟脑油或清凉油和一张涂有蜂蜜的白纸,先将蜂团放在涂有樟脑油或清凉油的纸上,用玻璃杯扣住,待蜂团散开,然后将蜂团移到涂有蜂蜜的纸上,此时蜜蜂开始吃蜜,然后连纸带蜂放入箱内。

(七)移动蜂群

蜜蜂具有识别本群蜂箱位置的能力,因此近距离移动时要采取一定的方法,以免采集蜂飞回原来的位置。利用蜜蜂能够很快识别新位置的特点采取。

1. 逐渐移动　在每日早晨或傍晚蜜蜂停止工作后移动,前后移动每次约1m,左右移动每次0.5m,逐日移动,直至到达所需的地方。

2. 直接移动　用草堵塞巢门,搬到地方后先打开箱盖,从纱窗透光,引起蜜蜂喧闹,刺激蜜蜂忘却原来的位置。这时大量的蜜蜂聚集在巢门口咬草,待慢慢咬开后,因受到了刺激,出巢时要重新认巢,增强了蜜蜂对新址的认识,在原地放一空箱以收飞回原处的蜜蜂,待傍晚后再合并到蜂群内。

3. 利用越冬期移动　利用蜜蜂经过了一个较长的越冬期,在早春飞翔排泄时要重新认巢这一特点,进行移动。

(八)自然分蜂

自然分蜂是指在一个蜂群内,通过雄蜂的出现,到蜂王在王台基里产卵,培育出一只新蜂王,老蜂王和一部分工蜂飞离旧巢,找到新居。变成了2个或2个以上的蜂群,并开始新的筑巢和进行新的生活。

自然分蜂是中蜂为了保留其种族、延续后代,而形成的生物学习性,也是蜂群繁殖的一种方式。

1. 原因　由于蜂群在春末夏初迅速发展,巢内生活的幼蜂过剩;使其体内含有的蜂王浆过多,自身吸收产生分蜂热;哺育蜂过多,巢内拥挤,温度过高;蜂王老弱,产卵力下降,不能维持大群。分蜂是蜂王和工蜂相互影响,相互作用。蜂王的好坏对蜂群的分蜂有极其重要的作用。管理不善(检查时未把王台除尽);对子脾调整不合理(老子脾多,各龄幼虫脾少);只采取毁坏王台,强行控制分蜂,致使工蜂长期怠工、蜂王产卵力下降,致使蜂王在王台内一产卵就分蜂。

2. 预兆　在外界气温高,蜜源丰富时,群内形成了哺育蜂过剩,群势壮大,当发展到6~8 时巢内就开始出现雄蜂房,雄蜂房快封盖时,群内就出现王台基,蜂王在台基里产卵,此时,分蜂的因素就已经形成。蜂群发生分蜂时,蜂王产卵急剧下降,工蜂消极怠工,出勤少,蜂王体内分泌的外激素减少,工蜂体内分泌的王浆被自身吸收因而刺激了部分青年蜂的卵巢发育,对蜂王产生了激怒情绪,对蜂王的饲喂也减少,蜂王的卵巢逐渐萎缩,腹部缩小,身体轻便、活泼起来,逐步恢复了飞行能力。

3. 分蜂　在王台封盖后,老王带一部分工蜂(约一半)飞出原巢,为第一次分蜂;相距4~6d,有群内出房最早的处女王带一部分工蜂飞出(约为剩余的一半),为第二次分蜂。也有第三次分蜂。因为天气好坏、群势发展快慢和蜜源条件不同,分蜂的时间也不同,大致在春末夏初开始,由于地理、小气候影响,分蜂时间由南想北、由西向东推迟。一般在上午8 时至下午4 时分蜂。

4. 预防方法

早养王,采取人工分蜂(雄蜂出房,开始养王);更换新王,淘汰老王;互调子脾;互换位置;加础造脾;人为的假分蜂;培育良种;生产蜂王浆,可将工蜂哺育力转移;当蜂群发生分蜂时,蜂王尚未离巢时,需强制停止分蜂。

(九)分蜂的收容(捕)

1. 收蜂用具和方法　蜂笼收蜂;巢脾收蜂;面网收蜂;直接抖入;备好空蜂箱。

2. 蜂团收回后的处理　收回后的第二天如果工蜂出入正常,有花粉进入,就不必开箱检查待2~3d 后再开箱检查。反之在晚上对蜂群进行饲喂。

(十)防止飞逃

飞逃是因为蜂群受到威胁后,为逃避不利条件,保护群体生存,而引起的被迫潜逃。所以,在外界断蜜期、蜂王停产,巢内出现断子时,要特别注意其飞逃。

1. 飞逃的原因　囊状幼虫病或欧幼病的危害;群势过弱,缺蜜饥饿,巢脾过旧;巢虫或盗蜂严重;环境不安静,强日、高温或寒风所迫;强烈异味或震动,农药危害;过箱时间或方法不当;使用的蜂箱有很浓的刺激气味。

2. 飞逃的预兆　一般是工蜂出勤减少,巢门前停止扇风和守卫,蜂群躁动不安,蜂王腹部缩小,产卵下降或停产,待巢内子脾出房后则全部飞逃。

3. 预防的办法　加强管理;蜂箱结构严密;不能在蜂箱中装放有刺激气味的东西;放蜂场地要好;做好防盗工作。

(十一)蜂群饲喂

在自然条件下的蜂群,它的饲料来源只能靠蜜蜂本身采集,完全处在自生自灭的状态。而科学饲养的蜂群,当外界蜜粉充足时,人们可以取其产品,以增加收入。当外界无法满足其生存的饲料时,就要及时饲喂。

1. 喂蜜

补助饲喂:在断蜜期、越冬前、早春繁殖前,外界缺乏蜜源,巢内饲料不足时,以蜂蜜与水 5:1,白糖与水 2:1,高浓度,化开、搅匀、晾凉。争取在 1~2d 内喂足。

奖励饲喂:早春繁殖前、秋季培育越冬蜂,为促使蜂王产卵,以蜂蜜与水 2:1,白糖与水 1:1 的低浓度喂蜂,量少而次多。

2. 喂粉:调入粉脾,若无粉脾可用 500g 水+250g 糖(蜜)+14 片酵母片。

3. 喂水:在巢门口、蜂场内设置喂水器。

4. 喂盐:与喂水结合进行。

(十二)防止盗蜂

盗蜂是指窜入别的蜂群,吸取蜂蜜,盗回自群的蜜蜂。

中蜂嗅觉灵敏,搜索能力强,当蜜粉源缺乏时比西方蜜蜂更容易发生盗蜂,有的一群盗一群,几群盗一群,或盗其他蜂场,从而引起互相咬杀,导致蜂群严重损失,甚至连锁迁飞。

1. 识别盗蜂　若发现进巢门时腹部小,出巢门的蜜蜂腹部膨大则是盗蜂。

2. 识别盗群　在被盗蜂群门口撒白面,跟踪出来的盗蜂在哪个蜂箱落,就可确定盗群。

3. 预防盗蜂　及时修补蜂箱;巢门不能打开过大;检查蜂群时操作要谨慎;流蜜期结束前抽出空脾;流蜜期中断时少开箱检查或在早晚检查,动作要快;饲喂时避免洒出蜜汁;断蜜期中蜂、西蜂不要在一个场地摆放。

4. 盗蜂制止　采取治早、治小的原则。缩小巢门,隐蔽巢门。晚间将被盗群搬出原地,关闭巢门,在原地放一空箱;若有大股盗蜂引起全场起盗,需转场地;若有零星盗蜂时,可在被盗群巢门前、箱盖上洒水;互相起盗时,应关闭原巢门,在其侧面开一巢门,让蜂出巢后需认巢门。

(十三)短途转地

中蜂是以定地为主,也可以小转地。

1. 场地选择　在途中不超过 1d,蜂数不超过 6 脾。

2. 运蜂时间　运蜂最好在晚上或早晨,巢脾应与车辆前进方向一致。

3. 蜂群排列　到新场地后,依中蜂的排列方法排列,在巢门前先喷水,隔一群开一群巢门,第二天再开箱检查。

(十四)工蜂产卵

1. 给工蜂产卵的群内调入卵虫脾,用间接方法诱入蜂王。

2. 对工蜂产卵的脾用水泡冲,已封盖的割开,将此群分散合并入几个蜂群。

3. 将工蜂产卵群移开,在原地放一个有王带蜂的蜂箱,使其蜂飞回。

(十五)防止咬脾

中蜂咬脾多发生在春季和冬季。要防止咬脾,须保持蜂多于脾;越冬时把完整的脾放在两侧,中间放半张的脾;春季繁殖时将旧巢脾的下部分割掉;利用蜜源期多造脾,淘汰老脾。

(十六)野生蜂的收捕

野生蜂春季、秋季向川区迁徙,夏季回山区。

四、四季管理技术

季节不同,对蜂群的管理方法也相应的不同。甘肃省中蜂的生产多在4~9月间。蜂群可分为恢复、发展、分蜂、生产、停卵五个阶段。

(一)春季管理

主要管理越冬蜂的更新和蜂群繁殖发展。

1. 开箱检查 早春蜂群在经过排泄飞行后,需全面了解越冬后的情况。在2月底或3月上旬,天气晴暖的中午(气温高于15℃时)进行,了解越冬情况、贮蜜多少、有无蜂王、产卵情况、群势强弱等。根据检查结果采取相应的管理措施。

2. 清巢紧脾 打扫箱底、蜂具消毒(晒、喷、浸、洗、烧、刮)等,巢脾消毒(浸、洗、熏、换)等。抽出多余的巢脾,使蜂群保持蜂多于脾。抽出多余的空脾,密集群势;并调整好每个群势;为蜂群的繁殖创造有利的条件。

3. 饲喂蜂群 喂蜜(补助饲喂或奖励饲喂)、花粉、水、盐。

4. 人工保温 调节巢门、紧缩巢脾、箱内保温、糊严缝隙,箱外保温、

5. 扩大卵圈 巢脾前后调头,小子脾调中,逐步割开封盖蜜盖。

6. 加础造脾 第一次加础是在蜂多于脾,第二次可脾多于蜂。春季蜂脾是先紧后松,再紧的原则。

7. 适时取蜜 随着气温升高,蜜源丰富,蜜蜂采集积极性很高,容易出现蜜压子现象,所以应该随时取掉多余的蜂蜜,以免影响繁殖。

8. 拆除保温物 当群势达到4框以上时,根据群势强弱,分别采取先里后外逐渐减少保温物(在4月上旬或中旬先后拆除)。

(二)夏季管理

1. 加强分蜂期管理 蜂群经过春季快速发展阶段,工作蜂增多,除了有利于采集蜜源,也为"分蜂热"创造了条件。防止"分蜂热"过早出现应做好几个方面工作,一是扩大蜂巢和早取蜜、勤取蜜;二是扩大巢门,加宽蜂路;三是调整群势,调换子脾;四是淘汰旧脾,多造新脾;五是选用良种,更新蜂王;六是定期检查,毁弃王台,有计划的早养王,早分蜂。

2. 加强流蜜期管理 流蜜期蜂群管理要做好:努力维持强群、组织采蜜群,流蜜初期要早取蜜,流蜜后期取蜜时,应注意留足饲料,宜适当少取。

3. 解决育虫与贮蜜的矛盾 中蜂群内,育虫和贮蜜都在同一张巢脾上,互相影响,互相限制。可利用扣王、换王取蜜。用继箱或浅继箱取蜜,这样在取蜜时就不伤子,也不影响蜂群生活秩序。

4. 抓紧造脾 中蜂喜欢新脾不喜欢旧脾。巢脾质量的好坏、数量对蜂群有着直接的影响,蜜蜂泌蜡造脾,受蜜源、气候、群势等因素的影响。所以应充分利用蜜源期蜜蜂泌蜡积极性高的时机抓紧造脾。

5. 做好蜂群的防暑降温 气候炎热时要对蜂群采取遮阳、通风、蜂群周围洒水,并在蜂场内多处设放喂水设施,及时更换清洁水供蜜蜂采集。

6. 贮备蜜脾和花粉(脾) 夏季采蜜期粉源也比较充足,所以要抽留封盖的大蜜脾,保存在阴凉干燥的地方用作越冬饲料。收集和贮备花粉或花粉脾,收集的花粉或花粉脾要保存在高、燥的地方,供蜂群来年早春和粉源缺少时繁殖使用。

(三)秋季管理

对养蜂来说,"一年之计在于秋",秋季是养蜂年的开始,如果秋季蜂群管理不到位,到了冬季,任何措施也难以改变已形成的局面,秋季管理的好坏直接关系到蜂群是否能够安全越冬,秋季蜂群繁殖的数量和质量既是越冬的基础,更是下一年春季繁殖的基石,秋季管理是越冬成败的关键。

秋季蜂群管理要点:秋季应抓住四个方面关键环节。

1. 培育好越冬适龄蜂 蜂群秋季繁殖的越冬适龄蜂,是翌年繁殖开始的第一批哺育蜂,因此也是来年繁殖的开端,是下一年养蜂生产夺取高产的基础。在秋季最后蜜源期,一般在9月上、中旬结束。蜂王在9月下旬停产,10月上旬幼蜂基本全部出房,经过排泄飞行,进入越冬结团状态。培育好越冬适龄蜂应抓住4个环节:一是优良蜂种和新王。培育好4~5张子脾;二是充足的粉蜜,保证营养供给。为了提高蜂王产卵积极性和蜂群的哺育力,可每晚进行奖励饲喂,确保培育越冬蜂营养充足,培育的越冬蜂体质健壮;三是足够的蜂数。4~5框足蜂,蜂多于脾,保温、哺育能力强。四是适当保温。秋季培育越冬蜂时,早晚温差大时可适当保温。

2. 留足优质充足的越冬饲料 越冬饲料是蜂群安全越冬的基础,一定要优质、充足,越冬饲料的贮备应早动手,在秋季最后一个蜜源时要留足蜜脾。

3. 严防起盗　秋季蜂群最容易发生盗蜂现象,若发生起盗,蜂群损失惨重。管理时要格外仔细,修补好蜂箱缝隙,合并弱小群,保持蜂数密集。

4. 休整蜂群　确定越冬蜂群,弱群、无王群、不足 3 足框的蜂群合并。要遮盖蜂箱,避免太阳光直射蜂箱,保持蜂群凉爽,放大蜂路,减少蜂群活动,保持安静,休整蜂群。秋季管理的重点是利用秋季最后一个蜜源做好越冬前的准备。

(四)冬季管理

1. 选择场地　背风、干燥、安静。太阳不易照射的地方。

2. 越冬包装　中蜂较耐寒,包装不宜过早。在小雪(11 月 20 日)前后进行。蜜蜂外出容易冻僵,温度降到 0℃以下,根据具体情况加保温物。遵循"宁迟勿早,宁冷勿热"的原则。

3. 越冬期的管理　巢门前遮光控飞,伤热蜜蜂飞出,防鼠害,调整巢门,加温散温,蜂群越冬期间,以"宁冷勿热"为佳。在箱外观察蜂群情况,轻轻敲打一下,可听到"唰"声音,很快消失,是正常现象。时常收听天气预报,注意大雪、寒流等特殊情况;越冬后期每隔20d 左右在巢门口掏除死蜂。几种箱内情况,箱外观察来判断:失王、口渴、缺蜜。

五、选种与人工育王

(一)选种

有两个品种,枣红色和黑色,以黑色为主。

枣红色;繁殖快,分蜂早,能维持大群,耐热,造脾能力强抗病力强,容易合并。

黑色:贮蜜积极,耐寒、耐热力强繁殖早,一脾蜂就能越冬造脾力强,分蜂较迟。比枣红色体大。

(二)人工育王

1. 采取人工育王的意义

目前,多数蜂农饲养中蜂采用粗放管理方式,使用自然王台。虽然自然王台蜂王也能发展、生产,但由于工蜂建造自然王台育王受气候、蜜源、群势、群内条件、分蜂期等多种因素的影响,培育出来的蜂王质量差异大,质量难以保证,从而导致中蜂的生产力不高,养蜂效益低,采用人工培育出优质蜂王方法,提高饲养中蜂的经济效益。

中蜂在我国分布广泛,目前我国的中蜂处于人工饲养或半人工饲养状态。土法饲养的中蜂群毁脾取蜜,只能在蜂群分蜂期或自然交替蜂王的情况下,由工蜂建造自然王台培育蜂王。土法饲养的中蜂在分蜂、取蜜、繁殖等方面受到极大的限制。中蜂活框饲养后,可以人工培育蜂王、人工分蜂、适时取蜜和提高蜂群的繁殖率,大大提高了中蜂的经济效益。

蜂王质量优劣直接影响蜂群的繁殖和产蜜量。活框饲养的中蜂群,在养蜂生产实践,人们可利用人工育王技术选育优质蜂王,优质蜂王具有良好的遗传性状,能维持强大的群势,工蜂采集力强,蜂群抗病力强等优点,人工培育优质蜂王显得尤为重要。

2. 如何选择培育蜂王的哺育群

中蜂在自然界群体性能差异较大,有的蜂群存在分蜂性强、喜迁飞、性情暴烈等缺点,这些不良特性对于中蜂在自然界的生存斗争是有利的,但却不符合人类生产的要求。

(1)选择具有优良性状的蜂群培育蜂王 蜂群的优良性状主要表现在,一是分蜂性弱,能维持强群,抗病力强,群体采集力强。在同等蜜源条件、气候条件下,工作蜂出勤早,归巢晚,蜂群进蜜快,取蜜时产蜜量明显高于其他群,这样的蜂群采集力强。二是抗巢虫和中蜂囊状幼虫病的能力较强。在蜂场有的蜂群对巢虫和中囊病的抵抗能力强,遇上中囊病发生却安然无恙。这样的蜂群就可以作为培育蜂王的哺育群。三是性情温和,抗逆性较强。性情温和的蜂群便于检查、取蜜等管理。蜂群的抗逆性主要表现在遇上恶劣的气候条件时不飞逃,抗寒能力较强等。

(2)培育优质蜂王的群内条件 蜂王质量的优劣取决于幼虫期得到蜂王浆的数量和稳定的巢温,构造良好的群内环境是培育优质蜂王的先决条件。一是有足够的哺育蜂。工作蜂羽化第4日龄后,工蜂位于头部前额和两侧的王浆腺开始发育,并分泌王浆,哺育蜂是羽化出房中4~18日龄的年轻工作蜂。群内哺育蜂多能够分泌充足的蜂王幼虫发育需要的蜂乳。二是稳定的巢温。蜂王幼虫发育的适宜温度是33℃~35℃,哺育群的温度要保持在33℃~35℃,才能使幼虫健康成长。三是群内刚出现雄蜂蛹。这时期蜂王的产卵量开始下降,也是群内积累青年蜂最多的时候。此时蜂群对王台的接受率比较高。

3. 培育中蜂王的操作技术

人工培育出体格健壮、产卵力强的蜂王,利用优质雄蜂,选择强壮健康的哺育群育王。移虫、分配王台等方面的正确的操作技术很重要。

(1)提前培育种用雄蜂 蜂王与雄蜂的发育期不同,为了使雄蜂与蜂王的性成熟期相吻合,需要提前培育种用雄蜂。做法是选择经济性状优良的蜂群培育种用雄蜂,在春季蜂群进入快速增殖期,加入雄蜂房多的巢脾扩大蜂巢,促使蜂王产下未受精卵,同时加强饲喂。如果蜂巢内贮蜜不足,孵化的雄蜂幼虫可能被工蜂拖掉。春季外界气温较低,要适当给蜂群保温。待雄蜂幼虫封盖后,子脾两面的蜂路保持在12~14mm,避免挤伤雄蜂蛹。在培育种用雄蜂期间,非种用的雄蜂蛹要及时割除。种用雄蜂开始出房时就着手育王了。

(2)选择哺育群 蜂王在幼虫期得到蜂乳的多少决定蜂王质量的优劣。因此,选择哺育群特别重要。在移虫前一个星期,在蜂场挑选性状优良的蜂群作为哺育群。

移虫前一天,对哺育群进行调整。要求6~8框足蜂以上的群势,巢内有大量的哺育蜂,保留封盖子脾和少量的幼虫脾,抽出空脾使蜂数密集。

中蜂在无王的状态下情绪低落,工蜂泌乳减少。所以,在培育蜂王期间哺育群不能无王或靠临时抽出蜂王来提高接受率。为了使哺育群正常繁殖和育王,在蜂巢当中插入隔王板,把蜂群划分为繁殖区和育王区。繁殖区留成熟子脾,育王区留卵虫脾和蜜粉脾。这样哺育群很容易接受王台。

(3)制作人工王台 在自然蜂群里,中蜂王台刚产卵时的台基深度6~9mm。随着台基内幼虫发育工蜂逐渐加高台壁,封盖的自然王台高度在15~20mm。根据工蜂在建造王台时表现出的生物学特性,人工台基以高9mm,直径8~9mm为宜。

(4)移虫 把经济性状优良蜂群中的幼虫移入人工王台内生长,为了培育的蜂王身健体壮,可采取复式移虫。当育王框重新放进哺育群后,哺育蜂对台基内的幼虫进行认真地检查,在复移后的2~10h内决定取舍。这就是通常所说的接受率。复移36小时后幼虫发育很快,进食量增大。这时哺育蜂饲喂的蜂乳随之增多,幼虫呈乳白色漂浮在蜂乳上面。复式移虫王台内浆量多,培育的蜂王质量好。

第一次移虫。工蜂饲喂蜂王幼虫是随着幼虫生长逐渐增加泌乳量。根据这一特点,第一次移虫的虫龄可适当大一点。这样的幼虫易挑,易被工蜂接受。移虫时动作要轻,不能擦伤幼虫。

复式移虫。第一次移虫24h后进行复式移虫。复移前最好饲喂蜂群,刺激工作蜂多吐浆,便于挑虫。复式移虫时,将前一天移的接受了的虫,用镊子轻轻夹取,然后从种群寻找到的不超过24h虫龄的幼虫移入王台内原虫位置。为保证幼虫有足够的蜂乳,6~8框蜂的群势移入20~25个幼虫较合适。移完后迅速把育王框放进哺育群。

4. 交尾群组织与管理

复式移虫后的第10d组织交尾群。组织交尾群方法有两种:

(1)原群组织交尾群 在蜂巢中间加隔离板,把蜂群分为有王区和无王区,两个区各开巢门。分区第二天(也就是复式移虫后的第11d)在无王区介绍成熟王台。

(2)多区组织交尾群 把标准蜂箱分隔成三个小区,巢门开在不同的方向。从其他蜂群中提出带蜂子脾和蜜粉脾,每个小区放子脾和蜜粉脾各一张,尽量提出房子脾,小区内要蜂多于脾。三个小区四周要隔严,防止区间的蜜蜂串通。组织交尾群的第二天(也就是复式移虫后的第11d)介绍王台。

(3)交尾群管理 交尾场地须开阔,交尾箱置于地形、地物明显处,在巢门口的箱壁上贴上黄、绿、蓝、紫等不同颜色标致,便于蜜蜂和处女王辨认巢穴。

介绍王台时最好两人配合,从哺育群中提出育王框,不抖蜂,轻轻用蜂刷扫落蜜蜂,一人用薄刀片紧靠王台条面割下王台,一人将王台镶嵌在交尾群巢脾中间空处。在操作过程中防止碰伤、震动、倒置或侧放。

介绍王台前一定要检查确定群内无王、无王台,方可介绍王台。介绍王台一天后处女王出房,处女王出房的第一天在巢脾上不停地爬行。第二和第三天处女王特别畏光,大部分时间静静地匍匐在巢脾上。处女王在出房后6~10d交尾。根据处女王的特点,提高交尾成功率,在介绍王台后尽量不要检查交尾群。蜂王出台后12~13d,检查新王产卵情况,若气候、蜜源、雄蜂等条件都正常,应都正常产卵了,如果还没有产卵或产卵不正常,说明交尾不成功或交尾质量差,这类蜂王立即淘汰。

因交尾群小,守卫能力差,要防止盗蜂发生。气温较低对交尾群进行保温,高温时做好通风遮阳工作,傍晚对交尾群奖励饲喂,促进处女王提早交尾。

蜂群春季管理重点

祁文忠

一、早春蜂群的内部状况与环境

西北地区的春季,虽然天气变化无常,但蜂群的繁殖与发展,仍具有一定的规律性。由于各地气候、蜜源不同,加上蜂群有强有弱,蜂王有优有劣,所以早春蜂群恢复活动时间和蜂王产卵也有先有后。一般情况下,西北地区蜂群越冬期长,蜂王在越冬后2月初至3月初才开始产卵,并按椭圆形扩大,在自然条件下蜂王每昼夜产卵几十至几百粒。与此同时工蜂依靠吃蜜及增加运动产生热量,使蜂巢中温度升高到34℃~35℃。以后随着巢内卵虫的出现,工蜂要多吃花粉,分泌王浆喂饲小幼虫和蜂王,以及用蜂蜜和花粉调制乳糜喂大幼虫。由于早春气温低,蜜源少,蜂群尚处在较弱阶段,寒潮来时,蜜蜂结团(并多吃蜂蜜),晴暖时,蜜蜂又散团,并出巢排泄和采集,遇到天气变化,往往伤蜂拖子。此时若缺蜜,工蜂及幼虫挨饿受冻;若缺粉,蜜蜂为哺育幼虫需消耗本身的蛋白质等养分,而缩短寿命;若缺水,就会迫使部分蜜蜂出巢采集。

早春决定蜂群发展的是蜂王的素质与是否兴奋,素质好又兴奋的蜂王产卵积极,卵圈大,群势发展快。与蜂王产卵相关的是工蜂,早春的越冬蜂,日龄老化,泌浆功能差,哺育幼虫数只有新蜂的1/3。工蜂的工作又取决于外界条件(天气、蜜源)和蜂群自身情况(群势、适龄蜂、饲料及巢内温湿度)。

在自然状态下,西北地区较温暖地方的意蜂蜂王一般在"立春"前后开始产卵,蜂群开始育儿并进行采集活动。由于此季节经常出现"寒流"和"倒春寒"天气,使天气变得像冬天一样寒冷,对蜂群繁殖影响很大,轻者拖去部分蜂儿,重者全部拖光,甚至停产。因此,在这里春繁,蜂群发展是呈阶梯式的,养蜂者应该依照所处环境和蜂群状况因势利导,促进其发展壮大。现在有些地方已通过在当地提早繁殖,到油菜花初开,蜂群就发展到10~15框蜂,油菜花期,一般年份可获得蜂蜜、王浆、繁蜂三丰收。这项经验是根据早春气温低、蜜源少、群势弱的特点及其变化,灵活采取不同的养蜂技术,通过实践总结出来的,西北地区也可借鉴。

二、早春繁殖前的准备工作

1. 选择春繁场地　早春繁殖阶段的场地对蜂群繁殖速度影响很大,所以必须认真挑选。挑选的依据:一是要有较早的蜜粉源,数量越多越好,花期越早越好,如杨树、柳树、杏树、榆树、紫花地丁、早油菜、早蚕豆、蒲公英等,丰富的蜜粉源不但可以节约饲料,而且还能振奋蜂群繁殖情绪,减少盗蜂和疾病的发生,为加速蜂群复壮提供重要条件。二是放置蜂箱场所的小气候要温暖、干燥、向阳、避风。选择有小山或矮墙等自然屏障的地方放蜂可以挡风,没有自然屏障也可编织草帘置于蜂箱后侧,阻挡北风直吹蜂箱,以提高蜂箱周围小气候的气温。三是蜂箱前面应宽畅,有利于蜜蜂飞翔。四是放蜂场地人畜出没要少,蜂箱朝着行人众多的道路,会影响蜂群的工作和繁殖。

2. 确定始繁时间　蜂群开始繁殖的时间,一般应在当地第一个蜜粉源开花前20~30d开始。自然情况下,西北大部分区域的蜂群于立春前后蜂王恢复产卵,蜂群即由处于休息状态的越冬阶段进入繁殖状态的复壮阶段。单王群4框以上、双王群6框以上足蜂的蜂群,从立春(一般是2月5日)开始繁殖,到清明(一般是4月5日),可以加上继箱进入强盛阶段,投入浆、蜜生产。根据中国的自然条件,西北东部最早的蜜粉源多数是榆树、杏树、柳树等在3月中下旬开花,胜利油菜多在4月初开花流蜜,4月上旬加上继箱可以取得较好收成。但是不到4框足蜂的蜂群开始繁殖,就赶不上季节,就会造成春蜜歉收。特别是这些年物候有些变化,冬末的气温普遍升高,加上品种和耕作制度改变,有的地方花期已提前流蜜。另外由于养蜂技术的进步,在无花期人工饲喂花粉举措已广泛应用;王浆生产又成为养蜂的主要经济来源,且非大流蜜期也能生产。因此,提早养成强群显得非常必要,已具备较好的条件,始繁的时间可以适当提前。具体的时间要根据蜂群的群势决定。一般认为8框以上的蜂群可以在大寒和立春之间开始,否则不但始繁推迟,而且群势需要更强,对饲料的质量要求更高。由于这段时间正值一年中最寒冷的时节,繁殖中务必注意饲料的质量、保温程度和预防疾病,否则提早繁殖的优势就难以充分发挥。

3. 尽快调整群势　蜜蜂经过越冬,对蜂群原在方位的记忆,有的已经淡忘,有的已全部忘却,进入复壮阶段前夕是调整群势的好机会,调整工作应在奖饲之前或出越冬暗室以后,尚未认巢飞翔前进行。对平均群势在4框上下,强弱相差又很悬殊的蜂群有必要进行调整。因为繁殖到有幼虫过程中,2框上下的弱群,工蜂的保温、哺育能力就显不足,蜂王的产卵力无法充分发挥;6框以上的强群,由于蜂王产卵量增加达不到高峰,工蜂哺育力就会出现暂时过剩,如果强弱加以调整,使群势保持在3~5框,就能尽力挖掘出每个蜂王和每只工蜂的繁育潜力,无疑有助于加快繁殖速度。群势都在4框以下,也不需调整,但对1.5框上下的弱群,应组织成普通双王群或用巢脾闸板组成单脾双王群繁殖,才更有利蜂群的保温和繁殖速度的加快。对群势的要求,尤其西北的新疆比其他地方应更强一些。调整的方法是在蜜蜂安静的时候,把调出群的蜜蜂连脾提出,轻轻放入调入群隔板外(注意不要把蜂王带出),次日在蜜蜂活动前后移到隔板内即可。

4. 抓紧蜂螨防治　蜂王产卵以后9d,就会出现封盖子脾,治螨工作必须在子脾封盖前结束。否则蜂螨潜入封盖子房内,就不容易防治彻底,因为蜂体表面的螨治净后,蜂螨又会随封盖子出房爬出。这次治螨的目的是消灭越冬初期治螨中漏网的蜂螨。由于这是一年中最早的一期治螨,作用很大,杀死一只螨,相当于4个月后的几百只螨,必须认真进行,直到见不到蜂螨落下为止。为了提高治螨效果,减轻药液对工蜂的影响,治螨工作宜在饲喂糖浆以后,缩脾紧框之前进行。用药的前夜要喂饱蜜蜂,使其抵抗力加强,并且吃饱后腹部环节伸展,可使躲在腹节间膜里的蜂螨暴露在外,有利药剂对螨产生药效。一般1~2d一次,共治2~3次;最后一次可用有效期较长的药物,浓度亦可由小至大。治螨结束时,如有未经治螨处理的封盖子脾,不管子圈多大,都应一律提出,不应姑息,以免螨害提前和加剧。

5. 避免蜜蜂偏集　春季蜜蜂活动之后受蜜源、气候、群势等的影响有时常常出现偏集,为此要工作在先、予以防止:(1)应将不同颜色的蜂箱尽力错开陈列。(2)对整齐划一的蜂箱应在蜂场条件许可的情况下分组包装。在无条件分组包装时,可在蜂箱前设置不影响蜜蜂飞行的一些标志;在蜂箱前壁间隔贴上不同颜色的标记,这样做对数家蜂场放在一起时尤其显得重要。(3)排泄前夕应将弱群趁早补足;排泄过后尽快先处理缺蜜群和失王群。(4)排泄期间,双王群弱的一边巢门应稍大于强的一边,整理好蜂群后再缩小。(5)蜂场两头应摆上较强的蜂群。(6)换脾、治螨、检查、喂水、喂花粉时,应先从较早遮阴的一头开始。

三、加速蜂群繁殖的管理措施

1. 预加花粉脾　喂花粉的目的是给蜜蜂和幼虫补充蛋白质饲料。最理想的方法是在始繁前几天,给蜂群预加入前一年秋天保留下来的花粉脾。但花粉脾数量有限,生产中通常需给蜂群进一步饲喂天然蜂花粉,或按传统的方法加入空心人工花粉脾。近年来也有试验加入实心人工花粉脾繁殖的,且表现出:虽然空心人工花粉脾比不加入人工花粉脾开始繁殖要好,但没有比加实心花粉脾更好的情况,原因在于:(1)加实心花粉脾后,蜂王产卵只能从脾的外围开始,一般先产脾的前部,再产后部,然后才产下部或上部,最后形成子环,原椭圆实心花粉区已在中间。该脾子环的蜂儿先封盖,日后子圈向脾心发展,能保证脾心蜂儿健康发育。因为蜜蜂刚刚始繁,群势处于蜂多于脾状态,虽然气温低,工蜂有能力哺育外环幼虫,并及时封盖,封盖后的子脾能产生17%左右的巢温,抗冻,不易拖齐。(2)工蜂和外环蜂儿不断吞食花粉,使椭圆实心花粉不断向内缩小,蜂王向吃掉花粉的巢房内产子,这些子脾处在温度、湿度最适宜,取食花粉最方便的心脏位置,尽管这时气温仍然很低,寒潮频繁,但子脾不易冻伤,育成率高,拖子机会少。群势达6框蜂量,可加较大花粉脾做底脾;群势不到1.6框蜂量,加较小花粉脾做底脾;介于上述两者之间,加中等花粉脾做底脾最好。

因用于复壮阶段繁殖的人工花粉脾,某些方面比天然花粉脾好,所以已有天然花粉脾的蜂场也要做些人工花粉脾:

(1)人工花粉的配伍　为满足蜜蜂对营养的需要,人工花粉应由多种原料配伍,规模小的蜂场自做自用的,可用如下配方:脱脂黄豆粉 40%、天然花粉 25%、食用酵母 5%、玉米粉或绵白糖粉 30%,再加入适量的维生素、食盐等调配而成。配方中的天然花粉来自市场的应在高压锅里蒸熟杀死病原,如白垩病的孢子等。有条件的蜂场应加工全价营养的人工花粉做花粉脾。

(2)原料预混　先把各种干粉原料混在一起,搅拌均匀,加入少量蜜糖水,使干粉湿润,再加入前一天用开水泡湿的天然花粉,充分搅揉,使成颗粒状,然后用 16 目筛网过筛,再把白糖粉加入筛下的小颗粒中;搅匀后就可用于制做人工花粉脾。用蜜水调混的可少加白糖粉。

(3)制作人工花粉脾　把巢房割去一薄层,平铺在塑料布上,往灌人工花粉的巢脾上,盖上一块剪成中空或实心的椭圆形硬纸板,再往暴露的空巢房内灌人工花粉颗粒,最后用毛刷刷实,加脾前 9h 往人工花粉脾上喷上蜜水就可使用。用这种方法做成的人工花粉脾有实心人工花粉脾和空心人工花粉脾两种,每种又有大、中、小之分,可根据蜂群对花粉的需求选择添加。

也可以把配合饲料与蜂蜜搓揉成饼状,放在框梁上或蜂路间,让蜜蜂啃吃,每次喂量以够 3~4d 消耗为宜,时间长了会发酵变质。

2. 促进蜜蜂飞翔排泄　蜜蜂在越冬期间一般不飞出排泄,粪便积聚在大肠中,使大肠膨大几倍。蜂王一开始产卵,蜜蜂就将蜂巢中温度提高到 34℃~35℃,从而要增加饲料消耗,更引起腹中积粪增多。因此,到了越冬末期一定的时间,必须创造条件,让蜜蜂飞翔排泄。

在西北地区,安排蜜蜂排泄的时间,可在当地第一个蜜、粉源植物开花前 20d 左右。一般是选择晴暖无风,中午气温 8℃以上的天气,取下蜂箱上部的箱外保温物,打开箱盖,让阳光晒暖蜂巢,促使蜜蜂出巢飞翔排泄。如果蜂群是在室内越冬的,搬出来排泄时最好陈列为三箱一组,以防蜜蜂受寒偏集。排泄后就不必再搬回室内,在外面做好包装保温工作。排泄以后的蜂群,可在巢门前斜立一块木板或厚纸板,再盖上草帘,给蜂巢遮光,保持黑暗和安静,以免蜜蜂受阳光吸引飞出而冻僵。在天气良好的条件下,可让蜜蜂继续排泄一两次。以后,到了外界气温适宜时,才可撤去巢门前的遮光物。

早春繁殖,如遇到 6~7d 连续阴雨,工蜂不能出巢排泄,腹内积粪多,兴奋情绪降低,蜂王产卵减少,此时应催蜂飞翔排泄。方法是:在气温 8℃以上,天晴无风,就可在框梁上喂含酒精的蔗糖浆(糖水比 1∶1)。用蔗糖浆 5kg,加 50 度的白酒 250g,每群喂 250g。蜜蜂采食含酒精的糖液后,立即兴奋,出巢飞翔排泄,并能安全返巢。

同时,根据蜜蜂飞翔情况和排泄的粪便,仔细判断蜂群情况。例如,越冬顺利的蜂群,蜜蜂体色鲜艳,飞翔敏捷,排泄的粪便少,像高粱米粒大小的一个点,或是线头一样的细条。越冬不良的蜂群,蜜蜂体色暗淡,行动迟缓,排泄的粪便多,像玉米粒大一片排泄在蜂场附近,有的甚至就在巢门附近排泄。如果蜜蜂的腹部膨胀,就爬在巢门板上排泄,表明这群蜂在越冬期间已受到饲料不良或潮湿的影响。如果蜜蜂出巢迟缓,飞翔蜂少,飞得无力,表明群势衰弱;如果蜜蜂从巢门出来,在箱上无秩序地乱爬,用耳朵贴近箱壁,可听到箱内有混乱声,表明这群蜂可能失王。对于不正常的蜂群,应标上记号,优先开箱检查处理。

蜜蜂经过飞翔排泄,即将进入繁殖期。这时,要进行一次全面开箱检查,清除箱底死蜂、蜡屑和霉迹,处理病蜂,调整蜂群,进行保温、喂饲,创造适合蜂群繁殖的条件。

3. 放出囚王紧脾缩巢 中国北方蜂场越过半冬后,为防止蜂王产子过早,立春后把王关入王笼也较普遍。这一措施有利蜂王、工蜂充分休息和避免低效产热和哺育,防止引起春衰。通常采用当加入蜂群的人工花粉脾经工蜂加工成与天然花粉脾一样时放出蜂王。放出的蜂王一般在1~2d后开始产子,而且积极性极高。为了使蜂王的卵都能产到人工花粉脾上,应立即密集群势或紧脾。

早春蜂巢中巢脾过多,空间大,蜜蜂分散,不仅使蜂王因找巢房产卵爬行浪费时间、精力,影响产卵速度,也不利于保温、保湿。这时可抽出多余巢脾,使蜜蜂密集。蜂与脾的关系,以一框巢脾两面爬满蜜蜂为2500只(约250g重)计算,超过此数的是"蜂多于脾";等于此数的是"蜂脾相称";少于此数的是"蜂少于脾"。要求第一次开箱检查蜂群时,抽出多余的空脾,达到蜂多于脾的程度,并缩小蜂路到12mm左右。在有条件(有充足蜜、粉饲料)进行提早繁殖的地区,可以2~3框蜂放1框巢脾,以便于以后用蜜、粉脾喂饲和扩巢。

密集群势,也称为紧脾,一般在治螨后进行,方法是选择当天最高气温能在13℃以上的午前,把应该紧出的巢脾上的蜜蜂抖落在箱底,让它爬到留着的巢脾上去。留下的巢脾应该脾面周整,没有雄蜂房,育过3~10代子,边角可有存蜜的实心人工花粉脾。通过密集群势,从一群蜂的整体看,脾数少了,但从一张脾的局部看,却是蜜蜂密集,子脾集中,有利于保温和哺育。在发生蜜、粉压脾或产卵房不足时,由于蜜蜂处于高度集中状态,只要临时加个巢脾,影响产卵的矛盾就可解决。有试验证明,在复壮阶段的过程中,蜂多于脾的比蜂少于脾的蜜蜂成活率提高25%,育子量增加7%;且子脾整齐、饱满和健康。假使不进行紧脾,让蜂群处于脾多于蜂的自流状态,在气温高时扩大的虫脾,到寒潮来时就易冻坏,使工蜂的哺育成为无效劳动。工蜂由于失去较多营养和过分的辛劳,寿命缩短,也极易造成春衰。

4. 适度保温促进繁殖 蜜蜂有调节蜂巢温度的本能。巢温高,蜜蜂就以扩散、离脾、扇风等方法散热降温;巢温低,蜜蜂就结成球状,保持巢温不致激烈变化。温度下降时,蜜蜂以吃蜜和通过群体运动产生热量来维持巢温正常。因此,最好的保温物是蜜蜂本身,最好的保温方法是饲养强群和蜜蜂密集。但在早春外界气温低得厉害的情况下,要保持巢内育虫区适宜繁殖的温度(34℃~35℃),如果没有足够的群势,单靠蜜蜂自动密集来保温,会随着气温的变化,蜜蜂时集时散,不仅限制蜂王产卵圈的扩大,尤其会促使蜜蜂大量吃蜜,加速新陈代谢,严重影响其本身寿命。同时,当蜜蜂结团时,部分子脾得不到蜜蜂保护而受冻饿,这是早春拖子的原因之一,也是蜜蜂羽化为虫后不能飞行、失去工作能力以致造成"见子不见蜂"的原因之一。为了使蜜蜂在早春能正常而且迅速繁殖,必须人为地提供繁殖的适宜温湿度。

蜂群的早春保温工作,西北可在蜜蜂飞翔排泄时同期进行。方法有两种:

(1)内保温　在距箱里壁一个饲喂器的位置插一隔板。隔板下缘正中吊一根双股线,用图钉撅在箱底上,防止塞放保温物时隔板内倾。在隔板和箱壁之间用保温物塞紧。保温物上放一饲喂器。隔板里摆放有蜜蜂的巢脾,巢脾外再放隔板,按上法在板外塞填保温物,箱内一侧的保温物,紧框时蜜蜂十分拥挤的可不塞满,到子圈稍大,再加草塞紧,蜂脾相称或蜂略多于脾以及提早繁殖的都要塞满,只有塞满塞紧才能使子圈较易扩大。箱前壁和底板间的巢门空隙,留下 2~3cm 宽的工蜂通道外,其余部分用木条或草杆堵严。气窗或箱缝用牛皮纸糊封。副盖上加盖棉垫,用稻草垫的还应加一层盖布。

(2)外保温　西北一带的外保温可先在箱底垫一层保温物,使箱底板和保温物密接。再用农用暗色塑料薄膜把整排的蜂箱盖住,箱后的塑料薄膜用箱脚压住,箱前的可以翻动,"日掀夜盖",晴暖的白天翻开,让工蜂进出;寒潮袭击、低温阴雨和夜里盖上,防寒祛湿。但要使薄膜和巢门保持几寸距离,以免闷伤蜜蜂,同时注意当夜间温度在 5℃左右时,箱前薄膜盖严;当夜间温度在 10℃以上时,就要用小砖瓦撑起薄膜开个小气窗,免得蜂群受闷。对于西北特别寒冷的地区,外保温要更加严密,蜂箱左右和后壁可用保温帘包住。严寒的高寒地区刚开始繁殖时的外保温和室外越冬的保温一样。

随着群势的增强、气温的升高与稳定,巢门外面有许多蜜蜂振翅扇风时,蜂群外保温要逐步撤除;内保温可随着扩大蜂巢逐步撤除。但在加继箱时,在继箱空隙处还可加草保温,待工蜂出房增多,蜜蜂密度增加后,再全部撤除。

巢门是蜂群调节巢温的主要机关,由于巢内外温差悬殊,冷空气容易从巢门进入,所以寒潮期间和低温的夜晚应缩小巢门,弱群的巢门夜晚也可全部关闭,到翌晨再打开;平常可保持 7mm 高,20~30mm 宽,具体以有利蜂群调节温度和进出方便为度。此外也可在蜂箱左右及后面用填充物遮住,不让透光,在寒冷季节,再用两层草帘把巢门前的空间套盖,使巢门保持黑暗,以利于保温。

蜂群的具体保温过程,生产上一般采用可结合入场时的蜂群排列同时进行,方法有:

(1)春繁蜂群一条龙排列,按蜂群数量前后排列成数行,蜂箱放在朝南屋前面 10 余米空旷泥草地上,通风良好,箱底垫草厚 3~5cm,各箱之间塞草束,箱盖覆草片(草片制法:靠近稻草根部扎捆在竹竿上,草片厚 3~4cm,长 3~5m)。箱前斜靠草片既遮光控飞,又预防盗蜂。夜晚及低温阴雨雪天,用无毒薄膜从箱底翻覆箱盖。晴天将薄膜掀到箱后。箱内副盖上覆草帘(云南地区春繁,在副盖草帘下,覆一张薄膜保湿),每行蜂箱最外侧的一只,箱内外侧填放部分草束,其他各箱内隔板外不加保温物。单王群 3 框蜂紧脾后留 1 脾放箱内侧,双王群 4~6 框蜂紧脾后每只蜂王各留 1 脾。放蜂巢中间隔离板的两侧,加脾时蜂路 12~14mm。北方早春气候干燥、气温低,巢门宜开在靠边些。注意温差,随时调节巢门大小。

(2)春繁蜂群一条龙排列,或数箱一组排列,放在空旷泥草地上,各箱之间空隙处塞草束,箱底垫草厚3~5cm,箱内副盖覆草帘,春繁开始,巢内蜂脾相称或蜂略多于脾,单王3框蜂留2~3框脾,双王4~5框蜂留4框脾。单王群箱内巢脾一侧隔板外放保温物(草束或泡沫塑料片),另侧边脾为大蜜粉脾,隔板外无保温物;双王群每只王各2框脾,放巢中央隔离板两侧,边脾为大蜜粉脾。这种保温巢内贮足蜜粉饲料,供水不断,除在开始繁殖时奖饲2~3次,以后停止奖饲。产卵圈均椭圆形扩大。此种管理粗放,但工蜂出巢少,不酿蜜,巢外死亡少,越冬蜂寿命延长10~15d,单王3框蜂起繁,55~65d发展到满箱。

(3)蜂群双箱并列或3~4箱并列,各箱间空隙塞草,箱底垫草厚3~5cm,副盖覆草帘,箱内用隔板分成暖区(产卵区)和冷区(饲料区),即箱内侧壁与隔板之间塞草,放1脾供蜂王产卵,外侧隔板外放1框蜜粉脾,无保温物,往后扩巢加脾时,先把冷区的巢脾加到暖区,冷区再补加蜜粉脾,依次加脾。

(4)多群同箱饲养 早春繁殖期的弱群(在北方2~3框蜂,在南方1框蜂左右)可以多群同箱饲养。好处是便于保温、保湿,便于组织采蜜群。多群同箱饲养一般是将两群蜂或多群蜂放在1个箱内,彼此之间隔开,工蜂互不往来,每群开1个巢门。对于1框以下的弱群,最好合并。

(5)双王同群饲养 早春繁殖期,优良的蜂王产子快,产卵圈大,如果是双王强群,有足够的哺育蜂,因而发展迅速。弱群主要是工蜂的哺育工作跟不上。可以把几群蜂合并为双王群,各留一只蜂王产卵,以加速繁殖,有利保温保湿。其余的蜂王用囚王罩控制产卵,到适宜的时候再组织成双王群繁殖。

人工如何辅助蜜蜂保持蜂巢繁殖、产蜜、产浆、造脾、越夏、越冬的适宜温湿度,并使其朝有益于人类的方向发展,要注意蜜蜂营群体生活的特点,即其本身具有一定调节蜂巢温湿度的本能,当蜂巢温湿度不适宜时,蜜蜂的本能行为有:食蜜产热,活动产热,集结(结团)保温;离脾散热,扇风降温,采水蒸发降温,扇风排湿等。但在特定条件下,蜜蜂本能失效或失控,反而造成伤力、伤热。这是因为蜂群生活受外因(气候、蜜源、蜂箱、管理措施等)影响,可变因子较多。实践证明,蜂群春繁时,通过人为的紧缩蜂巢、分区管理、缩小脾距、调节巢门、添加保温物等人工辅助蜜蜂保温保湿及人工喂料喂水措施,可加速繁殖。俄罗斯《养蜂业》(1997,1)报道,春季蜂群电热加温法试验证明,给蜂巢内提供28.13±1℃,保持箱内供水,可减缓蜜蜂机体在调节温度时的生理消耗,并可防止寒冷时蜜蜂因出巢采水而冻死。从而延长寿命15%~20%,繁殖速度快25%,每昼夜节省蜂蜜40%~50%。

人工辅助蜜蜂保持蜂巢适宜温湿度的措施,因地区、气候、蜜源、蜂群状况、管理方法及饲养目的不同而异。不能把对1框蜂弱群的保温方法用于强群,造成损失后,就否定人工保温。同一地区,同样的箱内外的保温措施的两组平均3框蜂的蜂群,只是蜂群放的位置不一样,春繁效果差异很大。即春繁时,将蜂群置于朝南的墙跟,紧贴墙壁的水泥地上的 1 组,晴天阳光直射,"猛火逼墙",巢内温度骤增,昼夜温差很大,白天蜜蜂离脾、扇风,导致伤力伤热,幼虫得不到哺育,春繁 60d 平均每群 5 框蜂;而将蜂群放在墙跟以南 10m 左右的泥草地上的 1 组,通风良好,日夜温差小,春繁 60d 平均每群 10 框蜂;未进行人工辅助保温的对照组的蜂群,蜂王产卵延迟 20~30d,3 月初平均不到 4 框蜂。

总之,蜂巢保温工作要因地制宜,总的原则是"宁冷勿热"。切记人工辅助蜂群保湿措施要因地、因蜂制宜,符合蜜蜂天然属性"宁冷勿热"。

5. 奖饲补喂刺激繁育

早春蜂群恢复活动以后,蜂王产卵逐渐增加,从每昼夜几十粒到几百粒,最后恢复正常。当蜂群中虫脾较少时,消耗饲料尚少,随着虫脾面积的扩大,就要消耗相当多的蜂蜜、花粉、水和无机盐。如果缺乏这些食物,就会影响幼虫发育。所以,为使蜂群尽早复壮,还需要加强饲料的补给。

(1)糖浆花粉饲喂　为了促进蜂群繁殖,定地饲养的蜂群,在缩小蜂巢前 1~2d 先插入一框蜜、粉脾;缩小蜂巢时留下此脾,提出其他多余的巢脾。在蜂群保温时,紧脾后留 1 脾的蜂群,脾上应有角蜜 0.5kg;紧脾后留 3 脾的蜂群,边脾应有蜜粉 2.5kg 以上,并喂饲花粉或代花粉和喂水,结合喂水加 5%蜂胶液及无机盐等。在提早繁殖或外界缺少蜜源条件下,奖饲糖浆在密集群势的当天傍晚就应进行,奖饲的目的是促使蜂群的兴奋,也有助于放出蜂王的安全。待煮沸的糖浆温度下降到 40℃时,就可用壶饲喂,每框足蜂喂糖浆 0.1kg;先滴少量于蜂团上部的上梁上,再把其余糖浆灌入饲喂器内,为了避免蜜蜂在糖浆里溺死,可在饲喂器里放些稻草、麦秆。也可用蜜蜂自控饲喂器饲喂。

西北蜂群奖饲会刺激工蜂外飞,可改为留足蜜粉饲料常供水。开始奖饲时,隔天一次,随着幼虫增多,改为每天一次。奖饲后不允许次日有多余,既要保持巢内有足够饲料,又要注意不压缩卵圈。奖饲一般在晚上进行,以免蜜蜂吃蜜后兴奋飞出巢外。蜜汁不要流出箱外或滴在地上,以防盗蜂。如有发生盗蜂的预兆,就停止喂蜂蜜,改喂蔗糖。如遇寒潮侵袭,气温下降,应喂给浓度较高的蜂蜜或糖液,以利蜜蜂吃蜜后产热保温。早春喂饲花粉,一般可采用箱内喂粉的方法,把花粉装在巢房里。可结合加脾喂粉,或把蜂脾提出,将花粉灌入巢脾两侧蜂房里。新蜂出房时,要大量消耗蜜粉,若子脾面积大,存蜜少,又缺蜜、粉脾,往往使大批新蜂饿死或者新蜂吃的初蜜和花粉不足,影响后天发育。因此,要注意在封盖子初出房时加强喂给蜜、粉,一般一框封盖子脾要准备一框蜜、粉脾。

饲喂糖浆的浓度,带有奖励和补饲结合的性质,糖水比为 1:2,蜜水比为 3:2,每天或隔天一次。由于单脾管理法的底脾是 1 张,而且是实心人工花粉脾,半数巢房已被人工花粉占据,可供产卵巢房不过 3000 个,极易发生蜜卵争脾,切忌喂得太多太浓,但也应防止缺蜜。在有哺育无羽化过程中后期,外界气温低,巢内无新蜂出房,每天或隔两天喂一次,于天黑后喂给,每次每框足蜂 0.1kg 左右。巢内糖多喂少,糖少喂多,视脾内贮蜜量增减,从而保持巢内的每张巢脾贮蜜在 0.5kg 以下,既防止缺糖挨饿,又要避免蜜卵争脾。有条件的可用胶管从箱外直接喂到巢边的饲养器内,选用糖浆浓度,糖水比 1∶1.5,蜜水比 2∶1,以减少巢温的散失。为防止溢出,预先要对糖浆进行定容。加过灌有糖水巢脾或割过封盖蜜的当天可以不喂。

新老更替过程,正常情况下的糖浆浓度为糖水比 1∶1.5,蜜水比为 1∶1,1~2d 喂一次,每次每脾 0.1~0.2kg,于黄昏前后喂给,以免工蜂出巢损失和引起盗蜂。这时喂糖浆的主要目的是刺激蜂王多产子,工蜂多哺育。在子圈扩大以后,可增加喂量,直至吐白,这有利于增进工蜂体质。天气晴朗,有新蜜进巢,可少喂或停喂。天气不好,宜多喂。但寒潮期长,应在寒潮到前喂足,寒潮到后喂的次数不能多,糖浆也不能太稀。

饲喂花粉工作在紧框时就要开始,留在群内的底脾应有 0.5 框左右的花粉,供本群部分幼虫取食。为满足子脾的幼虫营养需要,第一次加的脾上应有 0.2~0.5 框花粉,没有天然花粉脾,可加人工花粉脾。群内脾上花粉如若已经吃尽,只因工蜂不足,不能通过再加花粉脾来解决时,可把加工成的湿花粉团,制成粗条子,摆到上框梁喂蜂。为确保不致缺粉弃子,在上梁上花粉吃尽前,就应喂给人工花粉条。这一工作一直要坚持到巢内可以加花粉脾或巢内已有较多剩余花粉止。

关于奖励饲养,养蜂员要根据中期气象预报,低温阴雨期在 1 周以内,可以正常进行。在一周以上寒潮前期可少喂,如果贮蜜欠足,可用蜂蜜和白糖做的炼糖饼饲喂,到将要放晴前 1~2d,又可用糖浆饲喂。

在长期低温阴雨中、后期,偶然出现短时间升温,云层稀薄或太阳露面,可在气温较高瞬间喂点稀蜜水,促进工蜂出巢排泄,过后再把少数冻僵在巢前和蜂场周围的工蜂拾到杯里,倒在强群蜂团正中上面,让其复活,以减少损失。

(2)坚持巢门喂水　水是蜜蜂维持生命活动不可缺少的物质,蜜蜂的新陈代谢,营养输送、分解、吸收,废物排泄都离不开水。春季复壮阶段气温低,寒潮期间工蜂无法出巢采集,喂水工作和喂糖同样重要。饲喂的水要求干净清洁,以喂开水和磁化水最好,喂自来水的可加点高锰酸钾,以水淡红为度。

喂水的方法有两种。第一种是开箱喂水:把箱子大盖打开,把水直接浇到巢边的喂水器内,喂水器放有麦秆或浮标,可防止饮水蜂溺死。一天一次,数量以每次喂的水吃完为度。吃不完的应及时倒掉。第二种是不开箱喂水,这种方法也有两种,一是巢门喂水,把盛有水的容器放在两只箱之间,或者放在巢门口起落板前,把脱脂棉条或脱脂棉带一头放入水中,棉带的另一头拖到巢门口,让蜜蜂在巢门口吸吮。注意防止蜜蜂进入容器淹死。二是用一次性生理盐水滴注器喂水,方法是把清洗消毒过的滴水器胶管,从箱底的洞里穿进箱内,拉到隔板上缘的喂水器边,再插到喂水器内的空塑料袋中,塑料袋里拖出一根脱脂棉带,把带头搁在隔板里面的巢脾上梁上,塑料袋口的其余部分用回形针封柱,每次喂水量与箱内饲喂器内的塑料袋容量一致,然后把塑料瓶挂于蜂箱后的支架上,位置高于蜂箱,水就会自动流入箱里饲喂器里的塑料袋内,再经过脱脂棉带扩渗到上梁上的带头上,蜜蜂就可以在巢脾的上梁上吮吸。一般一天就能吸完一袋水,吸完后再灌注;喂水工作应一直喂到加上继箱。

给蜂群喂水,最好加入少量食盐,浓度不超过千分之一,也可适量添加蜜蜂常见病防治药物,以利蜂群健康。

(3)补喂其他营养　补充维生素,微量元素或增强抗病力的保健添加剂比如人参液、刺五加液等,可以把上述产品混入糖浆或人工花粉中饲喂或用喷雾器喷洒在附蜂的脾上。一些液体蛋白质饲料如牛奶、羊奶、鸡蛋等也可以在奖励饲喂的糖浆中加入,目的是为增强蜜蜂体质,加速恢复繁殖。

6. 扩大子圈加脾扩巢　有效扩大子圈,增加子脾数量,是春繁阶段的重要任务。蜂王产卵,从巢脾中间开始,螺旋形扩大,呈圆形,常称子圈。子圈面积大,表示培育的蜂多,因此在管理中首先要设法扩大子圈,其次加脾扩巢。

为了保证子脾内蜂儿健康,又必须保证巢脾上食料充足,所以只能适当扩大卵圈。扩大子圈可从下述几方面着手:(1)刚开始繁殖时,由于只有1个巢脾,为了不发生蜜、卵争脾,脾内贮蜜、存粉不要过多,一般在0.5kg以下,并且要适时加脾。在新蜂未出房前,待实心人工花粉底脾子环形成后,空心花粉底脾到子圈达6~7成才能加脾,而且只加在边上,让原来的子脾继续扩大卵圈。原来两个底脾起繁的,在新加巢脾的卵变幼虫后再调到原子脾中间,有利新加脾子圈继续扩大。(2)繁殖一段时间后,子脾位于巢脾一端的,在蜂脾相称的条件下,可把中间的巢脾调头,使整个子球拉长。不久蜂群就会扩大子圈,使子球变圆。(3)子圈扩展到离封盖蜜还有3~4个巢房距离时,就要把封盖蜜割开,让工蜂把蜜搬掉,腾出空房让蜂王产卵。(4)发生蜜压脾时,子圈扩展不开,可把加高的房壁和封盖蜜割去,喷上清水,旁边加一空脾,让蜜搬到新加的空脾里,使原脾的子圈扩大。蜜蜂密集的可以加半巢脾或新脾,甚至巢础框造脾,让蜂王在新脾上产卵。(5)子圈小的蜂群,常是蜂王不好和蜂量不足所致,可调进一个子圈大的封盖子脾,或两群间大子脾和小子脾对换,促进小子圈群子脾扩大而进大子圈。

早春蜂王产卵正常以后,除了采取扩大产卵圈以外,根据蜂群情况适时加脾,是加速繁殖的重要措施之一。

繁殖初期蜂多于脾的蜂群,一般是在子脾上有2/3的巢房封盖,或有少数蜂出房时加第一张脾;群势强的,在子脾面积达巢脾总面积的七八成时加;群势弱的,待新蜂大量出房时加。在加第一张脾时,由于外界气温还不稳定,蜜源稀少,所以须加蜜、粉脾或人工补喂蜜、粉。因为一只越冬老蜂,早春只能哺育幼虫1~3个,一只出房的新蜂可哺育幼虫3~4个,负担过重,会影响后代的体质。因此单脾繁殖已加脾扩巢到3框脾及3框蜂多于脾的蜂群,在加脾时须注重"六看":看天(天气正常)、看蜂(加脾后,每脾有蜂2000只左右)、看王(健壮善产,先产卵子脾外侧,再产内侧)、看子(子脾面积达七成以上,幼虫发育正常,封盖蜂子的房盖凸起,界限清楚)、看温度(蜂巢中的温度达到 34℃~35℃,用手试巢门口温度,感到有热气冲出,隔板外或饲槽内有蜂)、看饲料(角蜜满,有花粉贮存)。如果条件不具备,或情况有变化,例如最近有寒潮侵袭,可暂缓加脾。当天气晴暖,气温回升,蜜、粉采入增多,新蜂大量出房,哺育蜂迅速增加时,加脾的速度可以加快。群势发展到 5~6 框,可按 7d、5d、3d 加脾 1 张或逢一、五、十的日期加脾,即过 3~5d 加一张。

除了需要培育雄蜂有意识地加雄蜂脾外,一般要加孵化过 3~4 代蜂子的无雄蜂房的巢脾。对巢房过高的巢脾,加脾时可用快刀把巢房表面割去 1~3mm,使巢房深度不超过12mm,经过工蜂整修,可加速蜂王产卵。加脾位置,一般头几次加边脾,切忌加在中央而把第一代封盖蜂子调到外侧;因为第一代蜂子如果受冻,会严重影响蜂群繁殖。随着蜂群发展至 5 框以上时,可加边二脾,即蜜、粉脾内侧。晴天温度正常,有大量蜜、粉采进,出现蜜、粉压卵圈时,可加 2 张脾,一张加在外边(边脾)贮蜜、粉,一张加在蜜、粉多和子少的脾之间(即边二脾)。如果原边脾已贮足蜜、粉,应即以空脾换出,遇到连续下雨,巢内缺蜜、粉时再调入。蜂群发展到 5~6 框时,如角蜜房(巢脾两角的蜜房)沿发白或有赘脾时,可加巢础框造脾。蜂群发展到 7 框以上时,如已进入流蜜期,并有自然分蜂的预兆,就应提先加继箱。在一般情况下(双王群例外),蜂群发展到 8~9 框时,可暂缓加脾,使蜂、脾关系从蜂少于脾发展到蜂、脾相称或蜂多于脾时,再加继箱。把巢箱中 2 框边脾提上继箱,再在继箱中另加 2 框空脾;或用空脾从巢箱中调 1 框虫脾到继箱里。巢箱保持 5~7 框,组成一个生产群。

由于蜜蜂品种、群势、蜂王和巢内蜜、粉等差异,在新老蜂交替过程中,还必须调整蜂子。若每脾的蜂数以 2000 只作为十成,子脾上的蜂子面积以占 5000 个巢房作为十成来计算,蜂多、子少(每脾有蜂十成以上,子脾七成以下)的蜂群,先从蜂少、子多(每脾蜂数在七成以下,子脾在七成以上)的蜂群或双王群中提出虫脾(脱蜂)加以补充,以发挥这群蜜蜂的哺育力。或者用这一群的老封盖子脾换进幼虫脾,以利蜂儿正常发育。待群势发展到蜂、子相称时再加脾。蜂少、子少(每脾的蜂数不足六成,子脾不到五成)的蜂群,先抽出小幼虫脾(脱蜂)加入强群或中等群中加强哺育,强群发展到蜂 10 框、子脾 8 框以上时,可提出有部分开始出房的封盖子脾补助弱群,以调动强、弱群的各种积极因素。对蜂、子相等(每脾的蜂数七成,子脾七成)的蜂群,本来无加脾条件的,如果近日天气无较大的寒潮影响,也可从强群中提出蜜粉脾,并趁热加入,同时加强保温,可以加速繁殖。

群势调整后一个月左右,蜂群进入新老更替过程,由于各群蜜蜂生死比例和蜂王产卵量不一。就会出现有的蜂群子多蜂少或蜂多子少现象。这时就打破群界,把子多蜂少群的卵虫脾脱蜂后,加入蜂多子少的蜂群去哺育;也可把蜂少子多群的卵虫脾和蜂多子少蜂群正在出房的大封盖子脾对调,以加强子多蜂少群的群势,充分发挥繁殖潜力。对蜂多子少蜂群,由于有卵虫补入,子量并不减少,群势也不致造成严重下降,相反还充分利用蜂多子少蜂群的育儿潜力;蜂少子多的蜂群,也可抖出卵虫脾加到工蜂足的蜂群去哺育,原群暂不加脾,待群势稍盛后再加脾扩巢。

7. 分批组织继箱　复壮阶段,要求在第一个主要蜜源到来前十天到半个月结束,西北地区一般是 3 月底前,此时要加上继箱,进入强盛阶段强群生产。但由于有多种原因,这时蜂群才发展到群内只有 6~7 个巢脾,其中封盖子脾 2~3 个,蜜蜂处于脾多于蜂的状态。为扭转被动,争取有较好的收成,可提前把弱群内的 1~2 张封盖子脾,补给封盖子较多群势较强的平箱群中,加上继箱,进行保温,等新蜂出房较多时,就可进行王浆生产,一旦流蜜开始,还可取得较多蜂蜜。抽掉子脾的蜂群,群势削弱,但是外勤蜂还会回到原群,工蜂密度并不变稀,仍具有较强的保温、繁殖能力;由于群势小了,单位工蜂的繁殖速度较快,不久仍可加脾扩大蜂巢。子脾调后半个多月,调进子脾的继箱群已强盛,容易出现分蜂热,这时可把封盖子脾再调到抽走过封盖子脾的弱群内,具体应以不影响强群的发展、弱群能养护为准,使弱群逐步加强进而加上继箱;之后由于流蜜期已开始,就可以投入王浆生产。

8. 积极预防蜂病　早春新老更替过程,虽然气温有所回升,但仍处在低温季节,同样没有蜜源,寒潮频繁,阴雨天多,蜜蜂密度不足,哺育任务加重,极易发生欧洲幼虫腐臭病、美洲幼虫腐臭病、囊状幼虫病等幼虫病和孢子虫病、麻痹病、副伤寒病等成年蜂病。因此应做好蜂巢保温,促进蜜蜂飞翔排泄,选用优良巢脾,喂饲自留的优质蜜粉,以增强蜜蜂抵抗力和杜绝病原的侵入。

如果蜂场环境优越,没有发病史,周围也无罹病蜂场,只要注意蜂场卫生,可免药物预防工作,以免破坏蜜蜂肠道的正常微生物系统,减低抗病能力。而环境条件一般,过去有过发病史的蜂场,在易发病季节容易发生常见病和原先发生过的疾病,在生产季节到来前,应进行针对性的药物预防,一般用药 2~3 次,每次间隔 2~3d,结合奖励饲养进行。此外日常工作和蜂群检查时,要留意巢内外情况,发现花子脾,失去光泽的幼虫和异常的工蜂,都要及时进行检查,寻找病因。如果必须用药物预防时,可在喂饲时加少量姜、蒜汁液等植物性杀菌剂。如是病原体引起的,就要贯彻治早、治少的方针,尽快进行治疗,同时对未发病的蜂群也要进行全面预防,以免蔓延扩大;造成严重损失。但要千万注意不可随便使用抗菌素,以免产生药害及影响蜂产品的质量。

9. 积极加础造脾　在外界蜜源开花流蜜,发生蜜压脾时,可加巢础框造脾,这时群内蜂王也喜欢在新脾上产卵,而工蜂又不乐意往新脾贮粉装蜜,所以不但造脾快,雄蜂房少,而且子圈面积大,是解决蜜卵争脾矛盾的好办法。加脾的位置一般在边二和边三之间,群弱脾紧的也可以在边一和边二之间。第一次造脾 1 张,第二次造脾必须在前脾造好或产上卵后再加。复壮阶段造脾的第一目的是为加快繁殖铺路,第二目的才是增加优良新脾,所以必需讲究造脾时间,有育哺但无羽化出房过程和新老交替过程前期,气温低、蜜源差,群势弱,新蜂少不宜造脾;新蜂增长过程后期,即将进入强盛阶段,造脾容易出现雄蜂房。新老更替过程后期和新蜂增长过程前期,是筑造优良新脾的好时机,可利用有新蜜进巢和大量饲喂进行造脾。

10. 提早培育新王 春季群势发展较强,没有双王群或双王群少时要提早育王。这些王主要用于调换复壮阶段出现的劣王和强盛阶段初期的解除分蜂热。用于大量分蜂、换王和组织双王群的新王,应在强盛阶段培育。复壮阶段育王,必须提早培育雄蜂,新老更替过程前期就应向种用群加雄蜂脾,没有整张雄蜂脾的可于头年秋季前把雄蜂房多的新脾切去中下部,放到强群内,加强饲喂,让被切部分的空隙补造雄蜂房,这种脾雄蜂房多,房眼大,实际上最理想。雄蜂封盖近两星期,蜂群达到4~5个脾就可培育王台,到诱入王台时,蜂群已发展到7~8个脾,已有分提交尾群的能力。

西北东部地区定地饲养的蜂场,一般年份在4月20日前后开始培育新王。此时,一般年份箱内所有巢脾,均能装满蜜、粉,甚至会出现压子现象。如果繁殖顺利,便可着手育王,利用油菜花流蜜期培育第一批王台。由于此时外界气温尚不稳定,所以可以采用无王群培育第一批王台。第二批次后便可在有王群的继箱中培育。为了能在4月20日前后开始育王,放王紧脾时就应该在事先选好的父群中留下一两张雄蜂房较多的巢脾,放在中间的位置供蜂王产雄蜂卵,在正常情况下,3月底或4月初蜂王便会产下雄蜂卵。4月20日前后便会有成批雄蜂出房。一般情况,5月10日前培育出来的王台,移虫后13d才能出房。

第一批育出的王台主要用来更换老劣蜂王,也可以伴随着洋槐花期的到来进行全场换王,增加洋槐蜜的收益,即采取洋槐花期处女王交尾,减轻内勤负担,增强采集力量的方法。当然也可视情况进行分蜂,因为此时分出的蜂群,可在6月底培养强壮,投入生产。分群需要说明的是:因为这时气温偏低而且不稳,分出群应进行箱内保温。分出数量应以1/3为宜。可采用新分群异地交尾法(即把新分群搬出5千米外的新址交尾),使交尾后群势较为一致,各龄蜂都有,容易培养成壮群。也可以采用新王产卵以后搬回原场,用正出房的老子脾补充的方法,连补二至三次,使新分群迅速发展壮大。

为不影响原群繁殖,还可采用巢脾闸板饲养1~2群强的双王群。西北一般可于4月下旬。方法是把巢脾闸板一侧的蜂王和未出房的封盖子一起提出,作为育王区;育王区留封盖子脾和蜜粉卵虫混合脾各1张,在两脾之间加育王框育王。巢脾闸板另一边所有子脾全部脱蜂提出,寄补其他群,同时加入1张空脾,将蜂王捉到空脾上产卵。为提高王台质量,务必使育王群保持蜂多于脾状态,并行大量饲喂。王台封盖后,可在有王区加入空脾让王产卵,以保证蜂群正常繁殖。王台成熟前,用1/4高窄式巢脾十室交尾箱、郎氏脾四室交尾箱或1/2郎氏脾四室交尾箱组织交尾群。

西北地区中蜂安全越冬方法探析

祁文忠

(甘肃省蜂业技术推广总站 甘肃省养蜂研究所,甘肃天水 741020)

摘 要:由于近些年来,各地大力发展中蜂饲养,但西北中蜂越冬死亡率高这一问题困扰着许多养殖户,针对当前西北中蜂养殖越冬死亡率高这一问题,深入中蜂主产区调查研究,全面分析导致死亡率高的原因,提出了解决越冬蜂群死亡率高的管理技术,推动中蜂产业发展壮大。

关键词:西北地区;中蜂;死亡率;安全越冬

西北冬季寒冷漫长,但中蜂养殖区,除了部分高寒山区外,其他大部分地方冬季一般在-10℃以内,有个别年份会出现-15℃左右的极端天气,但也只有 3~5d,中蜂主产区域冬季虽不是十分严寒,但越冬阶段持续的时间多数 4~5 个月,必须做好越冬工作。越冬的主要任务在于延长工蜂的寿命,降低死亡率,减少饲料消耗。饲养中蜂度过漫长的寒冬,是蜂群发展过程的重要一个阶段,蜂群能否安全越冬,越冬效果的好坏,直接影响着来年春繁,关系到蜂群翌年的蜂群发展与生产效益,甚至关系到养蜂的成败。近些年来,各地蜂农的养蜂热情高涨,西北中蜂饲养量逐年增加,但在生产实践中,许多中蜂饲养者特别是初养者,因缺乏中蜂越冬管理经验,常常导致越冬蜂大量死亡,轻者影响了第二年蜂群的发展,严重者导致全场毁灭,造成巨大的经济损失。笔者经过国家蜂产业技术体系项目实施,对甘肃省的岷县、徽县、麦积、清水、宕昌、陇西、两当等县中蜂越冬情况进行调查研究,发现蜂群越冬死亡率平均在 31.5%,初学者、技术没有掌握者有的蜂群越冬死亡率高达 56%,养蜂技术全面的如示范蜂场,蜂群越冬死亡率超不过 6%,充分说明蜂群越冬死亡率高低与养殖管理技术成正相关,现将西北中蜂蜂群越冬死亡原因加以分析,对安全越冬进行探析,提出相应越冬管理技术,供广大中蜂饲养者参考。

一、中蜂越冬死亡率高原因探析

(一)没有培育好越冬适龄蜂

所谓越冬适龄蜂,就是在越冬前培育,没有参加过采集、哺育和酿蜜工作,并经过飞翔排泄的蜜蜂。大多蜂农忽视培育越冬适龄蜂,培育的越冬蜂或太早参加了采集、哺育、酿蜜等活动,寿命缩短,没有培育好越冬适龄蜂,越冬就不安全,在春繁时吐泌浆量小,哺育采集能力差,有的越冬蜂培育的太迟,幼蜂没有充分排泄,肚子里积了粪便膨胀,造成冬团不安静。

(二)越冬饲料不合格或饲料不足

越冬饲料是蜂群安全越冬的基础,越冬饲料的优劣,直接影响着越冬成败,所以一定要优质、成熟、不结晶的好蜂蜜,但许多蜂农不早着手留存越冬饲料,特别是传统老法饲养的,由于缺乏蜜蜂生物学知识,沿用了"杀鸡取卵"的取蜜方式,给蜂群不留或留存很少饲料,取蜜之后,又到晚秋,天气暂冷,蜜源稀少,导致蜜蜂来不及修复蜂巢,也无蜜可采,临近越冬,发现饲料不够,才匆忙饲喂越冬饲料,由于饲喂过晚,蜜蜂来不及将饲料酿造成熟,就已经进入越冬期,蜂群取食劣质饲料造成肚子胀,寒冷的冬季蜜蜂难以飞出排泄,造成越冬蜂团不安定,甚至导致蜂群患"痢疾病""孢子虫病",而无法保持最佳的越冬状态,最终导致蜂群无法安全越冬。越冬饲料不足,也是中蜂越冬死亡的一个重要原因。在西北越冬时间长达4~5个月,蜜蜂在越冬期以结团式,半蛰伏状态越冬,虽然食量小,但越冬期长,越冬期又不能喂饲,许多养蜂者对蜜蜂越冬饲料消耗量估计不足,给蜂群留下的饲料蜜较少,导致蜜蜂越冬饲料不足,最后因缺饲料饥饿而死。

(三)蜂数不足群势弱小

经过一年的生产和发展,由于个体差异和受多重因素的影响,同一蜂场的蜂群群势也存在较大的差异,大多蜂农到秋后越冬前,不进行蜂群检查衡量定群,特别传统老式饲养者,因舍不得毁群,不论大群小群统统保留下来,任其自然进入越冬,而其中弱小的蜂群则因为调节巢温的能力差,蜂团小,抵御寒冷能力弱,在寒冷的冬季,越冬蜂团无法移动,蜂群难以取食,受冻受饿而最终导致死亡,这也就是蜂农常说的巢内有蜜而蜜蜂饿死了的原因。

(四)蜜蜂特性了解不够,保温不当

在西北,冬季的气温常在-20℃以上,大多数养蜂地区在-10℃以上,蜂群最适宜的温度是-2℃~2℃。温度高了蜂团会散团,加大活动量,消耗饲料,晚上重兴结团,边脾上部分蜂因归团不及,受冻而死,蜂农称"削皮"现象。许多养蜂者,恐怕蜂群挨冻而为蜂群过度保温,用厚厚的保温材料将蜂群包裹得非常严实,蜂群由于内部温度过高,造成蜜蜂的活动量加大,饲料消耗多,工蜂老化快,最终导致蜂群因"伤热"而死亡。有的蜂农没有保温意识,纯粹就不采取任何保温措施,如有的蜂农在寒冷的冬季蜂箱还架在空中,四面受寒风袭击,有的蜂箱四周缝隙大,冷风直入巢内,有的蜂箱上不加任何保温物,任意受寒冷肆虐,蜂群为了保持巢内的温度,就要通过增加采食,增加活动量,以产生热能抵御严寒。如果保温不足,不但会消耗大量饲料,而且,当蜂群产热无法抵御寒冷时,蜂群就会因保温不足而被冻死。冬季经常会有气候不稳定,出现暖冬现象,养蜂者按以往的包装方法对

蜂群进行包装,出现暖冬后,气温较高,造成蜂群剧烈活动,特别是强群更加严重,蜂群散团,外出飞行,最后致使蜂群过早衰老死亡。而暖冬中偶尔又会出现极寒现象,骤冷骤热,蜂群因无法适应而导致死亡。

(五)蜂群秋季发生格斗,损伤蜂群

一是秋季蜜源逐渐结束,管理不到位,最容易发生起盗现象,或是西蜂盗中蜂,或是中蜂间的互盗,如果发生盗蜂现象,盗群、被盗群双双受损,两败俱伤,蜂群遭殃。二是晚秋胡蜂活动最猖獗,对蜂群危害严重,会造成大量的蜜蜂伤亡。无论是发生盗蜂还是受胡蜂骚扰,大大损伤蜂群的元气,加快了蜜蜂衰老,寿命缩短,这样的蜂群越冬,蜜蜂的死亡率会更高,就是能越过冬也一定会出现春衰现象,无力春繁。

(六)忽视巢门的调控

越冬期间巢门的调控非常重要,有的养蜂者将巢门开得过大,当遇到寒潮等极端天气时,蜂箱内过于透风,会导致蜜蜂冻死。而当外界阳光充足时,蜜蜂便会纷纷出巢飞翔,而外界温度又较低,飞出的蜜蜂常会被冻僵而无力飞回。还有的养蜂者为了防寒,将巢门关得过小或关闭后忘记打开,使蜂巢处于一种封闭状态,巢内空气流通不畅、潮湿,蜜蜂最后因环境不适而死亡。

(七)蜂群失王造成恐慌

众所周知,中蜂易失王,许多养蜂者管理蜂群不到位,越冬前不检查,糊里糊涂进入越冬,外界气温在0℃以下时,失王后蜂群出现恐慌,会出现秩序乱、散团、蜜蜂进出巢门抖翅,造成越冬不安定,甚至整群死亡。

(八)放蜂场所选择不当

许多养蜂者在放蜂场地选择、蜂群摆放等方面存在诸多问题。有的蜂群摆放的公路边上,有的摆放在人、畜、禽容易出没的嘈杂地带,有的蜂场放在空旷无遮挡的河谷地带,还有蜂箱置于支架上,使弱小的蜜蜂处于寒风中,哪能经得寒风袭击,一个寒冬蜜蜂损失较大。许多蜂农不知蜜蜂对光线敏感,蜂农不了解蜜蜂具有趋光性的生物学特性,或者只考虑到人的方便,而忽视了蜜蜂的存在。有的蜂农蜂箱受阳光直接照射,蜂箱巢门前无遮盖物,有的蜂农将蜂群置于强光源附近,越冬期间受光线刺激容易兴奋,骚动不安,有的甚至造成蜜蜂的飞出死亡,蜂群难以安静越冬,大大影响越冬效果。

二、做好越冬前准备工作是关键

对养蜂来说,"一年之季在于秋",秋季是养蜂年的开始,如果秋季蜂群管理不到位,到了冬季,任何措施也难以改变已形成的局面,秋季管理的好坏直接关系到蜂群是否能够安全越冬,更是关系来年蜂群发展,甚至造成春衰,一年不会有好的收入,造成的这种

现象是无法弥补。秋季蜂群繁殖的数量和质量既是越冬的基础,更是下一年春季繁殖的基石,秋季管理是越冬成败的关键。那么秋季应抓住哪些关键环节才能确保蜂群安全越冬呢,笔者认为从 4 个关键方面入手。

(一)培育好越冬适龄蜂

蜂群秋季繁殖的越冬适龄蜂,是翌年繁殖开始的第一批哺育蜂,因此也是来年繁殖的开端,是下一年养蜂生产夺取高产的基础。越冬适龄蜂的培育,应抓住 3 个环节:一是优良蜂种和新王,选用优良蜂种,充分利用新王精力充沛、产子涌的优势培育越冬适龄蜂,培育好巢内 4~5 张子脾,子全部出房越冬蜂数足够;二是要有充足的粉蜜,保证营养供给,为了提高蜂王产卵积极性和蜂群的哺育力,可每晚进行奖励饲喂,确保培育越冬蜂营养充足,培育的越冬蜂体质健壮;三是足够的蜂数,足蜂 4~5 框,保持蜂多与脾,保温、哺育能力强。另外如果秋季培育越冬蜂时,早晚温差大时可适当保温。

(二)留足优质越冬饲料

越冬饲料是蜂群安全越冬的基础,越冬饲料的优劣,直接影响着越冬成败,所以一定要优质、成熟、不结晶的好蜂蜜作为越冬饲料,越冬饲料的贮备应早动手,在秋季最后一个蜜源时要留足蜜脾,如有贮备蜜脾,最好将贮备蜜脾作为越冬饲料,可有效减轻蜂群的劳动强度,防止盗蜂现象的发生;如果饲料不够时,可在培育越冬蜂时补足,选用优质无污染的蜂蜜按 5:1 对入洁净水,并加热到 70℃进行灭菌处理,然后再饲喂蜜蜂;如果饲喂白糖,将白糖和水按 2:1 的比例充分溶化,在培育越冬蜂时每晚饲喂,饲喂越冬饲料建议要用蜂蜜,如果用白糖也要用正规厂生产的优质糖,在随着越冬蜂的出房,利用群内老蜂的存在酿造补足越冬饲料,越冬蜂培育成功之后不能再喂,确保适龄越冬蜂不能参与酿造越冬饲料工作。越冬饲料一定要优质充足,一般有 3~5 个满封盖蜜脾就足够越冬。

(三)严防起盗,捕杀胡蜂

秋季管理时要格外仔细,修补好蜂箱缝隙,合并弱小群,保持蜂数密集,饲喂越冬饲料时特别是饲喂时要特别小心谨慎,注意不要将蜜汁滴在箱外,饲喂应在傍晚或夜晚进行,要在天亮前吃完。还应适当缩小巢门,仅使 1~2 只蜜蜂出入,保持蜂多于脾,检查蜂群针对性、目的性要强,快速敏捷,最好是早晚进行,避过蜜蜂活动时间。另外对胡蜂加强防治,胡蜂是蜜蜂的大敌,特别是山区蜂场,常因胡蜂为害而遭受巨大的损失。可以采取人工捕打、巢穴毒杀、蜂笼诱捕等方法对秋季危害蜂群的胡蜂捕杀。

(四)促蜂停产,休整蜂群

越冬蜂全部出房后,促进飞翔排泄,如果 9 月底至 10 月初,强制蜂王停产,保持蜂群安静,减少蜂王损失。蜂群排泄结束,调整蜂群基本均匀,抽出多余脾,10 月 20 日后,确定越冬蜂群,弱群、无王群合并,不足 3 足框的蜂群合并。要遮盖蜂箱,避免太阳光直射蜂箱,保持蜂群凉爽,放大蜂路,减少蜂群活动,保持安静,休整蜂群。

三、越冬蜂群的管理

西北地区的冬季来的早,去的晚,时间较长。除了高寒地区外,其他地方冬季一般不是十分严寒。最低气温很少下降到-15℃以下,中蜂养殖者一直采用室外越冬。

(一)选择合适的越冬场所

越冬场所要求背风、干燥、卫生、安静、背光。最好是背阴放置,防止昼夜温差大,导致巢内温度频繁变化。要远离公路、停车场、有噪音的工厂、畜禽圈舍,防止振动、喧嚣干扰越冬蜂群,要远离河滩沟口,如果确实蜂群摆放在空旷地带,也应有围墙或篱笆将蜂群围起来,避开寒风直袭蜂箱。避免强光直射巢门,如果向阳放置,应采取遮阳的方式,避免阳光直射箱壁和巢门,放蜂的地方要避免长期彻夜有路灯的地方,在自家庭院放置的晚上尽量不开灯或少开灯,平时可以用纸板、草帘遮掩巢门,减少强光刺激蜂群,减少蜂群骚动。

(二)采取适当保温措施

晚秋太阳靠近南回归线,阳光辐射不如春季相同气温条件下强烈,蜜蜂外出容易冻僵,包装不宜过早,一般在11月中旬温度降到0℃以下开始加保温物。北方越冬蜂群,箱内只在副盖上覆5~6层吸水性良好的纸或覆布,并将纸或覆布折起一角,防止蜜蜂受闷。箱外包装可以20~30群为一组,也可以8~10群为一组或2群为一组。20~30群成排的大组包装有利于保温。10月下旬,蜂群已进入断子期,为了减少工蜂因大量活动而造成体力和饲料消耗,可用草帘遮盖蜂箱,减少巢内昼夜温差,等到"小雪"(11月下旬)前后开始进行箱外保温。可用草帘把蜂箱左、右和后面围住,也可以用土坯、秸秆、玉米秸等夹成圈,外面抹一层泥,蜂箱周围和两个蜂箱之间塞上草,但注意不要填得太多太实,上面再盖草帘(多数养蜂者只在箱底、箱后垫上草)。包装要用干草,它的保温性能好,如山草、稻草、麦秸、豆叶、树叶等。箱底垫草15~20cm(压紧),特别小的蜂群蜂箱周围塞草10~15cm。一般情况下蜂箱前壁(留出巢门)也用草帘包上。巢门前用土垫一个斜坡,把垫箱底的乱草压住,以防止刮风时乱草、树叶堵塞巢门。由于近2年来冬季时常出现暖冬,因此,蜂群的保温不能保持一成不变,要根据天气变化情况,进行合理增减,以保持蜂群内部适宜的越冬温度,防止蜂群散团和蜜蜂外出飞行活动。总之冬季保温应遵循"宁迟勿早,宁冷勿热"的原则。

(三)箱外观察与管理

用木板或草片斜靠在巢门前,遮光控飞,若仍有蜜蜂飞出,可能是采水蜂或巢内过热,要扩大巢门,必要时撤去蜂箱上面部分保温物,加强巢内通风散热。

调节巢门是越冬蜂群管理的重要环节。巢门6~7mm高即可,以免老鼠钻进去危害。

巢门宽度,弱群双群同箱,留60~70mm,中等群(单箱)留80~90mm。蜂箱里面空间大,巢门可留小一点;空间小,巢门则留大一点。蜂群越冬期间,由于巢门小而发生问题的较多,因巢门偏大而发生问题的反而少,所以还是以"宁冷勿热"为佳。

在越冬期间,无特殊情况不能随便开箱检查蜂群,保持蜂群安静就可以,在箱外观察蜂群情况,判断巢内蜂群状态,耳朵贴近巢门口,或用听诊器放入巢门,轻轻敲打一下,可听到"唰"声音,而且很快消失,是正常现象。时常收听天气预报,注意大雪、寒流等特殊情况,根据气温调节巢门大小,调整遮挡物、保温物。越冬后期每隔20d左右在巢门口掏除死蜂,保证蜂群通风畅通,如果发现蜜蜂口渴,可用巢门喂水器适当喂水,防止出外寻水而冻死冻伤,注意防火、防鼠。

几种箱内情况,箱外观察来判断处理:

(1)失王 蜂群越冬期间,有时也会发生失王现象。蜂群失王以后,晴暖天气的中午会有部分蜜蜂在巢门内外徘徊不安和抖翅。开箱检查,如果确是失王,与弱群合并。

(2)口渴 蜜蜂在越冬期间吃了不成熟或结晶的饲料,能引起"口渴"。蜜蜂口渴的表现是散团,巢门内外有一部分蜜蜂表现不安。用洁净的棉花或纸蘸水(水内不能加糖或蜜)放在巢门口试一下,如果蜜蜂吸水,则说明不安是由于口渴引起的。对于这样的蜂群,要及时用成熟的蜜脾,没有蜜脾可将蜂蜜(不加水或只加2%~3%的水)用文火煮开,灌脾,将箱内的蜜脾换出来。

蜜蜂口渴与失王表现的区别是:失王是个别群,口渴是多数群;失王群的蜜蜂抖翅不采水,口渴群的蜜蜂采水不抖翅。

(3)缺蜜 越冬后期,在一般蜂群很少活动的情况下,如果有的蜂群的蜜蜂不分好坏天气,不断地往外飞,则可能是箱内缺蜜。对于这样的蜂群要及时搬到室内检查,如果确是缺蜜,则加进蜜脾,抽出空脾,等蜜蜂全部上脾并结团之后再搬出去,依旧做好包装。

参考文献:

[1]李旭涛,孟文学.西北蜂业全书[M].兰州:甘肃科学技术出版社,2007.

论文发表在《甘肃畜牧兽医》2017年第7期。

天水地区蜂群室内与室外越冬效果对比

祁文忠[1]，田自珍[1]，师鹏珍[1]，逯彦果[1]，申如明[1]，董 锐[2]

(1.甘肃省养蜂研究所,天水 741020;2.天水综合试验站麦积示范蜂场,天水 741020)

摘 要:为了促进蜜蜂规模化养殖,探明区域蜜蜂安全越冬有效方法和最佳效果,提升这一地区养蜂综合效益,对蜜蜂室内与室外越冬效果进行了 3 年对比试验。结果表明,室内越冬蜂平均死亡率为 8.30%,室外越蜂冬平均死亡率为 14.63%。室内越冬平均饲料消耗量为 3.59kg,室外越冬平均饲料消耗量为 4.77kg,室内越冬蜂的死亡率和饲料消耗量都显著低于室外越冬蜂群。室内、室外越冬的蜂群春繁都能正常进行,且室内越冬蜂群发展较好;室内外越冬温湿度记录情况看,室内温度变化不大,蜂群安静,而室外温度变化较大,蜂群不稳定。本研究说明在天水地区蜂群采用室内越冬效果优于室外越冬,室内越冬是西北越冬期漫长地区较好的越冬方法。

关键词:室内;室外;越冬;死亡率;饲料消耗量

Effect Comparison Between Colonies Indoor and Outdoor Overwintering in Tianshui, Southern Gansu

Qi Wenzhong[1], Tian Zizhen[1], Shi Pengzhen[1], Lu Yanguo[1], Shen Ruming[1], Dong Rui[2]

(1.Apicultural Institution of Gansu Province, Tianshui 741020; 2.Demonstrating Apiary of Tianshui Comprehensive Experimental Station, Tianshui 741020)

Abstract: To explore an effective wintering way for local apiaries which will prompt large scale bee industry and the comprehensive benefits, a comparison between the indoor and outdoor wintering effect were carried out during the past three years in Tianshui district, Gansu province. The results showed that the mean mortality and consumed bee feed for indoor bees were lower than those for outdoor bees in Tianshui region. A mean mortality of 8.30% of indoor overwintering colonies was significantly lower than that of 14.63% of outdoor colonies. The mean consumed bee feed for indoor colonies was 3.59 kg which was lower than that of 4.77 kg for outdoor ones. The result also showed both the indoor and outdoor colonies behaved normal spring propagation but the former hives increased colonies size faster than the latter ones. The recorded temperature data showed indoor hive temperature changed softly while the outdoor ones fluctuated with a wide range so that the outdoor colonies experienced repeated clustering and loosing which accounted for shorter lifespan for wintering bees. The effect of indoor wintering colonies were better than those of outdoor ones, which implied that indoor overwintering is preferred for colonies in northwest China during the long term winter.

Key words: indoor-outdoor wintering, mortality, feed consumption

引　言

西北地区有较大的蜜蜂饲养量,就甘肃而言,全省蜜蜂饲养量 45 万群,由于近些年来运费上涨、养蜂技术工缺少、养蜂人群老龄化等,许多养蜂人都采取定地越冬养殖。西北气候寒冷,蜂群越冬期长,蜜蜂在冬季巢外活动完全停止,蜂群围绕着蜂王紧紧地拥挤在蜂巢结团,靠消耗储藏的越冬饲料,缓慢的产热活动,使蜂团内保持相对恒定的温度,度过漫长的冬季。在西北蜜蜂虽然室外也能正常越冬,然而在越冬过程中经常会出现各种问题,蜂群边脾蜜蜂经常受冻落箱底死亡(蜂农称剥皮),出现异常天气(如寒流、雪灾)整群冻死,遇到高温蜂群容易散团活动,蜜蜂飞出箱外,外面气温低不能回巢,冻死在外,而且散团结团次数多蜜蜂活动量大,消耗饲料多,缩短越冬蜂寿命,造成春衰等等许多不利因素的存在,室外越冬损失较大。为了加强促进蜜蜂规模化养殖,寻求提高规模化养蜂综合效益,探索安全越冬的最佳途径,将越冬蜂群损失降到最低,进行了这次对比试验研究。在此之前也尝试过室内越冬,取得了良好效果,但试验数量少,不连续,说服力不大,大多数蜂农沿用长期传统室外越冬,不敢采取室内越冬,各抒己见,自选越冬方式。

东北、新疆等寒冷地区蜂群已经采取室内越冬,以前也有蜂农、学者介绍室内越冬经验报道,苏松坤等在杭州做了室内外越冬试验取得了良好效果,但还未见西北地区关于室内、室外蜂群越冬对比试验研究报道。秦岭以北的西北地区,北纬 34°以北,海拔 1000~2500m,蜂农习惯于室外越冬,经常越冬效果差,出现蜂群冻死现象,蜂群损失严重,针对这种情况,从 2009—2012 年通过 3 个越冬期的室内越冬和室外越冬效果对比研究,目的是通过试验探索出可行的较好的越冬方法,探明在这一区域蜜蜂安全越冬有效方法和最佳效果,提升这一地区养蜂综合效益。

一、材料与方法

(一)试验地概况

试验地设在天水市麦积区甘泉镇吴家河村,东经 105°54′42.16″,北纬 34°28′20.95″,海拔 1186m,位于甘肃省东南部,属大陆半湿润季风气候,黄河流域,西秦岭北麓,自然植被良好,日照充足,降水适中,年平均降水量 600mm,从南向北依次减少。年平均气温 8℃~12℃,1 月平均气温–3℃,7 月平均气温 20℃,极端最高温度 35℃,极端最低温度–23℃。年均日照 2090h,每天平均 5.7h,日照百分率为 47%。太阳辐射总量在 2395~2703MJ/m²,全年无霜期约 170d。天水市麦积区是秦岭北部,渭水流域,选择这里作为试验区,具有重要的意义,秦岭以南的陇南地区如徽县、成县、两当县等地气温较高,采取室内越冬者极少,如果天水麦积试验取得好效果,那么天水以北以西的平凉、庆阳、定西、临夏等地以及宁夏、陕西、青海部分地区都可广泛应用室内越冬。

(二)材料

1. 越冬室建造　越冬室建造选择在安静通风,远离公路铁路的地方。越冬室的建造可根据各自蜂群的多少而定,砖木或土木结构,100群左右的蜂场可按高300cm,长1500cm,宽400cm大小建造,地面铺砖或土地整平,前后各开窗120cm×150cm(在搬进蜂群时全部封闭,平时开窗通风),室顶两侧墙开上通风孔,下通风孔在越冬室地面下20cm,直径10cm PVC管之字形进入室内中央位置,进气孔口距地面20cm,在越冬室靠北面,安上通风调节器与隔鼠网。通风调节器可根据越冬室内温度情况调节,房内挂干湿温度计,保持室温在-2℃~2℃。

2. 试验蜂群　国家蜂产业技术体系天水综合试验站试验示范蜂场西方蜜蜂(北京1号)60群(其中:室内30群,室外30群)。

3. 其他材料　干湿温度计、电子称、盆子、电暖器、子脾测量框、蜂具、保温物。

(三)试验蜂群管理

1. 进入越冬室前管理　进入越冬室前蜂群管理方法一致,8月1日培育越冬蜂,每天晚上饲喂,蜜蜂兴奋,工作积极性高,越冬蜂培育好时越冬饲料也全喂好,9月18日扣王,9月25前后调整蜂群大致均等,10月15日最后一次治螨,20日再治螨一次,促进蜜蜂爽飞排泄,而后蜂群蜂路放大,遮盖蜂箱,避免太阳光直射蜂箱,保持蜂群凉爽,减少活动。

2. 蜂群进入越冬室后管理　蜂群进入越冬室的时间,依照天气情况而定,根据经验在天水地区一般是在12月1日左右,蜂群进入越冬室前,将越冬室门窗打开通风2~3d,安置好放蜂架,蜂群进入后门窗用遮光板堵严,不能透光透亮。蜂群进入越冬室时间要根据外界气温而确定,一般夜间温度到-7℃~-5℃时,将蜂群夜间搬入越冬室。越冬蜂群要有序摆放,蜂群放置于50cm高的架子上,可重叠3~4层。做试验的蜂群是两排巢门相向摆放,中间相距100cm通道,便于检查管理。如果蜂群较多时距墙壁50cm,可背对背摆放两排,两排中间相距80cm。蜂群放置好后,保证上下通风口畅通,如果在搬动过程中蜂群有骚动可在夜间打开窗户,保持室内温度在0℃左右。蜂群安定后关好门窗,挂上棉帘子,不要轻易打扰,保持安静,每天8:00记录一次温湿度。外界温度低于-15℃时,室内温度也会下降,这时就要调小通风进气口,适当用电暖器等供暖方式加温,室内最低温度不能低于-4℃。当外界气温较高而且湿度较低时,室温达到3℃时就要采取降温措施,调大通风进气口,夜间打开门窗,如果温湿度还降不下来,可在盆里盛水夜间放在外面冻成冰块,放在室内,起到降温增湿作用,最高室温不能高于4℃,湿度保持75%~80%。

3. 越冬期室外蜂群管理　用木板或草片在巢门前,遮光控飞,扩大巢门,气温在-10℃以下时,蜂箱间加保温物,箱盖上加盖草帘子等保温物。当气温较高时,蜜蜂大量飞出,说明巢内太热,必要时撤去蜂箱上面部分保温物,放大巢门,加强巢内通风散热,使蜂群保持冬团状态,以"宁冷勿热"为佳。

4. 春繁管理 2 月 18 日左右室内越冬蜂群搬出越冬室。与室外蜂群采取统一正常管理,蜂群外保温和内保温措施是一致的,春繁奖励饲喂数量、时间也是统一进行。

(四)方法

1. 测量越冬前后蜜蜂重量 在越冬前将室内和室外蜂群大小数量调整均等,蜂箱一致,巢脾新旧统一,将调整好的 60 群试验蜂群按蜂数基本相近者两两为对应群,分成两组,每组 30 群,一组为室内,一组为室外,进室前和进室后对蜂群逐一称重,减去蜂箱、巢脾、饲料重量,即为越冬前蜜蜂重量。在越冬结束,蜂群开繁前用同样方法测得越冬后蜜蜂重,越冬前蜜蜂重减去越冬后蜜蜂重,则为越冬蜂数减少量,计算越冬蜂下降(死亡)率。

2. 越冬饲料消耗对比 越冬饲料饲喂结束,完全酿造好后,在越冬试验开始前称量越冬饲料巢脾,然后减巢脾重,为越冬前饲料重量。在越冬结束,蜂群开繁前用同样方法测量出越冬后剩余的饲料,越冬前饲料减去越冬后饲料,测定每个蜂群越冬饲料消耗量。

3. 春繁效果对比 从春繁开始每隔 12 天测量 1 次子数和蜂数,测量蜂群春繁速度,观察蜂群春繁情况。测量方法是制作与巢框大小的方格网,网格边长为 5cm 的正方形,每个网格内有 100 个巢房(西方蜜蜂),也就是有 100 个蜂子。蜂数因在繁殖期,用称重方式会影响繁殖,采取用眼观估算法(养蜂界通常用的测量蜂数的方法)来测量蜂数,以整个巢脾蜜蜂爬满不露巢脾为 1 脾蜂,约为 2500 只,重量约 250g。这样根据蜜蜂在巢脾上爬的数量程度而估算蜂数。

4. 温湿度测量 室内墙壁 1.4m 高度挂干湿温度计,室外背太阳直射处挂干湿温度计,每天 8:00 记录温湿度,计算出室内外每隔 5d 的平均温湿度,绘出曲线图。

二、结果与分析

(一)越冬蜂死亡率

将 3 个越冬期室内外试验蜂群越冬前后蜜蜂重量,求得越冬蜂死亡数量,计算出越冬死亡率,如表 1。

将越冬前后试验蜂群进行称重,3 年的室内越冬蜂和室外越冬蜂平均死亡率分别为 9.26%、8.44%、7.21% 和 16.29%、16.38%、11.21%,室内越冬和室外越冬蜂群间死亡率差异极显著($P<0.01$)。

2009—2010 年越冬期 30 群蜜蜂室内越冬蜂平均死亡数量 0.13kg,平均死亡率 9.26%,30 群蜜蜂室外越冬蜂平均死亡数量 0.24kg,平均死亡率 16.29%。两者差异极其显著($P<0.01$)。

2010—2011 年越冬期 30 群蜜蜂室内越冬蜂平均死亡数量 0.12kg,平均死亡率 8.44%,30 群蜜蜂室外越冬蜂平均死亡数量 0.25kg,平均死亡率 16.38%。$P<0.01$ 说明两者差异极其显著。

2011—2012 年越冬期 30 群蜜蜂室内越冬蜂平均死亡数量 0.13kg，平均死亡率 7.21%，30 群蜜蜂室外越冬蜂平均死亡数量 0.20kg，平均死亡率 11.21%。$P<0.01$ 说明两者差异极其显著。

经过了 3 个越冬期室内和室外的试验，室内外越冬死亡差别大，结果分析 3 年均 $P<0.01$，说明两者差异极其显著。

表 1 3 个越冬期室内外越冬蜂死亡率

单位：%

室内			室外		
2009.12.4 —2010.2.7	2010.12.1 —2011.2.20	2011.12.2 —2012.2.22	2009.12.4 —2010.2.7	2010.12.1 —2011.2.20	2011.12.2 —2012.2.22
9.93	8.28	10.45	11.39	13.51	6.12
10.00	8.90	9.09	17.95	12.10	6.67
9.87	6.96	6.52	13.79	13.99	8.26
9.40	7.05	7.41	13.79	14.29	7.08
7.07	6.83	5.66	11.67	12.12	7.83
8.78	6.75	5.70	12.67	13.10	7.22
9.59	6.67	7.64	15.32	12.35	6.98
10.48	8.16	9.09	14.52	17.42	8.54
8.77	8.55	5.41	16.15	11.52	8.11
8.15	6.06	6.10	15.07	15.07	11.95
7.50	13.74	4.76	21.29	13.33	9.64
7.69	13.60	4.17	14.84	18.75	13.91
9.16	9.63	7.98	13.25	14.48	11.11
8.97	14.40	10.20	13.77	12.42	13.58
8.78	8.50	3.77	13.82	13.73	13.69
14.56	12.59	4.06	14.74	26.32	12.66
12.00	9.21	8.45	15.58	15.28	11.16
9.09	8.78	4.76	15.15	15.38	12.12
8.90	6.34	7.10	27.11	14.94	12.37

续表

室内			室外		
2009.12.4 —2010.2.7	2010.12.1 —2011.2.20	2011.12.2 —2012.2.22	2009.12.4 —2010.2.7	2010.12.1 —2011.2.20	2011.12.2 —2012.2.22
9.03	8.97	6.98	16.43	28.39	16.67
7.37	8.50	7.89	14.59	33.69	10.73
9.80	8.78	7.51	14.00	17.78	13.58
10.13	7.89	9.38	14.39	15.86	14.29
8.42	5.06	6.25	16.20	23.78	11.63
8.38	5.95	5.56	13.99	13.82	10.45
8.94	7.69	8.16	15.00	14.86	14.00
10.62	9.63	10.71	28.87	15.69	15.58
8.89	8.45	9.09	14.79	15.63	15.03
9.92	7.53	10.45	19.61	15.75	13.67
7.46	3.74	6.08	28.85	15.94	11.76
∑=277.65	∑=253.21	∑=216.38	∑=488.58	∑=491.28	∑=336.38
平均死亡率 9.26	平均死亡率 8.44	平均死亡率 7.21	平均死亡率 16.29	平均死亡率 16.38	平均死亡率 11.21

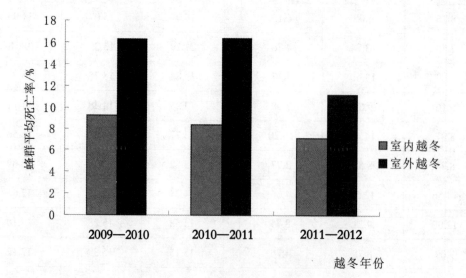

图1 蜂群室内和室外越冬条件下平均死亡率比较

(二)越冬饲料消耗量

将越冬试验前后称越冬饲料巢脾,然后减巢脾重,测定越冬饲料消耗量,见表2。将3年的越冬前后试验蜂群进行称越冬饲料巢脾,然后减巢脾重,测定越冬饲料消耗量。计算出越冬蜂室内和室外各30群蜜蜂饲料消耗量平均数分别为4.10kg、2.88kg、3.80kg和5.43kg、4.24kg、4.65kg。

2009—2010年越冬期30群蜜蜂,室内越冬蜂平均消耗饲料4.10kg,室外越冬蜂平均消耗饲料5.43kg。$P<0.01$说明差异极其显著。

2010—2011年越冬期30群蜜蜂,室内越冬蜂平均消耗饲料2.88kg,室外越冬蜂平均消耗饲料4.24kg。$P<0.01$说明差异极其显著。

2011—2012年越冬期30群蜜蜂,室内越冬蜂平均消耗饲料3.80kg,室外越冬蜂平均消耗饲料4.65kg。$P<0.01$说明差异极其显著。

经过了3个越冬期室内和室外的试验,室内外越冬饲料消耗差别大,$P<0.01$说明差异极其显著(图2)。

将3年的越冬前后试验蜂群消耗饲料称重,计算出消耗量用效果用表示。

表2 3个越冬期室内外越冬蜂饲料消耗量

单位:kg

室内			室外		
2009.12.4—2010.2.7	2010.12.1—2011.2.20	2011.12.2—20112.2.22	2009.12.4—2010.2.7	2010.12.1—2011.2.20	2011.12.2—20112.2.22
4.20	3.40	3.20	5.25	4.60	6.00
4.20	3.15	3.40	5.20	4.85	6.10
4.25	3.40	4.10	5.00	4.50	5.85
4.15	3.40	3.90	4.85	4.45	6.10
5.15	3.55	4.30	6.60	4.80	5.70
3.85	3.00	4.20	5.15	4.55	5.00
3.70	2.25	3.50	4.90	5.15	5.50
3.70	3.60	3.20	4.90	3.05	3.50
4.25	3.30	4.00	5.10	5.00	4.50
4.35	3.15	4.10	4.95	4.45	3.60
3.20	2.50	3.80	6.75	4.35	3.60
1.85	2.40	4.30	6.65	3.30	3.60
3.25	2.15	3.70	6.00	4.10	5.20
3.35	1.70	3.70	4.85	4.30	4.40

续表

室内			室外		
2009.12.4 —2010.2.7	2010.12.1 —2011.2.20	2011.12.2 —2012.2.22	2009.12.4 —2010.2.7	2010.12.1 —2011.2.20	2011.12.2 —2012.2.22
3.30	3.25	4.10	5.05	4.30	5.05
4.10	2.85	4.20	6.00	4.70	4.25
4.10	2.95	3.90	5.25	4.15	4.90
4.10	2.10	4.50	6.15	4.50	4.30
5.00	2.10	3.80	6.10	4.60	4.50
4.20	2.90	3.75	5.10	4.50	3.40
4.30	2.95	3.70	6.00	4.90	4.50
4.20	2.75	3.75	5.35	3.20	4.50
4.35	2.90	3.60	4.95	3.70	5.10
4.40	3.35	3.40	5.15	3.90	5.40
5.35	3.05	4.10	5.35	4.30	5.40
3.80	3.35	3.80	6.00	4.10	3.70
4.50	2.05	3.20	5.00	4.05	3.60
4.60	2.75	3.60	5.30	2.60	3.90
4.65	2.40	3.40	5.30	4.00	3.60
4.60	3.80	3.80	4.80	4.20	4.70
Σ=123.00	Σ=86.45	Σ=114.00	Σ=163.00	Σ=127.15	Σ=139.45
平均消耗量 4.10	平均消耗量 2.88	平均消耗 3.80	平均消耗 5.43	平均消耗 4.24	平均消耗 4.65

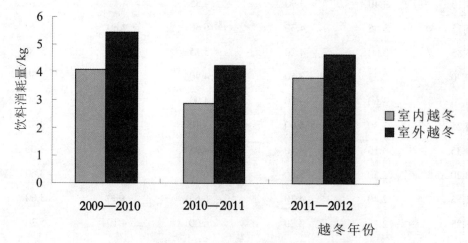

图 2　蜂群室内和室外越冬条件下平均饲料消耗量比较

(三)春繁效果对比

为了观察越冬后蜂群繁殖及哺育能力,蜂群越冬结束后,通过飞翔排泄,从春繁开始每隔1d测量一次子数和蜂数,测定结果为室内外越冬子数,室内外越冬蜂数(见表3、4)。

表3　越冬后(室内)各实验组春繁效果统计数平均值

		卵/个	幼虫/个	封盖子/个	蜂数/脾
实验组1	2010.2.25	630.1	1207.5	1940.3	1.9
	2010.3.10	1786.0	6487.3	6469.3	2.6
	2010.3.23	4118.0	9226.3	10183.0	4.1
	2010.4.5	4161.0	8968.7	13619.3	6.4
实验组2	2011.3.3	570.3	1296.3	1812.0	1.9
	2011.3.15	1701.0	5506.0	6554.0	2.9
	2011.3.27	4710.3	11298.0	11931.3	4.5
	2011.4.9	4396.3	9384.3	11566.3	6.7
实验组3	2012.3.4	658.0	1680.7	1876.3	2.0
	2012.3.16	1756.7	6263.0	8015.3	3.0
	2012.3.28	4442.3	9724.0	11051.3	4.7
	2012.4.10	4553.3	9367.0	11093.7	6.9

表4　越冬后(室外)各实验组春繁效果统计数平均值

		卵/个	幼虫/个	封盖子/个	蜂数/脾
实验组1	2010.2.25	540.2	1142.0	2196.1	1.9
	2010.3.10	1723.3	5266.7	5768.0	2.6
	2010.3.23	3676.7	8835.3	9442.0	3.8
	2010.4.5	3790.0	7717.3	12173.7	5.7
实验组2	2011.3.3	530.7	1143.3	1754.0	1.7
	2011.3.15	1630.3	5517.7	6680.3	2.9
	2011.3.27	4478.7	8042.7	10504.0	4.2
	2011.4.9	4231.0	8571.0	10272.0	6.2
实验组3	2012.3.4	565.7	1487.3	1839.7	1.9
	2012.3.16	1488.3	5108.3	7206.7	3.0
	2012.3.28	4239.3	8892.3	10059.7	4.5
	2012.4.10	4256.7	8729.7	10343.3	6.3

(四)温湿度测定

每天 8:00 记录温湿度,计算出室内外每隔 5d 平均温、湿度,绘出曲线图表(见图3~6)。

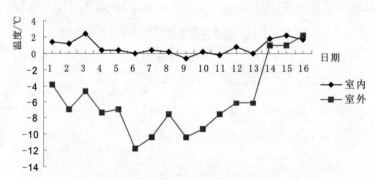

图3 蜂群室内和室外越冬条件下环境温度变化

注:1~16 表示 2010 年 12 月 1 日至 2011 年 2 月 1 日每 5d 温度数据取平均值。

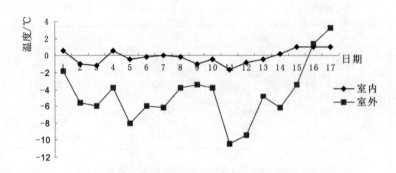

图4 蜂群室内和室外越冬条件下环境温度变化

注:1~17 表示 2011 年 12 月 1 日至 2012 年 2 月 21 日每 5d 温度数据取平均值。

从图3~4 可看到,越冬室内温度变化在-2℃~4℃,而室外温度变化较大,在-13℃~5℃,因测量的是早上 8:00 的温度,那么在中午后温度会更高,蜂群就有活动现象。

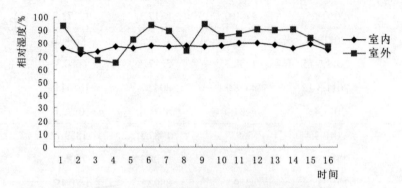

图5 蜂群室内和室外越冬条件下环境相对湿度变化

注:1~16 表示 2010 年 12 月 1 日至 2011 年 2 月 1 日每 5d 相对湿度数据取平均值。

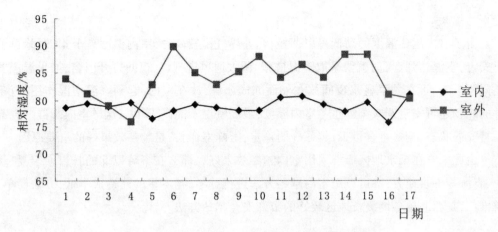

图6　蜂群室内和室外越冬条件下环境相对湿度变化

注:1~17表示2011年12月1日至2012年2月21日每5d相对湿度数据取平均值。

从图5~6可看到,越冬室内外湿度变化在65%~90%,因测量的时间是早上8:00,那么在中午之后湿度会低一些,对蜂群影响不大。

三、讨论与结论

经过3年室内外越冬试验,结果表明,越冬蜂室内和室外死亡率为分别为9.26%、8.44%、7.21%和16.29%、16.38%、11.21%,每年室内越冬死亡率都低于室外越冬,3年室内越冬平均死亡率为8.30%,3年室外越冬平均蜜蜂死亡率为14.63%。室内越冬都低于室外越冬,经分析 $P<0.01$ 说明差异极其显著,蜜蜂死亡率差异悬殊大,充分证明室内越冬效果优于室外。

3年越冬蜂室内和室外饲料消耗量为分别为4.10kg、2.88kg、3.80kg 和5.43kg、4.24kg、4.65kg,每年室内越冬饲料消耗量都要低于室外越冬,3年室内越冬平均饲料消耗量为3.59kg,3年室外越冬平均饲料消耗量为4.77kg。室内越冬都低于室外越冬,经分析 $P<0.01$ 说明差异极其显著,证明了室内越冬比室外越冬蜂群团安静、稳定,更能节省饲料,越冬效果更好。

无论是从越冬蜜蜂死亡率,还是越冬饲料消耗量上来看,差异悬殊大,充分说明室内越冬效果优于室外越冬。

从3年对蜂群春繁效果的测试来看,子脾情况、蜂数增长趋势室内比室外都较明显,说明室内外越冬的蜂群春繁都能正常进行,且室内越冬蜂群发展较好。

从3年的室内外越冬温湿度记录情况看,室内温度变化不大,蜂群能够安静结团越冬,而室外温度变化较大,蜂群就会在越冬期间结团、散团,造成温度高时散团当温度骤降时外脾蜜蜂来不急结团而冻死,而且蜂冬团不稳定,在晴朗天气时无效飞翔多,在寒冷天气下蜜蜂为了维持蜂团温度,会活动食蜜产生热量,造成饲料消耗量大,越冬蜂寿命缩短。

由于室内越冬温度的高低可以调控,当外界气温较高时,室内温度高于4℃时蜂群就不安定,室温达到3℃时就要采取降温措施,调大通风进气口,夜间打开门窗,如果温湿度还降不下来,可在盆里盛水夜间放在外面冻成冰块,放在室内,起到降温增湿作用,有条件的蜂场还可安空调来调解越冬室内温度,最高室温不能高于4℃,这样室内蜂群一直都保持安静状态,蜜蜂进食量少,越冬蜂团稳定,蜜蜂寿命长,是越冬效果好的重要原因。

由此来看在天水地区蜂群采用室内越冬效果好,那么在秦岭以北的甘肃、宁夏、陕西、青海等许多地方,都可以用室内越冬方法进行越冬,越冬室的建造成本低,方法简单,易推广,是西北越冬期漫长地区较好的蜜蜂安全越冬方法。

参考文献:

[1]苏松坤,陈盛禄,林雪珍,等.浙农大1号意蜂室内越冬与室外越冬比较试验[J].中国养蜂,1995(3).

[2]郝连声,孙建福,刘爱平,等.北方农家室内越冬蜂群的管理[J].农村科学实验,2005(10).

[3]李旭涛,孟文学.西北蜂业全书[M].兰州:甘肃科学技术出版社,2007(1).

[4]甘肃省养蜂研究所.甘肃蜜源植物志[M].兰州:甘肃科学技术出版社,1983.

论文发表在《中国农学通报》2014年2期。

不同类型蜂箱对中华蜜蜂(*Apis cerana cerana Fabricius*)生产性能的影响

祁文忠[1]，梅绚[2]，师鹏珍[1]，申如明[1]，赵亚周[3]

(1.甘肃省养蜂研究所,甘肃天水 741020；2.甘肃省岷县畜牧局,甘肃岷县 748400；

3.中国农业科学院蜜蜂研究所,北京 100093)

摘　要：【目的】为了研究不同类型蜂箱对中华蜜蜂(*Apis cerana cerana Fabricius*)生产性能的影响。【方法】我们在综合考虑甘肃南部地区中华蜜蜂饲养模式、规模、当地环境等因素的基础上,选用标准蜂箱、原始蜂箱和生态蜂箱 3 种类型蜂箱在当地主要流蜜期进行蜂蜜生产试验。【结果】结果发现,蜂箱类型对蜂群的年产蜜量、存蜜量和取蜜次数存在显著影响($P<0.05$),其中标准蜂箱在 4 个试验点的年产蜜量最高,原始蜂箱的存蜜量最高,而生态蜂箱在这 2 个指标上表现适中,标准蜂箱的年取蜜次数稍多。本研究中海拔和蜜源植物对蜂群生产性能没有明显影响。【结论】采用何种类型蜂箱进行中华蜜蜂养殖,应根据当地的环境状况、蜜源条件、文化及养蜂基础等多种因素综合考虑。

关键词：中华蜜蜂；蜂箱；生产性能；蜂蜜；影响因素

The effects of different honeybee hives on production performance of *Apis cerana cerana Fabricius* *

Qi Wenzhong[1], Mei Xuan[2], Shi Pengzhen[1], Shen Ruming[1], Zhao Yazhou[3]

(1. Apicultural Institution of Gansu Province, Tianshui Gansu 741020; 2. Minxian Animal Husbandry Bureau, Minxian Gansu 748400; 3. Institute of Apiculture, Chinese Academy of Agricultural Sciences, Beijing 100093)

Abstract：[Objectives] To analyse the effects of different honeybee hives on production performance of *Apis cerana cerana Fabricius*. [Methods] Based on the breeding pattern and scope of *A. c. cerana Fabricius* and environment condition of Sothern Gansu, we carried out the honey production experiment with 3 hive types in the primary nectar-flow period. [Results] At all the 4 experimental sites, standard hive got maximum honey production per year, original hive got maximum quality of honey storage and ecological hive got medium values on the 2 indexes. Compared with the other 2 hives, standard hive got more times of honey collection. With the correlation analysis, we found that the hive types had significant effects on honey production per year, quality of honey storage and times of honey collection. However, there was no significant effects of altitude and nectar plants on the 3 indexes. [Conclusion] We considered that the selection of hive types for the breeding of *A. c. cerana Fabricius* should be based on the information of local environment condition, nectar plants, and even cultural background or honeybee breeding level.

Key words: *Apis cerana cerana Fabricius*, hive, production performance, honey, influencing factors

一直以来,养蜂业被誉为现代生态农业之翼,蜜蜂为农作物授粉增产的作用突出,且养蜂收益较为稳定,具有较大的发展潜力(Sumner and Boriss,2006;石元元等,2014)。中国是世界第一养蜂大国,但并非养蜂强国,主要体现在蜜蜂饲养水平较低、蜂机具现代化程度不高,养殖规模不大等方面(翟裕宗,2000)。近年来,中国政府逐渐意识到了养蜂业对农作物增产、农民增收、农业增效等方面的重要作用,开始制定合理的蜜蜂养殖发展规划,普及蜜蜂科学养殖模式,提高养蜂机具的现代化程度。然而,偏远地区的蜜蜂养殖,尤其中华蜜蜂(*Apis cerana cerana Fabricius*)的饲养水平还较低,亟待相关部门对其加大扶持力度(杨冠煌,2005)。中华蜜蜂为原产于中国的优良蜂种,属于东方蜜蜂(*Apis cerana Fabricius*)的一个地理亚种,有报道称其已在中国生存近 2500 万年(杨冠煌,2007)。中华蜜蜂在中国大部分地理环境和生态条件下的生存能力均较强,耐寒和耐热性强,不仅可以度过南方的酷暑, 也能越过北方的严冬 (孟飞等,2012)。相对于意大利蜜蜂(*Apis mellifera ligustica Spinola*),中华蜜蜂善于利用零星蜜源、抗多种病虫害能力突出(杨冠煌,2005)。自 1896 年以来,西方蜜蜂(*Apis mellifera L.*)的多个亚种,包括意大利蜜蜂、卡尼鄂拉蜜蜂(*A. m. carnica Pollman*)、高加索蜜蜂(*A. m. caucasica Gorb.*)和欧洲黑蜂(*A. m. mellifera L.*)等陆续引入中国。这些外来蜂种在自然界中自由取食和交配的过程中,必然会同中国的中华蜜蜂形成种间竞争关系,干扰中华蜜蜂的生存和繁衍,对其造成不良的生态效应(杨冠煌,2005;Tan 等,2012;吴小波等,2014)。为了保护中国的本土优良蜂种,我们有必要发展中华蜜蜂的饲养规模,鼓励养蜂人员对中华蜜蜂的饲养热情,提高中华蜜蜂的饲养管理水平。

蜂箱作为最基本的养蜂工具,其为蜂群提供了繁衍生息的住所,也是蜂产品生产的重要场所(Wilson,2006)。大小、样式合适的蜂箱不仅有利于蜂群的繁殖和生存,而且便于人们对蜂群进行科学、有效地管理,提高养蜂经济效益。自然状态下,中华蜜蜂一般选择洞穴筑巢而居,繁衍生息(张波等,2011)。随着社会的发展,人们开始利用土坯、柳条、空心树木、木箱等制作成各种各样的老式蜂箱,用来驯养中华蜜蜂。经过多年的生产实践,老式蜂箱可以在一定程度上适应中华蜜蜂的饲养,但同时存在一定的弊端,如毁巢取蜜、标准化程度低、难于操作等问题(张学文等,2013),严重影响了养蜂人的生产积极性和养蜂业的发展。为此,前人结合实际,将意大利蜜蜂的郎氏活框蜂箱移植到了中华蜜蜂的饲养上,并取得了一定的成果,发明了十多种中华蜜蜂活框蜂箱(刘光楠等,2009),维持了中国蜂业的稳步发展。蜂箱对蜂群的蜂蜜产量至关重要,不同类型蜂箱饲养蜂群的蜂蜜产量大不相同。如叠加式蜂箱是在缩小单个郎氏蜂箱内容量的基础上,增加了继箱的数量,最终使得蜂群保持较强的群势,并有利于生产成熟蜂蜜(王继法等,2012)。(李紫伦等,2004)根据广西地区中华蜜蜂饲养模式,专门对郎氏蜂箱的蜂路、巢框及其数量进行了改制,最终其推广效果良好,尤其适合于定地饲养的中华蜜蜂。

为了研究不同类型蜂箱对中华蜜蜂生产性能的影响,我们在综合考虑甘肃南部地区中华蜜蜂饲养模式、规模、当地环境等因素的基础上,制作了3种不同类型的蜂箱在当地主要流蜜期进行蜂蜜生产试验。以期获得适应当地不同生产目的蜂箱,为后期的推广应用提供一定的理论依据,进而更好地指导养蜂实践,提高养蜂人员的从业积极性。

一、材料与方法

(一)研究地区自然概况

本研究的主要实验区选在甘肃省岷县地区,岷县位于北秦岭海西褶皱带,北秦岭、黄土高原和青藏高原东边缘(甘南高原)交会区。境内地貌主要属于高原形态,地表切割较小,河谷大多宽浅。岷县气候属于高原性大陆气候,平均海拔2314m,年平均气温5.7℃,年平均相对湿度68%,年平均降水量596.5mm,最热7月份平均气温16℃,岷县冬季最冷1月份平均气温-6.9℃,属于高寒阴湿地区(王志明等,2005)。境内林草丰茂,草原森林覆盖率61%,油菜面积大,盛产中药材200多种,素有"千年药乡"之称,特别是红芪、黄芪、大黄、党参、秦艽、羌活、泡参、柴胡、防风、黄芩等是非常好的特种蜜源。全县植被良好,每年4~9月各种植物开花接连不断,有较好的蜜蜂养殖条件,特别是适宜中华蜜蜂的养殖。

(二)实验蜂场

本实验中所选蜂群均为当地自繁自养的中华蜜蜂,共4个蜂场,所有蜂群均为2014年越冬后经第一和第二次分群所得。具体蜂群情况见表1。

表1 实验蜂场内蜂群及环境概况

蜂场编号 Apairy ID	海拔 Altitude	蜜源 Nectar plant	蜂群数量 Number of colonies		
			标准蜂箱 Standard hive	生态蜂箱 Ecological hive	原始蜂箱 Original hive
S1	2685m	山花	17	16	16
S2	2669m	山花、党参	18	18	18
S3	2210m	黄芪、党参	6	5	5
S4	2579m	油菜、山花	11	10	9

(三)实验蜂箱

每个试验点均设置当地常用的 3 种蜂箱类型进行蜂群饲养,分别为标准蜂箱、生态蜂箱和原始蜂箱。

1. 标准蜂箱

标准蜂箱的箱体板材厚 2.5cm,选用 7 框标准箱,可根据需要加继箱,箱内装标准巢框、巢础及隔板,上盖覆布和箱盖,箱盖上面放麦草秸秆和石棉瓦以遮阴和防雨(见图 1)。

图 1　中华蜜蜂的标准蜂箱

Fig. 1　Standard hive for *Apis cerana cerana*

2. 生态蜂箱

生态蜂箱按照生产性质而命名,原则为节省空间、培育强群和生产高质量成熟蜜。其由一个箱盖,几个箱体和一个箱底组成,箱体使用厚 3cm、高 10cm、外宽 30cm 的方形木箱,上下无底无盖,重叠固定组成箱体;箱盖使用长宽均为 40cm、厚 3cm 的木板,直接固定在最上层一个箱体上面,箱盖上面放麦草秸秆和石棉瓦以遮阴和防雨;箱底使用长 50cm、宽 40cm、厚 3cm 的木板,在木板上用四根厚宽 3cm 的木条钉成外围 30cm 的正方形框。生态蜂箱箱体的数量根据蜂群多少而定,一般由三个方框组成(见图 2)。

3. 原始蜂箱

原始蜂箱为民间一直沿用的横卧式树槽箱,一般长约 75cm、宽约 32cm、高约 35cm,箱底中央有一个直径 2cm 的排巢渣孔,箱体上面放麦

图 2　中华蜜蜂的生态蜂箱

Fig.2　Ecological hive for *Apis cerana cerana*

草秸秆和石棉瓦以遮阴和防雨(见图3)。

图 3　原始蜂箱

Fig.3　Original hive for *Apis cerana cerana*

4. 蜂群的蜂蜜生产

根据试验地区的气候和蜜粉源特点,以及中华蜜蜂生物学规律,对实验蜂群进行非流蜜期和流蜜期的日常管理,管理方式一致。试验地区在 7 月 15 日—9 月 20 日进入流蜜期,依据蜂箱类型、蜂巢内的蜂蜜量和蜂群状况确定取蜜时间和次数,并统计不同类型蜂箱的年产蜜量(蜂群全年采收的蜂蜜总量)、蜂箱内存蜜量(越冬前蜂箱内的蜂蜜重量)和取蜜次数等数据。

5. 数据统计与分析

实验数据利用 SPSS 16.0 和 Graphpad prism 5 进行统计分析并作图。利用 SPSS 软件的两因素方差分析法比较不同试验点、不同类型蜂箱蜂群的年产蜜量、存蜜量和产蜜次数,得出其相应的均值和标准差,并用 Graphpad prism 作图;利用 SPSS 软件对海拔、蜜源植物、年产蜜量、存蜜量、产蜜次数和蜂箱类型进行简单相关性分析,并用 Graphpad prism 作图。

二、结果与分析

(一)蜂群的年产蜜量

本实验所使用的蜂箱有 3 种,包括标准蜂箱、生态蜂箱和原始蜂箱,这些蜂箱均为当地中华蜜蜂饲养经常使用的类型。从图 4 可以看出,在 4 个试验点,原始蜂箱的年产蜜量显著低于标准蜂箱或者生态蜂箱,标准蜂箱的年产蜜量均较高,生态蜂箱的年产蜜量随地点变化而表现出较明显的波动。就蜂蜜生产而言,标准蜂箱适用于所有试验点,能够得到较高的产量;而生态蜂箱在 S3 和 S4 试验点的蜂蜜产量较低,并不是最适宜蜂箱类型;原始蜂箱在所有试验点的蜂蜜产量均最低,不利于蜂群蜂蜜的生产。

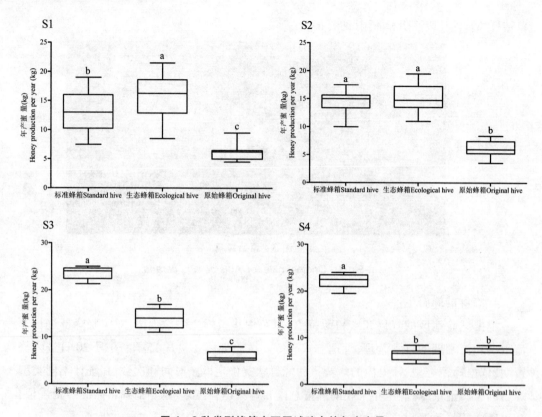

图 4　3 种类型蜂箱在不同试验点的年产蜜量

Fig. 4　Honey production per year of the 3 types of hive at each experimental site

(二)蜂群的存蜜量

由图 5 可以看出，本实验中所使用的 3 种蜂箱类型中，4 个试验点的原始蜂箱存蜜量最高，生态蜂箱和标准蜂箱的存蜜量不存在明显差异。由于蜂箱的存蜜量与蜂群的越冬饲料有关，可以影响蜂群的越冬质量，所以存蜜量也是蜜蜂饲养管理及生产管理的一个重要指标。就存蜜量而言，原始蜂箱在所有的试验点均能得到较高的存蜜量，为蜂群越冬提供饲料储备，说明应用原始蜂箱饲养中华蜜蜂，可以取得较高的越冬效果。

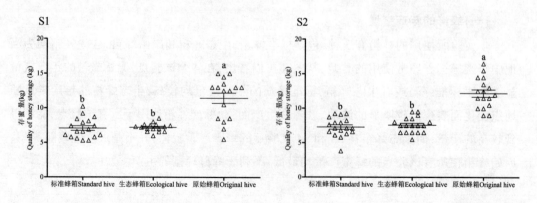

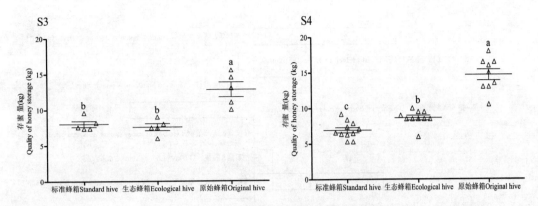

图 5　3 种类型蜂箱在不同试验点的存蜜量

Fig. 5　Quality of honey storage of the 3 types of hive at each experimental site

(三)蜂群的年产蜜次数

蜂群的取蜜次数与多种因素有关,如蜜源植物的流蜜期长短、蜂群状况、蜂箱操作的难易程度等。本研究将 3 种蜂箱放置在相同的环境中进行试验,并且蜂群状况基本相同,所以我们主要考察了蜂箱类型对蜂群取蜜次数的影响。由图 6 可以看出,S3 和 S4 试验点的标准蜂箱取蜜次数较高,其余蜂箱均为 2 次。结合蜂蜜产量数据可以发现,蜂群的取蜜次数对增加蜂蜜产量有一定贡献,并且取蜜次数可能与试验点的蜜源植物等有关。

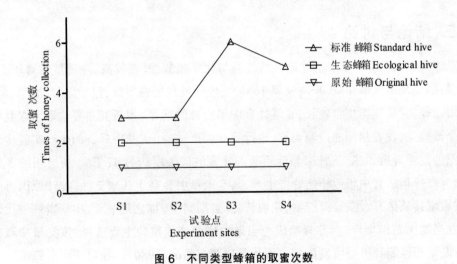

图 6　不同类型蜂箱的取蜜次数

Fig. 6　The times of honey collection of different hive types

(四)蜂群蜂蜜生产的影响因素分析

蜂群的蜂蜜生产情况与蜂箱类型、蜜源植物和海拔等因素的相关性分析见图 7。可以看出蜂蜜的年产蜜量、存蜜量和产蜜次数均与蜂箱类型呈显著相关性($P<0.05$),而与

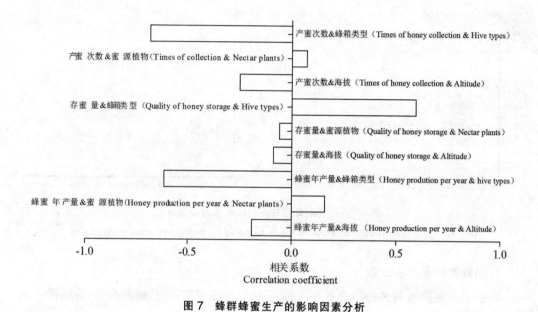

图7　蜂群蜂蜜生产的影响因素分析

Fig. 7　The influencing factors of honey production of colonies

蜜源植物和海拔等环境因素无明显的相关性。说明蜂群的蜂蜜生产情况与越冬情况与蜂箱类型息息相关，蜂蜜产量或者越冬质量的高低，甚至成败均取决于是否采用了合适的蜂箱类型。

三、结论与讨论

总体来说，2014年甘肃南部地区的气候与往年相似，海拔较高，降雨量相对较多，气温低，特别是夏季气候凉爽，平均气温16℃。当地的蜜源植物丰富，包括党参、油菜、黄芪，以及山花等，并且花期相对较长，非常适宜中华蜜蜂的饲养。本研究主要选取了岷县境内的4个试验点，设置相同的蜂箱类型，进行蜂蜜生产试验。研究中蜂群的生产实验均以生产成熟的封盖蜂蜜为主，三种类型蜂箱所产蜂蜜的波美度约为42°Bé。所选用的3种蜂箱中，标准蜂箱适宜中华蜜蜂的蜂蜜生产，其产蜜量明显高于其他2种蜂箱。原因可能在于，甘肃岷县地区有大宗蜜源植物，花期长，流蜜期集中。加之近些年，中华蜜蜂现代饲养技术在当地大范围推广，标准蜂箱成为当地中华蜜蜂养殖的主要选择，该类型蜂箱在科学管理、生产性能和可持续发展等方面优势明显(Oertel，1980)。相对于生态蜂箱和原始蜂箱，标准蜂箱取蜜方便，取蜜次数较多；而原始蜂箱的存蜜量充足，明显高于其他2种类型的蜂箱，可以保证蜂群的越冬饲料，为蜂群安全越冬提供必要的饲料条件(Dodologlu等，2004)；生态蜂箱则兼顾了蜂蜜生产和蜂群越冬饲料的储备，且其蜂箱造型节省空间，利于繁殖强群，是一种比较理想的中华蜜蜂饲养蜂箱。从中华蜜蜂蜂蜜生产的影响因素来看，蜂箱类型对取蜜次数、年产蜜量和存蜜量的影响均达到了显著水平($P < 0.05$)，而

其他因素(海拔和蜜源植物)对三者影响不大。说明在甘肃南部地区饲养中华蜜蜂,需要根据饲养目的合理地选择蜂箱类型,以保证养蜂效益的最大化。

根据研究结果,3种蜂箱类型的应用应综合多方面的因素进行考虑。在文化素养较高、科学养蜂基础较好和蜜源结构合理的地区,应积极推广标准蜂箱养殖中华蜜蜂,并辅以标准化养殖技术,不仅可以改变以往"杀鸡取卵"式的落后养殖方法(薛运波等,2006),而且有利于扩大养殖规模和夺取蜂蜜高产(晋华贵,2007)。在交通闭塞、气温较低、蜂群发展缓慢以及大宗蜜源较少的地区,应积极推广生态蜂箱养殖中华蜜蜂(王淼等,2014)。生态蜂箱养殖的管理方式粗放、对养蜂人的文化层次和养蜂基础要求不高,并且可以用于生产价值较高的成熟蜂蜜,是甘肃南部等高海拔地区值得推广的重要蜂箱类型。在草原面积大、人烟稀少、严重缺少大宗蜜源的地区,当地交通状况普遍较差,人员文化水平也较低,可以暂时采用原始蜂箱进行中华蜜蜂养殖。因为原始蜂箱养殖法不需要投入较多的人力和时间成本,完全可以作为当地人的副业进行发展。该种类型蜂箱还可以自行储存较多的越冬饲料,保证蜂群自身安全越冬。

总之,采用何种类型蜂箱进行中华蜜蜂养殖,应根据当地的环境条件、蜜源条件、文化及养蜂基础等多种因素综合考虑,切不可盲目的推广某种类型蜂箱,以免造成事倍功半的损失。本文根据上述因素对标准蜂箱、生态蜂箱和原始蜂箱的应用条件进行了详细研究,提出了一定参照模式,为3种类型蜂箱的合理应用及推广提供了相应理论和应用依据。

参考文献:

[1]Dodologlu A, Dülger C, Genc F, 2004. Colony condition and bee behaviour in honey bees (*Apis mellifera*) housed in wooden or polystyrene hives and fed "bee cake" or syrup. Journal of Apicultural Research, 43(1): 3–8.

[2]Jin HG, 2007. Inspiration on traditional breeding and modern movable frame breeding of *Apis cerana*. Apicultural Science and Technology, (5): 18–20. [晋华贵, 2007. 东方蜜蜂的传统饲养与现代活框饲养的启示. 养蜂科技, (5): 18–20.]

[3]Li JL, Wang YC, Li YY, Cui YS, Bi BF, Hu JJ, Ou X, Qin HR, 2004. Study on the design and popularization of GXDD honeybee hive. Apicultural Science and Technology, (3): 24–26. [李紫伦, 王佑才, 李玉元, 崔勇生, 闭炳芬, 胡军军, 殴霞, 秦汉荣, 2004. GXDD 蜂箱研制及推广应用研究. 养蜂科技, (3): 24–26.]

[4]Liu GN, Zeng ZJ, Wu XB, Yan WY, 2009. Improvement of standard bee e-hive and influence on the effect of spring build–up, royal jelly production and transportation. Apiculture of China, 60(9): 9–11. [刘光楠, 曾志将, 吴小波, 闫伟玉, 2009. 标准蜂箱改良设计及其对意蜂春繁, 产浆和转运效果的影响. 中国蜂业, 60 (9): 9–11.]

[5]Meng F, Xu BH, Guo XQ, 2012. Progress in research on the genetic basis of important

biological characteristics of *Apis cerana cerana*. Chinese Journal of Applied Entomology, 49(5): 1338-1344. [孟飞, 胥保华, 郭兴启, 2012. 中华蜜蜂重要生物学特性相关功能基因研究进展. 应用昆虫学报, 49(5): 1338-1344.]

[6]Oertel E, 1980. History of beekeeping in the United States. Beekeeping in the United States. Agriculture Handbook, 335: 2-9.

[7]Shi YY, Wang ZL, Zeng ZJ, 2014. Advances in research on epigenetics and caste differentiation in the honey bee. Chinese Journal of Applied Entomology, 51 (6): 1406-1412. [石元元, 王子龙, 曾志将, 2014. 表观遗传学与蜜蜂级型分化的研究进展. 应用昆虫学报, 51(6): 1406-1412.]

[8]Sumner DA, Boriss H, 2006. Bee-conomics and the leap in pollination fees. Agricultural and Resource Economics Update, 9(3): 9-11.

[9]Tan K, Yang S, Wang ZW, Radloff SE, Oldroyd BP, 2012. Differences in foraging and broodnest temperature in the honey bees *Apis cerana* and *A. mellifera*. Apidologie, 43 (6): 618-623.

[10]Wang JF, Wang GS, Zhou FY, 2012. The primary research on the mature honey production with superposed honeybee hives. Journal of Bee, 32(9): 17. [王继法, 王广松, 周凤英, 2012. 采用叠加式蜂箱生产原生态成熟蜂蜜初探. 蜜蜂杂志, 32(9): 17]

[11]Wang M, Xu H, Yin GF, Zhao WZ, He SY, 2014. Diversity of Bacteria in the honey stomach of *Apis cerana* and *Apis mellifera* during the rape blooming period. Chinese Journal of Applied Entomology, 51(6):1567-1575. [王淼, 徐鸿, 尹革芬, 赵文正, 和绍禹, 2014. 油菜花期东方蜜蜂及西方蜜蜂蜜囊细菌多样性. 应用昆虫学报, 51(6): 1567-1575.]

[12]Wang ZM, Yue MQ, Du WH, Hu LY, Lang XH, 2005. Problems existed in sustainable development of grassland resources and its control countermeasures in Min county , Gansu province. Grassland and Turf, (1): 18-19. [王志明, 岳民勤, 杜文华, 虎凌云, 郎小红, 2005. 岷县草地资源可持续发展面临的问题及治理对策. 草原与草坪, (1): 18-19.]

[13]Wilson RT, 2006. Current status and possibilities for improvement of traditional apiculture in sub-Saharan Africa. Sierra, 550: 77.

[14]Wu XB, Tian LQ, Pan QZ, Zeng ZJ, 2014. Comparison of pheromone content on the body surfaces of *Apis cerana cerana* and *Apis mellifera ligustica* queens. Chinese Journal of Applied Entomology, 51(6): 1561-1566. [吴小波, 田柳青, 潘其忠, 曾志将, 2014. 中华蜜蜂与意大利了蜜蜂蜂王体表信息素含量比较. 应用昆虫学报, 51(6): 1561-1566.]

[15]Xue YB, Bai JM, Niu QS, Li JL, 2006. Research about Chinese bee of Changbai mountain wintering technology with substitute forage. Journal of Bee, (9): 17–18. [薛运波, 柏建民, 牛庆生, 李杰鎏, 2006. 长白山中蜂活框代用饲料越冬技术的研究. 蜜蜂杂志, (9): 17–18.]

[16]Yang GH, 2005. Harm of introducing the western honeybee *Apis mellifera* L. to the Chinese honeybee *Apis cerana* F. and its ecological impact. Acta Entomologica Sinica, 48 (2): 401–406. [杨冠煌, 2005. 引入西方蜜蜂对中蜂的危害及生态影响. 昆虫学报, 48(3): 401–406.]

[17]Yang GH, 2007. The quantity of *Apis cerana cerana* were declined rapidly. Science World, 6: 23. [杨冠煌, 2007. 数量下降迅速的物种 中华蜜蜂. 科学世界, 6: 23.]

[18]Zhai YZ, 2000. The ponderation of several problems about modernize of Chinese apiculture calling. Journal of Bee, (10): 3–5. [翟裕宗, 2000. 对中国养蜂业现代化若干问题的思考. 蜜蜂杂志, (10): 3–5.]

[19]Zhang B, Ma YQ, Yuan ZH, Ning ZG, 2011. On the trend and impact factors of the population of Chinese bee. Science Journal of Northwest University Online, 9(6). http://jonline.nwu.edu.cn/wenzhang/ 211036.pdf. [张波, 麻友琴, 袁朝晖, 宁智刚, 2011. 中华蜜蜂养殖种群趋势与影响因子[J]. 西北大学学报（自然科学网络版）, 9(6). http://jonline.nwu.edu.cn/wenzhang/ 211036.pdf.]

[20]Zhang XW, Luo WT, Zhang ZY, Duan YM, Zhou SL, Chen JX, Song WF, 2013. Simple analysis on morphology of *Apis cerana* in different ways of bee-keeping. Apiculture of China, 64 (4): 12–15. [张学文, 罗卫庭, 张祖芸, 段彦民, 周绍伦, 陈建祥, 宋文菲, 2013. 不同饲养方式中蜂形态学初探. 中国蜂业, 64(4): 12–15.]

论文发表在《应用昆虫学报》2016 年第 2 期。

西北地区定地蜜蜂规模化高效
养殖关键技术

祁文忠[1],董 锐[2],田自珍[1],师鹏珍[1],逯彦果[1],申如明[1]

(1.甘肃省养蜂研究所,甘肃天水 741020;
2.天水综合试验站麦积示范蜂场,甘肃天水 741020)

摘 要:由于近些年来,养蜂人员年龄偏大、工价上涨、运输贵、雇工难等问题,许多养蜂者都转为定地饲养,可定地饲养,收入低、规模不大、效益不高等现象困惑着蜂农。为了促进蜜蜂规模化养殖,取得良好经济效益,笔者多年来通过试验研究,从秋季管理关键、越冬方式、春繁措施、高产技术和机械化取浆技术等阐述,总结出了"三断子、三治螨""室内越冬"等方法,提出了天水地区蜜蜂定地规模化养殖关键技术,探索出行之有效的规模高效养殖方法,促进养蜂收入良好。

关键词:西北地区;规模化;定地;高效养殖;关键技术

西北地区有较大的蜜蜂饲养量,就甘肃而言,蜜源丰富,有 650 多种蜜源植物,载蜂量 100 万群,全省蜜蜂饲养量 45 万群。由于近些年来运费上涨、养蜂技术工缺少、养蜂人群老龄化等,许多养蜂人都采取定地越冬养殖。定地饲养一年就那么三四个大蜜源,如果在大流蜜到来时,蜂群还没有发展壮大,就无法夺取高产,在大流蜜期过后蜂群发展强大,没有蜜可采,形成无效空飞,还要饲喂大量饲料,造成经济效益不高。为了促进蜜蜂规模化养殖,取得良好养殖效益,通过多年试验研究,从秋季管理关键、越冬方式、春繁措施、高产技术和机械化取浆技术等探索,提出了天水地区蜜蜂定地规模化高效养殖关键技术,摸索出行之有效规模化养殖方法,秦岭以北的西北地区,北纬 34°以北,海拔 1000~2500m 范围内区域,以及天水以北以西的平凉、庆阳、定西、临夏等地和宁夏、陕西、青海部分地区养蜂者,都可广泛应用,这对于加快养蜂技术革新,增加蜂农经济收入,提升蜂产业效益和推进区域特色经济发展意义巨大。

一、注重秋季管理关键

在大农业生产中,"一年之计在于春",说明春季是农业生产中最重要的环节,在养蜂界"一年之计在于秋",如果秋季蜂群管理不到位,到了冬季,任何措施也难以改变已形成的局面,来年蜂群难以快速发展,甚至造成春衰,一年不会有好的收入,造成这种现象无法弥补。秋季蜂群繁殖的数量和质量既是越冬的基础,更是下一年春季繁殖的基石。那么秋季应抓住哪些关键环节呢,笔者认为从五个方面关键入手。

1. 培育好越冬适龄蜂

蜂群秋季繁殖的越冬适龄蜂,是翌年繁殖开始的第一批哺育蜂,因此也是来年繁殖的开端,是下一年养蜂生产夺取高产的基础。所谓越冬适龄蜂,就是在越冬前培育,没有参加过采集、哺育和酿蜜工作,并经过飞翔排泄的蜜蜂就是越冬适龄蜂。越冬适龄蜂越冬安全,在春繁时相当于青年蜂,吐泌浆量大,哺育采集能力强劲。越冬适龄蜂的培育,应抓住4个环节:一是培育适龄越冬蜂前必须断子治螨,这样培育越冬蜂的卵虫没有受到螨害,体质健壮;二是优良蜂种和新王,充分利用新王精力充沛、产子涌的优势培育越冬适龄蜂,巢箱内6~8张脾,子全部出房越冬蜂数足够;三是要有充足的粉蜜,保证营养供给,确保培育越冬蜂营养充足;四是足够的蜂数,足蜂8~10框,保温、哺育能力强。另外如果秋季培育越冬蜂时,早晚温差大时可适当保温。

2. 优质充足越冬饲料

越冬饲料是蜂群安全越冬的基础,越冬饲料的优劣,直接影响着越冬成败,所以一定要优质、成熟、不结晶的好蜂蜜,越冬饲料的贮备应早动手,在秋季最后一个蜜源时要留足蜜脾,如果不够时,可在培育越冬蜂时补足。培育越冬蜂时,继箱上可放有6~7张蜜脾、空脾,巢箱内6~8张育子脾,在培育越冬蜂时每晚饲喂,直至越冬蜂培育成功,继箱脾全部封盖,完全够越冬饲料。饲喂越冬饲料建议要用蜂蜜,如果用白糖也要用正规厂生产的优质糖,在随着越冬蜂的出房,利用群内老蜂的存在补足越冬饲料,越冬蜂培育成功之后不能再喂,确保适龄越冬蜂不能参与酿造越冬饲料工作。

3. 严防起盗

秋季蜜源逐渐结束,管理不到位,最容易发生起盗现象,如果发生盗蜂现象,盗群、被盗群双双受损,两败俱伤,蜂群遭殃。秋季管理时要格外仔细,修补好蜂箱缝隙,合并弱小群,保持蜂数密集,饲喂越冬饲料时注意不要将蜜汁滴在箱外。检查蜂群针对性、目的性要强,快速敏捷,最好是早晚进行,避过蜜蜂活动时间。

4. 断子治螨

螨害是养蜂一年中最为头疼的事情,治螨方法不当,是治不彻底的,危害蜂群难以发展。在天水地区定地饲养,在培育越冬适龄蜂时一定要断子治螨。7月10日后山花蜜源结束,这时天水区域没有蜜源,蜂群处于闲置状态,要趁机在7月10日—15日扣王,将没有换的老王育王更换, 这是一年来最后一次育王换王,7月25日—30日放王,新王交尾成功,投入培育越冬蜂,这期间治螨3次,确保适龄越冬蜂不受螨害。9月25日前后扣王强制停产,10月15日后,连续治螨3次,确保蜂群内很少有蜂螨的存在,蜂群可安全越冬了。

不能发现了治螨,或螨害严重才治,主要的是要抓住治螨的关键环节,笔者总结多年治螨经验,认为经过5月下旬、7月下旬及10月中、下旬三次断子治螨,这种"三断子,三治螨"控制了蜂螨发展,蜂群不受螨害,一年里养蜂就轻松多了。

5. 休整蜂群

越冬蜂全部出房后,促进飞翔排泄,越冬前最后彻底治螨结束,如果9月25日强制停产用的是小王笼的,要更换成大王笼,使蜂王有较大的活动空间,减少越冬期间的蜂王损失。蜂群排泄结束,调整蜂群基本均匀,抽出多余脾,10月15日后,要遮盖蜂箱,避免太阳光直射蜂箱,保持蜂群凉爽,放大蜂路,减少蜂群活动,保持安静,休整蜂群。

二、选择良好越冬方式

秦岭以北的西北地区,北纬34°以北,海拔1000~2500m,蜂农习惯于室外越冬,度过漫长的冬季。在西北蜜蜂虽然室外也能正常越冬,然而在越冬过程中经常会出现各种问题,蜂群边脾蜜蜂经常受冻落箱底死亡(蜂农称剥皮),出现异常天气(如寒流、雪灾)整群冻死,遇到高温蜂群容易散团活动,蜜蜂飞出箱外,外面气温低不能回巢,冻死在外,而且散团结团次数多蜜蜂活动量大,消耗饲料多,缩短越冬蜂寿命,造成春衰等等许多不利因素的存在,室外越冬损失较大。为了加强促进蜜蜂规模化养殖,寻求提高规模化养蜂综合效益,探索安全越冬的最佳途径,将越冬蜂群损失降到最低,经试验研究,室内越冬蜂平均死亡率为8.30%,室外越冬蜂平均死亡率为14.63%。室内越冬平均饲料消耗量为3.59kg,室外越冬平均饲料消耗量为4.77kg,无论是从越冬蜜蜂死亡率,还是越冬饲料消耗量上来看,差异悬殊大,充分说明室内越冬效果优于室外越冬。那么天水以北以西的平凉、庆阳、定西、临夏等地以及宁夏、陕西、青海部分地区养蜂者,都可广泛应用室内越冬,这对于加快养蜂技术革新,增加蜂农经济收入,提升蜂产业效益和推进区域特色经济发展意义巨大。

1. 越冬室的建造

越冬室建造选择在安静通风,远离公路铁路的地方。越冬室的建造可根据各自蜂群的多少而定,砖木或土木结构均可,100群左右的蜂场可按高300cm,长1500cm,宽400cm大小建造,地面铺砖或土地整平,前后各开窗120cm×150cm(在搬进蜂群时全部封闭,平时开窗通风),室顶两侧墙开上通风孔,下通风孔在越冬室地面下20cm,直径10cmPVC管之字形进入室内中央位置,进气孔口距地面20cm,在越冬室靠北面,安上通风调节器与隔鼠网。通风调节器可根据越冬室内温度情况调节,地面中央位置处可安放一个冰块盛放槽和电热器,起到温度调解作用,蜜蜂放入后,通过换气扇、电炉和冰槽控制室温,房内挂干湿温度计,保持室温在-2℃~2℃。

2. 蜂群进入越冬室后管理

蜂群进入越冬室前,将越冬室门窗打开通风2~3天,安置好放蜂架,蜂群进入后门窗用遮光板堵严,不能透光透亮。越冬蜂群要有序摆放,蜂群放置于50cm高的架子上,可重叠3~4层。做试验的蜂群是两排巢门相向摆放,中间相距100cm通道,便于检查管理。

如果蜂群较多时距墙壁 50cm,可背对背摆放两排,两排中间相距 80cm。蜂群放置好后,保证上下通风口畅通,如果在搬动过程中蜂群有骚动可在夜间打开窗户,保持室内温度在 0℃左右。蜂群安定后关好门窗,挂上棉帘子,不要轻易打扰,保持安静。外界温度低于−15℃时,室内温度也会下降,这时就要调小通风进气口,适当用电暖器等供暖方式加温,室内最低温度不能低于−4℃。当外界气温较高而且湿度较低时,室温达到 3℃时就要采取降温措施,调大通风进气口,夜间打开门窗,在冰槽里盛放冰块,起到降温增湿作用,最高室温不能高于 4℃,湿度保持 75%~80%。蜂群刚搬入越冬室时,每天要观察室内温度变化,并做好记录。当外界温度变化幅度不大时,10d 左右检查一次。一般在越冬后期容易出现问题,室温容易升高,需要每日或 2~3d 入室检查一次。进入越冬室应先查看室内是否透光,并注意倾听蜂群发出的声音。用手轻轻敲击箱壁,蜂群发出轻微"嗡嗡声"表示越冬正常。

3. 蜂群进出越冬室的时间

蜂群进入越冬室的时间,依照天气情况而定,要根据外界气温而确定,一般夜间温度到−7℃~−5℃时,将蜂群夜间搬入越冬室。根据多年饲养经验,在天水地区一般是在 12 月 1 日左右,蜂群进入越冬室。

早春随着气温的升高,越冬室内温度 3℃以上,外界中午气温达到 14℃以上,蜂群在室内出现骚动,在天气晴朗时搬出越冬室,促进蜜蜂飞翔排泄,一般 2 月 18 日左右室内越冬蜂群搬出越冬室。

三、把握春繁技术措施

搬出越冬室的蜂群,经过飞翔排泄,蜂群稳定后,调整蜂群,紧脾合并,消毒整理,蜂王先不要放开,在包装保温前再放王,在春繁期间抓住以下几个技术措施。

1. 紧脾　抽出多余的巢脾,使蜂群保持蜂多于脾。有 3~4 脾蜂的只能留 2 脾,隔板内放 2 张平整、较新、雄蜂房少、有粉蜜的巢脾,隔板外放 1 张蜜粉脾,一般采用双王繁殖,放开蜂王,开始保温繁殖,开繁时间要认真合理计划和推算,要与蜜粉源出现时间相结合,在天水地区一般在 3 月 1 日—4 日前后开始繁殖。

2. 保温　保温时先外后里,外面保温采取箱底、后、两箱中间和边上用比较柔软的麦草包装,箱内空余部分用保温物垫充,纱盖上加绵垫,晚上盖塑料布,天气晴朗时揭开,蜂群在繁殖过程中壮大,气温不断升高时,保温物也就要逐渐撤掉,先里后外。

3. 饲喂　春繁开始,饲料消耗量大,补充饲料是必须的,主要有:

(1)喂蜜:不是每天饲喂,巢内 2 张脾应放半蜜粉脾,在隔板外放 1 张蜜粉脾,割开蜜盖供取食,若不足时可用 2∶1 糖浆补充饲喂,确保巢内饲料充足。

(2)喂粉:早春外界粉源少,蜜蜂也难以采集,靠外界粉源远远不能满足蜂群繁殖需要,饲喂办法是除在隔板外放蜜粉脾外,将已消毒的花粉用蜂蜜用 1∶0.6 拌成花粉团,放在巢框上梁,供蜜蜂自行取食,确实没有贮备的天然花粉,也可用高质量的代用花粉,总之在繁殖期绝对不能缺粉。

(3)喂水:蜂群繁殖时水是不可缺少的,缺水也会影响蜂群的正常发育,早春气温低,蜜蜂采水困难,常常出现采水后冻僵难以回巢,损失严重。喂水可采用巢门喂水器喂温开水,如果巢内有空间,将喂水器放在蜂巢内,喂水时可适量加食盐,盐水的浓度为 0.5%~1%。

4.加脾 早春加脾不能心急,巢内必须蜂多于脾,两张脾全部产满后,蜂王爬在隔板外面产子时,将隔板外的脾调进巢内边脾位置,再从隔板外靠 1 张蜜粉脾,等群内两张子全部出房,蜂数增多,将隔板外的脾继续调入边脾位置,这样在早春天气异常的情况下,防止蜂群缩团造成蜂脾边缘和边脾外侧的幼虫和卵冻伤,如果有冻伤也只是小子,不碍大事,当气温逐渐升高,群内蜂数大增,可在群内第二位置加脾,加脾应选用平整巢脾,用快刀削平 1~2mm,以便于蜂王产卵,加快扩繁速度,4 月 15 日前后油菜正处于中期,蜂群发展壮大,全部上继箱,如果能取到蜜则取,不能强取,保持群内饲料充足,加快繁殖,为刺槐花期打基础。

四、抓住生产重要环节

定地饲养的蜂场,一年就那么几个重要蜜源,在天水及周边地区,主要蜜源有 4 月份油菜,五月份刺槐,6~7 月份的山花、紫花苜蓿,必须在大流蜜期到来之际,将蜂群培育强壮,抓住时机夺高产。

1.组织生产群

蜂群在推算下主要蜜源期能发展成大群投入生产则可,如若到大蜜源到来时还难达到强群,则要采取一定措施,确保有一定量的强群采集。

离主要采蜜期还有一个月左右的时间,则适当地把小群的卵虫脾调给大群;离主要采蜜期还有十几天至二十几天的时间,则小群封盖子脾补充大群;当主要采蜜期即将到来,用补充子脾的方法已经来不及的时候,可把小群与大群平列在一起,到了流蜜开始以后将小群搬走,使它的外勤蜂集中到大群内,以加强大群的采集力量。

2.扣王夺高产

刺槐是天水及周边地区主要蜜源,其蜜质好,有特色,深受国内外客商和消费者青睐。刺槐蜂蜜价位高,产量大,是定地养蜂取得收入最重要的蜜源,5 月 15 日前后,刺槐大流蜜到来之际扣王或将蜂王限制到一定小区域,限制蜂王产子,减轻巢内工作量,集中优势力量抓产量。

3.育王换王

利用扣王抓产时机,抓紧育王,在介绍王台、处女王交尾时,将扣的蜂王集中到一定区域,新蜂王交尾成功,这样自然换王成功,如果新王交尾不成功,则将扣的老王返回原群,等下次更换,这种换王方法简便,成功率高,且大群交尾,蜂王质量好,刺槐蜜源结束,处女王交尾成功,组织繁殖蜂群,新王产子能力强,蜂群哺育积极性高,对在刺槐期抓产量蜂群下降的有效补充,确保下一蜜源到来时蜂群发展壮大。

4. 趁机治螨

在扣王夺高产的有利时机,蜂群处于断子状态,蜜源后期,5月下旬断子治螨。这次断子治螨很关键,因为蜂群从越冬后一直没有治螨,这时蜂群内蜂螨寄生有所发展,通过这次防治,蜂螨很难发展起来,对蜂群的发展很有利,之后的7月中旬、10月中下旬共三次断子治螨,控制住了蜂螨寄生发展,一年里蜂群不受螨害,蜂群健壮,养蜂就无忧了。

五、免移虫产浆技术引进

蜂王浆是西方蜜蜂生产的一种重要产品,定地饲养者,蜂王浆生产是增加经济收入的主要手段,可养蜂人员年龄偏大,视力不好,移虫困难,劳动强度大,费时费力,生产效率不高,同时也严重影响了蜂场的蜂王浆生产规模。曾志将研制的免移虫生产蜂王浆技术,让免移虫生产蜂王浆技术更贴近养蜂生产实际,从而解决人工移虫问题,大大地减少人工移虫劳动强度,提高了蜂王浆生产效率,为中国推广一人多养的蜂群饲养方法提供技术支撑。定地饲养引进免移虫取浆技术,加以示范推广,是解决取浆困难的一项技术措施。

参考文献:

[1]李旭涛,孟文学.西北蜂业全书[M].兰州:甘肃科学技术出版社,2007(1):403-414.

[2]甘肃省养蜂研究所.甘肃蜜源植物志[M].兰州:甘肃科学技术出版社,1983:2-4.

[3]祁文忠,田自珍,师鹏珍,等.天水地区蜂群室内与室外越冬效果对比[J].中国农学通报,2014(2):30-38.

[4]吴杰,刁青云.蜂业救灾应急实用技术手册[M].北京:中国农业出版社,2010:1-12.

[5]祁文忠,师鹏珍,缪正瀛,等.对甘肃中蜂规模化养殖瓶颈的调查与思考[J].中国蜂业,2012(2):24-25.

[6]汪应祥,师鹏珍,祁文忠.天水地区西方蜜蜂安全越冬管理[J].中国蜂业,2010(11):28-29.

[7]曾志将.推进中国西方蜜蜂规模化饲养的措施[J].中国蜂业,2011(6):8-9.

[8]张中印,吴黎明.养蜂配套技术手册[M].北京:中国农业出版社,2012:1-2.

论文发表在《中国蜂业》2014年第10期。

高寒地区不同蜂箱中蜂养殖试验报告

祁文忠[1],梅绚[2],师鹏珍[1],申如明[1],李炳才[2],

郎孝个[3],徐正华[3],於太喜[3],赵民孝[3],陈春生[3]

(1.甘肃省养蜂研究所,甘肃天水 741020;2.岷县畜牧局,

甘肃岷县 748400;3.天水综合试验站岷县示范蜂场)

摘　要:在不同地区探索蜜蜂规模化高效养殖中,蜂箱的差异在区域养殖中非常重要,在岷县高寒阴湿地区,对标准蜂箱、生态蜂箱、传统蜂箱三种箱体养殖情况作了试验,结果表明,在不同区域,不同蜜源结构选用不同箱型养殖,平均群产差异明显。有大宗蜜源,流蜜集中,无霜期相对短的地区,且新法科学养蜂技术较为普及的区域,新法标准蜂箱养殖单产明显高于生态箱和传统箱养殖,这类区域适合推广标准蜂箱饲养;在山沟深处,高海拔区域,大宗集中蜜源较少,野生草花蜜源丰富,流蜜细长的地区,生态蜂箱单产高于标准箱和传统箱养殖,在这类区域发展生态蜂箱养殖较为适宜,有优势;在海拔高,山花蜜源丰富,流蜜细长,且文化基础差,新法养殖技术一时半会难以推广,交通差,学习交流不便的地区,可暂时以传统饲养为主体。在传统养殖中逐渐汲取先进技术,以生态蜂箱养殖为关键,取缔传统落后养殖方式,以标准蜂箱养殖为方向,实现中蜂养殖科学化、标准化、规模化。

关键词:高寒地区;蜂箱;中蜂;养殖试验

引　言

养蜂业被称为现代生态农业之翼,不占田,不占地,投资少,效益大,具有较大的发展潜力。中国是世界第一养蜂大国。近些年来,国家对养蜂业极为关注,制定了养蜂发展规划,颁布了养蜂管理办法,加强了养蜂生产的组织与管理,有力促进了蜂业稳步、健康发展。蜂业科技的发展带动了蜂业行业进步,蜂农养蜂积极性高涨,特别是贫困地区蜂农急需提升科学养蜂水平,渴望养蜂效益大幅度提高。中蜂,又叫中华蜜蜂,属于东方蜜蜂的一个亚种,长期以来处于野生和半野生状态,在中国的地理环境和生态条件下,形成了很多优良的特性:它耐寒耐热,适应性很强,不仅能在南方度过酷暑,也能在北方越过严冬;它飞翔迅捷、嗅觉灵敏、出勤早、收工晚、善于利用零星分散和起伏的蜜源,往往在意蜂无法维持生活的条件下,它却能采集、繁殖,巢内兴旺;中蜂抗病虫害的能力也很强,它不仅能够逃避胡蜂、鸟类、蜻蜓的捕食,也在抗螨、抗美洲幼虫病、孢子虫病、麻痹病感染方面

胜过西方蜜蜂。中蜂,在全国范围来说,主要集中在长江以南各省的山区和半山区;而黄河流域和西北地区,甘肃是为数最多的省份之一,不仅数量多,种类丰富,而且以蜜蜂个体大、吻长、能维持大群、采集力和适应性强等优点著称,被誉为中华蜜蜂之良种。甘肃中蜂主要分布在乌鞘岭以东的陇南、陇东和中部等地区。据统计,群众饲养的中蜂就有27万群左右,再加上山区蕴藏的野生蜂,数量就更可观了。

中华蜜蜂是中国传统的当家蜂种,被列入《国家畜禽品种资源保护目录》。岷县中蜂是中华蜜蜂的一个地方优良品种,被分类在中华蜜蜂阿坝蜂种里,岷县中蜂具有显著的适应高海拔、耐寒湿的特点,成为高寒阴湿地区一个特有的地方品种。中蜂在岷县特有的生态条件下,形成了优良的特性。适应性很强,它耐寒,越冬能力强;个体最大、体色最深,属于一个新的类群或亚种;它飞翔迅捷、嗅觉灵敏、出勤早、收工晚、善于利用零星分散和起伏的蜜源。但岷县以定地饲养中华蜜蜂(土蜂)为主,且多为原始传统土法饲养,大多养殖采用树洞、木桶、背篓、简易木箱等,采用原始的自生自繁、毁巢取蜜的方法饲养,即使有初步学新法饲养的,也不得其法,违背蜂群生活习性,抓不住高产时机。

岷县属于高寒阴湿地区,植被良好,境内林草丰茂,油菜面积大,红芪、黄芪、党参等特种蜜源丰富,蜜源结构差异明显,有种植性蜜源,有大面积的山花烂漫的草原蜜源,每年4~9月各种植物开花接连不断,有较好的蜜蜂养殖条件,特别是适宜中蜂养殖,2014年全县中蜂养殖19811群。

在近些年来进行中蜂新法饲养技术推广,由于技术掌握不全面,不同地区蜜源结构差异大,养殖效益差别大,有90%以上的蜂群处于原始的饲养方式,传统饲养习惯的长期积淀,蜂农对新法饲养接受能力较慢,我们利用国家蜂产业技术体系天水综合试验站项目建设,开展了一系列科学饲养技术指导与推广,建立示范基地,科学研究符合当地中蜂养殖方式,根据基础调研和工作的开展,汲取蜂农建议,研制了生态蜂箱,近几年来做了相应基础试验,发现在岷县的不同区域,采用不同蜂箱养殖中华蜜蜂效果不同,针对这种情况,为了确切了解不同区域采用不同的箱型饲养蜜蜂的效果,2014年在前几年研究的基础上,尽量保持传统养殖习惯,开展了标准蜂箱、生态蜂箱、传统蜂箱三种箱体在四个试验点养殖试验,目的是在不同区域饲养中华蜜蜂进行对比试验研究,探索高效养殖方法,推广先进可行的养殖模式,提高养殖质量和效益,力求探索出符合当地高效养殖方法。

一、材料与方法

(一)试验地概况

岷县位于北秦岭海西褶皱带,北秦岭、黄土高原和青藏高原东边缘(甘南高原)交会区。地貌主要属于高原形态,地表切割较小,河谷大多宽浅。岷县气候属于高原性大陆气候,平均海拔2314m,年平均气温5.7℃,年平均相对湿度68%,年平均降水量596.5mm,最热7月份平均气温16℃,岷县冬季最冷1月份平均气温-6.9℃,属于高寒阴湿地区。境内林草丰茂,草原森林覆盖率61%,油菜面积大,盛产中药材200多种,素有"千年药乡"之称,特别是红芪、黄芪、大黄、党参、秦艽、羌活、泡参、柴胡、防风、黄芩等是非常好的特种蜜源。全县植被良好,每年4~9月各种植物开花接连不断,有较好的蜜蜂养殖条件,特别是适宜中蜂养殖。

(二)试验蜂场及蜂群

四个试验蜂场分别选择在纯草原牧区的寺沟乡阳坡大沟蜂场,纬度34°28′88″,经度104°02′82″,海拔2685m,蜜源主要是山野草花;退耕还牧区的秦许乡南沟蜂场,纬度34°21′28″,经度103°54′08″,海拔2669m,蜜源主要是山野草花、党参等中药材;农区的茶埠乡山那蜂场,纬度34°42′38″,经度104°15′40″,海拔2210m,蜜源主要是油菜、黄芪、党参等;半农半牧区的蒲麻镇桦林沟蜂场,纬度34°28′56″,经度104°22′32″,海拔2579m,蜜源主要是油菜、山野草花等。中华蜜蜂品种全部为当地自繁自养的地方品种。

表1 各试验蜂场蜂群情况

蜂场名称	试验蜂群					蜜源结构及地理位置
	母群蜂	传统养殖	标准养殖	生态养殖	合计	
寺沟乡阳坡大沟	36	16	17	16	49	草原山花,海拔2685m
秦许乡南沟	41	17	18	18	53	山花、党参等,海拔2669m
茶埠乡山那村	12	5	5	5	15	黄芪、党参等,海拔2210m
蒲麻镇桦林沟村	22	9	11	10	30	油菜、山花等,海拔2579m
合计	77	47	51	49	147	

(三)试验蜂群来源

四个蜂场的母群蜂均是2014年春季越过冬的自繁自养的当地中蜂,试验蜂群全部是2014年母蜂群最初第一、二次自然分群的蜂。

表2 各试验蜂场分群情况

蜂场名称	分群顺序	传统养殖	标准养殖	生态养殖	小计	合计
寺沟乡阳坡大沟	第一次分群	11	12	11	34	49
	第二次分群	5	5	5	15	
秦许乡南沟	第一次分群	10	11	10	31	53
	第二次分群	7	7	8	22	
茶埠乡山那村	第一次分群	3	3	3	9	15
	第二次分群	2	2	2	6	
蒲麻镇桦林沟村	第一次分群	6	7	6	19	30
	第二次分群	3	4	4	11	
合计		47	51	49		147

(四)试验蜂箱

试验蜂群所使用的蜂箱分为标准蜂箱(意蜂十框箱)、生态蜂箱和传统蜂箱。

1. 标准蜂箱

箱体板材厚 2.5cm,内装标准巢框、巢础及隔板,上盖覆布和箱盖,箱盖上面放麦草秸秆和石棉瓦以遮阴和防雨。

2. 生态蜂箱

使用厚 3cm、高 10cm、外宽 30cm 的方形木箱,上下无底无盖,重叠固定(便于分解的固定方式)组成箱体,并在每个方箱的四个侧面中线三等分中间的两个点上打孔(直径 0.5cm),然后相对面穿过 8 号长 30cm 的铁丝,一个木箱上的四根铁丝相互交织,从上面看形成"#"字形状;箱盖使用一块长宽 40cm、厚 3cm 的木板,直接固定在最上层一个箱体上面,箱盖上面放麦草秸秆和石棉瓦以遮阴和防雨;箱底使用一块块长 50cm、宽 40cm、厚 3cm 的木板,在木板上用四根厚宽 3cm 的木条钉成外围 30cm 的正方形框,并在底边窄一边木条的中心据出一个长 5cm 的缺口,将箱体放在箱底上面时就形成蜂门。由一个箱盖、几个箱体和一个箱底就组成一个生态蜂箱,方框箱体的数量根据蜂群多少而定,一般最初由三个方框组成。

3. 传统蜂箱

传统蜂箱就是民间一直沿用的横卧式树槽箱或者长约 50cm、宽约 45cm、高约 45cm 的方形木箱,木板厚 3cm,箱底中央有一个直径 2cm 的排巢渣孔。箱体上面放麦草秸秆和石棉瓦以遮阴和防雨。

4. 其他材料

干湿温度计、电子称、摇蜜机、盆子、纱布、滤网、饲喂器、保温物、各种蜂具等。

(五)试验时间及方法

1. 试验时间

试验时间结合岷县地理、气候和流蜜时节等具体实际,根据岷县中蜂不同季节气候里繁殖、分群和采蜜粉等具体特点,按照中蜂生物学规律要求,结合多年来岷县中蜂养殖管理的经验(春繁、夏分、秋蜜、冬藏),对试验蜂群做好日常管理,定期定时做好观察和记录。

(1)春季繁殖阶段

2 月 10 日—4 月 30 日,做好母蜂群的保温管理,防止春季气候骤变影响母蜂群中卵虫的发育,并进行奖励饲喂蜜粉,保证春季蜂群繁殖壮大。

(2)夏季分蜂阶段

5 月 1 日—6 月 20 日,做好母蜂群自然分群收蜂准备,对分出的蜂群进行收集,每个蜂场都将第一次和第二次分出的蜂群按照"标准蜂箱→生态蜂箱→传统蜂箱"的顺序,循环装箱养殖,作为试验蜂群,并在装箱后的第二天傍晚开始连续饲喂三天糖浆,每次每群约 100ml。如果收集的蜂群飞逃,按顺序补上。6 月 10 日以后分出的蜂群不论第几次分蜂,全部另外饲养,不作为试验蜂群。

(3)夏季管理阶段

5 月 1 日—7 月 15 日,重点做好试验蜂群的日常管理工作,一是加强定期检查,每隔 5~7d 检查一次,根据情况采取加巢框、打扫巢底、箱体遮阴等措施;二是防止再次分蜂,采取加大通风、增加箱体内空间、及早摘除王台等措施,防止再次分蜂;三是对生态养殖的蜂群,根据造脾情况进行加方箱箱体,一般经检查发现巢脾距离箱底 10cm 以内时,在箱底上面加箱体,每隔 10~15d 检查一次;对标准养殖的蜂群,每隔 6~10d 早或晚检查一次,发现隔板外面有大量蜜蜂时,在靠近隔板内侧加巢脾框一个;四是对传统养殖的蜂群,可以减少检查次数,定期查看箱底排巢渣孔是否通畅。

(4)秋季收蜜阶段

7 月 15 日—9 月 20 日,对三种不同养殖方式的试验蜂群采取不同的取蜜时间、取蜜方法和取蜜次数。标准养殖蜂群根据进蜜量和存蜜量确定摇蜜时间和次数,分别是 7 月 15 日—9 月 20 日,根据存蜜状况确定摇蜜脾数;对生态养殖的确定取两次巢蜜,即分两次分别割去最上层的箱体,取出巢蜜,然后在底层上加空箱体,确定在 7 月 15 日—9 月 20 日根据存蜜量确定割蜜时间和次数;对传统养殖的确定取一次巢蜜,即在 8 月 30 日左右翻开箱体,把蜂群用吹烟机赶到一头,根据存蜜情况,留足越冬蜜脾,割去巢蜜,然后恢复箱体。

(5)冬季潜藏阶段

9 月 21 日至第二年 2 月 9 日,在留足越冬蜂蜜的情况下,开始对蜂箱体进行保温,确保越冬适龄蜂的培育,一般就地存放或者在 12 月 1 日以后搬迁至避风向阳的地方,做好蜜蜂结团潜藏越冬工作。

2. 试验方法

(1)称量试验用蜂箱的重量

三种蜂箱在使用前进行认真清理,对使用过的蜂箱用 2%的烧碱溶液浸泡消毒,干燥后分别称取每个蜂箱的重量。标准蜂箱称取箱体、小隔板和巢框(包括框体、巢础和铁丝)的重量;生态蜂箱称取箱底、箱体(包括铁丝)和箱盖的重量;传统蜂箱称取上下箱体的总重量。

(2)称量收取的蜂蜜的重量

首先详细记录每次所摇取的蜂蜜重量和割取的巢蜜重量,然后合计同一类试验养殖方法所取的蜂蜜或者巢蜜的重量,并按照岷县中蜂从巢脾中提取蜂蜜测试数据(蜂蜡与蜂蜜的比率为 0.96)求出巢蜜中蜂蜜的重量,最后求出同一类养殖方法生产的蜂蜜平均数。

(3)称量越冬前存蜜、箱体及蜂群的重量

确定在越冬前,即 9 月 20 日,称取所有试验蜂群的蜂箱重量(包括箱底、箱体、箱盖、巢脾巢蜜和蜂群的总重量),详细登记,求出同一类养殖蜂箱的总重量和平均重量。

二、结果与分析

(一)结果

1. 寺沟乡阳波大沟试验情况

表3　阳波大沟试验结果

	取蜜次数	标准箱 17 群	生态箱 16 群	传统箱 16 群	蜜源结构及地理位置
取蜜情况	第一次(7 月 20 日)	88	146.5	100.8	草山花蜜源,海拔 2685m,开花较晚,且流蜜细长,但不涌猛。
	第二次(8 月 10 日)	73	104		
	第三次(8 月 29 日)	60			
取蜜总数(kg)		221	250.5	100.8	
平均群产(kg)		13	15.66	6.3	

寺沟乡阳波大沟试验结果表明,生态蜂箱养殖平均群单产高于标准蜂箱,明显高于传统箱,差异极其显著。阳波大沟试验三种箱平均群产图 1 表示。

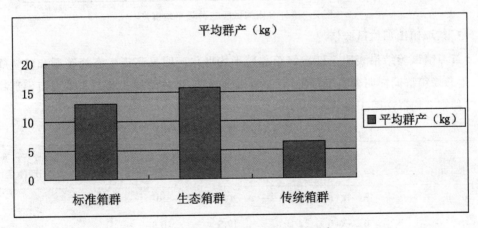

图 1　阳波大沟试验三种箱平均群产

2. 秦许乡南沟试验情况

秦许乡南沟试验结果表明,生态蜂箱养殖平均群单产略高于标准蜂箱养殖,差异不明显,生态蜂养殖群和标准箱养殖群都明显高于传统箱,差异极其显著。秦许乡南沟试验三种箱平均群产图 2 表示。

表4　南沟试验结果

	取蜜次数	标准箱 18群	生态箱 18群	传统箱 16群	蜜源结构及地 理位置
取蜜情况	第一次(7月22日)	98.5	182		草山花蜜源， 且有党参等中 药材，海拔 2669m，开花较 晚，且流蜜细 长。
	第二次(8月11日)	87	91		
	第三次(8月29日)	77.3		108.96	
取蜜总数(kg)		262.8	273	108.96	
平均群产(kg)		14.6	15.17	6.81	

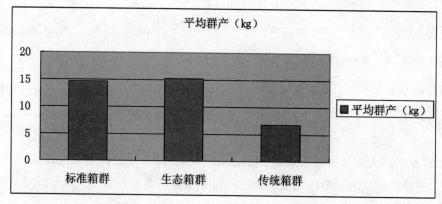

图2　秦许乡南沟试验三种箱平均群产

3. 茶埠镇山那村试验情况

茶埠镇试验结果表明，标准蜂箱养殖平均群单产明显高于生态蜂箱群和传统蜂箱群，生态蜂箱群同样明显高于传统箱，差异极其显著，形成阶梯式状态。茶埠镇山那村试验三种箱平均群产图3表示。

表5　山那村试验结果

	取蜜次数	标准箱 5群	生态箱 5群	传统箱 5群	蜜源结构及地 理位置
取蜜情况	第一次(6月10日)	20.5	49		以党参、黄芪 等中药材为 主，草山花蜜 源，海拔 2210m，由于较 其他试验点 低，开花较早， 蜜源丰富，流 蜜好。
	第二次(6月22日)	17.5	20.8		
	第三次(7月3日)	19.8			
	第四次(7月15日)	15			
	第五次(8月13日)	26		29.76	
	第六次(9月4日)	19.2			
取蜜总数(kg)		118.0	69.8	29.76	
平均群产(kg)		23.6	13.96	5.95	

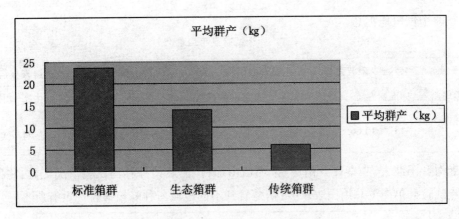

图3 茶埠镇山那村试验三种箱平均群产

4. 蒲麻镇桦林沟试验情况

蒲麻镇桦林沟试验结果表明,标准蜂箱养殖平均群单产明显高于生态蜂箱,明显高于传统箱,差异极其显著,生态蜂箱群和传统蜂箱群群产差异不明显。蒲麻镇桦林沟试验三种箱平均群产图4表示。

表6 桦林沟试验结果

	取蜜次数	标准箱 11 群	生态箱 10 群	传统箱 9 群	蜜源结构及地理位置
取蜜情况	第一次(6月10日)	46			以油菜为主,草山花蜜源丰富,有黄芪等中药材,海拔2579m,由于海拔较其他试验点低,开花较早,流蜜好。
	第二次(6月22日)	49.5			
	第三次(7月5日)	50			
	第四次(7月20日)	50.3	11.3		
	第五次(8月20日)	48.5	54.2	58.08	
取蜜总数(kg)		244.3	65.5	58.08	
平均群产(kg)		22.21	6.55	6.45	

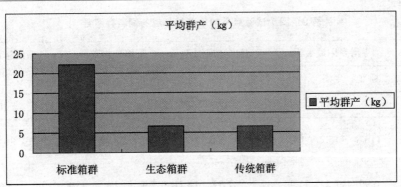

图4 蒲麻镇桦林沟试验三种箱平均群产图表示

5. 四个试验地汇总

表7 四个试验点平均单产

试验点	寺沟乡阳波大沟			秦许乡南沟			茶埠镇山那村			蒲麻镇桦林沟		
试验蜂箱	标准	生态	传统	标准	生态	传统	标准	生态	传统	标准	生态	传统
平均群产（kg）	13	15.66	6.3	14.6	15.17	6.81	23.6	13.96	5.95	22.21	6.55	6.45

寺沟乡阳波大沟、秦许乡南沟、茶埠镇山那村、蒲麻镇桦林沟试验情况汇总,将四个试验点试验群单产汇总用图表示,可清楚看到不同地域三种蜂箱蜂蜜产量有所不同。

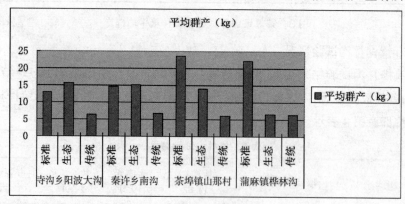

图5 四个试验点试验群单产汇总

6. 试验群越冬前箱内存蜜量

各类试验蜂群,经过不同次数的取蜜后,外界蜜源仍然源源不断,存蜜不断增加,直至10月中旬才逐渐结束,蜂群存蜜即作为越冬蜂群饲料。本试验确定在9月30日终止,分别于9月29日—30日对四试验蜂群逐个进行整箱称重(整个箱体、巢框、存粉蜜、蜂群)。因每个箱体重量的差别,除去箱体重量外,主要由存蜜多少决定的,所以我们除去箱体重,就作为存蜜重量(蜂群重量、蜂蜡及花粉重量所有试验蜂群内大致相同,在此没有进行消减)来统计。

表9 四个试验点平均单群越冬越冬饲料存留量

试验点	寺沟乡阳波大沟			秦许乡南沟			茶埠镇山那村			蒲麻镇桦林沟		
试验蜂箱	标准	生态	传统	标准	生态	传统	标准	生态	传统	标准	生态	传统
箱数	17	16	16	18	18	17	5	5	5	11	10	9
箱内总存蜜	118.8	115.2	183	131.4	136.6	207.5	39.5	37.99	64	76.5	86.57	132
平均群产（kg）	6.99	7.2	11.44	7.3	7.59	12.21	7.9	7.6	12.8	7.0	8.66	14.6

从汇总表中可以看出传统蜂箱存留的饲料蜜比标准蜂箱和生态蜂箱都高,这是因为传统蜂箱一年只取一次蜜,在取蜜时有意留下越冬饲料。将四个试验点在蜂群越冬前统计群内所存有的越冬饲料用图6表示。

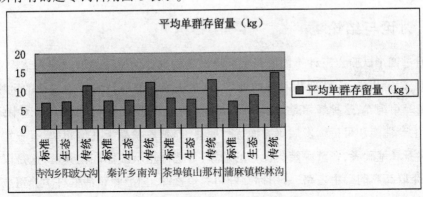

图6　四个试验点平均单群存蜜量

传统蜂箱养殖蜂群存蜜量高于标准蜂箱和生态蜂箱蜂群。

(二)分析

1. 从四个试验点试验情况看,不同的区域和蜜源结构不同,蜂群的产蜜量也不同,表3~表6和图1~图4中可以看到三种箱型养殖取蜜有着明显差异,表7~表10明显表达出不同区域、不同蜜源结构和地理位置三种箱型单产的差异,说明在不同区域,在实际养殖中,应有重点的突出饲养箱型。

2. 茶埠镇山那村和蒲麻镇桦林沟两个试验点处于海拔相对低,蜂群繁殖早,有油菜、党参、黄芪红芪等大宗蜜源,花期衔接紧密,蜜源连片集中,流蜜量大,标准蜂箱养殖平均单产量分别为23.6kg和22.21kg,寺沟乡阳波大沟和秦许乡南沟两个试验点为13kg和14.6kg,说明有大宗蜜源、流蜜集中、流蜜涌的区域,用先进的科学养殖技术,采用标准蜂箱饲养,能抓住产量,突显新法养殖效果。

3. 寺沟乡阳波大沟和秦许乡南沟,这两个试验点地处山沟深处,高海拔区域,气温相对低,春繁时间推迟,蜂群发展相对缓慢,多为牧区,大宗种植性蜜源较少,草原面积大,野生草花蜜源丰富,流蜜期长,但流蜜不太涌,先进的新法养殖技术发挥不出优势,生态蜂箱和传统蜂箱管理粗放,生态蜂箱群10~15d检查一次,进行相应处理,传统蜂箱群基本不检查,任其自然发展,这种细流蜜区域适宜于生态蜂箱和传统蜂箱饲养,寺沟乡阳波大沟和秦许乡南沟,这两个试验点生态箱平均蜂蜜产量分别为15.66kg和15.17kg,高于这两个试验点标准箱养殖单产,且生态蜂箱养殖蜜蜂效果更优于传统蜂箱养殖。

4. 从表9~10和图5~6中看到,四个试验点中,茶埠镇山那村和蒲麻镇桦林沟两个试验点,标准蜂箱单群产量远远高出其他两个试验点,说明在有大宗蜜源且流蜜涌的地方采用标准箱饲养效益明显。越冬饲料的存留量生态蜂箱和标准蜂箱都较低,传统蜂箱内存蜜量明显高于其他两种箱型的蜂蜜存留量,这主要是传统蜂箱只取一次蜜,在取蜜时为了保证足够的越冬饲料,人为的少取多留,因传统蜂箱如果越冬饲料不足时,不太方便饲喂,所以人为留足饲料,存蜜量就多。

三、讨论与结论

1. 通过四个试验点三种不同的箱型饲养试验情况,从岷县地域及蜜源结构来看,有大宗蜜源,流蜜集中,无霜期相对短的地区,且新法科学养蜂技术较为普及的区域,适合推广标准蜂箱饲养,这种蜂箱是发展中蜂养殖业的主要选择,用标准蜂箱养殖中蜂,在科学管理、生产性能和可持续发展等方面优势明显,养殖效益高于其他箱型,有一定文化基础和科学养蜂基础者,在蜜源结构良好的地域,可选择用新法标准化养殖,这是以后发展方向,是夺取高产的必由之路,采用标准蜂箱养殖蜜蜂。标准蜂箱活框科学养殖技术不断推广,不但能提高蜂蜜产量,而且还改变了杀蜂取蜜的落后养殖方式,从而保护了基础蜂群,大大提高了中蜂养殖业的发展速度,标准蜂箱养殖,凸显出了易管理、易取蜜、产量高、不杀蜂的优势,有利于发展规模化高效养殖,有广阔前景。

2. 在山沟深处,高海拔区域,气温相对低,春繁时间迟,蜂群发展相对缓慢,大宗集中蜜源较少,草原面积大,野生花草蜜源丰富,流蜜期长,但流蜜不太涌、流蜜细长的地区,科学养蜂技术掌握不全面,先进的新法养殖技术发挥不出优势,发展生态蜂箱殖较为适宜,有优势,生态蜂箱养殖,管理粗放,易学易掌握,并且生态蜂箱养殖取蜜容易、简便,全部是成熟蜂蜜,也不伤子,对蜂群正常发展不受影响,适合于各类人群饲养,特别是文化层次较低者、留守老人妇女都能饲养,是高寒山区值得推广的重要养殖方法之一。

3. 在高海拔区,草原面积大,山花蜜源丰富,流蜜细长,且文化基础差,新法养殖技术一时半会难以推广,交通差,学习交流不便的地区,可暂时以传统饲养为主体。这种传统养殖方式虽然通过保持中蜂安静的生存、发育和繁殖环境条件而保证了中蜂正常发展和生产,节约了劳力和成本,但杀蜂取蜜的饲养方式已经严重的摧残种质资源,制约了中蜂产业发展,靠天养蜂,无法管理,阻碍了规模化发展。在传统养殖中逐渐汲取先进技术,巩固基础蜂群,以生态蜂箱养殖为关键,取缔杀鸡取卵的落后养殖方式,以标准蜂箱养殖为方向,实现中蜂养殖科学化、标准化、规模化。

参考文献:

[1]吴杰.蜜蜂学[M].北京:中国农业出版社,2014:1-12.

[2]谭垦,胡箭卫,祁文忠,等.甘南东方蜜蜂的分类地位[J].中国养蜂,2005(11).

[3]李旭涛,孟文学.西北蜂业全书[M].兰州:甘肃科学技术出版社,2007(1):403-414.

[4]甘肃省养蜂研究所.甘肃蜜源植物志[M].兰州:甘肃科学技术出版社,1983:2-4.

[5]吴杰,刁青云.蜂业救灾应急实用技术手册[M].北京:中国农业出版社,2010:1-12.

[6]张中印,吴黎明.养蜂配套技术手册[M].北京:中国农业出版社,2012:1-2.

[7]叶振生,骆尚骅,李海燕,等.蜂产品深加工技术[M].北京:中国轻工业出版社,2003:3-6.

[8]祁文忠,师鹏珍,缪正瀛,等.对甘肃中蜂规模化养殖瓶颈的调查与思考[J].中国蜂业,2012(2):24-25.

[9]王莉,于世宁.为何如今饲养蜜蜂越冬越来越难[J].蜜蜂杂志,2011(2):13-14.

[10]于世宁.越冬蜂的管理技术[J].中国蜂业,2008(10):13-14.

[11]关振英.蜂群越冬后期管理[J].中国蜂业,2012,(2):17.

[12]关振英.寒地越冬蜂群的箱外观察[J].中国蜂业,2009(11):27.

[13]汪应祥,师鹏珍,祁文忠.天水地区西方蜜蜂安全越冬管理[J].中国蜂业,2010(11):28-29.

[14]程俊松.蜂群的秋季冬管理[J].中国蜂业,2008(10):21.

[15]刘文信.越冬后期蜂群管理[J].中国蜂业,2007(3):16.

[16]缪正瀛,安建东,罗术东,等.甘肃麦积山风景区红光熊猫蜂的生物学观察[J].中国农学通报,2011(3):311-316.

浅谈高寒阴湿地区中蜂养殖模式

梅绚[1]，祁文忠[2]

(1. 岷县畜牧局,甘肃岷县 748400;2.甘肃省养蜂研究所,甘肃天水 741020)

甘肃岷县,是全国典型的高寒阴湿县,位于西秦岭、黄土高原和青藏高原东边缘(甘南高原)的交会处,风霜雪雨、旱涝不均、气候多变、灾害频繁是这里的主要特征。特殊的地理环境和气候特点形成了当地特有的中蜂品种——岷县中蜂。近年来,岷县中蜂养殖业在国家蜂产业技术体系的支持和养蜂专家们的指导下,以新法活框养殖技术培训为基础,建立示范蜂场为关键,试验研究适应当地养殖模式为突破口,通过对传统蜂箱、标准蜂箱和生态蜂箱等三种不同类型蜂箱的使用试验和对比总结,因地制宜,分类指导,即在不同气候条件和不同文化程度人群中推广应用,使岷县中蜂养殖方式发生了根本改变,逐步改变了传统落后的"杀蜂取蜜"养殖方式,养殖效益得到明显的提高,群众养蜂积极性日益高涨,使岷县中蜂养殖从家庭副业中逐步脱颖而出,构成了岷县"四黑两绿一蜂"畜牧业支柱产业之一。

一、岷县地理气候及蜜源植物流蜜特点

岷县是甘南高原向黄土高原、西秦岭陇南山地的过渡地带。岷县东北连接黄土高原,有中国黄河的最大支流,南临长江大流域的分水岭高山区,西接青藏高原东麓。受大陆性气团、副热带暖湿气团的交替影响和地形对大气抬升的作用,形成高寒阴湿这一气候特点。降雨量多,气温低,年平均气温 4.9℃~7.0℃,相对湿度 68%,无霜期 90~120d,降水量596.5mm,昼夜温差大,最热 7 月份白天气温最高 28℃,夜间最低 10℃,冬季最冷 1 月份白天气温最高 15℃, 夜间最低-15℃。境内大部分地方属于高原形态, 海拔在 2300~3000m,全县山地占 88.8%。山岭起伏,河流纵横,林草资源丰富。有天然草地 290 万亩,占全县总土地面积的 54%,有林地 72 万亩,盛产当归、红芪、黄芪、党参、柴胡、大黄、贝母等中药材 238 种,年种植各类中药材 25 万亩,林草茂盛,蜜源植物丰富。

岷县蜜源植物品种繁多,主要是山野林草百花植物和黄芪党参等中药材植物,春夏秋三季交替开放,大流蜜期不明显,小流蜜期漫长,流蜜期 5~10 月,多数蜜源植物一年开两三次花,为岷县中蜂长期生存、繁衍提供了物质条件,也是岷县中蜂年复一年杀蜂取蜜仍然能够繁殖发展的主要原因。

二、岷县中蜂品种特性

岷县特殊的地理、气候和蜜源植物决定了岷县中蜂特有的适应性和发育繁殖特征。

1. 具有较强的御寒抗变能力 体格较小,翼宽长,体色灰黑,主要来自山野森林石岩中的野蜂,分群时经当地农民收集饲养,具有一定的御寒能力,具有较强的抗气候逆变能力,能在-15℃下生存,在5℃下正常采集花粉和花蜜,是中华蜜蜂的一个地方优良品种。

2. 具有较强的飞翔采集能力 岷县蜜源植物主要以平面天然草原和中药材为主,立体树木为主的蜜源植物较少,采集蜜粉,需要一定的区域面积,需要一定的飞翔面积和能力,岷县中蜂正是在这种条件下适应繁衍起来的地方品种,能采集半径4km范围内的蜜粉,具有较强的飞翔能力和采集能力。

3. 具有稳定的遗传性状 岷县中蜂全部是岷县本地及西边甘南草原的地方品种,人工养殖为主,山野生存为辅,经常出现山野蜂群被收回人工驯化饲养和人工饲养的蜂群跑到山野生存的情况,地方品种之间经常存在改良杂交现象,没有从外地引进蜂种,遗传性状相对稳定,是青藏高原东麓特有的高原型蜂种,值得保护和发展。

4. 具有特殊的发育繁殖特点 岷县中蜂因当地地理环境和气温气候影响,在生长、发育和繁殖方面具有一定的特点,即"春繁、夏分、秋收、冬藏",春季惊蛰节气蜂王开始产卵,蜂群逐渐繁殖壮大,夏至时节开始自然分群,每群平均分群四群,并使蜂群繁殖壮大,立秋进入大流蜜期,山野百花和中药材花大量开放,可以开始摇蜜取蜜,霜降和立冬时节蜂群潜藏在蜂箱,进入结团越冬阶段。

三、使用标准蜂箱养殖岷县中蜂的体会

近两年来,在甘肃省养蜂研究所的大力支持和帮助下,采取集中培训、现场指导、配发蜂具、建立示范、全面推广等措施,标准蜂箱活框科学养殖技术不断得到推广,不但提高了蜂蜜产量,而且改变了杀蜂取蜜的落后养殖方式,从而保护了基础蜂群,大大提高了中蜂养殖业的发展速度,全县新法活框养殖蜂群数量逐年上升,标准蜂箱养殖进入推广阶段,凸显出了易管理、易取蜜、产量高、不杀蜂的优势。但是受岷县特殊的地理气候条件、蜂农经济水平和文化水平的影响,标准蜂箱养殖中发现一些问题,还应在以下方面加以探讨改进。

1. 养殖规模逐步扩大 标准蜂箱养殖是科学饲养、规模化高效养殖的主要方式,但因蜜源植物数量和蜂群活动区域面积限制,加上岷县无霜期短,蜜源植物密度低等原因,当一个蜂场或者一个村子的蜂群数量达到一定数量之后,出现养殖数量与产蜜量成反比现象,影响中蜂规模化养殖程度。不能急于求成,前期应以适度规模养殖为宜,养殖技术成熟后再扩大养殖规模。

2. 取蜜方式应加以探讨 因岷县蜜源植物大流蜜期不明显,小流蜜期时间长,难以

把握有效的摇蜜时间和取蜜数量,集中突击摇蜜要根据流蜜大小而定,流蜜不太涌时,可采取抽取部分,留部分,等蜜进满后,再抽取另外部分,保持群内有充足饲料,或以生产成熟巢蜜或蜜脾为主。

3. 注意安全越冬方式　在海拔较高的地区较寒冷,由于标准蜂箱板材较薄,蜂群维持巢内温度困难,往往在气温低或者骤变的情况下,出现冻死蜂群、冻伤蜂子现象较多。在制作标准蜂箱时,使用3cm以上的加厚蜂箱板材为宜,或使用短巢框蜂箱,在寒冬时间应加强保温。

4. 注意蜂箱清理打扫　中蜂越冬后底箱蜡屑较多,三四月份也是巢虫大量繁育产生时期,箱底没有出巢屑孔,蜂群难以自动清理,加上三四月份正是外界有粉无蜜时期,人工清理打扫箱底就显得十分重要,许多养殖户怕蜜蜂易躁动易蜇人,怕检查时容易引起盗蜂,忽视箱底清扫,造成巢虫泛滥。定地养殖可采取活箱底蜂箱养殖,便于打扫清理。

5. 补饲时注意避免引起盗蜂　标准蜂箱养殖中蜂,最好在秋季后期蜜源时,留足越冬饲料,保证安全越冬和春繁,如果在秋后因摇蜜过多,或在补饲时不注意,就会引起盗蜂,所以在饲喂时应喂大群强群,然后补给弱群,饲喂时应傍晚喂,翌日早上观察,如果没有吃完的要即时抽取,否则白天蜜蜂取食会引起盗蜂。

四、不同类型蜂箱养殖岷县中蜂的体会

岷县高原红蜂业农民专业合作社科研人员在国家蜂产业技术体系专家的大力支持下,在不断积极推广标准蜂箱活框养殖技术,一改传统落后的养殖方式的同时,正确把握岷县地理、气候和蜜源植物的特点,结合岷县群众经济欠发达、文化落后的具体实际,开展中蜂蜂箱的改进、试验和示范推广,在保持传统蜂箱养殖和推广标准蜂箱养殖的基础上,研制了分层式生态蜂箱,经过对820群标准蜂箱养殖和186群生态蜂箱养殖试验、研究和观察总结,得出了不同的养殖效果。

1. 传统蜂箱养殖仍然是岷县中蜂养殖的主要方式,占养殖蜂群的95%以上,这种养殖方式虽然通过保持中蜂安静的生存、发育和繁殖环境条件而保证了中蜂正常发展和生产,节约了劳力和成本,但杀蜂取蜜的饲养方式已经严重摧残了岷县中蜂发展基础,靠天养蜂,无法管理,大大的阻碍了岷县中蜂的发展。

2. 为了保持传统蜂箱养殖的许多优点, 及时适应大部分蜂农因缺少文化而难以掌握新法活框养殖技术的具体实际,按照"自然造脾,上取巢蜜,下加层箱"的原则,我们研制了分层式生态蜂箱,经过试验养殖具有"管理简便,取蜜容易,过冬安全,蜂群壮大"的优点。一是管理简便,翻箱检查蜂群方便,定期打扫箱底容易,冬春补饲简便,不需要巢础;二是取蜜容易,只需在八九月份根据情况取蜜一两次,不需要取蜜设备,只割取上部巢蜜,不伤害下部卵虫子,不会引起盗蜂;三是越冬安全,由于越冬蜂旺盛,没有破坏蜂群居住环境稳定,箱体结构紧合,保温性强,所以蜂群越冬安全,来年发展旺盛;四是蜂群壮大,由于不打

扰蜂群,不破坏巢脾,给蜂群提供了一个安定温暖的生存环境,保证了卵虫蜂的正常发育和健壮生长,保证了经常是新脾产卵,保证了一定的抗病能力,所以蜂群壮大。

3. 标准活框蜂箱主要是十框或者七框意蜂蜂箱,这种蜂箱仍然是我们发展中蜂养殖业的主要选择,用这种蜂箱养殖中蜂,在科学管理、生产性能和可持续发展等方面具有一定的优势。在经济许可和具有一定文化水平时,可大力发展标准蜂箱活框养殖技术,进行四季全程有序的科学管理,应用科学饲喂、人工育王、人工分群、活框摇蜜和调整蜂群等技术,发挥科学技术第一生产力作用,产生较大的生态经济效益。

五、岷县中蜂养殖模式可作为高寒阴湿地区发展中蜂的主要模式

岷县以其高海波、阴湿寒、温差大、寒潮多等高寒阴湿地区的特征,成就了岷县中蜂特有的地方品种特性,我们在发展中蜂养殖,推广标准蜂箱活框养殖技术的过程中,不断研究试验,逐步探索出了一条适应高寒阴湿地区中蜂养殖模式,并在推广应用中逐渐得到完善和健全。

1. 在蜂场选择上力求达到"坐北朝南,避风向阳,蜜源丰富,没有污染",选择林草茂盛、水质干净、人畜稀少、不使用农药、环境没有污染的区域作为中蜂养殖场。

2. 在养殖规模上要以适度规模的千家万户发展为方向,保持蜂群足够的蜜源,一个蜂场或者一个村庄的蜂群数量不能过大, 一般在草原林地去方圆5km范围内蜂群保持在300群左右,中药材种植农区保持在500群左右。一个养殖蜂场或农户养殖20~60群为宜。

3. 在蜂箱选择上要以传统蜂箱养殖为基础,巩固基础蜂群,以生态蜂箱养殖为关键,取缔杀鸡取卵的落后养殖方式,以标准蜂箱养殖为方向,实现中蜂养殖科学化、标准化、规模化。

4. 在养殖管理上,做到勤记养蜂日志,积累养蜂经验;减少开箱检查次数,保持蜂群安静稳定;使用厚板材蜂箱保证防寒保暖,注意春季保温,严防春季寒潮伤蜂,保证春繁旺盛;适时取蜜,留足越冬和春繁粉蜜,尽量不采取人工补饲。

5. 在蜂种管理上,尽量使用本地蜂种,不要从外地尤其是气候比较热的地方引进蜂种,建立当地中蜂保种场,建立健全地方种质资源保护制度,在本地区域内进行蜂种交流,选育优良品种,开展人工育王,确保地方优良品种。

参考文献:

[1]谭垦,胡箭卫,祁文忠,等.甘南东方蜜蜂的分类地位[J].中国养蜂,2005(11).

[2]李旭涛,孟文学.西北蜂业全书[M].兰州:甘肃科学技术出版社,2007(1).

[3]祁文忠,田自珍,师鹏珍,等.天水地区蜂群室内与室外越冬效果对比[J].中国农学通报,2014(2):30-38.

[4]吴杰,刁青云.蜂业救灾应急实用技术手册[M].北京:中国农业出版社,2010:1-12.

[5]祁文忠,师鹏珍,缪正瀛,等.对甘肃中蜂规模化养殖瓶颈的调查与思考[J].中国蜂业,2012(2):24-25.

[6]张中印,吴黎明,罗岳雄,等.养蜂配套技术手册[M].北京:中国农业出版社,2012:1-2.

[7]祁文忠,吴勇,梅绚,等.岷县蜂业发展调研[J].中国蜂业,2011(10).

论文发表在《中国蜂业》2015年第7期。

对甘肃中华蜜蜂规模化养殖瓶颈
调查与思考

祁文忠,师鹏珍,缪正瀛,席景平,逯彦果

(甘肃省养蜂研究所,甘肃天水 741020)

蜜蜂规模化饲养技术是在提高蜜蜂产品总产,保证质量的前提下,人均饲养量提高、获得规模化效益的蜜蜂管理技术体系。也是开发天然资源,发展生态建设,促进农业增效,农民增收的有效途径,为进一步提高甘肃特色经济养蜂产业水平,推动区域蜂业新发展,全面分析发展现状,找准制约中华蜜蜂规模化养殖的不利因素,破解制约发展的瓶颈问题,研究提出切实可行的措施,抓住机遇,挖掘潜力,推动甘肃省蜂产业不断发展壮大,针对甘肃省中蜂的养殖状况进行了调查研究。

一、关于规模化养殖的摸底调查

甘肃地域辽阔,地形复杂,气候差异大,蜜源丰富,中蜂种质资源在全国占有重要位置。为了研究中华蜜蜂规模化养殖技术,在过去调查的基础上,再次对甘肃中蜂养殖具有一定规模数量、特点的地市县区,进行调查座谈,先后 4 次到甘肃省内天水市的麦积区、秦州区、甘谷、秦安、清水等县区,陇南市的徽县、两当、西和等县区,定西市的陇西、岷县、渭源等县区,庆阳市的环县、镇原等县区,平凉市的泾川、灵台等县区进行了实地调查。甘肃中蜂主要分布在乌鞘岭以东的陇南亚热带、暖温带湿润半湿润区,陇中温带半干旱区,陇东黄土高原温带半干旱区,全省饲养中蜂 18 万群左右,其中,陇南山区和天水蕴藏量最大,占全省中蜂总量的 70%,在陇东、陇中黄土高原也广泛分布。新法饲养普及率 30% ~78%,甘肃徽县中蜂新法饲养普及率达到 78%。甘肃省中华蜜蜂个体大,能养强群,通常活框新法饲养的中蜂 6~9 脾, 有的可达 15 脾,年群产蜜 10~80kg 不等。总体看饲养量 20~80 群的养蜂户占 60%以上,20 群以下占 22%,80 群以上只占 18%。

二、制约规模化养殖的瓶颈因素

通过调查,各地发展规模化中蜂饲养,都存在着不同程度的制约因素,主要表现在以下几个方面。

1. 中蜂的数量及分布范围比历史上大大缩小了,总体来看中蜂的养殖区域由于受到蜜源条件、农药、化肥、种群竞争等因素的影响，蜂群的生存慢慢由川区向半山区、山区龟缩，中蜂在川区的养殖已寥寥无几，中蜂规模化养殖和发展受到严峻挑战。

2. 新法饲养的普及力度不够全面，只有少数县区新法饲养普及达到60%~78%，其他大多数地区新法饲养普及在30%~50%间，有些地方的蜂农们只讲究了新法饲养的形式，科学饲养技术落后，没有掌握新法饲养核心技术。

3. 许多养蜂者，饲养技术落后，管理粗放，在取蜜、喂饲、加脾、抽脾、造脾、分蜂、关王、放王、治病等管理环节不到位，抓不住关键技术要领，掌握不住操作时机，造成浪费、损失，生产效益低下。

4. 囊状幼虫病时有发生，在部分地区危害较严重，往往会导致全场覆灭，继而波及周边，危及一片，对养殖户心里造成有很大压力，担心病害一旦发生，损失不堪设想，承受不起，对规模化养殖发展阻力较大。

5. 大量的西方蜜蜂的进入，蜜源后期由于管理不善，蜂群相互起盗严重，往往是中蜂被盗垮，甚至全场覆灭。

6. 一些地方人们的思想观念落后，认为养蜂是"飞财"可遇不可求，规模化饲养意识不强，怕自然风险，主动发展100群以上的数量较少，饲养150~250群的蜂场者有限。

7. 在饲养过程中，经常出现劳动力不足，又不愿花钱顾工，到大忙季节，特别是分蜂季节，顾及不过来，造成许多不应有的损失。

8. 标准化程度不高，管理不规范。大多数蜂场蜂具标准化程度不高，蜂箱有横卧式、高窄式、10框箱及各种类型的自制蜂箱，蜂箱、巢框尺寸都不统一，对生产管理带来诸多不便，大大影响生产效率。

9. 由于封山禁伐，缺乏制作蜂箱木料，蜂农又舍不得投入资金购置蜂箱，对蜂群扩繁影响很大，制约了规模化发展。

三、解决制约甘肃省中华蜜蜂规模化养殖瓶颈的措施

甘肃是经济基础薄弱的欠发达地区，快速发展规模化饲养还存在着一定困难，通过调查研究，寻找制约规模化饲养技术瓶颈方法，我们认为大力发展蜜蜂规模化养殖，应从以下几个方面入手。

1. 建立养蜂培训长效机制　搞好规模化养殖生产，首先必须要有坚实的科学养殖技术，那么要提高蜂农科学养蜂技术水平，就要坚持长期有针对性的技术培训，建立养蜂培训长效机制，为蜜蜂养殖人员打下扎实的理论基础，计划每年在不同地方举办培训班3~5次。

2. 建立技术服务跟踪体系　在理论培训的基础上，采取不同形式的技术服务，实行全程跟踪，进行技术指导，并按蜂农技术需求，科技人员深入蜂场，采取多种形式有针对性地指导，使蜂农从实际操作上得到实用技术的提高。

3. 建立养蜂试验示范基地　在甘肃省蜜蜂养殖情况较好,具有规模化养殖条件的县内建立养殖试验示范场,进行实用技术指导示范与推广,组织蜂农观摩示范,起到以点带面,辐射周边效益,同时也为国家蜜蜂产业技术体系岗位科学家提供试验研究平台。目前我们已在徽县、清水县、麦积区政府及农牧主管部门的协助下,建立中蜂试验示范蜂场6个。鼓励蜂农办大场、养强群,生产原生态蜂蜜,提高生产效率,取得经济实效,用事实说话,让蜂农们从思想深处真正认识到科学饲养的好处,使他们确实体会到规模化饲养带来的甜蜜和喜悦,提高规模化养殖意识,逐步扩大规模化养殖队伍。每年在不同的养殖区树立典型,加大影响,使更多的养殖户积极主动发展规模化饲养。

4. 建立中蜂良种保护与利用的措施　以当地优良蜂种为基础,通过改良和利用现有中蜂物种,进行品种选育,优选培育适应西北地区优良蜂种,不但防止中蜂群量下降,而且中蜂数量要稳中有升,确保强壮群势,保护优良蜂种,促进优良遗传基因库的丰富。

5. 加强病虫害的防治　加大对囊状幼虫病和巢虫发病症状的研究,加快新药物新配方的试验研究工作,加大中蜂科学养殖、防病治病的宣传力度,提倡预防为主、生物防治,尽快解决严重的病虫害危害这一难题并做好疾情监控,防止重大疾病大面积传播。

6. 加强宣传教育,建立中蜂保护措施　重点区域禁止西方蜜蜂进入,合理规划,有序发展,西方蜜蜂和中华蜜蜂共养区也要根据蜜源情况,西方蜜蜂要适时进出,和谐生产,不能对中华蜜蜂造成危害。

7. 进行多渠道,多方位适当扶持　除产业技术体系扶持外,应加强宣传,促进各级政府和有关部门增加对养蜂业的重视,加大对发展养蜂的政策扶持和资金支持力度。发挥政策引导和带动作用,充分依托有关的优惠政策,争取生态环境建设和发展养蜂业方面的资金投入。有重点地进行蜂箱蜂具投资、饲料补贴投资、培训投资等多种形式的资金补贴资助,促进发展规模化养殖,提高生产效率。

8. 大力呼吁加大绿色农业生产力度　提倡使用无公害农药、肥料,杜绝滥用高毒性农药,保护以蜜蜂为主的生物益虫,保护中蜂良好繁衍生息,促进蜜蜂规模化养殖与产业体系建设的健康发展。

论文发表在《中国蜂业》2011年第4期。

岷县中蜂规模化养殖势头正起

祁文忠[1]，吴勇[2]，梅绚[2]，王鹏涛[1]，师鹏珍[1]，李俊[2]

(1.甘肃省养蜂研究所,甘肃天水 741020;2.岷县畜牧局,甘肃岷县 748400)

摘 要:为了找准制约蜂业规模化发展不利因素,研究提出切实可行的措施,针对甘肃省中蜂生产区岷县蜜蜂养殖现进行调查研究,采取措施,提出发展思路,推进蜜蜂规模化养殖进程。

关键词:中蜂;规模化;养殖

根据中央农村工作会议提出的 2011 年农业农村工作的总体要求,按照《国务院关于促进畜牧业持续健康发展的意见》《全国养蜂业"十二五"发展规划》等关于加快发展优势产业、特色养殖业,充分利用资源优势,大力发展中华蜜蜂饲养,扩大饲养规模,推广中蜂活框饲养技术,提高养蜂生产水平和养殖效益,促进畜牧业持续健康发展和农民稳定增收的战略部署。遵循国家现代农业产业技术体系发展方向,为进一步提高甘肃特色经济养蜂产业水平,推动区域蜂业新发展,针对岷县蜜蜂养殖状况进行了调查研究,全面分析发展现状,找准制约蜂业发展的瓶颈问题,研究提出切实可行的措施,抓住机遇,挖掘潜力,推动甘肃省蜂产业不断发展壮大。

一、调查摸底,了解全县养蜂概况

岷县位于北秦岭海西褶皱带,北秦岭、黄土高原和青藏高原东边缘(甘南高原)交会区。自古有"西控青海,南通巴蜀,东去三秦"之说。岷县境内地貌主要属于高原形态,地表切割较小,河谷大多宽浅。县内大部分地区海拔在 2300~3000m。岷县气候属于高原性大陆气候, 平均海拔 2314m, 年平均气温 5.7℃, 年平均相对湿度 68%, 年平均降水量 596.5mm,最热 7 月份平均气温 16℃,岷县冬季最冷 1 月份平均气温-6.9℃。境内林草丰茂,草原森林覆盖率 61%,油菜面积大,盛产中药材 200 多种,素有"千年药乡"之称,特别是红芪、黄芪、大黄、秦艽、羌活、泡参、柴胡、防风、黄芩、党参等是非常好的特种蜜源。全县植被良好,每年 4~9 月各种植物开花接连不断,有较好的蜜蜂养殖条件,特别是适宜中蜂养殖。

2011 年 3 月和 6 月,两次对岷县中蜂养殖调查摸底,深入农户了解养蜂效益和存在的问题,初步统计,全县现有中蜂养殖户 2100 户,养殖 11120 群,养蜂年收入 360 万元多。多为老法饲养,普遍存在蜂蜜产量低、蜂群数量发展慢、杀蜂毁巢取蜜等问题。2010年全国养蜂是个较差的年景,岷县也不例外,收成较差。2011年上半年呈现出良好局面,各类蜂产品产量较往年同期稳中有升。

中蜂在岷县特有的生态条件下,形成了优良的特性。适应性很强,它耐寒、越冬能力强;个体最大、体色最深,属于一个新的类群或亚种;它飞翔迅捷、嗅觉灵敏、出勤早、收工晚、善于利用零星分散和起伏的蜜源。但岷县以定地饲养中华蜜蜂(土蜂)为主,且多为原始传统土法饲养,大多养殖采用树洞、木桶、背篓、简易木箱等,采用原始的自生自繁、毁巢取蜜的方法饲养,即使有初步学新法饲养的,也不得其法,违背蜂群生活习性,抓不住高产时机。许多蜂人思想观念滞后,认为蜜蜂乃"飞财",可遇而不可求,不易惊扰等种种观念,对科学养蜂知之甚少。政府没有专门养蜂管理指导业务部门,农民养蜂完全处于松散的、自生自灭的原始饲养方式。

二、当前发展岷县养蜂措施

岷县发展中蜂产业虽然有较好条件,但基础差、底子薄、饲养技术落后,经调查研究,认为岷县蜂业发展有许多潜力没有挖掘,大力开发养蜂业前景看好,就当前蜂业发展采取了相应措施。

1. 政府重视,业务部门积极推进,将养蜂列入县畜牧产业之一 岷县县委县政府通过听取各方面汇报,引起对养蜂业的重视,经过充分调查研究,在4月12日全县畜牧工作会议上,将中蜂发展第一次列入岷县七大主要畜牧产业之一(四黑两草一蜂),对岷县中蜂产业发展做出具体规划和安排,提出了工作思路、发展目标、发展措施。一是建立中蜂保护区。7月份,为发展岷县蜂产业,保护中华蜜蜂这个瑰宝,岷县人民政府颁发了《岷县人民政府关于建立岷县中华蜜蜂保护区的通告》,宣布岷县秦许、寺沟、蒲麻、西江、茶埠等五个中蜂自然保护区,涉及1000多平方千米的地域面积,明确了林业、农牧等部门的管理权限和职责。同时下发了《岷县人民政府办公室转发关于大力发展中华蜜蜂养殖业的安排意见的通知》(岷政办发〔2011〕93号)和《岷县人民政府办关于成立岷县中华蜜蜂养殖业开发领导小组的通知》(岷政办发〔2011〕92号),标志着岷县中蜂产业发展步入规范化、法治化和科学化的轨道。二是突出重点,示范带动。决定以发展重点村社中蜂养殖,示范带头,逐步推广,确定岷县秦许乡桥上村、马烨村和蒲麻镇桦林沟村为中蜂养殖重点示范村,选定养蜂技术好,产量高的大户为示范户,列入岷县养殖小区建设示范区,予以扶持发展。三是提升科学养蜂水平。结合国家蜂产业技术体系给予适当蜂箱、蜂具、资金和技术扶持,开展中华蜜蜂新法养殖与标准化饲养技术培训,输出技术骨干学习观摩取经。四是安排业务部门固定专职蜂产业服务工作人员,具体负责岷县中蜂产业的发展。

2. 组织培训,狠抓新法养殖技术推广 要发展中蜂规模化养殖,要结合实际,从基础做起。甘肃省养蜂研究所、国家蜂产业技术体系联合岷县畜牧局,针对岷县养蜂现状,组织蜂农举办岷县中蜂产业发展动员暨中蜂科学养殖技术培训班,热情动员,专家深入细致的技术培训讲解,带领学员进行现场养殖技术指导和过箱技术操作观摩,大大激发了蜂农新法养殖的积极性,解决了书本上无法解决的实际操作难题,经过培训指导后,蜂农自己着手进行新法饲养操作,成功率到85%以上,许多蜂农在积极扩大饲养规模,目标蜂群到100群以上,产量提高25%以上。

3. 深入农户,技术指导,提高科学养殖水平 大部分蜂农由于多年形成了老式传统的养殖习惯方法,加之文化素质较低,对新知识新方法接受力差,普遍存在畏惧蜂蜇等原因,虽然经过培训和现场操作指导,但还是缩手缩脚,不敢或不愿意亲自动手。为此,5~7月甘肃省养蜂研究所、国家蜂产业技术体系天水综合试验站派驻专家常驻岷县,县畜牧局抽调业务专干,深入养蜂农户,同时,由专家、县乡专业技术人员和蜂农等8人组成了"岷县蜂业技术义务服务队",长期深入农户技术指导和技术服务,将培训内容用之于实践,现场解答存在的问题,大大增加了与蜂农的感情,形成了蜂农踊跃,专家指导的高涨局面。

4. 组建专业合作社,形成有组织的养蜂联合体 为了解决蜂农小生产和大市场的矛盾,提高组织化程度,增强抵御市场风险的能力,有效地在市场、企业与蜂农之间架起相互联系的桥梁,加强产前、产中、产后的协作服务。应大部分蜂农要求,由养蜂示范户牵头,2011年6月份申请注册了由54户蜂农申请参加的 "岷县高原红蜂业农民专业合作社"群众组织,形成岷县中蜂产业发展民间机构。合作社按照自愿联合、民主管理、自我服务、共同发展的原则组建,是为广大蜂农提供信息技术交流平台,提高蜂农的养蜂技术,指导蜂农规范养殖,科学管理,为他们提供产前、产中、产后一条龙服务,打造地方品牌产品,使原先松散型的养蜂方式逐渐成为有组织的标准化、规模化养蜂联合体,带动岷县广大蜂农走科学养蜂之路。

三、今后岷县蜂业发展思路

1. 抢抓机遇,推进蜂业发展 认真学习贯彻全国养蜂业"十二五"发展规划、农业部农牧发〔2010〕5号文件、农业部办公厅农办牧〔2010〕8号文件等文件精神,落实甘肃省养蜂"十二五"发展规划(草稿),认真实施国家蜜蜂现代产业体系工作和岷县县委县政府关于发展蜂业的安排意见,抢抓机遇,加大宣传,推进甘肃蜂业发展。

2. 建设好中蜂保护基地 针对岷县蜜源条件和中蜂养殖现状,结合中华蜜蜂保护区建立,加强管理,对转地饲养的外来蜂群有计划地引导安排,加强中华蜜蜂种质资源保护,慎防甘肃中华蜜蜂这个瑰宝退化与灭绝。进行地方良种选育,筛选家养良种,达到良种夺高产的目的。保护不同血统的基因数据,为建立中国中华蜜蜂基因数据库提供资料。

3. 建立养蜂培训长效机制 按照国家蜂业发展"十二五"规划和国家蜂产业技术体系建设新要求,加强蜂农基础培训,指导示范,为蜜蜂养殖人员打下扎实的理论基础,做好形式多样,生动活泼的养蜂技术研讨与交流,每年根据蜂场实际和出现的问题具有针对性的培训,解决养蜂生产第一线中的实际困难,建立长效培训机制,提高科学养蜂技术水平。

4. 建立养蜂试验示范基地　大力提倡新法饲养,普及中蜂活框饲养技术,实行新老结合的科学养蜂方式,扬长避短,发挥中蜂优势,是发展岷县蜂业必由之路。选择蜜蜂养殖情况较好的乡镇,建立蜜蜂养殖试验示范场,进行实用技术指导示范与推广,进行有关部门人员、蜂农的观摩示范,起到以点带面,辐射周边效益,从实践中汲取实用技术,同时也为国家蜜蜂产业技术体系建设岗位科学家提供试验研究平台,推进现代蜂业科学发展。鼓励引导蜂农办大场、养强群,生产原生态蜂蜜,用事实说话,用产量质量说话,让蜂农们从思想深处真正认识到科学饲养的好处,使他们确实体会到科学饲养带来的甜蜜和喜悦。

5. 争取资金扶持,逐步提升规模化、标准化养殖水平　岷县发展中蜂产业虽然有良好的自然条件,但由于养殖技术落后、底子薄、缺经费等,加强宣传,促进各级政府和有关部门增加对养蜂业的重视,发挥引导和带动作用,充分依托有关的优惠政策,争取各级部门有重点地进行蜂箱、蜂具、饲料补贴,改善落后的生产方式,循序渐进地提升科学养蜂水平。通过每个养蜂专业技术人员的不懈努力,广大蜂农的齐心协力互帮互教和社会各阶层的广泛支持,岷县养蜂业会开创规模化、规范化、标准化的大好养殖局面,岷县蜂产业将会向平稳健康发展方向迈出坚实的步伐。

参考文献:

[1]谭垦,胡箭卫,祁文忠,等.甘南东方蜜蜂的分类地位[J].中国养蜂,2005(11).

[2]李旭涛,孟文学.西北蜂业全书[M].兰州:甘肃科学技术出版社,2007(1).

论文收录在《第五届中国畜牧论坛论文集》2011年重庆。

"7·22"地震岷县养蜂示范基地灾情调查

祁文忠[1]，师鹏珍[1]，申如明[1]，梅绚[2]，李秉才[2]

(1.甘肃省养蜂研究所,甘肃天水 741020;2.岷县畜牧兽医局,甘肃岷县 748400)

"7·22"岷县漳县 6.6 级地震灾害发生后,我们深入灾区,进村入户,进行了灾区蜂群损失调研工作,帮助群众抗灾自救,渡过难关,减轻灾害损失,极力推进灾后恢复生产的有效举措,调研情况如下。

一、岷县养蜂概况

岷县位于北秦岭海西褶皱带,北秦岭、黄土高原和青藏高原东边缘(甘南高原)交会区。自古有"西控青海,南通巴蜀,东去三秦"之说。岷县境内地貌主要属于高原形态,地表切割较小,河谷大多宽浅。县内大部分地区海拔在 2300~3000m。岷县气候属于高原性大陆气候, 平均海拔 2314m, 年平均气温 5.7℃, 年平均相对湿度 68%, 年平均降水量 596.5mm,最热 7 月份平均气温 16℃,岷县冬季最冷 1 月份平均气温–6.9℃。境内林草丰茂,草原森林覆盖率 61%,油菜面积大,盛产中药材 200 多种,素有"千年药乡"之称,特别是红芪、黄芪、大黄、秦艽、羌活、泡参、柴胡、防风、黄芩、党参等是非常好的特种蜜源。全县植被良好,每年 4~9 月各种植物开花接连不断,有较好的蜜蜂养殖条件,特别是适宜中蜂养殖。

中蜂在岷县特有的生态条件下,形成了优良的特性。适应性很强,它耐寒,越冬能力强;个体最大、体色最深,属于一个新的类群或亚种;个体最大、体色最深,属于一个新的类群或亚种;它飞翔迅捷、嗅觉灵敏、出勤早、收工晚、善于利用零星分散和起伏的蜜源。但岷县以定地饲养中华蜜蜂(土蜂)为主,且多为原始传统土法饲养,大多养殖采用树洞、木桶、背篓、简易木箱等,采用原始的自生自繁、毁巢取蜜的方法饲养,即使有初步学新法饲养的,也不得其法,违背蜂群生活习性,抓不住高产时机。许多蜂人思想观念滞后,认为蜜蜂乃"飞财",可遇而不可求,不易惊扰等种种观念,对科学养蜂知之甚少。政府没有专门养蜂管理指导业务部门,农民养蜂完全处于松散地、自生自灭地原始饲养方式。

通过对岷县中蜂养殖调查摸底, 深入农户了解养蜂效益和存在的问题, 初步统计, 2011 年全县现有中蜂养殖户 2100 户,养殖 11120 群,养蜂年收入 360 万元多。多为老法饲养,普遍存在蜂蜜产量低、蜂群数量发展慢、杀蜂毁巢取蜜等问题。近些年来呈现出良好局面,2013 年蜂群已经达到 18200 群,新法饲养比例在逐渐上升,岷县把养蜂当作林下经济和特色产业来抓,近两年来,中蜂蜜(土蜂蜜)颇受消费者青睐,中蜂蜜价位不断盘升,目前每公斤 100 元,供不应求。

二、"7·22"地震岷县示范基地灾情情况与应急反应

岷县是甘肃省中蜂养殖重点县,也是国家蜂产业技术体系天水综合试验站示范基地,"7·22"岷县漳县地震灾害发生后,甘肃省养蜂研究所相关人员、蜂体系许多岗位科学家和试验站站长,即时通过多方电话询问示灾情,天水综合试验站首先向岷县基地负责人电话要求即时了解情况,随后深入灾区调查。

据"7·22"岷县漳县 6.6 级地震现场新闻发布会消息得知,"7·22"岷县漳县 6.6 级地震灾害,给岷县人民群众的生命财产造成重大损失灾害已造成定西市 7 个县区、117 个乡镇、1163 村、77 799 户、323 933 人受灾,其中岷县、漳县最为严重。因灾死亡 95 人,千余人受伤,倒塌房屋 10 065 户 45 998 间,灾害造成直接经济损失 189.74 亿元。

岷县 7·22 地震灾情,给岷县中蜂养殖造成了一定的损失,由于第一时间在救人、救物和掩埋动物尸体,直到紧张的抗震救灾稍有缓解时,则全面调查中蜂受损情况。在受灾严重的申都、禾驮、寺沟、浦麻、梅川、中寨等六个乡镇,因为岷县川区很多蜂农是将蜂箱放在平房顶上(都是土坯房)、屋檐下摆放养殖,这次地震都是将土坯房震倒,从而使中蜂死亡或者飞逃;同时,地震接着连续七天的大雨和暴雨,山洪冲走蜂箱或者土崖塌方冲走蜂箱,使赵民孝、秦顺平、陈春生、季志能等养殖的中蜂受到一定损失,这次共损失蜂群290 群,不同程度受损 921 群,其中,国家蜂产业技术体系天水综合试验站示范蜂场损失7 群,受到损害 32 群。另外天水市麦积区转地到岷县饲养蜜蜂的蔡国学蜂农,所饲养的230 群意蜂,有 25 群被倒下的崖土掩埋或被滚石砸坏。

灾情发生后,甘肃省养蜂研究所,国家蜂产业技术体系天水综合试验站,通过不同方式,从多方面采取多种形式,在岗位科学家和试验站的技术指导下,示范基地技术骨干深入灾区,对蜂农做了自救和蜂群应急处理指导,有效帮助蜂农渡过难关:(1) 对受灾严重的蜂群,做好灾后蜂场消毒工作,重视灾区及周边疫情,防止重大病害传播;(2) 加强蜂群饲养管理,对受灾蜂群即时收拾,组织调整蜂群,处理毁坏蜂具、巢脾,防止起盗和蜂病发生;(3) 对受灾较轻的广大蜂场,指导补充喂足饲料,保足蜂,加强繁殖,扩大群势,确保蜂群强壮,促进后期生产和秋季培育越冬蜂做好准备,减少损失,为明年打好基础;4. 向相关救助部门申请争取灾情援助。

2013 年 8 月 22 日,在震后一个月,我们深入岷县的寺沟乡、麻子川乡、梅川镇、茶埠乡、禾驮乡、申都乡进行了示范基地灾后蜂群发展情况调查,由于进入 8 月份天气好,蜜源流蜜好,灾区蜂群恢复得好,蜜足群强,蜂群发展得不错,看起来越冬是没问题的。

三、灾后养蜂发展的建议

岷县 7·22 地震灾情对养蜂业来说,虽说是有一定影响,但没有受到重创,岷县发展中蜂产业有较好条件,蜂业发展有许多潜力没有挖掘,大力开发养蜂业前景看好,就当前蜂业发展采取了相应措施。

1. 借助良好的发展环境,推进养蜂生产有序开展 2011 年来,岷县县委县政府重视养蜂业发展,将中蜂发展列入岷县七大主要畜牧产业之一(四黑两草一蜂),对岷县中蜂产业发展做出具体规划和安排,提出了工作思路、发展目标、发展措施。要借助岷县对蜂业发展重视的良好发展环境,首先要做好灾后中华蜜蜂保护区管理工作,防止青藏高原边缘中华蜜蜂种质资源流失。二是要突出重点,示范带动,以发展重点村社,示范带头,逐步推广,选养蜂技术好,产量高的大户为示范户,列入县养殖小区建设示范区,予以扶持发展。三是提升科学养蜂水平。结合国家蜂产业技术体系给予适当蜂箱、蜂具、资金和技术扶持,循回指导,开展中华蜜蜂新法养殖与标准化、规模化饲养。四是安排业务部门固定专职蜂产业指导服务工作人员,具体负责岷县中蜂产业的发展。

2. 组织培训,做好灾后养殖技术指导 灾后蜂群受到严重影响,要发展中蜂规模化养殖,要结合实际,从基础做起。甘肃省养蜂研究所、国家蜂产业技术体系联合岷县畜牧局,针对现状,组织蜂农举办中蜂科学养殖技术与恢复生产培训班,热情动员,专家深入细致指导,进行现场养殖技术操作观摩,大大激发蜂农灾后重建的信心和发展养蜂积极性。

3. 技术指导,提高科学养殖水平 灾后蜂群恢复与发展期,甘肃省养蜂研究所、国家蜂产业技术体系天水综合试验站派驻专家常驻岷县,县畜牧局抽调业务专干,深入养蜂农户,借已组成的"岷县蜂业技术义务服务队",深入农户技术指导和技术服务,这个"服务队"一如既往深入农户,科学指导,现场解答存在的问题,2013 年"7·22"灾后"服务队"发挥着主要作用,同时充实技术指导骨干,发展到 16 名义务技术指导骨干,组建信息联络电话和网络,搭建了信息交流、技术服务的平台,哪里需求技术帮助,哪里就有"服务队"身影。带领学员进行现场养殖技术指导和新法饲养技术操作观摩,大大激发了蜂农新法养殖的兴趣和发展养蜂的积极性,许多蜂农在积极扩大饲养规模,目标蜂群达到 100群以上,产值提高 30%以上。

4. 发挥合作社作用,形成有组织的养蜂联合体 为了解决蜂农小生产和大市场的矛盾,提高组织化程度,增强抵御市场风险的能力,有效地在市场、企业与蜂农之间架起相互联系的桥梁。成立的"岷县高原红蜂业农民专业合作社"将按照自愿联合、民主管理、自我服务、共同发展的原则吸纳群多热情高,愿为蜂农服务的蜂农,为他们提供产前、产中、产后一条龙服务,打造地方品牌产品,使原先松散型的养蜂方式逐渐成为有组织的标准化、规模化养蜂联合体,带动岷县广大蜂农走科学养蜂之路。

5. 建立示范基地,辐射带动发展 蜂群恢复良好基础上,大力提倡新法饲养,普及中蜂活框饲养技术,实行新老结合的科学养蜂方式,扬长避短,发挥中蜂优势,是发展岷县蜂业必由之路。选择蜜蜂养殖情况较好的乡镇,建立蜜蜂养殖试验示范场,进行实用技术指导示范与推广,进行有关部门人员、蜂农的观摩示范,起到以点带面,辐射周边效益。

6. 争取资金扶持,逐步提升规模化、标准化养殖水平 岷县发展中蜂产业虽然有良好的自然条件,但由于养殖技术落后、底子薄、缺经费等,借灾后重建良机,促进各级政府和有关部门增加对养蜂业的重视,发挥引导和带动作用,充分依托有关的优惠政策,申请灾后重建资金,争取各级部门有重点地进行蜂箱、蜂具、饲料补贴,改善落后的生产方式,循序渐进地提升科学养蜂水平。岷县养蜂业会开创规模化、规范化、标准化的大好养殖局面,岷县蜂产业将会向平稳健康发展方向迈出坚实的步伐。

参考文献:

[1]谭垦,胡箭卫,祁文忠,等.甘南东方蜜蜂的分类地位[J].中国养蜂,2005(11).

[2]祁文忠,吴勇,梅绚,等.岷县中蜂规模化养殖势头正起[J].中国蜂业,2011(10).

[3]李旭涛,孟文学.西北蜂业全书[M].兰州:甘肃科学技术出版社,2007:1.

论文发表在《中国蜂业》2014 年第 2 期。

室内与室外越冬后春繁蜂群发展趋势研究

祁文忠[1],董 锐[2],田自珍[1],师鹏珍[1],逯彦果[1],申如明[1]

(1.甘肃省养蜂研究所,甘肃天水 741020;
2.天水综合试验站麦积示范蜂场,甘肃天水 741020)

摘 要:在探索蜜蜂规模化养殖过程中,蜜蜂春繁是个非常关键的环节,为了证明蜜蜂室内外越冬后春繁效果, 我们在管理条件相同的情况下进行了春繁蜂群发展趋势研究。结果表明,在蜂群春繁过程中,不论是春繁的蜂群卵虫子,还是蜂数上,室内越冬蜂群增长趋势都比室外越冬蜂群增长趋势明显,都呈现出缓慢上升状态,上升到 3 月底时,群势平稳发展。本研究说明在天水地区蜂群室内外越冬后,蜂群春繁都能正常进行,且室内越冬蜂群发展较好。

关键词:蜂群;春繁;增长趋势

引 言

养蜂业被称为"农业之翼""空中农业"和"生态农业"。它投资小,见效快,不与农业争水、争肥、争地,这项产业的推广应用,不占耕地,不增加生产投入,不会产生"三废",保护生态环境,能给蜂农带来可观的收入,更重要的是给农业带来巨大的效益,可谓"阳光产业"。

伟大的科学家爱因斯坦曾预言:"如果蜜蜂从地球上消失了,人类最多只能活四年。"因为"没有蜜蜂,就没有授粉,就没有植物,就没有动物,就没有人类。"然而环境日趋恶劣,生命力极强的蜜蜂小精灵都面临生存挑战……法国《科学与生活》杂志为此发表文章,标题就是"蜜蜂减少,诱发生态系统剧变"。蜂群数量锐减,有可能引发生物链断裂。中国专家也说,中华蜜蜂对中国的生态具有平衡的作用,特别是对高寒山区的种群有影响。如果没有蜜蜂,高寒山区植物的授粉就受影响,由植物种类众多的杂木林向植物单调的松杉林转化。植物多样性的减少,将导致以植物为生存条件的昆虫种类减少,进一步使鸟类减少等。

世界各国对养蜂业特别重视, 全世界蜜蜂饲养量约 6000 万群, 中国目前饲养蜜蜂800 多万群,是世界第一养蜂大国。近些年来,国家对养蜂业极为关注,制定了十二五养蜂发展规划,颁布了养蜂管理办法,加强了养蜂生产的组织与管理,有力促进了蜂业稳步、健康发展。蜂业科技的发展带动了蜂业行业进步,蜂农养蜂积极性高涨,特别是贫困地区蜂农急需提升科学养蜂水平,渴望养蜂效益大幅度提高。西北地区有较大的蜜蜂饲养量,就甘肃而言,蜜源丰富,素有"西北大蜜库之称",随着退耕还林战略的实施和农业产业结构调整,蜜源面积大幅度增加,总面积比 20 世纪 80 年代增加 18%,全省蜜源植物有 650 多种,主要蜜源植物有 30 多种,面积 230 万公顷,载蜂量已超过 100 万群。特别是中蜂养殖人员和蜜蜂饲养数量有所上升,具有一定的从业人群和蜂群数量,全省现有养蜂从业者近 1.5 万人,具有一定规模的 6600 人,2014 年蜂群总数为 52 万群,其中:中蜂27 万群,西方蜜蜂 25 万群。

近些年来国家对蜂业越来越重视,出台了许多促进发展养蜂的法规、规划和文件,与蜂农最为贴切的就是把运输蜜蜂列在鲜活运输行列,对养蜂带来了最现实的实惠。虽然开通了蜜蜂运输绿色通道,优惠政策的实施免去了运蜂过路费,减轻了养蜂人的负担,但由于近些年来运费上涨、养蜂技术工缺少、养蜂人群老龄化等,许多养蜂人都采取定地越冬养殖,定地养蜂存在许多技术,如果管理技术不到位,蜂群难养强,也难以取得高产,很难取得高效益。西北气候寒冷,蜂群越冬期长,蜜蜂在冬季巢外活动完全停止,蜂群围绕着蜂王紧紧地拥挤在蜂巢结团,靠消耗储藏的越冬饲料,缓慢的产热活动,使蜂团内保持相对恒定的温度,度过漫长的冬季。在西北蜜蜂虽然室外也能正常越冬,然而在越冬过程中经常会出现各种问题,蜂群边脾蜜蜂经常受冻落箱底死亡(蜂农称剥皮),出现异常天气(如寒流、雪灾)整群冻死,遇到高温蜂群容易散团活动,蜜蜂飞出箱外,外面气温低不能回巢,冻死在外,而且散团结团次数多蜜蜂活动量大,消耗饲料多,缩短越冬蜂寿命,造成春衰是不可避免的。

东北、新疆等寒冷地区蜂群已经采取室内越冬,以前也有蜂农、学者介绍室内越冬经验报道,苏松坤等在杭州做了室内外越冬试验取得了良好效果,但还未见西北地区关于室内、室外蜂群越冬对比试验研究、室内外越冬后蜂群春繁效果研究报道。

秦岭以北的西北地区,北纬 34°以北,海拔 1000~2500m 范围,蜂农习惯于室外越冬,经常越冬效果差,春繁出现春衰现象严重,对春季蜂群快速发展有影响较大。为了加强促进蜜蜂规模化养殖,寻求提高规模化养蜂综合效益,探索安全越冬的最佳途径,将越冬蜂群损失降到最低,使春季蜂群快速发展在流蜜期夺取高产,进行室内外蜂群越冬后蜂群春繁发展趋势试验研究。

一、材料与方法

(一)试验地概况

研究地设在天水市麦积区甘泉镇吴家河村,东经 105°54′42.16″,北纬 34°28′20.95″,海拔 1186m,位于甘肃省东南部,属大陆半湿润季风气候,黄河流域,西秦岭北麓,自然植被良好,日照充足,降水适中,年平均降水量 600mm,从南向北依次减少。年平均气温 8℃

~12℃,1 月平均气温-3℃,7 月平均气温 20℃,极端最高温度 35℃,极端最低温度-23℃。年均日照 2090h,每天平均 5.7h,日照百分率为 47%。太阳辐射总量在 2395~2703MJ/m²,全年无霜期约 170d。天水市麦积区是秦岭北部,渭水流域,选择这里作为试验区,具有重要的意义,秦岭以南的陇南地区如徽县、成县、两当县等地,属秦岭南麓,气温较高,养蜂人采取蜂群室内越冬者极少,如果天水麦积试验取得好效果,那么天水以北以西的平凉、庆阳、定西、临夏等地以及宁夏、陕西、青海部分地区养蜂者,都可广泛应用室内越冬,这对于加快养蜂技术革新,增加蜂农经济收入,提升蜂产业效益和推进区域特色经济发展意义巨大。

(二)材料

1. 试验蜂群　国家蜂产业技术体系天水综合试验站试验示范蜂场西方蜜蜂(北京 1 号)60 群(其中:室内 30 群,室外 30 群)。

2. 干湿温度计、电子称、子脾测量框、蜂具、保温物。

(三)试验蜂群管理

1. 在 2 月 18 日左右室内越冬蜂群搬出越冬室,与室外蜂群采取统一正常管理,蜂群外保温和内保温措施是一致,春繁奖励饲喂数量、时间也是统一进行。

2. 紧脾、加脾根据蜂群发展情况而定。

3. 关王、放王、饲喂等促繁措施一致。

(四)方法

1. 越冬后蜜蜂重量　在越冬前将室内和室外蜂群大小数量调整均等,蜂箱一致,巢脾新旧统一,将调整好的 60 群试验蜂群按蜂数基本相近者两两为对应群,分成两组,每组 30 群,一组为室内,一组为室外,进室前和进室后对蜂群统一每群称重,减去蜂箱、巢脾、饲料重量,即为越冬前蜜蜂重量,在越冬结束,蜂群开繁前用同样方法测得越冬后蜜蜂重,确定春繁蜂数基数。

2. 春繁蜂数测量　从春繁开始每隔 12d 测量在测量子数的同时测量蜂数,测量蜂群春繁速度,观察老蜂死亡情况。在繁殖开始后,蜂数测量不用称重方式,这样会影响繁殖,采取用眼观估算法(养蜂界通常用的测量蜂数的方法)来测量蜂数,以整个巢脾蜜蜂爬满不露巢脾为 1 脾蜂,约为 2500 只,重量约 250g。这样根据蜜蜂在巢脾上爬的数量程度而估算蜂数。

3. 测量子　从春繁开始每隔 12d 测量一次,方法是制作与巢框大小的方格网,网格边长为 5cm 的正方形,每个网格内有 100 个巢房(西方蜜蜂),也就是有 100 个蜂子。

二、结果与分析

(一)越冬效果

通过越冬期 30 群蜜蜂室内越冬蜂平均平均死亡率 7.21%,30 群蜜蜂室外越冬蜂平均死亡率 11.21%。$P<0.01$ 说明两者差异极其显著。经过了 3 个越冬期室内和室外的试验,室内外越冬死亡差别大,结果分析 3 年均 $P<0.01$,说明两者差异极其显著。

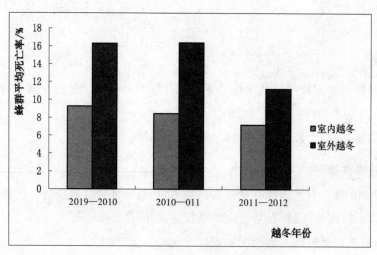

图 1 室内外越冬死亡率

表 1 室内外越冬蜂群春繁效率对比

单位:个

蜂群序号	室内蜂群				蜂群序号	室外蜂群			
	卵	幼虫	封盖子	蜂数(脾)		卵	幼虫	封盖子	蜂数(脾)
1.0	720.0	1680.0	2480.0	2.6	1.0	760.0	1800.0	2640.0	2.3
2.0	720.0	1640.0	2432.0	2.5	2.0	786.0	1800.0	2600.0	2.3
3.0	760.0	1640.0	2448.0	2.5	3.0	400.0	1080.0	1480.0	1.6
4.0	740.0	1632.0	2432.0	2.4	4.0	400.0	944.0	1480.0	1.5
5.0	1400.0	2840.0	3154.0	3.2	5.0	904.0	1920.0	3560.0	2.5
6.0	680.0	1560.0	2440.0	2.5	6.0	840.0	1720.0	2520.0	2.1
7.0	320.0	780.0	1200.0	1.3	7.0	340.0	800.0	1240.0	1.4
8.0	300.0	640.0	980.0	0.8	8.0	300.0	720.0	1140.0	1.2
9.0	480.0	1920.0	3120.0	2.7	9.0	320.0	800.0	1520.0	1.6

续表

蜂群序号	室内蜂群				蜂群序号	室外蜂群			
	卵	幼虫	封盖子	蜂数（脾）		卵	幼虫	封盖子	蜂数（脾）
10.0	1040.0	2240.0	3580.0	3.2	10.0	320.0	800.0	1440.0	1.5
11.0	400.0	500.0	1140.0	1.1	11.0	760.0	1640.0	3520.0	3.1
12.0	200.0	280.0	460.0	0.6	12.0	760.0	1600.0	3320.0	2.6
13.0	400.0	720.0	1160.0	1.1	13.0	680.0	1720.0	3000.0	2.2
14.0	380.0	700.0	1200.0	1.3	14.0	460.0	680.0	1368.0	1.5
15.0	624.0	1080.0	2416.0	2.4	15.0	560.0	1120.0	2480.0	2.1
16.0	360.0	720.0	1160.0	1.3	16.0	560.0	1160.0	2494.0	2.3
17.0	360.0	760.0	1180.0	1.2	17.0	544.0	1144.0	2480.0	2.3
18.0	460.0	660.0	1184.0	1.2	18.0	584.0	1424.0	3200.0	2.4
19.0	520.0	960.0	2400.0	2.3	19.0	560.0	1240.0	3120.0	2.3
20.0	380.0	560.0	1400.0	1.5	20.0	300.0	540.0	3120.0	2.3
21.0	760.0	1080.0	2920.0	2.4	21.0	728.0	1744.0	3480.0	2.6
22.0	360.0	740.0	1144.0	1.2	22.0	460.0	720.0	1460.0	1.5
23.0	720.0	1640.0	2520.0	2.3	23.0	460.0	720.0	1320.0	1.5
24.0	1440.0	2160.0	2880.0	2.4	24.0	440.0	744.0	1360.0	1.4
25.0	1480.0	2200.0	2920.0	2.7	25.0	440.0	736.0	1340.0	1.4
26.0	420.0	580.0	1160.0	1.3	26.0	720.0	1640.0	2640.0	2.2
27.0	360.0	680.0	1120.0	1.2	27.0	440.0	760.0	1360.0	1.4
28.0	360.0	680.0	1160.0	1.2	28.0	400.0	680.0	1320.0	1.4
29.0	340.0	512.0	1140.0	1.0	29.0	640.0	1280.0	2680.0	2.6
30.0	1420.0	2440.0	3280.0	2.8	30.0	340.0	584.0	1200.0	1.3
合计	18904.0	36224.0	58210.0	56.2	合计	16206.0	34260.0	65882.0	58.4
平均数	630.1	1207.5	1940.3	1.9	平均数	540.2	1142.0	2196.1	1.9

检查时间：2010.2.25

表2 室内外越冬蜂群春繁效率对比

单位：个

蜂群序号	室内蜂群				蜂群序号	室外蜂群			
	卵	幼虫	封盖子	蜂数（脾）		卵	幼虫	封盖子	蜂数（脾）
1.0	1840.0	8840.0	8640.0	3.7	1.0	2440.0	6600.0	7520.0	3.2
2.0	1960.0	8600.0	8600.0	3.5	2.0	2560.0	6620.0	7680.0	3.2
3.0	2080.0	8760.0	8960.0	3.5	3.0	1280.0	3920.0	3320.0	2.6
4.0	2160.0	8680.0	8800.0	3.3	4.0	1440.0	3800.0	8640.0	2.4
5.0	2520.0	8400.0	9240.0	3.3	5.0	2440.0	7320.0	8620.0	3.1
6.0	2600.0	8960.0	7920.0	2.7	6.0	2720.0	7480.0	8160.0	3.0
7.0	960.0	5160.0	4400.0	2.1	7.0	1160.0	2960.0	3920.0	2.2
8.0	960.0	5240.0	4240.0	1.5	8.0	1040.0	2720.0	3680.0	1.9
9.0	2040.0	9460.0	9000.0	3.5	9.0	960.0	3000.0	4040.0	2.3
10.0	2160.0	9680.0	10680.0	3.8	10.0	940.0	2920.0	3720.0	2.1
11.0	1080.0	4600.0	3760.0	2.0	11.0	2160.0	7840.0	8600.0	3.8
12.0	840.0	4120.0	3320.0	1.2	12.0	2320.0	7800.0	8240.0	3.2
13.0	1340.0	5040.0	3400.0	1.8	13.0	2440.0	7120.0	7760.0	3.0
14.0	1360.0	5440.0	3680.0	1.9	14.0	1160.0	3880.0	4400.0	2.2
15.0	2080.0	8320.0	8480.0	3.2	15.0	1960.0	6160.0	6000.0	3.0
16.0	1480.0	4400.0	3480.0	1.9	16.0	2120.0	6600.0	6720.0	3.1
17.0	1520.0	4480.0	3680.0	1.8	17.0	2320.0	7120.0	6520.0	2.6
18.0	1680.0	4080.0	4200.0	1.8	18.0	2160.0	8080.0	7920.0	2.6
19.0	2280.0	7920.0	7440.0	3.1	19.0	2120.0	6740.0	6960.0	2.8
20.0	960.0	3440.0	4080.0	2.2	20.0	960.0	3400.0	3360.0	2.8
21.0	2440.0	8720.0	9360.0	2.3	21.0	1960.0	7320.0	8320.0	3.1
22.0	1800.0	4840.0	4600.0	1.9	22.0	1200.0	3240.0	3120.0	2.4
23.0	2080.0	7120.0	8400.0	3.1	23.0	1160.0	3080.0	3160.0	2.4
24.0	2480.0	7560.0	10240.0	3.2	24.0	1440.0	3160.0	3240.0	1.9
25.0	2520.0	7840.0	10080.0	3.6	25.0	1320.0	3040.0	3420.0	1.9
26.0	1280.0	3360.0	3480.0	2.0	26.0	2440.0	5840.0	7160.0	2.9
27.0	1520.0	3960.0	3440.0	2.1	27.0	1080.0	4400.0	3800.0	1.9
28.0	1440.0	4200.0	3400.0	1.9	28.0	1120.0	4200.0	3640.0	2.0
29.0	1480.0	4400.0	3760.0	1.6	29.0	2360.0	7720.0	8200.0	3.2
30.0	2640.0	9000.0	11320.0	3.9	30.0	920.0	3920.0	3200.0	2.1
合计	53580.0	194620.0	194080.0	77.4	合计	51700.0	158000.0	173040.0	78.9
平均数	1786.0	6487.3	6469.3	2.6	平均数	1723.3	5266.7	5768.0	2.6

检查时间：2010.3.10

表3　室内外越冬蜂群春繁效率对比

单位：个

蜂群序号	室内蜂群				蜂群序号	室外蜂群			
	卵	幼虫	封盖子	蜂数（脾）		卵	幼虫	封盖子	蜂数（脾）
1.0	5520.0	13340.0	13600.0	5.9	1.0	4400.0	13000.0	11880.0	4.6
2.0	5080.0	12960.0	13400.0	5.7	2.0	4320.0	12480.0	11560.0	4.6
3.0	5120.0	13120.0	13120.0	5.6	3.0	3040.0	5680.0	5800.0	4.3
4.0	4640.0	13400.0	12640.0	5.1	4.0	2960.0	5440.0	5440.0	3.8
5.0	5360.0	12720.0	13880.0	5.1	5.0	4840.0	11280.0	12080.0	4.5
6.0	6400.0	12800.0	12400.0	4.5	6.0	4760.0	11760.0	10960.0	4.6
7.0	2720.0	7120.0	7400.0	3.9	7.0	2680.0	6080.0	6600.0	3.4
8.0	3480.0	4760.0	7040.0	2.8	8.0	2360.0	5320.0	6720.0	3.2
9.0	4400.0	12840.0	12230.0	4.7	9.0	3240.0	6920.0	7320.0	3.2
10.0	4640.0	12520.0	13680.0	5.0	10.0	3400.0	6480.0	7000.0	3.3
11.0	2600.0	7120.0	6800.0	3.3	11.0	4600.0	12560.0	13280.0	4.9
12.0	1720.0	4920.0	6040.0	2.5	12.0	5040.0	11780.0	13120.0	4.5
13.0	2720.0	6600.0	6880.0	2.9	13.0	4320.0	11440.0	12560.0	4.3
14.0	2480.0	7020.0	7680.0	3.3	14.0	2920.0	4400.0	6360.0	3.4
15.0	4760.0	9720.0	13040.0	4.5	15.0	3680.0	11340.0	11440.0	4.3
16.0	3680.0	5680.0	7720.0	3.4	16.0	3920.0	11360.0	11380.0	4.2
17.0	4360.0	6320.0	8400.0	3.4	17.0	4200.0	11720.0	11960.0	3.7
18.0	4080.0	6480.0	9800.0	3.4	18.0	4360.0	12400.0	13040.0	3.7
19.0	5800.0	9480.0	12400.0	4.6	19.0	4480.0	12200.0	12600.0	3.8
20.0	3400.0	6680.0	7040.0	3.8	20.0	3080.0	5440.0	7120.0	3.9
21.0	4840.0	11280.0	12720.0	3.6	21.0	4560.0	12480.0	13800.0	4.2
22.0	3480.0	6600.0	6520.0	3.2	22.0	3320.0	6440.0	7880.0	3.5
23.0	4600.0	10230.0	12800.0	4.5	23.0	3160.0	5920.0	6600.0	3.5
24.0	5120.0	12920.0	13680.0	4.6	24.0	3240.0	6480.0	7320.0	3.0
25.0	4520.0	12400.0	13420.0	4.8	25.0	2880.0	6080.0	6680.0	3.0
26.0	3360.0	6040.0	6600.0	3.1	26.0	3880.0	11240.0	12400.0	3.0
27.0	3240.0	4840.0	6440.0	3.2	27.0	2840.0	4800.0	6680.0	3.1
28.0	3260.0	6880.0	6720.0	3.8	28.0	2960.0	5280.0	5720.0	3.0
29.0	3680.0	6400.0	6000.0	2.7	29.0	4240.0	11860.0	12160.0	3.2
30.0	4480.0	13600.0	15400.0	4.8	30.0	2620.0	5400.0	5800.0	3.2
合计	123540.0	276790.0	305490.0	121.7	合计	110300.0	265060.0	283260.0	112.9
平均数	4118.0	9226.3	10183.0	4.1	平均数	3676.7	8835.3	9442.0	3.8

检查时间：2010.3.23

表4 室内外越冬蜂群春繁效率对比

单位:个

蜂群序号	室内蜂群				蜂群序号	室外蜂群			
	卵	幼虫	封盖子	蜂数(脾)		卵	幼虫	封盖子	蜂数(脾)
1.0	5640.0	11060.0	12350.0	9.3	1.0	4800.0	6680.0	13360.0	7.8
2.0	6080.0	11280.0	15460.0	8.6	2.0	5240.0	6480.0	12600.0	7.8
3.0	6100.0	11240.0	20420.0	8.5	3.0	3040.0	7320.0	14880.0	7.5
4.0	6450.0	10280.0	18310.0	7.8	4.0	3120.0	7160.0	13640.0	6.2
5.0	6510.0	10340.0	19690.0	7.8	5.0	4960.0	8430.0	13040.0	6.7
6.0	6120.0	9160.0	18340.0	6.7	6.0	4240.0	8760.0	15560.0	6.5
7.0	3740.0	8410.0	12650.0	6.2	7.0	3360.0	7170.0	9400.0	5.3
8.0	3360.0	6730.0	9760.0	5.3	8.0	3040.0	6320.0	9440.0	5.0
9.0	3410.0	11260.0	13860.0	6.5	9.0	2810.0	5140.0	10040.0	5.0
10.0	3080.0	11040.0	12810.0	7.2	10.0	2840.0	6130.0	9920.0	5.1
11.0	2910.0	7140.0	11760.0	5.1	11.0	4130.0	8410.0	14080.0	6.4
12.0	2760.0	6130.0	9240.0	4.3	12.0	4160.0	11840.0	13880.0	6.7
13.0	3610.0	7830.0	10620.0	5.5	13.0	4080.0	11120.0	14480.0	6.2
14.0	3560.0	7130.0	6130.0	5.2	14.0	3280.0	7160.0	10760.0	5.8
15.0	4160.0	10580.0	12980.0	7.1	15.0	4360.0	8560.0	14320.0	5.8
16.0	3430.0	6840.0	11160.0	5.8	16.0	4160.0	8720.0	14040.0	6.0
17.0	3510.0	7260.0	11240.0	5.8	17.0	3640.0	7440.0	13880.0	5.7
18.0	2910.0	7310.0	11440.0	5.3	18.0	3360.0	7660.0	13760.0	5.5
19.0	3760.0	11060.0	11340.0	6.5	19.0	3780.0	7720.0	13110.0	6.0
20.0	3160.0	6840.0	11760.0	6.2	20.0	2810.0	5360.0	8400.0	5.7
21.0	4160.0	11070.0	18360.0	6.2	21.0	5680.0	8440.0	13920.0	6.0
22.0	3240.0	7930.0	11040.0	5.4	22.0	3340.0	7160.0	9640.0	5.2
23.0	4480.0	10420.0	17360.0	6.7	23.0	3670.0	6720.0	11320.0	5.4
24.0	4830.0	11360.0	19080.0	6.5	24.0	2760.0	5680.0	10340.0	4.5
25.0	4320.0	11330.0	19800.0	6.8	25.0	2910.0	6360.0	10320.0	4.5
26.0	3470.0	5140.0	10260.0	4.8	26.0	4160.0	8940.0	14680.0	4.5
27.0	3510.0	6430.0	10120.0	5.0	27.0	4040.0	9240.0	10600.0	4.7
28.0	3340.0	6140.0	10280.0	5.7	28.0	3840.0	8360.0	9640.0	4.3
29.0	3180.0	7360.0	10480.0	7.6	29.0	4960.0	11120.0	12960.0	5.1
30.0	6040.0	12960.0	20480.0	7.2	30.0	3130.0	5920.0	9200.0	5.0
合计	124830.0	269060.0	408580.0	192.6	合计	113700.0	231520.0	365210.0	171.9
平均数	4161.0	8968.7	13619.3	6.4	平均数	3790.0	7717.3	12173.7	5.7

检查时间:2010.4.5

表5　室内外越冬蜂群春繁效率对比

单位:个

群号	室内蜂群				群号	室外蜂群			
	卵	幼虫	封盖子	蜂数(脾)		卵	幼虫	封盖子	蜂数(脾)
1.0	780.0	1820.0	2450.0	2.7	1.0	680.0	1460.0	2350.0	2.5
2.0	760.0	1730.0	2380.0	2.6	2.0	540.0	1250.0	1890.0	2.3
3.0	740.0	1680.0	2260.0	2.6	3.0	670.0	1480.0	2120.0	2.1
4.0	820.0	1940.0	2510.0	2.5	4.0	650.0	1320.0	1980.0	2.2
5.0	790.0	1880.0	2480.0	2.5	5.0	760.0	1780.0	2460.0	2.4
6.0	760.0	1650.0	2390.0	2.2	6.0	480.0	1100.0	1670.0	2.0
7.0	650.0	1480.0	2260.0	2.3	7.0	720.0	1540.0	2480.0	2.3
8.0	540.0	1420.0	2140.0	2.1	8.0	220.0	430.0	1120.0	1.3
9.0	480.0	1350.0	1890.0	1.9	9.0	460.0	960.0	1480.0	1.4
10.0	640.0	1520.0	2120.0	2.0	10.0	470.0	940.0	1460.0	1.4
11.0	350.0	1340.0	1430.0	1.7	11.0	510.0	1120.0	1820.0	1.7
12.0	230.0	510.0	1220.0	1.5	12.0	240.0	480.0	960.0	1.1
13.0	500.0	1250.0	1480.0	1.6	13.0	460.0	910.0	1460.0	1.5
14.0	260.0	580.0	1150.0	1.3	14.0	710.0	1560.0	2120.0	2.2
15.0	480.0	950.0	1740.0	1.4	15.0	560.0	1240.0	1890.0	2.0
16.0	390.0	820.0	1360.0	1.2	16.0	540.0	1190.0	1760.0	1.8
17.0	520.0	1320.0	1470.0	1.5	17.0	650.0	1380.0	2100.0	1.8
18.0	530.0	1160.0	1450.0	1.7	18.0	480.0	980.0	1740.0	1.5
19.0	560.0	1240.0	1480.0	1.6	19.0	370.0	750.0	1320.0	1.4
20.0	440.0	950.0	1340.0	1.4	20.0	490.0	1020.0	1560.0	1.5
21.0	780.0	1580.0	2360.0	1.9	21.0	680.0	1640.0	2230.0	1.7
22.0	570.0	1240.0	1480.0	1.6	22.0	470.0	970.0	1460.0	1.3
23.0	510.0	1180.0	1390.0	1.5	23.0	530.0	1130.0	1720.0	1.6
24.0	420.0	880.0	1270.0	1.5	24.0	540.0	1140.0	1580.0	1.6
25.0	760.0	1680.0	2240.0	1.9	25.0	490.0	940.0	1350.0	1.3
26.0	380.0	720.0	1320.0	1.7	26.0	410.0	880.0	1420.0	1.2
27.0	460.0	910.0	1620.0	1.6	27.0	480.0	960.0	1410.0	1.4
28.0	540.0	1050.0	1410.0	1.6	28.0	510.0	1170.0	1760.0	1.5
29.0	650.0	1340.0	1760.0	1.8	29.0	540.0	1200.0	1840.0	1.7
30.0	820.0	1720.0	2510.0	2.2	30.0	610.0	1380.0	2110.0	1.9
合计	17110.0	38890.0	54360.0	55.6	合计	15920.0	34300.0	52620.0	51.6
平均数	570.3	1296.3	1812.0	1.9	平均数	530.7	1143.3	1754.0	1.7

检查时间:2011.3.3

表6 室内外越冬蜂群春繁效率对比

单位:个

群号	室内蜂群				群号	室外蜂群			
	卵	幼虫	封盖子	蜂数(脾)		卵	幼虫	封盖子	蜂数(脾)
1.0	2230.0	8460.0	8540.0	3.5	1.0	1870.0	7960.0	8140.0	3.4
2.0	2180.0	8240.0	8430.0	3.5	2.0	1650.0	7840.0	8360.0	3.4
3.0	2120.0	8120.0	8120.0	3.4	3.0	1940.0	8230.0	8450.0	2.8
4.0	2460.0	7960.0	8080.0	3.1	4.0	1830.0	7850.0	8160.0	2.5
5.0	2230.0	7740.0	7960.0	3.2	5.0	2180.0	8560.0	8270.0	3.2
6.0	2240.0	7630.0	7840.0	3.1	6.0	1570.0	4120.0	6230.0	3.0
7.0	1890.0	6540.0	7640.0	2.7	7.0	2130.0	8420.0	7940.0	1.9
8.0	1750.0	5670.0	7450.0	2.4	8.0	750.0	2780.0	3310.0	1.8
9.0	1340.0	4320.0	6260.0	2.3	9.0	1320.0	4360.0	5480.0	2.4
10.0	1860.0	4420.0	6570.0	3.2	10.0	1560.0	4860.0	6120.0	2.3
11.0	1030.0	4160.0	5980.0	3.3	11.0	1740.0	5340.0	6350.0	4.2
12.0	960.0	3120.0	4620.0	3.4	12.0	640.0	2130.0	4810.0	3.8
13.0	1450.0	4530.0	6890.0	3.0	13.0	1350.0	3340.0	5650.0	3.3
14.0	870.0	2840.0	4360.0	3.0	14.0	2260.0	8140.0	8430.0	2.3
15.0	1650.0	3190.0	4860.0	3.4	15.0	1670.0	4630.0	6540.0	3.2
16.0	1210.0	2670.0	4850.0	3.4	16.0	1740.0	4780.0	6950.0	3.4
17.0	1640.0	3120.0	5740.0	2.5	17.0	1830.0	5260.0	7120.0	3.1
18.0	1720.0	7120.0	6230.0	2.9	18.0	1320.0	3540.0	5140.0	3.2
19.0	1780.0	7230.0	6450.0	2.9	19.0	1280.0	3120.0	5840.0	3.3
20.0	1320.0	2490.0	5660.0	2.9	20.0	1560.0	3340.0	5630.0	3.4
21.0	2160.0	7560.0	7250.0	2.6	21.0	1890.0	6520.0	7150.0	3.5
22.0	1750.0	6780.0	6240.0	2.6	22.0	1430.0	4160.0	5160.0	2.2
23.0	1640.0	5460.0	5980.0	2.7	23.0	1760.0	7480.0	7850.0	2.4
24.0	1320.0	3100.0	4360.0	2.8	24.0	1850.0	7940.0	8120.0	2.3
25.0	2100.0	8130.0	8130.0	2.8	25.0	1760.0	7820.0	7960.0	2.3
26.0	1120.0	2950.0	5160.0	3.0	26.0	1430.0	4650.0	5730.0	3.1
27.0	1460.0	3120.0	5740.0	2.4	27.0	1560.0	3560.0	6810.0	2.2
28.0	1540.0	4460.0	6130.0	2.6	28.0	1640.0	4750.0	5460.0	2.2
29.0	1780.0	5710.0	6430.0	2.5	29.0	1680.0	4930.0	6430.0	3.4
30.0	2230.0	8340.0	8670.0	2.4	30.0	1720.0	5120.0	6820.0	2.0
合计	51030.0	165180.0	196620.0	87.5	合计	48910.0	165530.0	200410.0	85.5
平均数	1701.0	5506.0	6554.0	2.9	平均数	1630.3	5517.7	6680.3	2.9

检查时间:2011.3.15

表7 室内外越冬蜂群春繁效率对比

单位:个

群号	室内蜂群				群号	室外蜂群			
	卵	幼虫	封盖子	蜂数(脾)		卵	幼虫	封盖子	蜂数(脾)
1.0	5480.0	12560.0	13580.0	5.6	1.0	4860.0	12280.0	13260.0	5.2
2.0	5360.0	13160.0	13640.0	5.6	2.0	5120.0	13120.0	13720.0	5.2
3.0	5180.0	14310.0	12980.0	5.3	3.0	4730.0	14260.0	13490.0	4.8
4.0	4860.0	12980.0	13460.0	4.9	4.0	4860.0	11250.0	13160.0	4.6
5.0	4670.0	11340.0	12540.0	4.6	5.0	8340.0	13240.0	12870.0	4.5
6.0	4920.0	12460.0	13120.0	4.8	6.0	4530.0	9860.0	10120.0	4.3
7.0	4630.0	10790.0	11280.0	4.2	7.0	5480.0	9720.0	11210.0	3.8
8.0	4720.0	11080.0	11240.0	3.9	8.0	2410.0	8910.0	7620.0	2.9
9.0	4310.0	10120.0	10800.0	3.6	9.0	3480.0	7810.0	8640.0	3.2
10.0	4820.0	11540.0	11270.0	4.8	10.0	4120.0	8730.0	9170.0	3.1
11.0	3870.0	9870.0	10870.0	4.8	11.0	4760.0	7120.0	9430.0	5.8
12.0	2890.0	6460.0	8460.0	4.7	12.0	2430.0	4530.0	8920.0	5.3
13.0	4430.0	8920.0	9880.0	4.5	13.0	3120.0	5620.0	7910.0	4.8
14.0	3120.0	7640.0	8790.0	4.5	14.0	5100.0	7400.0	12560.0	3.6
15.0	4730.0	11280.0	11460.0	4.9	15.0	4610.0	6430.0	8970.0	4.1
16.0	5120.0	12340.0	13250.0	4.8	16.0	4820.0	7110.0	9880.0	4.5
17.0	5360.0	12250.0	13480.0	4.1	17.0	5130.0	7060.0	9420.0	4.0
18.0	5740.0	13280.0	13620.0	4.0	18.0	3420.0	5910.0	8750.0	4.3
19.0	5620.0	13470.0	13790.0	4.2	19.0	3160.0	5830.0	9110.0	4.7
20.0	4380.0	11060.0	11220.0	4.2	20.0	4150.0	6430.0	10400.0	4.7
21.0	5640.0	11200.0	13420.0	4.3	21.0	5130.0	7680.0	11250.0	4.8
22.0	4910.0	10180.0	12380.0	4.3	22.0	4120.0	6450.0	10760.0	3.5
23.0	4760.0	10230.0	13100.0	4.6	23.0	4680.0	6810.0	11240.0	3.6
24.0	4850.0	11210.0	12890.0	4.5	24.0	4730.0	7080.0	11310.0	3.6
25.0	4970.0	11420.0	11340.0	4.6	25.0	4910.0	7120.0	11370.0	3.4
26.0	3760.0	10700.0	9860.0	4.7	26.0	3860.0	5790.0	8960.0	4.3
27.0	4230.0	12460.0	10760.0	4.2	27.0	4260.0	6630.0	9840.0	3.7
28.0	4150.0	11230.0	10420.0	4.1	28.0	4780.0	7160.0	11080.0	3.1
29.0	4860.0	12140.0	11280.0	4.0	29.0	4910.0	7110.0	11240.0	4.5
30.0	4970.0	11260.0	13760.0	4.0	30.0	4350.0	6830.0	9460.0	3.2
合计	141310.0	338940.0	357940.0	135.3	合计	134360.0	241280.0	315120.0	125.1
平均数	4710.3	11298.0	11931.3	4.5	平均数	4478.7	8042.7	10504.0	4.2

检查时间:2011.3.27

表8 室内外越冬蜂群春繁效率对比

单位:个

群号	室内蜂群				群号	室外蜂群			
	卵	幼虫	封盖子	蜂数(脾)		卵	幼虫	封盖子	蜂数(脾)
1.0	5240.0	10830.0	12460.0	9.2	1.0	4830.0	9120.0	10270.0	7.5
2.0	5310.0	11520.0	13710.0	9.3	2.0	4760.0	9360.0	10780.0	7.5
3.0	5160.0	11640.0	12860.0	8.5	3.0	5120.0	10600.0	12410.0	7.3
4.0	5430.0	12430.0	13420.0	8.3	4.0	4930.0	9980.0	11280.0	7.3
5.0	5710.0	11720.0	13710.0	7.8	5.0	5160.0	10250.0	12100.0	7.4
6.0	5360.0	12360.0	16480.0	8.2	6.0	4120.0	8460.0	10080.0	6.8
7.0	4620.0	10080.0	11260.0	7.0	7.0	5160.0	10810.0	11410.0	6.2
8.0	4730.0	10160.0	11370.0	6.5	8.0	2130.0	4830.0	6840.0	5.0
9.0	4160.0	9460.0	11740.0	6.2	9.0	3270.0	6480.0	8910.0	5.6
10.0	4780.0	9730.0	10860.0	6.4	10.0	4140.0	9610.0	8830.0	5.4
11.0	3250.0	7510.0	11270.0	6.5	11.0	4830.0	9750.0	11070.0	8.2
12.0	2760.0	5630.0	8140.0	6.3	12.0	2810.0	5910.0	8710.0	7.0
13.0	3460.0	7210.0	10320.0	6.3	13.0	3140.0	6230.0	9150.0	6.5
14.0	2860.0	5580.0	9860.0	6.4	14.0	5160.0	10400.0	13410.0	5.4
15.0	3180.0	6740.0	11260.0	6.7	15.0	4230.0	8740.0	10060.0	5.6
16.0	4910.0	9940.0	11230.0	6.7	16.0	4810.0	9150.0	10720.0	6.2
17.0	4860.0	9430.0	10820.0	6.0	17.0	4460.0	9360.0	10650.0	5.8
18.0	5050.0	10840.0	11430.0	5.8	18.0	3180.0	6840.0	8530.0	5.8
19.0	4760.0	9460.0	10710.0	5.6	19.0	3260.0	6510.0	9150.0	6.2
20.0	3480.0	7630.0	10870.0	5.6	20.0	3710.0	7150.0	9760.0	6.3
21.0	5160.0	11430.0	13560.0	5.8	21.0	4650.0	9280.0	10520.0	6.5
22.0	4820.0	9940.0	11260.0	5.8	22.0	4180.0	8860.0	10060.0	5.2
23.0	4160.0	8670.0	10240.0	6.2	23.0	4760.0	9260.0	11340.0	5.2
24.0	3280.0	6350.0	8430.0	6.2	24.0	4810.0	9430.0	11620.0	5.4
25.0	5610.0	11250.0	13260.0	6.3	25.0	4850.0	9710.0	11240.0	5.3
26.0	2890.0	6480.0	10280.0	6.5	26.0	3910.0	7580.0	9180.0	6.7
27.0	3160.0	7160.0	11910.0	6.0	27.0	3760.0	7640.0	9460.0	6.2
28.0	4150.0	9320.0	10600.0	6.0	28.0	4280.0	8630.0	10040.0	4.9
29.0	4430.0	9670.0	11040.0	5.8	29.0	4160.0	8490.0	10120.0	6.3
30.0	5160.0	11360.0	12630.0	5.6	30.0	4360.0	8710.0	10460.0	5.0
合计	131890.0	281530.0	346990.0	199.5	合计	126930.0	257130.0	308160.0	185.7
平均数	4396.3	9384.3	11566.3	6.7	平均数	4231.0	8571.0	10272.0	6.2

检查时间:2011.4.9

表 9　室内外越冬蜂群春繁效率对比

单位:个

群号	室内蜂群				群号	室外蜂群			
	卵	幼虫	封盖子	蜂数		卵	幼虫	封盖子	蜂数
1.0	640.0	1320.0	2110.0	2.3	1.0	760.0	1760.0	2340.0	2.4
2.0	670.0	1380.0	2180.0	2.3	2.0	780.0	1840.0	2260.0	2.3
3.0	820.0	1970.0	2260.0	2.4	3.0	740.0	1790.0	2270.0	2.3
4.0	670.0	1560.0	1890.0	2.2	4.0	770.0	1750.0	2310.0	2.4
5.0	860.0	2130.0	2290.0	2.4	5.0	810.0	1730.0	2460.0	2.5
6.0	720.0	2110.0	1960.0	2.3	6.0	560.0	1460.0	1760.0	1.8
7.0	350.0	780.0	1450.0	1.8	7.0	830.0	1940.0	2580.0	2.6
8.0	380.0	790.0	1530.0	1.6	8.0	540.0	1560.0	1760.0	1.8
9.0	840.0	2210.0	2280.0	2.4	9.0	650.0	1670.0	1820.0	1.9
10.0	860.0	2260.0	2230.0	2.4	10.0	480.0	1430.0	1630.0	1.7
11.0	850.0	2340.0	2270.0	2.5	11.0	530.0	1520.0	1830.0	2.1
12.0	850.0	2310.0	2210.0	2.5	12.0	640.0	1640.0	1840.0	2.1
13.0	720.0	1980.0	1870.0	2.1	13.0	490.0	1420.0	1710.0	1.8
14.0	760.0	2050.0	1930.0	2.2	14.0	530.0	1570.0	1690.0	1.8
15.0	860.0	2210.0	2240.0	2.4	15.0	580.0	1610.0	1760.0	1.8
16.0	860.0	2250.0	2260.0	2.4	16.0	490.0	1520.0	1650.0	1.7
17.0	380.0	790.0	1340.0	1.5	17.0	430.0	1430.0	1580.0	1.6
18.0	780.0	2060.0	2010.0	2.1	18.0	520.0	1610.0	1750.0	1.8
19.0	630.0	1760.0	1880.0	1.8	19.0	650.0	1680.0	1820.0	2.1
20.0	560.0	1650.0	1730.0	1.8	20.0	610.0	1590.0	1730.0	1.9
21.0	580.0	1620.0	1680.0	1.7	21.0	530.0	1570.0	1810.0	1.8
22.0	670.0	1780.0	1640.0	1.7	22.0	490.0	1520.0	1860.0	1.9
23.0	690.0	1920.0	1710.0	1.8	23.0	570.0	1630.0	1940.0	2.2
24.0	580.0	1360.0	1650.0	1.7	24.0	620.0	1450.0	1650.0	1.6
25.0	590.0	1540.0	1630.0	1.7	25.0	530.0	1620.0	1720.0	1.7
26.0	680.0	1750.0	1790.0	1.9	26.0	310.0	760.0	1430.0	1.5
27.0	310.0	720.0	1420.0	1.5	27.0	360.0	720.0	1420.0	1.5
28.0	650.0	1720.0	1680.0	1.7	28.0	280.0	540.0	1180.0	1.2
29.0	280.0	560.0	1310.0	1.4	29.0	240.0	560.0	1870.0	1.9
30.0	650.0	1540.0	1860.0	2.1	30.0	650.0	1730.0	1760.0	1.7
合计	19740.0	50420.0	56290.0	60.6	合计	16970.0	44620.0	55190.0	57.4
平均数	658.0	1680.7	1876.3	2.0	平均数	565.7	1487.3	1839.7	1.9

检查时间:2012.3.4

表 10 室内外越冬蜂群春繁效率对比

单位:个

群号	室内蜂群				群号	室外蜂群			
	卵	幼虫	封盖子	蜂数(脾)		卵	幼虫	封盖子	蜂数(脾)
1.0	1750.0	5840.0	7830.0	3.5	1.0	1830.0	6840.0	8960.0	3.3
2.0	1630.0	5320.0	7620.0	3.5	2.0	1790.0	6760.0	8840.0	3.2
3.0	2260.0	8530.0	10310.0	3.6	3.0	1810.0	8120.0	10650.0	3.2
4.0	1840.0	5520.0	7210.0	3.4	4.0	1820.0	8260.0	10480.0	3.4
5.0	2350.0	8640.0	10680.0	3.5	5.0	1870.0	8530.0	11240.0	3.4
6.0	1460.0	4620.0	6120.0	3.4	6.0	1430.0	5980.0	8120.0	2.9
7.0	980.0	2230.0	4210.0	2.9	7.0	1810.0	8060.0	10760.0	3.7
8.0	830.0	2410.0	4530.0	2.8	8.0	1560.0	4680.0	6450.0	2.9
9.0	2460.0	8320.0	10100.0	2.5	9.0	1480.0	4220.0	6320.0	3.1
10.0	2230.0	8160.0	10460.0	3.4	10.0	1650.0	4870.0	6710.0	2.6
11.0	2150.0	8250.0	10690.0	3.6	11.0	1490.0	4630.0	6830.0	2.9
12.0	2260.0	8310.0	11240.0	3.6	12.0	1510.0	4520.0	6430.0	2.9
13.0	1750.0	6100.0	8130.0	3.0	13.0	1720.0	6530.0	8120.0	2.9
14.0	1860.0	6210.0	8260.0	3.1	14.0	1530.0	4830.0	8110.0	2.7
15.0	2130.0	8160.0	9870.0	3.3	15.0	1640.0	5560.0	7160.0	2.7
16.0	2240.0	8240.0	9640.0	3.5	16.0	1460.0	4350.0	6480.0	2.6
17.0	1120.0	2480.0	4110.0	2.4	17.0	1350.0	4210.0	6130.0	2.7
18.0	2280.0	8460.0	11360.0	2.9	18.0	1490.0	4650.0	6260.0	2.9
19.0	1680.0	6420.0	7640.0	2.7	19.0	1570.0	4910.0	7110.0	3.2
20.0	1430.0	5430.0	6830.0	2.7	20.0	1620.0	5310.0	7260.0	3.1
21.0	1760.0	5960.0	7420.0	2.6	21.0	1480.0	4820.0	6710.0	2.9
22.0	1830.0	6450.0	7910.0	2.6	22.0	1620.0	5460.0	7260.0	3.1
23.0	1650.0	7820.0	8460.0	3.0	23.0	1450.0	4690.0	6540.0	3.3
24.0	1680.0	7860.0	8470.0	2.8	24.0	1680.0	5310.0	7230.0	3.7
25.0	1670.0	7650.0	8360.0	2.8	25.0	1340.0	4610.0	6320.0	2.9
26.0	1820.0	7850.0	8710.0	3.0	26.0	890.0	2260.0	4430.0	2.4
27.0	1020.0	2280.0	4320.0	2.7	27.0	730.0	2130.0	4260.0	2.4
28.0	1860.0	6240.0	7920.0	2.6	28.0	950.0	2480.0	4620.0	2.3
29.0	980.0	2010.0	3890.0	2.2	29.0	760.0	2110.0	4730.0	3.2
30.0	1740.0	6120.0	8160.0	3.0	30.0	1320.0	3560.0	5680.0	2.8
合计	52700.0	187890.0	240460.0	90.6	合计	44650.0	153250.0	216200.0	89.3
平均数	1756.7	6263.0	8015.3	3.0	平均数	1488.3	5108.3	7206.7	3.0

检查时间:2012.3.16

表 11 室内外越冬蜂群春繁效率对比

单位:个

群号	室内蜂群				群号	室外蜂群			
	卵	幼虫	封盖子	蜂数(脾)		卵	幼虫	封盖子	蜂数(脾)
1.0	4860.0	11260.0	12360.0	5.6	1.0	5130.0	11610.0	12090.0	5.1
2.0	4610.0	10290.0	12740.0	5.7	2.0	5070.0	12400.0	13260.0	5.3
3.0	5730.0	14320.0	13460.0	5.7	3.0	5290.0	11630.0	12430.0	5.2
4.0	4950.0	11270.0	12710.0	5.6	4.0	5340.0	11410.0	12180.0	5.3
5.0	5410.0	13490.0	14830.0	5.8	5.0	5170.0	12080.0	13740.0	5.3
6.0	3760.0	7250.0	8240.0	5.3	6.0	4230.0	9810.0	10820.0	4.5
7.0	2890.0	5430.0	7910.0	4.8	7.0	5260.0	13090.0	14690.0	4.5
8.0	2760.0	5610.0	8130.0	4.2	8.0	4710.0	9870.0	10720.0	5.0
9.0	4120.0	9130.0	10160.0	4.8	9.0	4320.0	8910.0	10120.0	5.2
10.0	4510.0	11260.0	12350.0	5.2	10.0	4080.0	8730.0	9970.0	4.2
11.0	4280.0	9180.0	10690.0	5.3	11.0	4310.0	8410.0	9760.0	4.5
12.0	5470.0	13460.0	12890.0	5.3	12.0	4650.0	9160.0	10430.0	4.6
13.0	3890.0	7190.0	9740.0	4.5	13.0	5070.0	11060.0	12080.0	4.6
14.0	4320.0	8720.0	10260.0	4.6	14.0	4830.0	9740.0	10460.0	4.3
15.0	5140.0	11080.0	13080.0	4.5	15.0	4130.0	8630.0	10080.0	4.3
16.0	5260.0	12040.0	11680.0	5.0	16.0	3980.0	7450.0	9070.0	4.5
17.0	3180.0	6480.0	8940.0	3.8	17.0	3260.0	6730.0	8960.0	4.5
18.0	5170.0	11520.0	12640.0	4.1	18.0	4060.0	8720.0	9050.0	4.8
19.0	4350.0	8640.0	9750.0	4.2	19.0	4470.0	9080.0	10420.0	4.8
20.0	4230.0	8730.0	9180.0	4.2	20.0	4610.0	9160.0	11310.0	4.5
21.0	4760.0	10730.0	11070.0	4.0	21.0	4310.0	8730.0	9840.0	4.2
22.0	4910.0	11270.0	12040.0	4.0	22.0	4520.0	9040.0	10460.0	4.7
23.0	4650.0	9610.0	10780.0	4.5	23.0	4130.0	8640.0	9730.0	4.8
24.0	4730.0	10050.0	11240.0	4.3	24.0	4280.0	8710.0	9710.0	4.5
25.0	4920.0	10420.0	11390.0	4.3	25.0	3160.0	6730.0	7680.0	4.3
26.0	5170.0	11350.0	12760.0	4.4	26.0	2890.0	5410.0	6140.0	3.4
27.0	3120.0	6430.0	8160.0	4.2	27.0	2760.0	4830.0	6520.0	3.2
28.0	5160.0	11210.0	13420.0	4.2	28.0	2810.0	4910.0	5410.0	3.3
29.0	2480.0	5130.0	8160.0	3.6	29.0	2640.0	4930.0	6050.0	4.2
30.0	4480.0	9170.0	10780.0	4.5	30.0	3710.0	7160.0	8610.0	4.0
合计	133270.0	291720.0	331540.0	140.2	合计	127180.0	266770.0	301790.0	135.6
平均数	4442.3	9724.0	11051.3	4.7	平均数	4239.3	8892.3	10059.7	4.5

检查时间:2012.3.28

表 12　室内外越冬蜂群春繁效率对比

单位:个

群号	室内蜂群				群号	室外蜂群			
	卵	幼虫	封盖子	蜂数(脾)		卵	幼虫	封盖子	蜂数(脾)
1.0	4830.0	9130.0	11240.0	9.3	1.0	4610.0	9260.0	10230.0	7.4
2.0	4760.0	10500.0	12360.0	9.4	2.0	4730.0	9140.0	11070.0	7.3
3.0	5740.0	11260.0	14390.0	9.6	3.0	5180.0	10280.0	11260.0	7.4
4.0	4810.0	9860.0	11080.0	9.4	4.0	5360.0	11470.0	12450.0	7.5
5.0	5360.0	10070.0	12460.0	9.6	5.0	4930.0	9150.0	12670.0	7.5
6.0	4160.0	8930.0	10040.0	9.2	6.0	4260.0	8840.0	9950.0	6.7
7.0	2890.0	7560.0	9820.0	7.3	7.0	5190.0	10260.0	11340.0	6.5
8.0	3120.0	6410.0	8760.0	6.8	8.0	4460.0	8930.0	10050.0	6.3
9.0	5430.0	10580.0	11320.0	7.0	9.0	3980.0	7520.0	9240.0	7.0
10.0	5160.0	11260.0	13260.0	7.8	10.0	5060.0	11260.0	12250.0	5.7
11.0	5720.0	12480.0	13480.0	7.5	11.0	4370.0	9150.0	11070.0	5.8
12.0	5910.0	12340.0	14690.0	7.5	12.0	4690.0	9360.0	10020.0	6.0
13.0	4360.0	9410.0	11060.0	6.7	13.0	5060.0	9970.0	10740.0	5.6
14.0	4710.0	9220.0	10020.0	6.7	14.0	3890.0	8430.0	9930.0	5.8
15.0	5160.0	10060.0	11390.0	6.5	15.0	4760.0	9180.0	10560.0	5.8
16.0	5270.0	10830.0	11720.0	6.8	16.0	4180.0	8720.0	10030.0	6.0
17.0	3240.0	7150.0	11690.0	5.4	17.0	3960.0	8160.0	9710.0	6.0
18.0	5360.0	11260.0	12610.0	5.8	18.0	4180.0	8830.0	9640.0	6.3
19.0	4720.0	9460.0	10040.0	5.6	19.0	4260.0	8460.0	9680.0	6.5
20.0	4160.0	8430.0	9970.0	5.6	20.0	4380.0	9160.0	10620.0	6.3
21.0	3580.0	7610.0	8610.0	5.3	21.0	4610.0	9920.0	10840.0	5.9
22.0	4810.0	9180.0	10470.0	5.4	22.0	4720.0	9430.0	10460.0	6.5
23.0	4390.0	8640.0	10060.0	6.0	23.0	4690.0	8960.0	11240.0	6.5
24.0	4180.0	8530.0	10110.0	5.8	24.0	4180.0	8840.0	10580.0	6.3
25.0	4080.0	8820.0	10260.0	5.8	25.0	3260.0	6510.0	8470.0	6.4
26.0	5040.0	10430.0	11930.0	6.0	26.0	2870.0	6120.0	8830.0	5.8
27.0	3160.0	6810.0	8610.0	6.0	27.0	2960.0	6350.0	9150.0	5.0
28.0	4760.0	9180.0	11720.0	6.0	28.0	2610.0	6420.0	9670.0	5.0
29.0	2980.0	5640.0	8160.0	5.2	29.0	2830.0	6630.0	8820.0	6.0
30.0	4750.0	9970.0	11480.0	6.2	30.0	3480.0	7180.0	9730.0	5.7
合计	136600.0	281010.0	332810.0	207.2	合计	127700.0	261890.0	310300.0	188.5
平均数	4553.3	9367.0	11093.7	6.9	平均数	4256.7	8729.7	10343.3	6.3

检查时间:2012.4.10

(二)春繁效果对比

了观察越冬后蜂群繁殖及哺育能力,蜂群发趋势,蜂群越冬结束后,通过飞翔排泄,从春繁开始每隔 12d 测量一次子数和蜂数,测定结果为室内外越冬蜂群的子数、越冬蜂数汇总统计出每年春繁不同阶段蜂群繁殖效果与发展趋势如下(表 13、14)。

表 13　越冬后(室内)各实验组春繁效果统计数平均值

		卵/个	幼虫/个	封盖子/个	蜂数/脾
实验组 1	2010.2.25	630.1	1207.5	1940.3	1.9
	2010.3.10	1786.0	6487.3	6469.3	2.6
	2010.3.23	4118.0	9226.3	10183.0	4.1
	2010.4.5	4161.0	8968.7	13619.3	6.4
实验组 2	2011.3.3	570.3	1296.3	1812.0	1.9
	2011.3.15	1701.0	5506.0	6554.0	2.9
	2011.3.27	4710.3	11298.0	11931.3	4.5
	2011.4.9	4396.3	9384.3	11566.3	6.7
实验组 3	2012.3.4	658.0	1680.7	1876.3	2.0
	2012.3.16	1756.7	6263.0	8015.3	3.0
	2012.3.28	4442.3	9724.0	11051.3	4.7
	2012.4.10	4553.3	9367.0	11093.7	6.9

表 14　越冬后(室外)各实验组春繁效果统计数平均值

		卵/个	幼虫/个	封盖子/个	蜂数/脾
实验组 1	2010.2.25	540.2	1142.0	2196.1	1.9
	2010.3.10	1723.3	5266.7	5768.0	2.6
	2010.3.23	3676.7	8835.3	9442.0	3.8
	2010.4.5	3790.0	7717.3	12173.7	5.7
实验组 2	2011.3.3	530.7	1143.3	1754.0	1.7
	2011.3.15	1630.3	5517.7	6680.3	2.9
	2011.3.27	4478.7	8042.7	10504.0	4.2
	2011.4.9	4231.0	8571.0	10272.0	6.2
实验组 3	2012.3.4	565.7	1487.3	1839.7	1.9
	2012.3.16	1488.3	5108.3	7206.7	3.0
	2012.3.28	4239.3	8892.3	10059.7	4.5
	2012.4.10	4256.7	8729.7	10343.3	6.3

根据统计数据,分析室内与室外蜂群越冬后春繁效果与发展趋势。

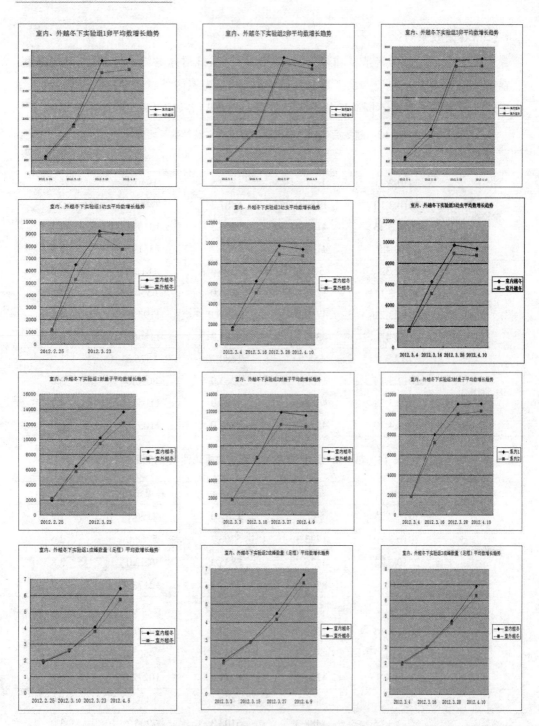

图2　室内与室外蜂群越冬后春繁效图与发展趋势

　　从分析趋势图中可以看出,在蜂群春繁过程中,不论是春繁的蜂群卵虫子,还是蜂数上,室内越冬蜂群增长趋势都比室外越冬蜂群增长趋势明显,都呈现出缓慢上升状态,上升到3月底时,群势平稳发展,有的蜂群出现子数和蜂数回落的趋势,这是因为第一代子刚刚接替了越冬老蜂,老蜂自然死亡,蜂数和产子数量也有所下降,在这个回落期过后外界气温逐渐升高,且趋于稳定,蜂群也就度过了春衰的关键时刻,进入快速繁殖时期。从图表中看到室内越冬蜂群回落现象不很明显,说明越冬效果优于室外越冬,进入快速繁殖期,室内越冬蜂群繁殖效果会更佳,能够在最早的大宗蜜源油菜花期到来时,蜂群发展壮大,发挥强群抓高产的生产作用。室外越冬蜂群回落现象明显,这是因为蜂群第一代子刚刚接替了越冬老蜂,室外越冬老蜂寿命较室内越冬短,自然死亡蜂数多,蜂数和产子数量也有所下降,春繁效果就稍差。

三、讨论与结论

从3年的室内外越冬温湿度记录情况看,室内温度变化不大,蜂群能够安静结团越冬,而室外温度变化较大,蜂群就会在越冬期间结团、散团,造成温度高时散团当温度骤降时外脾蜜蜂来不及结团而冻死,而且蜂冬团不稳定,在晴朗天气时无效飞翔多,在寒冷天气下蜜蜂为了维持蜂团温度,会活动食蜜产生热量,造成饲料消耗量大,越冬蜂寿命缩短。

由于室内越冬温度的高低可以调控,当外界气温较高时,室内温度高于4℃时蜂群就不安定,室温达到3℃时就要采取降温措施,调大通风进气口,夜间打开门窗,如果温湿度还降不下来,可在盆里盛水夜间放在外面冻成冰块,放在室内,起到降温增湿作用,有条件的蜂场还可安空调来调解越冬室内温度,最高室温不能高于4℃,这样室内蜂群一直都保持安静状态,蜜蜂进食量少,越冬蜂团稳定,蜜蜂寿命长,是越冬效果好的重要原因。

从3年对蜂群春繁效果的测试来看,子脾情况、蜂数增长趋势室内比室外都较明显,说明室内外越冬的蜂群春繁都能正常进行,且室内越冬蜂群发展较好。

由此来看在天水地区蜂群采用室内越冬效果好,那么在秦岭以北的甘肃、宁夏、陕西、青海等许多地方,都可以用室内越冬方法进行越冬,越冬室的建造成本低,方法简单,易推广,是西北越冬期漫长地区较好的蜜蜂安全越冬方法。

参考文献:

[1]苏松坤,陈盛禄,林雪珍,等.浙农大1号意蜂室内越冬与室外越冬比较试验[J].中国养蜂,1995(3):3-4.

[2]郝连声,孙建福,刘爱平,等.北方农家室内越冬蜂群的管理[J].农村科学实验,2005(10):12.

[3]李旭涛,孟文学.西北蜂业全书[M].兰州,甘肃科学技术出版社,2007(1):403-414.

[4]甘肃省养蜂研究所.甘肃蜜源植物志[M].兰州:甘肃科学技术出版社,1983:2-4.

[5]吴杰,刁青云.蜂业救灾应急实用技术手册[M].北京:中国农业出版社,2010:1-12.

[6]张中印,吴黎明.养蜂配套技术手册[M].北京:中国农业出版社,2012:1-2.

[7]叶振生,骆尚骅,李海燕,等.蜂产品深加工技术[M].北京:中国轻工业出版社,2003:3-6.

[8]祁文忠,师鹏珍,缪正瀛,等.对甘肃中蜂规模化养殖瓶颈的调查与思考[J].中国蜂业,2012(2):24-25.

[9]王莉,于世宁.为何如今饲养蜜蜂越冬越来越难[J].蜜蜂杂志,2011(2):13-14.

[10]于世宁.越冬蜂的管理技术[J].中国蜂业,2008(10):13-14.

[11]关振英.蜂群越冬后期管理[J].中国蜂业,2012,(2):17.

[12]关振英.寒地越冬蜂群的箱外观察[J].中国蜂业,2009(11):27.

[13]汪应祥,师鹏珍,祁文忠.天水地区西方蜜蜂安全越冬管理[J].中国蜂业,2010(11):28-29.

[14]程俊松.蜂群的秋季冬管理[J].中国蜂业,2008(10):21.

[15]刘文信.越冬后期蜂群管理[J].中国蜂业,2007(3):16.

[16]缪正瀛,安建东,罗术东,祁文忠,等甘肃麦积山风景区红光熊猫蜂的生物学观察[J].中国农学通报,2011(3):311-316.

养蜂科技培训之我见

祁文忠，师鹏珍，申如明

（甘肃省养蜂研究所，甘肃天水 741020）

以"技术覆盖全部产业、培训覆盖全部主产县、展示覆盖全部示范基地"为主要目标，深入推进农业科技快速进村、入户、到田，培训工作显得十分重要。我们近两年在培训中，采取了多种形式的培训，从中看到了不同培训形式达到的效果不同，总结经验，笔者就如何搞好蜂农培训提出了自己见解，供同行在开展培训时参考。

一、加强培训，普及科学养蜂技术

依托国家蜂产业技术体系建设，大力开展农业科技培训，按照"分类培训、服务产业、注重实效、创新机制"的原则，两年内甘肃省养蜂研究所、国家蜂产业技术体系天水综合试验站联合各县直相关部门，分别在徽县、岷县、清水县、礼县、麦积区、甘谷、两当、舟曲、宕昌、景泰等骨干县(区)和示范基地进行了 25 期培训，培训蜂农共计 2215 人(次)，发放培训教材 11500 份，培训主要内容有"中华蜜蜂科学饲养技术""示范蜂场蜂群管理技术规范""流蜜期管理""蜜蜂病虫害防治""蜜蜂秋冬季管理""蜂产品安全生产注意事项""蜂场用药准则""蜂产品生产溯源要求""蜜蜂设施温棚授粉技术""温室授粉蜂群的管理"等，培训的形式有大规模集中培训、小规模入村培训、基础知识培训、技术提升培训、现场观摩培训、实践互动培训等，通过在示范县示范基地培训，标准化、规范化、规模化饲养意识加强，示范带动效果明显，培训工作取得了良好效果。

二、机制创新，基地培训初显成效

培训以"建基地、树示范、搞培训、促发展"的思路展开，推动区域蜂产业发展。大规模集中培训每年只办一次，其他多次培训则是根据季节、根据蜂农技术需求、根据实践要求等情况入村、入场培训。

冬闲时间进行理论基础培训，生产季节我们在重点示范基地，选择示范农户，按照"村为单位，培养能手，示范带动，逐步推广"的原则，每个示范县示范基地选择 1 个示范蜂场，选 12 个骨干带动蜂场，辐射带动 120 个蜂场，起到示范带动，辐射周边，促进科学发展的作用。示范带动应用率达到 70%以上，培育蜜蜂地方良种，在分蜂和采蜜季节提高群势 20%~25%。蜂产品产量、质量逐步提高。

一是针对岷县、舟曲、宕昌等中华蜜蜂饲养方式原始化，新法养蜂技术落后的现状，采取基础知识培训与技术提升培训相结合，现场培训与观摩指导相结合方式。专家深入细致地进行理论基础与技术培训讲解，带领学员进行现场养殖技术指导示范，新法饲养技术操作观摩，其中把岷县作为示范基地，甘肃省养蜂研究所、国家蜂产业技术体系天水综合试验站派驻专家常驻岷县，由专家、县技术骨干和蜂农联合成了"岷县蜂业技术义务服务队"，深入农户，长期进行技术指导服务，将培训内容用之于实践，现场解答存在的问题，大大激发了蜂农养蜂兴趣和积极性，许多蜂农在积极扩大饲养规模，目标蜂群达到100群以上，产量提高25%以上。示范蜂场场主郎孝个在两年前有38群老法饲养蜂群，收入不到1万元，目前已有82群新法饲养蜂群和部分老式饲养蜂群，2012年收入超过了4万元，2013年由于7·22地震、雹灾，蜂群受到严重影响，对收益影响很大，但由于针对性培训，专家灾后蜂群管理指导到位，后期蜜源流蜜不错，收益也超过了4万元。

二是分层次具有针对性培训。对徽县、麦积、秦州、清水等养蜂技术较为成熟的县区，由于从事科学养蜂时间长，具有一定的实践经验和管理技能，但理论基础不扎实，科学养殖技术理解不深，蜂病发生和防治原理模糊，针对这类型的蜂农，进行深层次的理论培训，帮助他们加深养蜂知识的全面理解。如天水示范基地技术骨干谢国正，养蜂30年，具有一定的技术管理经验。2009年饲养中蜂87群，收入5.5万元，2010年囊状幼虫病暴发，遭到毁灭性损失，到2011年春只剩余6群蜜蜂，他因理论基础不扎实，对蜂群科学管理不到位，经过专家针对性的培训指导，他凭着对蜜蜂的感情和对养蜂事业的执着，总结经验，精心饲养，2012年底蜂群已经恢复到60群，2013年底达到110群，收入达5.6万元。他在从事蜜蜂养殖中得到甜头，靠养蜂修建了一院230㎡砖瓦房，在麦积区党川乡冷水河村是全村脱贫致富能手。

三是拓宽思路，寻求发展模式，培训专业技术人员。针对自然条件良好，植被茂密，蜜源丰富，具有良好的发展养蜂条件，且具有一定规模养蜂基础的养蜂发达县、重点县，我们采取规模较大的、影响力强的集中培训和现场观摩、实践互动培训，目的是通过培训观摩，起到眼见为实，通过示范带动产生辐射效应。徽县嘉陵镇严坪村东沟峡自然村，地处大山深处，是小陇山林区腹地，林草丰茂，发展养蜂具有得天独厚的条件，全村12户村民，通过培训全部以养蜂为业，全部采用中蜂新法活框科学饲养技术，方瑞华等12户村民养殖中华蜜蜂964群，2012年户均养蜂收入达53600元。国家蜂产业技术体系天水综合试验站徽县示范基地示范蜂场场主赵卫东，经常积极参与各种培训，他蜂群发展良好，饲养180群中蜂年收入8万~10万元，把养蜂作为家庭主业搞，由于他的示范带动，徽县榆树乡发展中蜂产业趋势形成，饲养50~150群者俱多，全县中蜂养殖达3万群，中蜂蜜蜂质量优，影响很大，受到消费者青睐。2012年南京九蜜堂蜂产品有限公司看中此示范基地，资助蜂箱1000套，2013年再资助蜂箱1000套，资助发展中蜂原生态蜂蜜生产,将徽县榆树乡、江洛镇的两个没有耕种作业的山沟,设立成为公司中蜂蜜生产原料基地,包销产品,形成了体系技术支撑示范,骨干辐射带动,企业帮扶互利共盈的发展模式。

三、总结经验,改进培训方式方法

经过长期培训工作,已经取得了良好效果,整体养蜂技术水平有了全面提升,蜂农逐步掌握了夺取高产的关键技术,收入明显增加。但通过梳理培训过程和总结经验,分析培训效果,了解蜂农愿望,在推进蜂产业快速发展,解决生产第一线问题,提高产业整体水平上来讲,培训工作还存在着许多不足方面,需要在今后培训工作中加以研究与改进。

一是场面大、人数多的集中培训固然重要,档次高,场面宏大,能够引起各方面的注意,对行业影响力大,促进相关部门的关注。但这种培训也存在着如蜂农交通不便、吃住困难、耽误时间、组织联络不便、安全隐患、费用较大等问题。特别是统一集中培训,存在着参加学员参差不齐,有初学者,有刚刚进入行业但基础弱的学员,有饲养多年的老养蜂员,他们对培训要求各不相同,讲得深了初学者听不懂,讲得浅了老养蜂员觉得没有意思,学不到他们所需要的东西。建议试验站这种类型的培训宜少不宜多。培训工作要分层次、抓时效、选对象,针对不同层次养蜂者,采取针对性培训。

二是在培训中经常出现理论与实践脱节的问题,许多学员在理论培训中好像听懂了,处于一知半解状态,但在实践中经常不会运用所学知识,遇到问题不知所措。建议培训工作要与实践操作结合起来,培训教师带领学员,深入示范蜂场,观摩指导,将养蜂员在实际操作中的问题、脑海中的疑惑一一解决,使他们搞清楚,弄明白其中的道理,增加他们科学养蜂信心。

三是许多养蜂员较为固执,总认为自己的那套饲养方法是最好的,对培训过程中所讲的技术半信半疑,对先进的养蜂理念难以接受。建议在培训中要进行轻松的互动,鼓励学员提问题,讲课老师从中把问题讲清楚,弄明白所以然,同时要求蜂农相互之间介绍自己经验,取长补短,对不理解、有争议的疑难问题由专家点拨,使他们豁然开朗,达到意想不到的效果。

四是目前有许多培训工作还在注重形式上,培训结束就算了事,跟踪指导服务还不到位。许多学员在蜂群四季管理技术还没有全面掌握,对科学养蜂中存在的技术风险认识还不够,误以为培训学习一下,便可投资创办蜜蜂养殖场,这样匆忙办场,蜂群科学管理不到位,跟踪指导服务跟不上,造成蜂场跨了,创业失败现象的出现,对初学者发展养蜂信心上有创伤。建议要建立长效培训机制,完善长期服务跟踪体系。采取"服务跟踪、重点扶持、差异培养、集中支持"的措施,按学员技术需求,选派教师分片承包等形式指导学员养殖、加工、经营,开展技术服务。对指导教师的技术指导、服务业绩纳入年终考核和职称晋升的范围,以保证技术服务质量。同时,定期或不定期聘请有关专家,对学员创办的蜂场企业进行把脉、诊断与指导,使其得到技术上的支撑。通过理论培训和实地跟踪指导,能够在实际工作中有较大的技术提升,提高产量,增加效益,推进蜂业产业的健康有序发展。

论文发表在《中国蜂业》2014 年第 3 期。

甘肃境内主要放蜂线路

祁文忠

（甘肃省养蜂研究所,甘肃天水 741020）

摘　要:本文根据甘肃省内蜜源分布状态、开花时间、泌蜜习性、历年放蜂情况,从蜂群进入甘肃的态势、去向,分三路五线加以阐述,为进入甘肃放蜂者提供了良好的线路选择依据。

关键词:放蜂;线路

甘肃位于中国西部面积 42.5 万 km²,处于亚热带与温带,地域辽阔、地形复杂,是地处青藏、蒙新、黄土三大高原交会处,地形狭长,从东南到西北长 1655km,南北宽 530km。地形多样复杂,山地、高原、平川、河谷、沙漠、戈壁交错分布,集黄土沟壑、戈壁绿洲、高原牧场、天然森林和人工植被于一体,特色各具。丰富的植被蕴藏着丰富的蜜源资源,种类繁多,其中草原面积 24 000 万亩,油料作物种植面积 1000.5 万亩,莽莽林海面积 342.7 万公顷,中南部的中草药生产基地的建设,目前种植面积 196.5 万亩,并以每年 25.5%的速度增长。据科学调查,全省现有蜜源植物 650 多种,其中能形成商品蜜粉的主要蜜源植物有 27 种之多,这些主要蜜源植物面积达 3000 多万亩。丰富的蜜源资源,为养蜂生产提供了良好的物质基础,依据科学的空间数学模型测算,储蜜量在 6 万 t 以上,载蜂量在 100 万群以上。

一、进入甘肃的蜂群态势

由云、贵、川退出的 200 多万群西线蜜蜂,约有 120 万群进入甘肃和周边省份,每年大约有 30~60 万群蜜蜂,分三路进入甘肃。

一路:3 月 25 日至 4 月 1 日从四川、陕西汉中退出的蜂群,汽车运输进入甘肃陇南的徽县、两当、成县、武都、文县等地采集油菜。4 月 15 日至 4 月 20 日间,在甘肃陇南各地采完油菜的这一线蜂群,就地不动或小转地分别进入狼牙刺蜜源场地。狼牙刺是甘肃和陕西境内秦岭山脉的一种特殊蜜源,在甘肃陇南一带分布广,较集中,主要分布在徽县、两当、成县、西和等县区,花期 4 月 15 日至 5 月 5 日,海拔高的地方可延缓到 5 月 15 日前后。这一路蜂群采集完狼牙刺后,一是进入天水市境内的晚刺槐蜜源场地。二是到陕西宝鸡、甘肃陇东地区采刺槐。

二路:3月上旬至4月上旬采完成都以北油菜的蜂群,转至陕西汉中地区各县采油菜(4月中旬至下旬),或到关中的宝鸡、扶风、绛帐、岐山、眉县、周至、咸阳、渭南或到甘肃东部的宁县、正宁、西峰、镇原、平凉、泾川、灵台、崇信、庄浪等地采油菜(4月中旬至5月上旬)。而后有一部分4月25日至5月5日先后进入陇东的西峰、庆阳、宁县、正宁、合水、崇信、华亭、崆峒、泾川、灵台等地采集刺槐。也有从河南等地采完刺槐的中线蜂场,到这一带赶晚刺槐。

三路:4月5日至4月10日先后由四川用火车运到天水或用汽车从陕西汉中、四川绵竹一带运蜂群到天水的秦城、北道、甘谷、武山、清水、张家川、秦安、庄浪等地采油菜,天水境内的油菜花期为4月5日至4月30日。张家川等海拔较高的地方花期可延缓到5月10日。采完天水油菜的一部分蜂场,直接转到榆中、民勤、武威、景泰等地,采集油菜、籽瓜蜜源。大部分采集了油菜的蜂群可以就地不动或小转地进入刺槐场地进行采集。

刺槐是天水等甘肃东部地区最主要的蜜源,也是甘肃的主要蜜源,它以面积大、长势好、花种单一、蜜质纯、浓度高而闻名,由于开花从南到北,从河谷、平川到深山、高山逐渐推后,花期5月5日至6月15日,前后长达40d,素有立体蜜源之称,每年有大量放蜂者慕名而来。

5月5日前后采集完油菜后进入中早期刺槐场地,如秦城的太京、耤口、皂郊;北道的社棠、二十铺、街子、伯阳、三阳川;甘谷的六峰、渭阳、姚庄、盘安等地。采完中早刺槐的蜂群还可小转地到中晚刺槐场地再次采集。这时也有从河南、湖北、陕西等地采完刺槐来天水采集刺槐的,这些来的较晚的蜂场,可以到海拔较高的地区和深山区、高山区采集晚刺槐。如秦城的牡丹、秦岭、汪川、娘娘坝;清水的温泉、新华、草川、永新、土门、远门、贾川;秦安的千户、云山、王甫;甘谷的金山、礼辛、大庄;张家川的龙山、陇城;西和、礼县的长道、永兴、永平、盐关等地。

二、刺槐蜜源结束蜂群的走向

六月上旬在天水、陇东采完刺槐的蜂群,分五线进入不同的蜜源区域追花夺蜜。

(一)东线

在天水、陇东采完油菜、刺槐的蜂群,小转地进入山花蜜源场地。

6月5日至6月10日,先后进入秦岭山脉的小陇山天然林区和次生林区、东部关山林区、子午岭林区,主要放蜂区域有天水的党川、利桥、百花、李子园、娘娘坝、葡萄园、东岔、吴柴、山门、太绿、大关山、小关山、马鹿、长沟河等林场和张家川、清水、徽县、两当等县的部分地方,陕西的陇县、千阳、宝鸡、凤县等地,主要采集的蜜源有漆树、椴树、五倍子、椿树等,花期为6月上旬至7月上旬。

7月上旬采完了林区蜜源以后的这部分蜂群,可分三路进入下一蜜源。

一是有一部分蜂群转入西线。7月10日前后,可转到甘肃的甘南高寒湿润区晚油菜和大面积草原中的草花。主要蜜源植物有油菜、野藿香、紫花苜蓿、飞莲、飞蓬、百里香、黄芩、大蓟、防风、沙参、阿尔泰紫苑、瑞苓草、凤毛菊、矢车菊等。

二是有一部分蜂群转入中线。7月5日前后,到陇西、渭源、临洮、岷县、漳县、武都、宕昌等地采黄芪、红芪、益母草等中药材蜜源。

三是有一部分蜂群转入西北线。7月10日前后,到天祝、山丹、肃南、肃北、古浪、武威等地和乌鞘岭山区的河西地区采集油菜、山花、百号蜜源。

(二)西线

天水、陇东采完刺槐的蜂群分二路西进甘南、青海。

一路,6月10日前后天水、陇东采完刺槐的蜂群,进入甘肃西南部的甘南州、临夏州和定西市的部分县,这一地区属青藏高原边缘区域,高寒阴湿地带,分布着大面积的天然草原、人工草场和大面积油菜,主要蜜源植物有油菜、野藿香、紫花苜蓿、飞莲、飞蓬、百里香、黄芩、大蓟、防风、沙参等。蜜源丰富,相对温度较低,有利于蜂群的越夏、繁殖和生产。蜜源主要分布在甘南州的阿木去呼、夏河、合作、碌曲、临潭、卓尼;临夏州的积石山、康乐、和政;定西的岷县、漳县等地。蜂群进入这些地区,先采集早油菜、山花,而后小转地采集当地的晚油菜、山花或转到甘肃中南部地区采集山花和黄芪、红芪、益母草等中药材蜜源。

7月10日前后采完陇东天水林区蜜源的蜂群,进入这一地区刚好赶上采集晚油菜和山花。来甘南一带采完山花、油菜的这些蜂群,8月上、中旬,有的就地不动采集草花,繁殖越冬蜂;有的到碌曲、玛曲、若尔盖、红原、甘孜等地采山花,休整后小越冬,然后南下四川、云南;有的转到甘肃中部采党参;有的转到甘肃东部的会宁、天水、静宁、华池、环县、庆阳、陕西的定边、靖边、盐池等地采荞麦,然后越冬南下。

另一路,6月5日前后采完甘肃东部刺槐的蜂群,不去采甘肃东部林区蜜源,将直接转到青海省东部的西宁、平安、乐都、民和等地采早油菜,采完早油菜后同另一部分6月底到7月初进入青海的蜂群一道转入蜜源更为丰富的地区采集。

一是转入黄河以南的共和、贵德、贵南、同德等地和甘肃马先蒿等地采晚油菜、野藿香、草花。

二是可向北转到青石咀、门源、大通、互助、江西沟等地采晚油菜和山花。

三是向西转地到海北的刚察、湟源、湟中、农场采集晚油菜和山花。

这进入青海的三向蜂群,8月底蜜源已基本结束,有的可转到青海附近小越冬,有的蜂场可转到云南、四川采集野坝子蜜源,大部分蜂群在7月下旬采完油菜后,转到甘肃河西走廊武威、张掖地区的高寒山区采晚油菜和山花,随后到走廊区域采集荞麦,或8月初转到民勤、景泰等县采集小茴香,也可转向陇东、陕北、宁夏六盘山区采荞麦,然后休整越冬南下。

(三)中线

在这一地区采集,有两种蜜源情况可供广大养蜂者参考。

一是6月5日前后,甘肃中、东部地区采完刺槐的蜂群,直接将蜂转入陇中地区的定西、通渭、陇西、渭源、榆中、白银、会宁、甘谷、秦安、清水等县和甘肃东部庆阳、平凉两市的庆城、环县、华池、合水、镇原、华亭、静宁、庄浪、崇信等县以及宁夏六盘山区的西吉、隆德、固原、海原、彭阳、泾源等县。这些地区近几年来随着西部大开发,三西建设,退耕还林草,进行黄河流域生态环境治理,建造山川秀美大西北政策的实施,植被覆盖面越来越大,牧草面积成倍增长。紫花苜蓿、草木樨、红豆草、地椒、芸芥、野藿香、老瓜头、葵花等蜜源丰富,相继开花泌蜜。采集这一线路蜜源,间蜂群可以互相穿插,蜜源利用率高,活动余地大,进退有路,转地费用低。8月上旬这些蜜源结束后,向东,可就地或小转地采荞麦,调整蜂群进入越冬,向西、中,就地不动或短程转地就可采集党参蜜源,采完党参后蜂群就地调整小越冬,准备南下。

二是有一部分蜂群7月5日前后,采完天水、陇东林区蜜源的蜂群,可到陇西、渭源、临洮、岷县、漳县、武都、宕昌等地采黄芪、红芪、益母草、党参等中药材蜜源。近几年随着农业产业结构的调整,当地政府鼓励农民种植具有地方特色的经济作物。这些地区农民根据当地气候、土质特点,把种植黄芪等中药材,作为一项脱贫致富的措施。目前种植的中药材面积大,分布广,是一种非常好的特种蜜源,对蜂群的生产繁殖非常重要,在这一地区赶采特种蜜源的蜂群越来越多。采完黄芪等蜜源后,8月初,这些蜂群就地不动或短程转地就可采集党参(潞党)蜜源,或南下文县采集党参(文党)蜜源。党参是甘肃中南部大面积种植的中药材,是特种蜜源,花期长(8月初至9月底),蜜粉充足,是夺取高产和繁殖越冬蜂的好场地。采完党参后一部分蜂群就地调整小越冬,有的南下云南赶野坝子,也有的去浙江等地赶茶花。

(四)北线

采完陇东南部和陕西交界处刺槐的蜂群北上宁夏、内蒙古。

一是5月底到6月初进入鄂尔多斯高原采集老瓜头、地椒、骆驼蓬、沙枣、紫花苜蓿、芸芥等蜜源,这一蜜源7月上旬结束,生长在海拔2800m以上高山区的地椒,花期可延续到8月上旬,特别是骆驼蓬在春夏连续干旱,炎热高温年份,其他蜜源一般都停止流蜜,可骆驼蓬泌蜜涌,并且花粉丰富,利于繁殖。在这一线赶采蜜源的蜂场,根据当地的蜜源情况,选择转场时机,有的蜂群就近转入盐池、同心的荞麦地;有的可转入黄河两岸南起宁夏的中卫,北至内蒙古临河的大面积葵花场地;有的蜂群向南到甘肃东部环县、合水、华池、庆城、西峰等地采荞麦、山花。

二是直接到内蒙古老瓜头蜜源场地放牧的蜂群,采完老瓜头后可直接北上包头、临河、河套地区采葵花,后转入固阳等地采荞麦后小越冬。

三是采完陇东南部和陕西刺槐的蜂群,5月底直接转到宁夏北部沿黄河一带,中卫、银川、平罗、灵武、中宁、石嘴山等黄河灌区,或到内蒙古的河套、临河、包头等地。采集相继开放的沙枣、枸杞、小茴香、紫花苜蓿、草木樨、葵花等蜜源,这些蜜源结束后就地小越冬准备南下。

(五)西北线

甘肃东部采完油菜、刺槐的蜂群分四种情况直进河西、新疆。

一是采完天水油菜的一部分蜂场,4月下旬至5月初直接转到榆中、民勤、武威、景泰等地,采集油菜、籽瓜蜜源,然后与后来转来的蜂群一道采集其他蜜源。

二是6月25日至7月5日在这些蜂群有的可直接进入甘肃的河西走廊的武威、张掖、酒泉等市的武威、凉州、民勤、山丹、张掖、敦煌、安西、酒泉等县,那里降雨量少,气温高,日照时间长,蜜源植物泌蜜丰富。主要蜜源有油菜、沙枣、紫花苜蓿、野藿香、棉花、葵花、骆驼蓬等,有许多蜂群采完甘肃东部的刺槐后直接转入这些地方,采集相继开放的蜜源。

三是有一部分蜂群7月10日前后,到天祝、山丹、肃南、肃北、古浪、武威等地和乌鞘岭山区等地的海拔高、高寒、阴湿地区,采集油菜、山花、百号等蜜源。在此采集结束的蜂群,8月初,有的就地采集野藿香等山花,调整蜂群,培育越冬蜂准备南下。有的转到甘肃中、东部的会宁、天水、静宁、华池、环县、合水、庆城和陕西的定边、靖边、盐池等地采荞麦,然后越冬南下。

四是有一部分蜂群5月下旬至6上旬直接进入新疆维吾尔自治区,采集油菜、棉花、沙枣、紫花苜蓿、草木樨、野藿香、葵花、果树、骆驼蓬等蜜源。

以上介绍的甘肃省内放蜂线路,是根据省内蜜源分布状态、开花泌蜜习性、历年放蜂情况和笔者多年在蜂场工作实践总结提出的,供来甘肃养蜂者参考,养蜂者在实际工作中,还要根据当时当地的气象信息、蜜源结构变化、蜜源长势、流蜜状况等情况,全面考察,认真分析,权衡利弊,灵活、正确选择放蜂线路,以免造成损失。

参考文献:

[1]甘肃省养蜂研究所.甘肃蜜源植物志[M].兰州:甘肃科学技术出版社,1983.

[2]户鼎荣,宗关云,褚忠桥.西北主要蜜源及放蜂线路[J].蜜蜂杂志,1992(1).

[3]甘肃省农业厅办公室.甘肃农牧简报[J].2002(1-16)、2003(1-24).

[4]章定生,佘坚强,曹九明,等.蜜源植物数学模型的建立与应用[J].湖北养蜂,1985(4).

[5]祁文忠,冯国强,张振中.甘肃特种蜜源——黄芪[J].蜜蜂杂志,2003(8).

论文发表在《中国养蜂》2005年第1期。

春雪低温对蜂群影响应对措施

祁文忠[1]，刘强[2]

(1.甘肃省养蜂研究所,甘肃天水 741020;2.延安养蜂试验站,陕西延安 716000)

早春西北地区经常出现大范围雨雪、大风降温天气,降雪对春耕生产大为有利,但对已经开繁的蜂群影响大,针对降雪低温对蜂群的影响,提出了低温雨雪冷冻灾害天气发生后的应对措施和低温雨雪天气后春繁措施,供蜂友参考。

一、低温雨雪天气应对措施

1. 雪灾自救措施主要是防冻,及时清除蜂箱上和场地周围积雪,防止气温回升蜜蜂飞出落到雪上冻死。未开繁的蜂群应保持安静,使蜂群结团处于越冬状态。已经开繁的蜂群,停止奖励饲喂,包括蜜和花粉。

2. 采取变温措施,促蜂排泄。从箱外观察,已经开繁的蜂群加强保温,除在繁期进行的保温措施外,还应在蜂上加盖保温防水塑料布,夜间全部盖好,白天巢门前揭开,防止蜂群冻伤子。如果寒冷的天气时间长,有大量蜜蜂强行出巢排泄,且大肚、拉稀、大量蜜蜂冻死在巢门外,说明蜜蜂体内已积了很多粪便,到了非排泄不可的地步,可将蜂群分批搬进室内,加热提高室内温度,保持室内昏暗,在室温 15℃左右,促使蜜蜂爬出巢门排出积粪,待蜜蜂进巢后再搬往室外。如果蜜蜂还活动飞翔,则开大巢门,继续降低巢温,直到蜜蜂不再活动为止。有条件把蜜蜂搬进室内,室温应在 5℃以下,并保持黑暗。没条件搬进室内的蜂群要加强内外保温。蜂群早春繁殖开始后,蜜蜂经过两周以上困守巢内的生活,一般不会发生其他疾病,因此,绝对不能乱用药,尤其是一些抗生物类药物。

3. 在气温回升到 10℃左右的天气,开始继续奖励饲喂,加快繁殖。未开繁的蜂群,气温回暖抽脾紧脾,加强保温,喂养足饲料,加快繁殖。

二、低温冰雪冷冻灾害后春繁措施

低温冰雪冷冻灾害,对蜜蜂春繁影响较大,西北地区恰恰是定地饲养蜜蜂开始春繁的时段,蜂群受到低温冻害而群势下降,春繁发展困难,复壮生产面临很大威胁。

(一)及时补救

观察冻害情况,采取补救措施,受地域影响,养蜂者应细心观察周围蜜粉源的分布、数量,流蜜期及其时间的长短,尤其是考察好中蜂对这些蜜源的利用情况。一要抓好春繁基础工作,只要蜂王健在,保持足够蜂数,如蜂数不足,应合并蜂群,确保春繁不受影响;二要立即补足饲料,这是抵御灾害成败的关键,切不可抱侥幸心理,以为有植物开花,天气好就能进足饲料。因为本地的这种蜜源,往年是流蜜吐粉比较稳,能够促进蜂群壮大,而受低温冷冻情况,却面临严重的潜在威胁,假如不流蜜,那么缺乏饲料之后,势必还要继续损失掉一代幼蜂,得不偿失。补喂饲料的最好方法是先将优质白糖按2:1用水溶化后,加入饲喂器或代用容器于箱内补喂。注意饲料液面上要加放一定的漂浮物,以防止溺死蜜蜂。三要及时做好包装保温工作。虽然最好的保温物是蜂群,最好的保温方法是饲养强群和蜜蜂密集。但是,为了使蜜蜂在早春能正常而又迅速繁殖,必须人为地提供适宜繁殖的温湿度。西北地区蜂群的早春保温措施可在蜜蜂飞翔排泄时同期施行,且包括内、外保温。活框饲养的可以并排布列,副盖上加盖棉垫,用稻草垫的还应加一层盖布,箱外加盖草秸等防寒材料。巢门是蜂箱内气体交换的主要通道,随着气温的变化要随时调节巢门的大小。中午或天气热时,适当放大巢门利于空气交流;天冷和夜间要缩小巢门,减小巢门进风。

旧法圆桶或背篓饲养的中蜂,并不完全意味着让它们自生自灭,相反,可以顺其自然、适度整理,用棉絮、草帘等保温物从外包裹起来。

(二)促进排泄

连续出现的低温阴雪寡照天气,造成早春繁殖工蜂不能出巢排泄,腹内积粪多,兴奋情绪降低,蜂王产卵减少,一般选择晴暖无风气温8℃以上天气的中午,促使蜜蜂出巢飞翔排泄。还可以采用催蜂飞翔排泄,方法是:在气温8℃以上无风晴天,可在框梁上或容器中喂含酒精的白糖糖浆(糖水比1:1)。用糖浆5kg,加50度白酒250g,每群喂250g。蜜蜂采食含酒精的糖液后立即兴奋,出巢飞翔排泄,并能安全返巢。同时,根据蜜蜂飞翔和排泄情况,仔细判断蜂群情况。如越冬顺利的蜂群蜜蜂体色鲜艳,飞翔敏捷,排泄就少,像高粱米粒大小的一个点,或似线头一样的细条。越冬不良的蜂群蜜蜂体色暗淡,行动迟缓,排泄就多,像玉米粒大一片,排泄在蜂场附近,有的甚至就在巢门附近排泄。若腹部膨胀,就爬在巢门板上排泄,表明这群蜂在越冬期间受到饲料不良或潮湿影响。如蜜蜂出巢迟缓,飞翔蜂少而无力,表明群势衰弱。如蜜蜂从巢门出来在箱上乱爬,用耳朵贴近箱壁可听到箱内有混乱声,表明这群蜂可能失王。对于不正常的蜂群应标上记号,并优先开箱检查处理,及时清除箱底死蜂、蜡屑和霉迹,处理病蜂,适当喂些大黄、酵母等,调整好蜂群。

排泄后的蜂群若仍可能遇到降温等天气时,可在巢门前斜立一块木板或厚纸板,再盖上草帘给蜂巢遮光,保持黑暗和安静,以免蜜蜂受阳光吸引飞出冻僵。直至外界气温适宜时,撤去巢门前的遮光物。

(三)紧脾缩巢

活框饲养的中蜂早春繁殖普遍存在着巢脾过多的现象,箱内空间大,蜜蜂分散,不利于蜂王产卵和保温保湿。所以,要抽出多余巢脾,使蜜蜂密集,并缩小蜂路。视蜂群强弱一般以 2 张脾为宜,实在特别弱小群可作适当合并,以增强抵抗力。多余的含有少量蜜粉的空脾可暂且放于隔板外面,便于以后喂饲和扩巢。

紧脾的方法是:选择当天最高气温能在 13℃以上的午前,将应该紧出的巢脾上的蜜蜂抖落在箱底,让它爬到留下的巢脾上去。留下的巢脾应脾面周整,育过 3~10 代子,边角可有存蜜和有花粉的脾。试验证明,在复壮阶段,蜂多于脾比蜂少于脾的蜜蜂成活率可提高 25%,育子量增加 7%,且子脾整齐、饱满、健康。假使不进行紧脾,让蜂群处于脾多于蜂的自流状态,在气温高时扩大的虫脾到寒潮来时就易冻坏,使工蜂的哺育成为无效劳动。工蜂因失去较多营养和过分辛劳时,寿命会缩短,也极易造成春衰。

(四)清巢防病

为防止大灾之后出现大的疫情,要积极防病保种。养蜂者要根据饲养的不同类型和当地的情况有针对性安排管理。例如早春箱底残渣中存活的巢虫幼虫,可以给巢虫活动季节潜伏危害。由于中蜂清巢能力和抗巢虫能力弱,为防止影响繁殖和采蜜,甚至于弃巢而逃。所以必须以预防为主,勤扫箱内残渣、蜡屑,保持蜂群卫生;清除陈旧巢脾;蜂箱保持结实、严密。同时,就地使用山区出产的山楂制成山楂酸饲料,防治早春易发的传染性疾病。方法是先将山楂熬成药水,每次 40~50min,与白糖按 1∶1 溶化后喂蜂,每群每次 50g 左右,连喂 3~4 次。

(五)确保饲料

早春蜂群恢复活动以后,蜂王产卵逐渐增加,从每昼夜几十粒到几百粒,最后恢复正常。当蜂群中虫脾较少时,消耗饲料尚少,但随虫脾面积的扩大,就要消耗相当多的蜂蜜、花粉、水和无机盐。如果缺乏这些食物,就会影响幼虫发育,必须保持群内有充足的饲料。

补助饲喂:在春季气温寒冷多变,蜜、粉源植物缺乏时,对饲料不足的蜂群在包装之后必须立即给予补助饲喂,保证蜂群春繁阶段饲料,促使蜂王快、多产卵。补助饲喂以前一年预留的封盖蜜脾最好,若没有就用开水化优质白砂糖制成糖液饲喂。糖水比为 2∶1。饲喂时手感稍温,避免降低巢温。所以,为使蜂群尽早复壮,中蜂还需要加强奖励饲喂。

奖励饲喂:早春对蜂群进行奖励饲喂,是在蜂巢内饲料充足的前提下才能起到促进蜂王多产卵的作用。在距主要蜜源开花流蜜期前 40 多天开始奖励饲喂,每天天黑前对蜂群进行少量奖励饲喂,开始以 500~1000g 为宜,之后随着子圈面积的扩大而逐渐增加,每次增加一点。以刺激蜂王产卵积极性,直至蜜源开始流蜜。

奖饲糖浆的浓度带有奖励和补饲结合的性质,糖水比为 1∶2。奖饲会刺激工蜂外飞,开始时,隔天奖饲 1 次,随着幼虫增多改为每天 1 次。奖饲后不允许次日有多余,一般在晚上进行,以免蜜蜂吃食后兴奋飞出巢外。糖汁不得流出箱外或滴在地上,以防盗蜂。如遇寒潮侵袭气温下降,应喂给浓度较高的糖液,以利蜜蜂吃后产热保温。在有哺育无羽化过程中后期,外界气温低,巢内无新蜂出房,每天或隔两天喂 1 次,每次每群蜂 250g 左右。巢内糖多喂少,糖少喂多,视脾内贮蜜量增减,从而保持巢内的每张巢脾贮蜜足量,既防止缺糖挨饿,又避免蜜卵争脾。这种喂糖浆的主要目的是刺激蜂王多产子,工蜂多哺育,还有利于增进工蜂体质。奖励饲喂时,要根据中期气象预报,低温阴雨期在1周以内可以正常进行,在1周以上寒潮前期可少喂,寒潮到后喂的次数不能多,糖浆也不能太稀。如果贮蜜欠足,可用蜂蜜和白糖做的炼糖饼饲喂,到将要放晴前1~2d,可用糖浆饲喂。在长期低温阴雨中后期,偶然出现短时升温,云层稀薄或太阳露面,可在气温较高瞬间喂点稀蜜水,促进工蜂出巢排泄,再出现少数冻僵在巢前和蜂场周围的工蜂可细心拾到杯里,倒到强群蜂团正中让其复活,以减少损失。

(六)开繁花粉不可缺

早春外界粉源少,必须喂粉,饲喂办法是:在隔板外放蜜粉脾;将已消毒的花粉用蜂蜜用1:0.6拌成花粉团,放在巢框上梁,供蜜蜂自行取食;确实没有贮备的天然花粉,也可用高质量的代用花粉,总之在繁殖期绝对不能缺粉。如果确实没有粉脾和天然花粉,可将黄豆炒至七成熟磨粉,加入复合维生素和蜂蜜制成湿花粉团,做成粗条子摆到上框梁喂蜂。为确保不致缺粉弃子,在上梁上花粉吃尽前,就应喂给人工花粉条,并要坚持到巢内可以加花粉脾或巢内已有较多剩余花粉时止。

(七)繁殖要喂水

蜂群繁殖时水是不可缺少的,早春气温低,蜜蜂采水困难,常常出现采水后冻僵难以回巢,损失严重。如果巢内有空间,将喂水器放在蜂巢内,喂水时可适量加食盐,盐水的浓度为0.1%~0.5%。

(八)繁殖扩巢(加脾)

早春加脾不能心急,巢内必须蜂多于脾,两张脾全部产满后,蜂王爬在隔板外面产子时,将隔板外的脾调进巢内边脾位置,再从隔板外靠1张蜜粉脾,等群内两张子全部出房,蜂数增多,将隔板外的脾继续调入边脾位置,这样在早春天气异常的情况下,防止蜂群缩团造成蜂脾边缘和边脾外侧的虫卵冻伤,如果有冻伤也只是小子,不碍大事。

产卵圈的大小,关系到蜂群繁殖的快慢。封盖蜜压子时扩大产卵圈、巢脾前后调头、割开封盖蜜盖。加脾加巢础,"宁晚勿早"。加脾的原则是"前期要慢(使蜂多于脾),中期要稳(使蜂脾相称),后期要快(可使脾多于蜂)"。当气温逐渐升高,群内蜂数大增,可在群内第二位置加脾,用快刀削平1~2mm,以便于蜂王产卵,加快扩繁速度。

论文发表在《中国蜂业》2017年第5期。

也谈中蜂人工育王技术

祁文忠

(甘肃省蜂业技术推广总站 甘肃省养蜂研究所,甘肃天水 741020)

摘 要:近年来,各地蜂农中蜂饲养热情高涨,多数蜂农饲养中蜂采用粗放管理方式,使用自然王台,培育出来的蜂王质量差异大,质量差,大多养蜂员不会或没有掌握人工育王技术,笔者通过对中蜂人功育王意义、中蜂人工育王技术中哺育群的选择、育王应注意的问题、育王操作技术、交尾群组织与管理等方面加以介绍,目的是引蜂农合理应用人工育王技术,提长科学饲养中蜂技术,提高养殖效益。

关键词:中蜂;人工育王技术;哺育群;交尾群

中华蜜蜂(*Apis cerana cerana Fabricius*)简称中蜂,是中国生态地理条件下,自然界选择出的一种中国特有的蜜蜂。蜂王是蜂群中主要繁殖者,在自然界中一个蜜蜂群体有几千到几万只蜜蜂,由一只蜂王、少量的雄蜂和众多的工蜂组成。蜂王的主要职能是产卵,蜂群内所有的个体(新蜂王、雄蜂和工蜂)都是由它产卵发育而成,蜂王质量的优劣直接影响蜂群的发展和蜂产品的产量。

一、采取人工育王的意义

目前,多数蜂农饲养中蜂采用粗放管理方式,使用自然王台。虽然自然王台蜂王也能发展、生产,但由于工蜂建造自然王台育王受气候、蜜源、群势、群内条件、分蜂期等多种因素的影响,培育出来的蜂王质量差异大,质量难以保证,从而导致中蜂的生产力不高,养蜂效益低,采用人工培育出优质蜂王方法,提高饲养中蜂的经济效益。

中蜂在中国分布广泛,目前中国的中蜂处于人工饲养或半人工饲养状态。土法饲养的中蜂群毁脾取蜜,只能在蜂群分蜂期或自然交替蜂王的情况下,由工蜂建造自然王台培育蜂王。土法饲养的中蜂在分蜂、取蜜、繁殖等方面受到极大的限制。中蜂活框饲养后,可以人工培育蜂王、人工分蜂、适时取蜜和提高蜂群的繁殖率,大大提高了中蜂的经济效益。

蜂王质量优劣直接影响蜂群的繁殖和产蜜量。活框饲养的中蜂群,在养蜂生产实践中,人们可利用人工育王技术选优质蜂王,优质蜂王具有良好的遗传性状,能维持强大的群势,工蜂采集力强,蜂群抗病力强等优点,人工培育优质蜂王显得尤为重要。

二、如何选择培育蜂王的哺育群

中蜂在自然界群体性能差异较大,有的蜂群存在分蜂性强、喜迁飞、性情暴烈等缺点,这些不良特性对于中蜂在自然界的生存斗争是有利的,但却不符合人类生产的要求。

1. 选择具有优良性状的蜂群培育蜂王　蜂群的优良性状主要表现在,一是分蜂性弱,能维持强群,抗病力强,群体采集力强。在同等蜜源条件、气候条件下,工作蜂出勤早,归巢晚,蜂群进蜜快,取蜜时产蜜量明显高于其他群,这样的蜂群采集力强。二是抗巢虫和中蜂囊状幼虫病的能力较强。在蜂场有的蜂群对巢虫和中囊病的抵抗能力强,遇上中囊病发生却安然无恙。这样的蜂群就可以作为培育蜂王的哺育群。三是性情温和,抗逆性较强。性情温和的蜂群便于检查、取蜜等管理。蜂群的抗逆性主要表现在遇上恶劣的气候条件时不飞逃,抗寒能力较强等。

2. 培育优质蜂王的群内条件　蜂王质量的优劣取决于幼虫期得到蜂王浆的数量和稳定的巢温,构造良好的群内环境是培育优质蜂王的先决条件。一是有足够的哺育蜂。工作蜂羽化第 4 日龄后,工蜂位于头部前额和两侧的王浆腺开始发育,并分泌王浆,哺育蜂是羽化出房中 4~18 日龄的年轻工作蜂。群内哺育蜂多能够分泌充足的蜂王幼虫发育需要的蜂乳。二是稳定的巢温。蜂王幼虫发育的适宜温度是 33℃~35℃,哺育群的温度要保持在 33℃~35℃,才能使幼虫健康成长。三是群内刚出现雄蜂蛹。这时期蜂王的产卵量开始下降,也是群内积累青年蜂最多的时候。此时蜂群对王台的接受率比较高。

三、中蜂育王应注意的问题

与西方蜜蜂不同,中蜂是中国本土的蜂种,具有原始“野性”,长期以来处于野生和半野生状态,在数千万年的历史进程中,中蜂和植物形成了相互作用、相互适应的协同进化关系,地理环境和生态条件下,形成了区域性优良的遗传地域特征、变异和选择特征、基因性状与环境特征;不像西方蜜蜂那样驯化饲养成功,适宜全国各地引种、转地放养。不同区域的中华蜜蜂基因迁入后,不可避免地改变当地中蜂的遗传结构。不适应的基因造成蜂群抗逆力下降,患病蜂群增多。所以在中蜂育王时应注意以下问题:

1. 禁从外地引进中蜂蜂王　从距离较远的不同生态区引进中华蜜蜂种王,将改变本地中华蜜蜂的遗传结构,存在极大风险。

2. 禁止不同生态区的中华蜜蜂蜂群进入　从外面引入的中蜂,群内雄蜂影响了本地中华蜜蜂的基因库,导致本地遗传结构改变,使蜂群抗逆力下降。

3. 注重区域性蜂种选育　需要科学的方法和当地中蜂饲养者共同参与。需要对种用群的抗病性、生产性能等综合考察。劣群(抗病力弱、分蜂性强、蜂群发展缓慢、生产力低下)的蜂群从种用群中淘汰。收集抗病力强的蜂群作为种用群,每个蜂场都应选种用群 30 群以上,以避免近交退化。在培育雄蜂的季节,每隔 12d 定期割开患病蜂群、生产性状差的蜂群中的雄蜂封盖子,号召周边蜂场都控制劣质雄蜂繁殖。

四、培育中蜂王的操作技术

人工培育出体格健壮、产卵力强的蜂王,利用优质雄蜂,选择强壮健康的哺育群育王。移虫、分配王台等方面的正确的操作技术很重要。

1. 提前培育种用雄蜂 蜂王与雄蜂的发育期不同,为了使雄蜂与蜂王的性成熟期相吻合,需要提前培育种用雄蜂。做法是选择经济性状优良的蜂群培育种用雄蜂,在春季蜂群进入快速增殖期,加入雄蜂房多的巢脾扩大蜂巢,促使蜂王产下未受精卵,同时加强饲喂。如果蜂巢内贮蜜不足,孵化的雄蜂幼虫可能被工蜂拖掉。春季外界气温较低,要适当给蜂群保温。待雄蜂幼虫封盖后,子脾两面的蜂路保持在 12~14mm,避免挤伤雄蜂蛹。在培育种用雄蜂期间,非种用的雄蜂蛹要及时割除。种用雄蜂开始出房时就着手育王了。

2. 选择哺育群 蜂王在幼虫期得到蜂乳的多少决定蜂王质量的优劣,因此,选择哺育群特别重要。在移虫前一个星期,在蜂场挑选性状优良的蜂群作为哺育群。

移虫前一天,对哺育群进行调整。要求 6~8 框足蜂以上的群势,巢内有大量的哺育蜂,保留封盖子脾和少量的幼虫脾,抽出空脾使蜂数密集。

中蜂在无王的状态下情绪低落,工蜂泌乳减少。所以,在培育蜂王期间哺育群不能无王或靠临时抽出蜂王来提高接受率。为了使哺育群正常繁殖和育王,在蜂巢当中插入隔王板,把蜂群划分为繁殖区和育王区。繁殖区留成熟子脾,育王区留卵虫脾和蜜粉脾。这样哺育群很容易接受王台。

3. 制作人工王台 在自然蜂群里,中蜂王台刚产卵时的台基深度 6~9mm。随着台基内幼虫发育工蜂逐渐加高台壁,封盖的自然王台高度在 15~20mm。根据工蜂在建造王台时表现出的生物学特性,人工台基以高 9mm,直径 8~9mm 为宜。

4. 移虫 把经济性状优良蜂群中的幼虫移入人工王台内生长,为了培育的蜂王身健体壮,可采取复式移虫。当育王框重新放进哺育群后,哺育蜂对台基内的幼虫进行认真地检查,在复移后的 2~10h 内决定取舍。这就是通常所说的接受率。复移 36h 后幼虫发育很快,进食量增大。这时哺育蜂饲喂的蜂乳随之增多,幼虫呈乳白色漂浮在蜂乳上面。复式移虫王台内浆量多,培育的蜂王质量好。

第一次移虫。工蜂饲喂蜂王幼虫是随着幼虫生长逐渐增加泌乳量。根据这一特点,第一次移虫的虫龄可适当大一点。这样的幼虫易挑,易被工蜂接受。移虫时动作要轻,不能擦伤幼虫。

复式移虫。第一次移虫 24h 后进行复式移虫。复移前最好饲喂蜂群,刺激工作蜂多吐浆,便于挑虫。复式移虫时,将前一天移的接受了的虫,用镊子轻轻夹取,然后从种群寻找到的不超过 24h 虫龄的幼虫移入王台内原虫位置。为保证幼虫有足够的蜂乳,6~8 框蜂的群势移入 20~25 个幼虫较合适。移完后迅速把育王框放进哺育群。

五、交尾群组织与管理

复式移虫后的第 10d 组织交尾群。组织交尾群方法有两种：

1. 原群组织交尾群　在蜂巢中间加隔离板，把蜂群分为有王区和无王区，两个区各开巢门。分区第二 d(也就是复式移虫后的第 11d)在无王区介绍成熟王台。

2. 多区组织交尾群　把标准蜂箱分隔成三个小区，巢门开在不同的方向。从其他蜂群中提出带蜂子脾和蜜粉脾，每个小区放子脾和蜜粉脾各一张，尽量提出房子脾，小区内要蜂多于脾。三个小区四周要隔严，防止区间的蜜蜂串通。组织交尾群的第二天(也就是复式移虫后的第 11d)介绍王台。

3. 交尾群管理　交尾场地须开阔，交尾箱置于地形、地物明显处，在巢门口的箱壁上贴上黄、绿、蓝、紫等不同颜色标志，便于蜜蜂和处女王辨认巢穴。

介绍王台时最好两人配合，从哺育群中提出育王框，不抖蜂，轻轻用蜂刷扫落蜜蜂，一人用薄刀片紧靠王台条面割下王台，一人将王台镶嵌在交尾群巢脾中间空处。在操作过程中防止碰伤、震动、倒置或侧放。

介绍王台前一定要检查确定群内无王、无王台，方可介绍王台。介绍王台一天后处女王出房，处女王出房的第一天在巢脾上不停地爬行。第二和第三天处女王特别畏光，大部分时间静静地匍匐在巢脾上。处女王在出房后 6~10d 交尾。根据处女王的特点，提高交尾成功率，在介绍王台后尽量不要检查交尾群。蜂王出台后 12~13d，检查新王产卵情况，若气候、蜜源、雄蜂等条件都正常，应都正常产卵了，如果还没有产卵或产卵不正常，说明交尾不成功或交尾质量差，这类蜂王立即淘汰。

因交尾群小，守卫能力差，要防止盗蜂发生。气温较低对交尾群进行保温，高温时做好通风遮阳工作，傍晚对交尾群奖励饲喂，促进处女王提早交尾。

参考文献：

[1]李旭涛,孟文学.西北蜂业全书[M].兰州:甘肃科学技术出版社,2007.

[2]福建农学院.养蜂学[M].福州:福建科学技术出版社,1981.

论文发表在《甘肃畜牧兽医》2017 年第 7 期。

抗击新冠肺炎疫情，促进蜂业全面复工复产

祁文忠

（甘肃省蜂业技术推广总站，甘肃天水 741022）

根据《农业农村部办公厅关于切实打通堵点促进养蜂业全面复工复产的紧急通知》（农办牧〔2020〕）要求，畅通交通运输，精准指导复工复产，加强技术培训与服务，完善工作协调机制。认真贯彻落实通知精神，上下高度重视，采取务实有效措施，推动全省养蜂业全面复工复产，对全省疫情防控、蜂业复工复产等方面进行了调研，指导蜂产业发展。

天水综合试验站认真贯彻落实通知精神，开展行之有效务实可行的举措，通过电话、微信、视频、邮件等形式，开展了覆盖全省陇南、天水、定西、甘南、平凉、庆阳等市州的调研，调研的人员结构为企业代表 5 人，蜂业管理干部 4 人，蜂农合作社 18 个，蜂农代表 18 人，蜂业协会 2 人，共调研 47 人，调研的蜂农有中蜂饲养者，西蜂饲养者和中西蜂混养者，有定地饲养者，也有转地饲养者。调研过程中从蜂群春繁技术需求，蜂群转运路障问题，复工复产情况，如何解决问题，解决问题时应从哪些方面进行着手解决等角度问答，全力推进蜂产业全面复工复产，健康有序发展。

一、蜂群转运道路通行情况

自 2020 年 2 月 21 日 14 时起，将甘肃省新冠肺炎疫情防控应急响应级别由一级应急响应调整为省级三级应急响应。从 2020 年 2 月 23 日，甘肃省公安厅系统视频会议精神，除省上同意的 310 国道东岔和火车站、高铁站、汽车站、机场检查点外，要求其余全部道路要畅通，包括国省道、县乡道、镇与镇、村与村道路，包括穿村的以上道路。3 月 12 日以来道路已经全面通畅。

针对前段时期蜂群运转过程中道路不畅通、转地蜜源场地消息不够明细等困扰蜂农的难题，按照国家蜂产业技术体系开通的"路障通"小程序，结合甘肃省实际，建立蜂群转运路障通微信小程序信息上报团队，由国家蜂产业技术体系天水综合试验站站长、甘肃省蜂业技术推广总站副站长负责全省信息上报和初步审核，各县区指定路障通信息员，及时发布蜜源分布、放蜂场地、载蜂量等动态信息，特别是阻碍转地蜂群运转的路障信息，初审后上报蜂产业技术体系"路障通"审核，解决转地蜂农放蜂转场难的问题。从目前调研情况看甘肃道路通畅，没有阻碍蜜蜂转运、生产资料运输等方面的路障问题。

二、复工复产与生产资料供应方面

从 2020 年 2 月 21 日起,全省各市州陆续在严防输入、精准防控的基础上,发出了全面恢复正常的工作秩序、恢复经济、社会秩序、生产秩序、生活秩序的通告。不得封路、封村、封社区、封市场,在保证车辆和人员正常通行的前提下,随着天气转暖,外界逐步有自然花粉,蜂王便开始产卵,春繁工作全面开始。目前,全省养蜂业已全面恢复生产秩序,各地蜂农做好越冬蜂群的更新和蜂群增殖,保证越冬后的蜂群能够顺利地恢复和发展,蜜蜂繁殖所需的代用饲料、花粉、白糖供应充足,没有因疫情造成影响蜂群春繁的问题。

三、应对疫情采取措施与养蜂扶持政策

疫情发生后采取了应对措施。一是进一步强化思想认识,确保疫情期间生产形势稳定。对蜂农加强宣传中央、省上新型冠状病毒肺炎最新政策和疫情防控要求,教育养蜂人员科学防范,做好自身防护措施,保证安全,坚持疫情防控与复工复产措施落实,防止复工复产后发生疫情并蔓延扩散。多渠道联系放蜂场,帮助转地饲养蜂场度过难关,与邻近市、县、区加强联系,疏通渠道,为蜜蜂春繁开启绿色通道。二是开展"防控疫情　蜂业献爱"活动。疫情无情人有情,天水综合试验站联络倡议,广大蜂业爱心人士,积极捐赠物品,慰问一线抗击"新冠"医护人员和疫情监测点值守人员,为一线人员送到了甜蜜和温暖。岷县、宕昌县、徽县、麦积区、西和县示范蜂场共捐赠物品折合人民币 78 220 元。三是鼓励蜂农加强蜂群管理,减少疫情对蜂业生产带来损失。对定地饲养蜂场来说,去年暖冬影响蜂群蜂数下降,饲料销耗大,慎防死亡蜂群。外界花粉不足,蜂场不要急于包装春繁,引起蜂群大量空飞起盗,蜂群下降更严重。现在大部分地方外界已经有花粉,气温回升,调整蜜脾,合并小群再作内包装保温,促进春繁。四是通过网络微信等形式进行网上交流,在疫情防控条件容许的情况下,到实地考察并技术指导春繁,以保证春繁顺利进行。早春天气变化多端,时常关注天气预报,严防寒潮来袭带来的大范围降温,通过网络微信等形式提醒广大蜂农做好防寒保温工作,检查蜂群饲料,对饲料不足的及时用蜜脾进行补充,防止蜂群发生起盗现象,确保春繁顺利,度过困难,夺取丰收。五是岷县 2019 年将中蜂产业定位于第二位富民脱贫产业,"药、蜂、草"成为岷县脱贫工作的主要项目,全县投入财政扶贫专项和东西部扶贫协作等各类蜂产业发展资金 4070.75 万元。麦积区 2019 年用东西部扶贫协作项目 1200 万元扶持贫困户发展中蜂产业。六是 2020 年 3 月 20 日甘肃省农业农村厅关于转发"农业农村部办公厅关于切实打通堵点促进养蜂业全面复工复产的紧急通知"下发各市州贯彻落实。

四、存在的问题和建议

1. 前期尽管农业农村部、交通运输部、公安部联合下发了相关文件,但各村镇设卡防

控疫情严格,限制外来车辆进入,只执行地方新型冠状病毒肺炎疫情联防联控领导小组办公室指令,蜂农转地受到限制。现在已经不存在此类问题。建议做好蜂群管理,培养强群为后期蜜源生产做好准备。

2. 由于蜂产业在大农业中占的份额小,许多行政人员对此了解甚少,与他们交流比较费劲。建议加强蜂产业对农业贡献宣传,建立蜂业管理机构或专职负责人。

3. 由于这次新型冠状病毒肺炎疫情肆虐,对部分蜂场受到影响,出现有花无蜂,有花蜂场过剩的局面,造成蜜源损失和无蜜可采现象,部分蜂场春繁受损,蜂产品欠收情况在所难免,蜂产业面临严峻考验。建议各地执行好蜂群运输绿色通道政策,使蜜蜂运输通畅。

论文发表在《中国蜂业》2020年第5期。

身残志坚　酿造甜蜜

——记清水县蜜蜂产业协会会长李全健

（祁文忠　甘肃省养蜂研究所，甘肃天水 741020）

　　李全健是甘肃省天水市清水县贾川乡董湾村人，论年龄已年过半百，可从相貌上谁也看不出是 50 多岁的人，一头乌黑而浓密的头发，白净而红润的面容映衬出精力充沛，炯炯有神的目光透射出自信，不知情的人都以为他还不到 40 岁，问他养生之道，他总是笑容满面地说："不抽烟，不喝酒，饮食清淡，每天服用蜂蜜、蜂王浆，常年与蜜蜂朝夕相伴。"说起蜂产品和养蜂的事他总是兴致勃勃，激动不已。

　　在他 13 岁那年，因家境贫寒，过早、过重承担家务劳动，积劳成疾，一场大病，卧床 3 年，由于生活极度困苦和医疗条件有限，治疗不善，致使双腿不能行走，落下终身残疾。但他意志顽强，勤奋好学，自我充实，向病魔挑战，向生活挑战，他对美好生活的向往和对走出山沟像健康人一样追求事业的梦想与意愿却丝毫没有改变。平时学习各种小手艺和养蜂知识，在家养了几箱蜜蜂，充实生活，用微薄的收入贴补家用。1978 年养蜂是个丰收年，他饲养的 8 箱蜜蜂生产的蜂蜜卖了 300 多元，在当时 300 多元钱对他来说可不是个小数目，从来也没见过这么多的钱，他高兴的一夜没睡着。有了钱自己的病就有了希望，于是他就拿养蜂挣到的钱，到兰州、西安等地为治疗自己的腿疾，走访了多家医院，但一线希望还是破灭了，终因延误过久，医生也爱莫能助，无法治好他的双腿，带着无奈和绝望的心情回了家。300 多元钱所剩无几，失望之余的他，理智地思考今后生活的打算。"置之死地而后生，放之亡地而后存"，自强不息的他，不能在家虚度年华，打定注意，谋求职业，自食其力。于是 1980 年独身一人拄着双拐离开偏僻的家乡，来到县城，艰苦创业。

　　创业对于健康的人都困难重重，对一个下肢瘫痪的残疾人来说，更是充满着荆棘、坎坷和苦涩，创业之艰难就可想而知。拄着双拐托着瘫痪的下肢，在人生地不熟的县城，前后十几天才借了 50 元钱，加上原有的 30 元，买了一台补鞋机，用补鞋挣到的钱又购置了照相器材、钟表修理器材，开始了他创业生涯。经过几年来的艰辛努力，手头略有点积蓄，但他始终都在想着他酷爱的养蜂事业，购置了 20 多箱蜜蜂，放养在住地，同小蜜蜂朝夕相伴，精心呵护蜜蜂，观赏着生机勃勃的蜜蜂飞舞，心情舒畅，轻松愉快，从勤劳的蜜蜂身上体会到生活的乐趣和人生的哲理，像蜜蜂一样生活、工作，是他创业之路上的精神财富。通过自己刻苦钻研，学习各种养蜂书籍，向老养蜂员请教，向有关专家请教，他开拓创新，从蜂病防治、饲养管理、蜂种引进等方面运用新科学，改进旧传统，养蜂技术逐步提高,后来蜂群发展到60多箱,进行定地与小转地结合饲养,追花取蜜,夺取高产。同时开办了蜂产品门市部,进行蜂产品营销活动,他自产自销,批发零售兼顾,养蜂事业和蜂产品生意一天天红火起来了。他在创业过程中餐风宿露,摸爬滚打,历尽艰辛。功夫不负有心人,含辛茹苦的付出,得到了甜蜜的回报,如今资产已过百万元,他充分体会到小蜜蜂带来的甜蜜与幸福。致富后的李全健不忘乡情,不但经常帮助资助蜂农,还关心和支持家乡教育事业,先后捐助小学校舍建设和资助困难学生资金累计2万余元。

李全健对养蜂事业情有独钟,深有体会养蜂业对人类健康和农业生产有着重要贡献,他自己靠蜜蜂脱了贫致了富,还积极带动全县养蜂爱好者进行规模化养蜂事业。在他的倡导、组织、努力下,在甘肃省养蜂研究所、清水县政府的关心下,在清水县农牧局、科协、残联、民政等部门的协助下,2005年10月1日清水县蜜蜂产业协会成立了,李全健被推选为会长。协会成立之后没有办公室,他就在自己家里挂上牌子,设立办公室,尽量抽时间来接待和解答蜂农的技术咨询、蜂病防治、蜂产品购销和养蜂用具供给等。几年来,他用自养的60多箱蜜蜂做实验,摸索养蜂新技术和一些蜂病防治新方法,先后在自己蜂群中实验成功后,再向广大蜂农推广,还从北京、吉林、浙江等地购进优良蜂种,向全县推广应用。为蜂农提供蜂药蜂具,只要蜂农一打电话,他就忙着捎带,或用自家车送货上门,同时帮助养蜂会员销售蜂产品,提供指点销售渠道。为了扩大信息量,他接通了宽带,征订了《中国蜂业》《蜜蜂杂志》《养蜂科技》等刊物和购买了多种养蜂书籍资料,多渠道多方位了解蜂产业市场动态,指导蜂农养蜂生产。为了推广中蜂新法饲养,改良蜂群,经常到几十里路的山区,头顶烈日,冒着高温酷暑,帮助指导蜂农中蜂过箱。清水县永清镇杜沟村蜂农雷富仓说:"李会长指导我中蜂过箱,进行新法饲养,由于他行走不便,我们就用架子车拉着走十几里山路,亲自到我家指导,非常认真细致,吃苦耐劳,一边指导一边亲手示范操作,一直工作到天黑,将过箱后蜂群如何管理、蜂箱如何摆放、如何防治病虫害等许多细节一一交代清楚,才让我们连背带拉送到公路边坐车回家了"。他积极组团参加甘肃省蜂业技术推广总站(甘肃省养蜂研究所)组织举办的各种养蜂培训班和学术交流活动,在此基础上,每年春秋两季和甘肃省养蜂研究所联合,在清水县有关部门的协助下,分别组织举办1次全县养蜂培训班和蜂业工作及信息交流会,指导蜂农科学养蜂,宣传蜂产品国家标准、行业标准、地方标准、安全用药和饲养规范等,督导蜂农蜂产品安全生产,通报全国蜂业信息,分析市场动向。李全健还在不同的场合,大力宣传养殖蜜蜂对农作物授粉,提高山区涵养林的保护和植物多样性的发展,使主管农牧的政府干部,充分认识到,养蜂所带来的巨大经济效益、社会效益和生态效益,增加对养蜂业的重视,加大对发展养蜂的政策扶持和资金支持。在他的带动下,全县养蜂从业人员逐年增多,协会会员由成立时的54名已发展到139名,养蜂人员素质普遍提高,养蜂数量明显增加,养殖规模不断扩大,蜂产品营销市场予以活跃,清水县蜂产业有了巨大变化,取得了较大成就,推进了清水县养蜂事业的大力发展。

　　2011 年被清水县蜂产业遴选为国家蜂产业技术体系天水综合试验站示范蜂场,2014年已饲养中蜂 200 多群,收入 10 万元,起到示范带动作用,更好地推进了周边养蜂业的发展。他在蜂文化宣传方面做了大量工作,把蜜蜂为大农业、生态建设、生物多样性方面的贡献宣传到位。

　　我们赖以生存的生态环境,离不开辛勤的蜜蜂,在我们养蜂事业的甜蜜路上离不开像李全健这样的奋斗者。他身残志不残,顽强拼搏,坚韧不拔,不屈不挠,从他身上我们看到了一种精神,一种蜜蜂精神,这种精神是蜂业人勇于进取,开拓创新,把养蜂事业推向前进的动力。

　　此文发表在《中国蜂业》2009 年第 4 期。

发展中蜂产业，助推精准扶贫

祁文忠，郝海燕，刘彩云，师鹏珍

（甘肃省蜂业技术推广总站 甘肃省养蜂研究所，甘肃天水 741020）

摘　要：本文通过对甘肃蜜源资源、蜂业现状、发展模式、技术服务等方面的介绍，分析了甘肃中蜂产业发展与精准扶贫精准脱贫方面存在的问题，提出了通过发展中蜂产业助推精准扶贫的思路。

关键词：中蜂产业；精准扶贫；发展；问题；思路

养蜂业投入少、见效快，回报率高，既不与种植业争地、争水、争肥料，又不与养殖业争草、争饲料，也不需建厂房，不污染环境，其经济效益显著，投入产出比高。不会产生"三废"，保护生态环境。近两年来，中蜂产业在甘肃省发展迅速，蜂农养蜂积极性高，科学养蜂，能给蜂农带来不错的收入，给农业带来巨大的收获，对企业带来良好的经济效益，给国家创造更高的税收，可谓"阳光产业"，是精准扶贫的有效手段。

一、甘肃中蜂产业发展现状

甘肃地域辽阔，地形复杂，气候差异大，蜜源丰富，素有"西北大蜜库之称"，随着退耕还林草战略的实施和农业产业结构调整，蜜源面积大幅度增加，全省蜜源植物有 650 多种，主要蜜源植物有 30 多种，面积 230 万公顷，载蜂量已超过 100 万群。甘肃中蜂属北方中蜂和阿坝中蜂类型，被誉为中华蜜蜂之良种，是甘肃山区定地饲养的当家蜂种。2008年各地中蜂饲养量 18 万群左右，近些年来，随着国家蜂业"十二五"发展规划的落实，省蜂业"十二五"发展规划的实施，通过国家蜂产业技术体系建设项目的实施，推动了中蜂产业的发展，山区农民家庭养殖中蜂积极性高涨，到 2016 年，全省蜂群数量上升到 62 万群，中蜂养殖数量快速上升到 42 万群，中蜂养殖呈现出快速可持续发展局面。

（一）建基地，抓示范

甘肃省蜂业站以国家蜂产业技术体系天水综合试验站项目建设为抓手，以全面技术推广为核心，在全省确定了 15 个中蜂养殖重点县，在重点县中选 5 个县建立了 11 个示范基地。每个基地选择 5 个养殖能手作为示范户，每个示范户每年带动 5 个养蜂户，养殖带动户养蜂爱好者，这样以点带面，点面结合，辐射周边，起到示范效应。示范蜂场人均饲养规模 120 群以上,徽县 3 个示范户李景云养中蜂 180 群、赵卫东 443 群、梁桂平 180 群,麦积的谢国正 140 群、杜吉换 170 群,清水李全健 180 群。2015 年这些蜂场收入都超过了 10 万元,赵卫东收入达 27 万元,杜吉换收入达 19 万元,李全健蜂产业收入超过 30 万元。建立的示范基地徽县榆树乡苟店村,2016 年 67 户农民中,全都养殖中蜂,养殖 100 群以上的就有 20 户,最多的养 443 群,成为名副其实的养蜂专业村,2016 年是蜜源气候较差的一年,但该村养蜂收入接近 300 万元。激发广大农民养蜂脱贫致富奔小康的积极性。

(二)探模式,促发展

在近几年推进中蜂产业发展中,探索发展模式,有力地推进了甘肃中蜂产业的大发展:

一是政府重视,制定规划,加强扶持。陇南市高度重视中蜂产业发展,提出了"以蜂业发展,促精准扶贫"的发展思路,将蜂产业纳入全市"十三五"发展规划,把陇南建成甘肃省中蜂养殖与示范基地,提出到 2018 年中蜂养殖发展到 18 万箱,蜂蜜产量达到 2700 吨,到 2020 年全市养蜂总量达到 30 万箱的发展目标,使其真正成为助农增收、脱贫致富的"甜蜜事业",全市形成了加快发展中蜂养殖的共识,市上为发展养蜂拿出专项经费,下拨各县发展中蜂产业,各县也多方筹集资金发展中蜂产业,贫困山区农民养蜂积极性高涨,大力发展中蜂产业,加快脱贫致富氛围形成。陇南市人民政府为了促进精准扶贫精准脱贫工作顺利开展,已与中国农业科学院蜜蜂研究所签订了中蜂养殖科技扶贫示范基地建设项目,围绕陇南精准扶贫精准脱贫政策实施和中蜂产业发展壮大,开展全方位、多层次业务合作,聘请专家科技顾问,开展技术服务,科技咨询,项目指导。

天水市、临夏州将养蜂纳入到农牧业日常工作范畴,对各县农牧部门要求,把养蜂与其他养殖业一般对待,大力开展养蜂技术培训,市州政府部门对发展养蜂有了较深认识,在贫困地区且有良好蜜源条件的区域,发展养蜂是个非常好的脱贫致富,建设小康之家的有效途径。

二是政府引领,技术支撑,蜂农积极。岷县在国家蜂产业技术体系示范基地建设以来,加强培训,成立了"义务技术服务队",长期跟踪技术服务,哪里有技术难题,哪里就有服务队身影,打造"政府+科技服务+蜂农"的岷县模式。中蜂产业发展喜人,县上将中蜂产业发展列入岷县七大主要畜牧产业之一,做出具体规划和安排,提出了工作思路、发展目标、技术措施,唱响"养好十箱蜂,增收一万元"的口号,中蜂产业有了突破性的发展,势头良好,县上为了鼓励养蜂事业的发展,将标准化养殖中蜂 60 群以上的蜂农,列入畜牧养殖奖励对象,奖励 10 000 元,鼓励规模化养蜂,推动岷县养蜂业向着规模化、标准化、专业化、科学化方向可持续发展。特别是秦许乡在"养好十箱蜂,增收一万元"口号感悟下,制定了"1111"的发展目标,即利用三至五年时间,发展中蜂养殖 1000 户,养殖中蜂 10000 箱,产蜜 10 万 kg,增收 1000 万元。同时,全乡中蜂产业经过多年的发展,初步形成了"双培双帮双带"发展模式,即培养中蜂养殖技术指导员,培育中蜂养殖示范户;技术指导员帮贫困养蜂户,养殖示范户帮养蜂新户;合作社带组织发展,电子商务带产品销售。中蜂产业发展形势喜人,群众学技术、养好蜂热情高涨。国家畜禽资源委员会蜜蜂委员会主任、国家蜂产业技术体系岗位科学家石巍研究员等专家,在岷县考察时在李顺平蜂场品尝中蜂蜜后,赞扬道"这蜂蜜真好!"

三是企业带动,研究推广,整村推进。在徽县利用体系示范基地建设与发展,重点试验研究高产量、高质量蜂蜜生产,进行中蜂继箱生产成熟蜜试验示范。指导组建"企业+科研与示范+蜂农"的徽县养蜂生产经营模式,这种模式是利用企业品牌、资金优势,打造生产基地,加强标准化安全生产投入,利用科技支撑,减少了中间环节,保证了产品质量,增加了蜂农收入,出现了苟店村全村 67 户农民全都养殖中蜂的专业村。

四是项目拉动,发展特色,加强扶持。针对舟曲县扶贫及灾后重建,推进特色产业发展机遇,进行了中蜂养殖技术指导、培训等工作。县上筹集资金,支助发展中蜂产业,投放标准蜂箱及蜂具,企业帮助拓展产品销售,农民积极主动,建立了政府为主导的"政府+项目+公司+蜂农"舟曲扶贫模式。

(三)重培训,提技术

养蜂技术培训是提高蜂农科学养蜂技能,夺取高产的一项重要基础措施。按照"分类培训、服务产业、注重实效、创新机制"的原则,培训以"建基地、树示范、强培训、促发展"的思路展开,推动区域蜂产业发展。大多培训是根据季节、根据蜂农技术需求、根据实践要求等情况入村、入场培训。冬闲时间进行理论基础培训,生产季节在重点示范基地,选择示范农户,按照"村为单位,培养能手,示范带动,逐步推广"的形式,每个示范县示范基地选择 2~5 个示范蜂场,每个示范蜂场,带动 12 个骨干蜂场,每一个骨干蜂场带动 10 个基础养蜂户,辐射带动 120 个蜂场,起到示范带动,辐射周边,促进科学发展的作用。这种在示范县示范基地入村入社培训,观摩示范,现场指导的培训形式,针对性强,目的是将蜂农养蜂技术水平不断提高,标准化、规范化、规模化饲养意识加强,示范带动应用率达到 70%以上,2011—2016 年在全省开展各种养蜂培训 148 次,共培训技术骨干 1350 人,培训蜂农 15 860 人(次),培训工作效果良好,科学养殖技术大幅度提升,新技术普及得到全面发展,示范带动效果明显,蜂农养殖效益逐年提高。

二、养蜂是精准扶贫有效途径

(一)贫困地区概况

甘肃扶贫开发形势依然严峻,贫困连片区的六盘山片区、秦巴山片区、四省藏区贫困片区包含甘肃,全省 58 个片区县和 17 个"插花型"贫困县中,80%的贫困村和 66%的贫困人口集中在这三大片区,山大沟深,高寒阴湿,生态脆弱,灾害频发。这些地区贫困发生率达 41%,农民人均纯收入仅为全省贫困地区平均水平的 60%,扶持成本高、脱贫难度大,返贫现象突出。

这些片区大多都山大沟深,交通不便,文化基础差,产业发展困难重重。但这些区域大多境内林草丰茂,植被良好,特别是六盘山片区、秦巴山片区和藏族聚居区与黄土高原、秦岭西端交会处,具有良好的养蜂条件和深厚的养蜂基础。该贫困地区,政府继续实施生态移民,封山禁牧,种草种树,油菜面积大,林木茂盛,山花烂漫,盛产中药材,特别是党参、红芪、黄芪、柴胡、黄芩等者是非常好的特种蜜源,从每年3~10月各种花朵衔接不断,植物开花吐粉泌蜜,尤其5至9月份的紫花苜蓿、红豆草、草木犀、黄芪、党参、板蓝根、百里香、密花香薷等大宗主要蜜源花期交叉长在3~6个月。有较好的蜜蜂养殖条件,为养蜂业的发展提供了非常有利的条件,为中蜂养殖奠定坚实基础,靠养蜂助推精准扶贫精准脱贫水到渠成。

(二)阻碍发展因素

这些地区养殖基础差,技术落后,以定地饲养中华蜜蜂为主,且多为原始传统土法饲养,大多养殖采用树洞、木桶、背篓等,普遍存在原始的自生自繁、蜂蜜产量低、杀蜂毁巢取蜜等的问题。人们思想观念滞后,认为蜜蜂乃"飞财",可遇而不可求,对科学养蜂知之甚少。政府没有专门养蜂管理指导业务部门,农民养蜂完全处于松散的、自生自灭的原始饲养方式。当地群众80%以上的农户仍然采用传统原始的土法饲养,一般饲养规模3~5群,群均产蜜6kg左右,群均收入600元左右。

(三)制定扶贫措施

针对当地蜂业情况,开展蜜蜂健康高效养殖技术示范、培训与推广,为当地社会经济的发展注入新的活力,帮助农民实现脱贫致富,早日建成和实现小康。

通过对当地蜜粉源植物及养蜂生产情况深入调查摸底,选择贫困县、乡,在不同区域建立贫困户养蜂示范点。对贫困户养蜂示范点进行建档立卡,组织建档立卡户座谈交流,建档立卡户以示范蜂场为平台,帮助带动当地贫困农民饲养蜜蜂,协助省蜂业站进行技术指导、咨询、培训和现场观摩。每个示范点在发展中带动3个贫困户蜂场,每个蜂场饲养量达到20群以上,年收入达到2万元以上。人均年收入达4000元以上(当地贫困线为3500元)。

以国家蜂体系为依托、以示范蜂场为平台,通过技术指导、培训和示范蜂场,以点带面,帮助带动当地贫困农民饲养蜜蜂,以达到减贫解困的目的。

(四)开展贫困户跟踪培训

把养蜂纳入精准扶贫本身就是一种创新。虽然养蜂投资小,见效快,回报率高,但养蜂技术性强,科学饲养技术一时半会也难掌握,加之许多人怕蜂蜇等原因,贫困户往往望而生畏,轻易不敢选择养蜂致富这条途径。所以,只有先选择蜂业资源条件比较好,群众积极性高的蜂农,建立示范蜂场,入村入户,进行现场培训指导,扶持发展,树立典型,先让一部分群众尝到甜头,使周边贫困户亲眼看到和亲身体会到养蜂致富带来的好处,以此来带动,形成以点带面,点面连片的示范推广模式。贫困户大多年老、多病不能外出务工,是精准扶贫的攻坚对象,把扶持发展蜜蜂产业纳入当地特色优势产业、精准扶贫产业和林下经济产业,与其他产业培训相结合,以科学养殖技能,通过养蜂是脱贫致富一条有效途径。随着"精准扶贫"工作的全面开展,有力地激励了贫困地区养蜂的积极性,帮助脱贫致富,推进小康社会建设步伐。

三、养蜂扶贫存在的问题

虽然近年来中蜂发展势头迅猛,山区农民将中蜂养殖作为一项脱贫致富的途径,产业发展有了良好的局面,但贫困地区养蜂扶贫攻坚还有许多问题亟待解决。

(一)发展不平衡,新法养殖技能低

贫困地区文化基础差,老、弱、病、残、愚人群比例大,人们的思想观念落后,认为养蜂是"飞财"可遇不可求,积极性有待提高,养蜂新技术接受能力差,整体快速发展受到影响,老法传统养殖占主要导,产量低、规模小,制约规模化养殖。

(二)机构不健全,技术推广乏动力

各地的养蜂技术推广和管理机构不健全、相互联系不够紧密,业务主管部门缺乏养蜂专业技术管理人员,蜂业管理与发展处于比较松散无序状态,尤其是基层一线更是缺乏技术服务人员,科学管理和技术推广普及困难重重,特别是贫困地区,更是举步维艰,阻碍着脱贫工作和中蜂养殖业的健康发展。

(三)扶持不到位,缺乏对蜂业认知

由于养蜂贫困户大多都在偏远山区,关注不到,宣传不够,多数都不善言表,各级政府和主管部门对养蜂重要性了解不够,认识不到位,加之产业小,规模化程度低,没有引起政府部门的足够重视和支持,产业扶持政策少,资金投入严重不足。

(四)授粉起步晚,重要性认识不足

受传统耕作模式影响,种植户缺乏租蜂授粉概念,无法认识到蜜蜂授粉增产、提高品质的重要性,授粉宣传推广力度不够,缺乏种植户与蜂农开拓授粉市场、沟通信息主动性,贫困户难以认识授粉重要性,优惠政策缺失,职能部门不健全等,影响授粉积极性。

四、推进中蜂产业发展与脱贫的思路

(一)掀起养蜂扶贫高潮

蜜蜂养殖投资少,见效快,属短、平、快养殖项目,在饲养条件较好的情况下,当年投

资,当年即可收回成本甚至获利。贫困户大多集中在大山深处,有一部分因年老、多病不能外出务工,是精准扶贫的攻坚对象,建议相关县区把扶持发展蜜蜂产业纳入当地特色优势产业、精准扶贫产业,给予产业发展扶持政策的扶持和资金的投入,将会积极促进产业的发展和帮助一部分贫困户很快减贫,通过养蜂获得收入,脱贫致富。

(二)建设中蜂保护基地

针对甘肃良好蜜源条件、特殊地理区位和中蜂养殖现状,结合中华蜜蜂保护基地建设,加强管理,对转地饲养的外来蜂群有计划的引导安排,防止对贫困户蜂群造成危害,加强中华蜜蜂种质资源保护。进行地方良种选育,达到良种夺高产的目的。

(三)健全培训长效机制

按照国家蜂业发展规划和国家蜂产业技术体系建设新要求,加强贫困户蜂农基础培训,指导示范,为蜜蜂养殖人员打下扎实的理论基础,做好形式多样,生动活泼的养蜂技术研讨与交流,每年根据蜂场实际和出现的问题具有针对性的培训,解决养蜂生产第一线中的实际困难,建立长效培训机制,提高科学养蜂技术水平。

(四)建立养蜂示范基地

大力提倡新法饲养,普及中蜂活框饲养技术,实行新老结合的科学养蜂方式,扬长避短,利用中蜂生物学特点,发挥在贫困山区生存优势。建立蜜蜂养殖试验示范场,进行实用技术指导示范与推广,进行有关部门人员、蜂农的观摩示范,起到以点带面,辐射周边,从实践中汲取实用技术,主推高效养殖方法,推进现代蜂业科学发展。让贫困户蜂农们真正认识到科学饲养的好处,使他们确实体会到养蜂脱贫带来的甜蜜和喜悦。

(五)争取养蜂资金扶持

中蜂养殖投入产出比与其他养殖产业如牛、羊、猪等相比,优越性远远高出许多,可谓是投资小、见效快的阳光产业,是贫困山区农民致富的一项主要门路。各级政府和有关部门对养蜂业引起了重视,把中蜂养殖当作特色养殖来抓,作为精准扶贫有力抓手,要充分依托有关的优惠政策,筹划经费,有重点地进行蜂箱、蜂具、饲料补贴,改善落后的生产方式,提升科学养蜂水平。通过不懈努力和社会各阶层的广泛支持,将会向高效健康发展方向迈出坚实的步伐,助推精准扶贫工程的顺利实现。

论文发表在《蜜蜂杂志》2017年第8期。

西北地区实用救灾技术

西北地区土地广袤,资源丰富,地形复杂,地貌多样,既有广阔的高原,也有低平坦荡、纵横千里的平原、丘陵和低山。横跨亚热带、暖温带和温带,大陆性季风气候强,区域气候明显。西北地区地势西高东低,以青藏高原为基点,呈阶梯状延伸。除青海和新疆的部分地区外,多数分布在第二阶梯带。境内横亘着不少连绵的巨大山脉,且山脉走向多为东西向。山尖镶嵌着宽广的高原和盆地谷地,海拔 500~5000m 不等。西北地貌经过漫长复杂的地质变化,地壳的构造运动中的强烈隆起,以及地壳大范围强烈下沉,形成了高山、高原、平川、盆地、河谷、戈壁、丘陵等类型,主体为山地、高原和盆地。

在西北地区由于上述特地理生态环境因素,灾害性天气经常发生,在 20 余种气象灾害天气中,就有暴雨、干旱、冷害、冻害、雪害、雹害、风害、连阴雨等多种灾害天气对养蜂生产造成危害和损失。在西北对养蜂较大的灾害天气归纳起来有暴雨洪涝、干旱、低温冷冻等天气,针对不同的灾害性天气对蜂群影响采取相应措施。

一、暴雨洪涝

洪涝灾害是指因气象等原因使水位异常升高,山洪暴发、河水泛滥、冲破堤岸,淹没田地、房屋倒塌并伴随滑坡、泥石流,淹死人畜并引发疾病等灾害现象。有史以来,洪涝灾害就一直对人类及其他生物构成巨大的威胁。如 2010 年舟曲"8·8"特大山洪地质灾害中遇难 1471 人,失踪 294 人,整个县城被毁,多个市县房屋倒塌道路冲毁,400 多群蜜蜂冲走的重大人员伤亡和财产损失。

1. 暴雨洪涝危害 暴雨洪涝对养蜂生产危害是瞬间蜂场冲毁、掩埋等,造成人员伤亡和财产重大损失的毁灭性打击。

2. 采取应对措施

(1)未雨绸缪,作好放蜂场地的选择。除蜜源条件外,应选择地势高,水流通畅,交通便利的安全地方放蜂,要避开两山夹一沟的沟口前方放蜂。特别南方来的养蜂者,因对西北天气、地形不甚了解,常常会将放蜂场地选择在两山夹一沟的沟口前方,因为那些地方空闲,且表面上看地势也较高,平时没有过多的流水,却不知这些地方由于长期雨水冲积泥沙所形成,若遇到暴雨等强对流天气会引发山洪暴发,一泄而下,势不可挡,会将整个蜂场瞬间冲掉,造成毁灭性灾害损失。所以在放蜂前一定要多调查,多了解当地情况,慎重考虑选择放蜂场地,千万不可存有侥幸;

(2)养成长期收听天气预报的好习惯,时常关注天气状况,特别注意灾害性天气警报发布,做好相应防范;

(3)若出现突如其来的山洪时,应先跑人,后顾物,人应往洪水袭来的两侧方向并往高地势处跑,在力所能及的情况下再抢救财产;

(4)做好灾后蜂场消毒工作,重视灾区及周边疫情,防止重大病害传播;

(5)加强蜂群饲养管理,对受灾蜂群即时收拾,组织调整蜂群,处理毁坏蜂具、巢脾,防止起盗和蜂病发生,喂足饲料,加强繁殖,恢复群势,确保蜂群强壮,保持蜂多于脾,促进生产,减少损失;

(6)调查了解未受灾地方蜜源情况,选择放蜂场地,转地抢抓生产,弥补损失。

二、干旱

干旱灾害是指因久晴无雨或少雨、土壤缺水、空气干燥而造成农作物枯死、人畜饮水不足等的灾害现象。近些年来,西北地区早春连年出现严重干旱,对养蜂生产危害是冬油菜枯死或苗情严重受损,油菜蜜源严重缩减,夺取养蜂高产、稳产和增加蜂农收入任务十分艰巨。

(一)旱情对蜂业发展的影响

1. 严重影响当地蜂场的繁殖和扩大;

2. 严重降低当地油菜生产季节蜂产品的产量和质量;

3. 蜜蜂病虫害大规模普发的可能性进一步增大;

4. 有限的油菜蜜源将导致外来转地蜂场之间或是与当地蜂场争夺生产资源,导致大量的蜂群闲置;

5. 影响与当地蜂产品货源联系紧密的外省蜂产品生产加工企业的发展,进而影响到区域内蜂产品价格的波动和市场的不稳定。

(二)采取应对策略

根据旱情对蜂业发展影响的具体特点,养蜂管理部门采取了以下应对预案和策略。

1. 广泛宣传动员,提高蜂农抗旱生产的意识和紧迫感;

2. 进行旱情调查,指导蜂农合理生产;

3. 摸清未受旱或是旱情较轻油菜面积的主要区域和方位,以指导今后的养蜂生产工作;

4. 在相关网站、广播电台、报刊等栏目中发布旱情信息,刊发指导养蜂抗旱生产的文章或通讯,指导养蜂者选择合理的放蜂路线,实现养蜂信息共享;

5. 动员蜂农准备充足的蜜蜂饲料,帮助蜂场联系优质平价的糖源;

6. 指导或协调蜂农选择合理的放蜂路线,尽量将旱情造成的损失降到最低。

(三)采取措施

蜂农应当科学饲养,因时因地制宜,采取相应措施。

1. 要有抗旱促生产意识,时常关注网站、电台、报刊上的旱情信息,调整相应管理措施;

2. 喂水,干旱引起外界水源不足,对蜜蜂采水带来困难,为了补充水分和增加蜂巢内繁殖所需湿度,可采取多种形式喂水,一般常用巢门喂水器喂水;

3. 补充饲料,干旱造成外界蜜源短缺,要时常注意蜂群巢内饲料补给,喂蜂蜜、花粉和多种维生素,使群内有足够的营养,加强繁殖,为以后蜜源期夺取高产打好基础。有条件的可补给蜜粉脾,加入蜜粉脾时,先割开封盖蜜盖,喷少许温水,加在蜂群边脾位置即可,喂蜂蜜时若是补饲应按蜜水(4:1)比例,若是奖励饲喂蜜水(1:1),喂白糖时补饲按糖水(2:1)比例,奖励饲喂按糖水(1:2)比例,化白糖时用沸水化解,在化解时加少许草酸促进蔗糖转化。晚上用饲喂器饲喂即可;

4. 加强管理,防止盗蜂发生,缩小巢门,饲喂时防止蜜汁洒落在外,如果不慎滴洒在蜂箱外,应即时用水清洗干净;

5. 做好后续蜜源调查了解,选择合理放蜂线路。

三、低温冷冻

低温冷冻灾害主要是因为来自极地的强冷空气及寒潮侵入造成的连续多日气温下降,使作物因环境温度过低而受到损伤以致减产的农业气象灾害。低温冷冻灾害包括低温连阴雨雪、低温冷害、霜冻和寒潮等。近几年来,西北遭遇大面积的低温雨雪冰冻、倒春寒等灾害性天气频繁,如2007年底2008年初中国遭遇大面积的低温雨雪冰冻灾害性天气,这次罕见的大范围、长时间低温冰冻天气,对中国大部分地方造成严重灾害,西北地区也受灾严重,异常的气候条件对养蜂业造成极大影响,又如2010年4月13日夜间,西北大部分地方迎来降雪,其中西北东南部降雪较多,4月13—15日连续低温,部分地方出现霜冻,出现大范围强降温雨雪灾害性天气后,使正处于开花期的油菜不同程度受冻害,同时也严重影响到了一些后期蜜源,对当地的养蜂业造成一定损失在所难免。油菜正处于盛花期的关键时刻,不同程度受害,部分地区的油菜植株的顶花序和侧花序全部冻伤,花朵和花苞萎蔫,茎秆皮层与木质部脱皮、浸水,后期恢复相当困难,同时狼牙刺、刺槐、花椒、五倍子等树木蜜源也受冻严重,花蕾、嫩芽都受冻枯萎,造成这些蜜源基本绝收,对养蜂生产带来沉痛打击。根据不同的灾害对养蜂生产的影响,采取相应措施。

(一)低温冰雪冷冻灾害的应对措施

1. 雪灾自救措施主要是防冻,及时清除蜂箱上和场地周围积雪,防止气温回升蜜蜂飞出落到雪上冻死。长期低温期间,停止奖励饲喂,包括蜜和花粉。

2. 采取变温措施,促蜂排泄。从箱外观察,如果在寒冷的天气时有大量蜜蜂强行出巢排泄,且大肚、拉稀、大量蜜蜂冻死在巢门外,说明蜜蜂体内已积了很多粪便,到非排泄不可地步,可将蜂群分批搬进室内,加热提高室内温度,保持室内昏暗,在室温15℃左右,促使蜜蜂爬出巢门排出积粪,待蜜蜂进巢后再搬往室外。如果蜜蜂还活动飞翔,则开大巢门,继续降低巢温,直到蜜蜂不再活动为止。有条件把蜜蜂搬进室内,室温应在5℃以下,并保持黑暗。没条件搬进室内的蜂群要加强内外保温。蜂群早春繁殖开始后,蜜蜂经过两周以上困守巢内的生活,一般不会发生其他疾病,因此,绝对不能乱用药,尤其是一些抗生物类药物。

3. 在气温回升到10℃左右的天气开始春繁包装。

(二)低温冰雪冷冻灾害后春繁措施

低温冰雪冷冻灾害,对养蜂生产来说,同农作物一样,也受到了一系列的灾害影响,西北地区恰恰是定地饲养蜜蜂开始春繁的时段,所以在抗灾调查中我们发现其普遍约有23%的蜜蜂被冻死或因延长了越冬期而饿死,有些严重的蜂场甚至全部死亡,幸存下来的蜂群也多因受到低温冻害而群势下降,春繁发展困难,复壮生产面临很大威胁。面对灾害,必须进行科技抗灾减灾,采取应急措施。

1. 及时补救

受地域影响,各地蜜粉源植物受到的灾害会有大的差别。养蜂者应细心观察周围蜜粉源的分布、数量,流蜜期及其时间的长短,尤其是考察好中蜂对这些蜜源的利用情况。蜜源变了,管理方法也要随之而变。一要抓好春繁保种工作,只要蜂王健在,饲料充足,就要抓紧培育大量的幼蜂;二要立即补足饲料。这是抵御灾害成败的关键,切不可抱侥幸心理,以为有植物开花,天气好就能进足饲料。因为本地的这种蜜源,往年是流蜜散粉比较稳靠,能够促进蜂群壮大,而受低温冷冻情况,却面临严重的潜在威胁,假如不流蜜,那么缺乏饲料之后,势必还要继续损失掉一代幼蜂,得不偿失。补喂饲料的最好方法是先将优质白糖按2∶1用水溶化后,加入饲喂器或代用容器于箱内补喂。注意饲料液面上要加放一定的漂浮物,以防止溺死蜜蜂。三要及时做好包装保温工作,坚持"宁冷勿热"的原则。虽然最好的保温物是蜂群,最好的保温方法是饲养强群和蜜蜂密集。但是,为了使蜜蜂在早春能正常而又迅速繁殖,必须人为地提供适宜繁殖的温湿度。西北地区蜂群的早春保温措施可在蜜蜂飞翔排泄时同期施行,且包括内、外保温。活框饲养的可以并排布列,副盖上加盖棉垫,用稻草垫的还应加一层盖布,箱外加盖草秸等防寒材料。

旧法圆桶或背篓饲养的中蜂,并不完全意味着让它们自生自灭,相反,可以顺其自然、适度整理,借用不用的旧衣物等从外包裹起来,内置以饲料盒或代用容器,同样也要促其逐渐稳定和发展。

2. 促进排泄

连续出现的低温阴雪寡照天气,造成早春繁殖工蜂不能出巢排泄,腹内积粪多,兴奋情绪降低,蜂王产卵减少,一般选择晴暖无风气温 8℃以上天气的中午,取下蜂箱上部的箱外保温物,打开箱盖,让阳光晒暖蜂巢,促使蜜蜂出巢飞翔排泄。还可以采用催蜂飞翔排泄,方法是:在气温 8℃以上无风晴天,可在框梁上或容器中喂含酒精的白糖糖浆(糖水比 1:1)。用糖浆 5kg,加 50 度白酒 250g,每群喂 250g。蜜蜂采食含酒精的糖液后立即兴奋,出巢飞翔排泄,并能安全返巢。同时,根据蜜蜂飞翔和排泄情况,仔细判断蜂群情况。如越冬顺利的蜂群蜜蜂体色鲜艳,飞翔敏捷,排泄就少,像高粱米粒大小的一个点,或似线头一样的细条。越冬不良的蜂群蜜蜂体色暗淡,行动迟缓,排泄就多,像玉米粒大一片,排泄在蜂场附近,有的甚至就在巢门附近排泄。若腹部膨胀,就爬在巢板上排泄,表明这群蜂在越冬期间受到饲料不良或潮湿影响。如蜜蜂出巢迟缓,飞翔蜂少而无力,表明群势衰弱。如蜜蜂从巢门出来在箱上乱爬,用耳朵贴近箱壁可听到箱内有混乱声,表明这群蜂可能失王。对于不正常的蜂群应标上记号,并优先开箱检查处理,及时清除箱底死蜂、蜡屑和霉迹,处理病蜂,适当喂些大黄、酵母等,调整好蜂群。

排泄后的蜂群若仍可能遇到降温等天气时,可在巢门前斜立一块木板或厚纸板,再盖上草帘给蜂巢遮光,保持黑暗和安静,以免蜜蜂受阳光吸引飞出冻僵。直至外界气温适宜时,撤去巢门前的遮光物。

3. 紧脾缩巢

调查中发现,活框饲养的中蜂早春繁殖普遍存在着巢脾过多的现象,箱内空间大,蜜蜂分散,不利于蜂王产卵和保温保湿。所以,要抽出多余巢脾,使蜜蜂密集,并缩小蜂路到 12mm 左右。视蜂群强弱一般以 2~3 张脾为宜,实在特别弱小群可作适当合并,以增强抵抗力。多余的含有少量蜜粉的空脾可暂且放于隔板外面,便于以后喂饲和扩巢。

紧脾的方法是:选择当天最高气温能达 13℃以上的午前,将应该紧出的巢脾上的蜜蜂抖落在箱底,让它爬到留下的巢脾上去。留下的巢脾应脾面周整,育过 3~10 代子,边角可有存蜜和有花粉的脾。试验证明,在复壮阶段,蜂多于脾比蜂少于脾的蜜蜂成活率可提高 25%,育子量增加 7%,且子脾整齐、饱满、健康。假使不进行紧脾,让蜂群处于脾多于蜂的自流状态,在气温高时扩大的虫脾到寒潮来时就易冻坏,使工蜂的哺育成为无效劳动。工蜂因失去较多营养和过分辛劳时,寿命会缩短,也极易造成春衰。

4. 防病保种

为防止大灾之后出现大的疫情,要积极防病保种。养蜂者要根据饲养的不同类型和当地的情况有针对性安排管理。例如早春箱底残渣中存活的巢虫幼虫,可以给巢虫活动季节潜伏危害。由于中蜂清巢能力和抗巢虫能力弱,为防止影响繁殖和采蜜,甚至于弃巢而逃。所以必须以预防为主,勤扫箱内残渣、蜡屑,保持蜂群卫生;清除陈旧巢脾;蜂箱保持结实、严密。同时,就地使用山区出产的山楂制成山楂酸饲料,防治早春易发的传染性疾病。方法是先将山楂熬成药水,每次 40~50min,与白糖按 1:1 溶化后喂蜂,每群每次 50g 左右,连喂 3~4 次。

5. 奖励促繁

早春蜂群恢复活动以后,蜂王产卵逐渐增加,从每昼夜几十粒到几百粒,最后恢复正常。当蜂群中虫脾较少时,消耗饲料尚少,但随虫脾面积的扩大,就要消耗相当多的蜂蜜、花粉、水和无机盐。如果缺乏这些食物,就会影响幼虫发育。所以,为使蜂群尽早复壮,中蜂还需要加强奖励饲喂。

奖饲糖浆的浓度带有奖励和补饲结合的性质,糖水比为1:2。奖饲会刺激工蜂外飞,开始时,隔天奖饲1次,随着幼虫增多改为每天1次。奖饲后不允许次日有多余,一般在晚上进行,以免蜜蜂吃食后兴奋飞出巢外。糖汁不得流出箱外或滴在地上,以防盗蜂。如遇寒潮侵袭气温下降,应喂给浓度较高的糖液,以利蜜蜂吃后产热保温。在有哺育无羽化过程中后期,外界气温低,巢内无新蜂出房,每天或隔两天喂1次,每次每群蜂250g左右。巢内糖多喂少,糖少喂多,视脾内贮蜜量增减,从而保持巢内的每张巢脾贮蜜足量,既防止缺糖挨饿,又避免蜜卵争脾。这种喂糖浆的主要目的是刺激蜂王多产子,工蜂多哺育,还有利于增进工蜂体质。

饲喂花粉要在紧脾时开始,可将黄豆炒至七成熟磨粉,加入复合维生素和蜂蜜制成湿花粉团,做成粗条子摆到上框梁喂蜂。为确保不致缺粉弃子,在上梁上花粉吃尽前,就应喂给人工花粉条,并要坚持到巢内可以加花粉脾或巢内已有较多剩余花粉时止。

奖励饲喂时,要根据中期气象预报,低温阴雨期在1周以内可以正常进行,在1周以上寒潮前期可少喂,寒潮到后喂的次数不能多,糖浆也不能太稀。如果贮蜜欠足,可用蜂蜜和白糖做的炼糖饼饲喂,到将要放晴前1~2d,可用糖浆饲喂。在长期低温阴雨中后期,偶然出现短时升温,云层稀薄或太阳露面,可在气温较高瞬间喂点稀蜜水,促进工蜂出巢排泄,再出现少数冻僵在巢前和蜂场周围的工蜂可细心拾到杯里,倒到强群蜂团正中让其复活,以减少损失。

(三)"倒春寒"天气对蜂群影响及应对措施

1. 高度重视,继续关注天气预报,掌握气温变化,特别是灾害性天气警报,3~4月份是扩大蜂群繁殖的重要时期,及时做好预防初晚霜冻害的应急响应工作极其重要,是减轻损失的关键,如2010年4月13日的降雪低温天气到来,李引文经常关注天气预报,特别是对这次天气预报警报很重视, 他根据蜂群的强弱和摆放的方向采取多种不同措施,这次低温冷冻天气对他的蜂群影响不是很大,其他蜂场则遭到了巨大损失。

2. 加强蜂群管理措施,注意保温,保温也要因时、因地、因天气状况而异,在强冷空气、低温、雨雪天气到来时应对蜂箱、巢门口掩盖,特别是晚上用塑料薄膜盖好,在白天气温升高时保温物要揭开,揭盖保温物要适时,巢门观察,如有大量蜜蜂出巢,说明巢内温度过高,就应揭开保温物,总之要"宁冷勿热",防止大量蜜蜂飞出而冻死在外。冷空气过后,气温趋于正常时,就应采取正常春繁措施。

3. 做好灾害对蜜源的影响程度、范围,以及后期蜜源的受害程度,科学选取放蜂区域和场所,转地饲养者做好放蜂线路选择。

4. 做好饲料贮备,以防蜂群受损,将损失降到最低。

5. 在气候趋于正常后,应即时快速检查蜂群,根据蜂群状况,采取科学管理,加快蜂群繁殖,在后期蜜源抓好收入,把损失降到最低。

中华蜜蜂生活生产特性与保险风险评估调查研究

祁文忠

2018年开始,中华蜜蜂被纳入农业保险的范围,两年来的保险运行实践中,由于异常天气、蜜源流蜜、养殖技术、蜂种资源、职业道德等特有的特性,给保险实施中损失程度的评估等多方面带来一定的难度和混乱,使中华蜜蜂保险的风险增高,直接影响到中华蜜蜂保险这项惠农事业的稳定持续推进。2020年4月初,受中国人民财产保险股份有限公司甘肃省分公司委托,总结分析近两年中华蜜蜂保险工作中出现的疑难技术问题,针对中华蜜蜂与保险相关的主要技术性指标认定,保险操作中存在的主要风险等等诸多方面进行了调研。本着服务"三农"、客观公正、严谨科学的宗旨,调研结果真实实用,便于实践中借鉴应用,对促进中华蜜蜂保险工作健康持续发展具有一定的现实指导意义。

一、中华蜜蜂生活特性与基本情况

(一)中华蜜蜂特性

中华蜜蜂(俗称"中蜂"或"土蜂")是中国各种被子植物的主要传粉昆虫,也是提供甜味食品的主要来源。中华蜜蜂环境适应性强,授粉范围广,在丰富植物多样性的过程中发挥了重要作用。中华蜜蜂是东方蜜蜂的一个地理亚种,也是中国国内蜜蜂的当家品种,是在中国土生土长的蜂种,在漫长的自然进化过程中,在中国特定的气候条件下,经过长期的选择对中国气候有着很强的适应力。不仅具有善于采集零星蜜源、出工早、收工晚、授粉活力强、饲料消耗少、管理简单容易等优点,还有抗寒抗逆性强,不容易感染病虫害,适合在偏远山区、牧区养殖。

中蜂在中国的地理环境和生态条件下,形成了很多优良的特性:它耐寒耐热,适应性很强,不仅能在南方度过酷暑,也能在北方越过严冬;它飞翔迅捷、嗅觉灵敏、出勤早、收工晚、善于利用零星分散和起伏的蜜源,往往在意蜂无法维持生活的条件下,它却能采集、繁殖,巢内兴旺;中蜂抗病虫害的能力也很强,它不仅能够逃避胡蜂、鸟类、蜻蜓的捕食,也在抗螨、抗美洲幼虫病、孢子虫病、麻痹病感染方面胜过西方蜜蜂。当然,中蜂也还存在一些缺点,如蜂王产卵力弱,分蜂性强,不易维持大群;蜂群在失王后,工蜂易产卵;中蜂盗性强,在巢内条件和外界环境不宜的情况下,容易发生迁徙飞逃;而且还有清巢力弱,抗巢虫能力低,爱咬旧脾等。实践证明:通过科学饲养,不仅使其优点可以充分发挥,而且它的一些缺点也是可以克服的。中蜂,在全国范围来说,主要集中在长江以南各省的山区和半山区;而黄河流域和西北地区,甘肃是为数最多的省份,不仅数量多,种类丰富,而且以蜜蜂个体大、吻长、能维持大群、采集力和适应性强等优点著称,被誉为中华蜜蜂之良种,被列为全国中蜂主要产区之一。甘肃中蜂主要分布在乌鞘岭以东的陇南、陇东和中部等地区。

(二)基本概况与优势

1. 产业资源 甘肃地域辽阔,地形复杂,气候差异大,蜜源丰富,素有"西北大蜜库之称"随着退耕还林草战略的实施和农业产业结构调整,蜜源面积大幅度增加,总面积比20世纪80年代增加15%以上。甘肃中蜂主要分布在乌鞘岭以东, 区域海拔范围800~3500m。甘肃是中蜂生存与难以生存的过渡带,地处青藏、蒙新、黄土高原和秦岭山脉,地理区位独特,甘肃中蜂属北方中蜂和阿坝中蜂类型,被誉为中华蜜蜂之良种,是甘肃山区定地饲养的当家蜂种。据统计,2008年各地中蜂饲养量18万群左右,近些年来,随着国家蜂业"十二五"发展规划的落实,甘肃东南部,依托地理和资源优势,重视中蜂产业,通过国家蜂产业技术体系建设项目的实施,重点县区基地建设,推动了中蜂产业的发展,山区农民家庭养殖中蜂积极性高涨,精准扶贫工作的攻坚推进,发展中蜂产业助推精准扶贫推进了中蜂蜂群的快速增涨,到2019年,全省中蜂数量上升到67万群,其中,陇南、天水、定西地区蕴藏量最大,有55万群,新法饲养普及率30%~78%不等。

2. 饲养方式 许多地区还沿用杀蜂取蜜原始方式,但近年来,通过技术培训,大多蜂农是采用了土法饲养和新法饲养相结合的办法,充分利用中蜂土生土长、自生自衍的这一自然界的发展规律,发展蜂群,隔蜂取蜜,将收集的蜜蜂添补新法蜂群,这种既取了蜜,又不伤及蜂群,壮大新法饲养蜂群,便于生产和大群越冬,这种方法可谓两全其美。老法饲养占65%~70%,青藏高原边缘的岷县、临潭、卓尼、宕昌等县和秦岭山脉的康县、两当县等地,以棒棒巢为主,陇东一带以墙洞、崖窑、土坯制作而成的巢穴为主,陇中、天水一带多以简易木箱、棒棒巢、背篓为主,这些地域中蜂新法饲养占30%~35%。在山沟深处,高海拔区域,气温相对低,春繁时间迟,蜂群发展相对缓慢,大宗集中蜜源较少,草原面积大,野生草花蜜源丰富,流蜜期长,但流蜜不太涌、流蜜细长的地区,科学养蜂技术掌握不全面,先进的新法养殖技术发挥不出优势,发展生态蜂箱殖较为适宜,有优势,生态蜂箱养殖,管理粗放,易学易掌握,并且生态蜂箱养殖取蜜容易、简便,全部是成熟蜂蜜,也不伤子,对蜂群正常发展不受影响,适合于各类人群饲养,特别是文化层次较低者、留守老人妇女都能饲养,是高寒山区值得推广的重要养殖方法之一。徽县、麦积、清水、积石山、临夏、陇西等县区新法养殖普及率高,徽县达到78%,养殖效益也高,各地饲养的蜂箱大都不尽相同,以10框标准箱为多,也有少量16框横卧式蜂箱、高窄式蜂箱和7框箱,多为3~10脾,最大群达15脾,年群产蜜5~40kg,有的地区强群单产可达75kg。

3. 历史积淀　甘肃东南部传统养蜂习惯积淀浓厚,据考证东汉年间,上邽(今天水)人姜岐,弃官不做,隐居山林,养蜂教徒,总结了成套的养蜂技术,教授乡人,开创养蜂教育的先河,他的学徒满天下,并普及推广规模养蜂数千家。如今这一地区,处处蜜蜂飞舞,时时蜜香飘逸,养蜂者不计其数,许多人家都是世代养蜂,可能是姜岐当年教授者满天下,沿袭至今的结果,传统养蜂历史积淀浓厚,这一区域是甘肃中蜂养殖主产区。

4. 产品加工　全省现有蜂产品加工企业 52 家,全部获得了 SC(食品生产许可)认证,其中省级龙头企业 1 家、市级龙头企业 5 家,获取国家农产品地理标志认证的蜂蜜产品 5 个。其中西联蜂业总资产 3280 万元,已通过 HACCP、ISO9001 等多项认证,生产的蜂蜜、蜂王浆、花粉蜂胶通过国家无公害农产品认证;两当秦南公司总投资 2000 万元。甘肃蜂产品原料销售以天水、定西、武威、武都、平凉等为主要集散地,主要销往北京、广东、四川、上海、江苏等省的加工企业;加工产品如蜂王浆、花粉、蜜蜂酒等,销售以兰州、天水、武威等城市以及省外销售,通过零售批发、专卖店、销售网点等形式销往全国各地。目前,全省销售网点已有 1000 多个,电子商务业蓬勃兴起。

5. 蜜蜂授粉　蜜蜂授粉主要在天水秦安县和麦积区、兰州市榆中县、武威凉州区、张掖高台县和临泽县开展。蜂种采用意大利蜜蜂和熊蜂。授粉品种主要是草莓、西红柿、甜瓜、西瓜、油桃、大樱桃、杏等。

6. 科技支撑　甘肃省蜂业技术推广总站(甘肃省养蜂研究所)技术指导,地县没有专门的技术推广体系。把技术培训作为一项重点工作来全力推进,开展了全方位、多层次的养蜂技术培训,中蜂新法饲养技术大面积普及。

7. 产业扶贫　甘肃省贫困村社、贫困家庭和贫困人口所处的地理位置大多为山大沟深、居住分散和交通不便,但蜜源植物丰富,素来有养蜂传统习惯,加之蜜蜂养殖投资少、见效快,因此,蜜蜂养殖产业作为精准扶贫的"助推器",生态环境保护的"孵化器",优质特色农产品的"加速器",受到养蜂条件较好的市县,如陇南市、天水、定西、庆阳、甘南、临夏等地的重视,2016 年以来,陇南市、县投入 6500 万元,天水市、县投入 2895 万元,岷县养蜂助推扶贫共投入资金 1288 万元,东西合作扶持岷县养蜂 1006 万元,总投入各类蜂产业发展资金 4070.75 万元,蜂存栏 9 万群左右。

8. 出台政策　陇南市委市政府"以蜂业发展,促精准扶贫"的发展思路,市政府印发了《关于促进养蜂业持续健康发展的意见》,对全市养蜂业做出了全面安排部署,出台了《陇南市养蜂业发展规划(2018—2020 年)》,确定发展目标,明确了思路。天水市的麦积区、定西市的岷县、甘南州的舟曲县相继出台了发展的意见、规划,强化了对中蜂产业工作的领导和资金投入力度,多数县区成立了由一名县级领导主抓的中蜂产业领导小组,重点乡镇确定了蜂产业分管领导。

9. 创新模式　为实现中蜂产业与精准扶贫的有效对接,许多市县结合落实产业扶持政策和农村"三变"改革,积极创新扶贫带贫机制,探索出了一些行之有效的带贫模式:一是"托管代养"模式。将政府扶持的蜂群、蜂箱折算为股份,入股专业合作社,蜂群由贫困户自养或合作社代养,统一饲养管理,年底按照协议分红。二是"产业发展公司+村集体合作社+贫困户"发展模式。成立了特色农业产业发展公司,下设养蜂产业部,在各乡镇设立养蜂产业分公司,负责提供政策性贷款、生产过程管控、蜂产品回收,该模式采取"托养为主、自养为辅、风险共担、利益共享"的办法。三是唱响"养好十箱蜂,增收一万元"的口号,形成了"双培双帮双带"发展模式。四是"龙头企业+基地+合作社+贫困户"模式。五是"支部控股+群众参股+贫困户持股"模式。六是"合作社+贫困户"模式。该模式是目前最为普遍的一种模式,合作社负责组织生产、技术指导、产品回收、电商销售等,贫困户分散养殖或在合作社务工。

二、中华蜜蜂生产情况调查

(一)陇东南蜜源植物分布

蜜源是蜜蜂赖以生存的物质基础,全省蜜源植物有 650 多种,主要蜜源植物有 30 多种,主要蜜源植物有刺槐、油菜、狼牙刺、漆树、椴树、五倍子、党参、黄芪、红芪、红豆草、益母草、黄芩、紫花苜蓿、草木樨、荞麦、苹果树、杏树、柿树、小茴香、籽瓜、瑞苓草、柴胡、野藿香、飞莲、飞蓬、牛奶子、百里香、老瓜头、棉花、苦豆子、蚕豆、密花香薷等,面积 230 万公顷,载蜂量已超过 100 万群。

1. 庆阳市蜜粉源植物资源概况

庆阳地区位于甘肃东部,陕、甘、宁三省交会处。辖西峰、庆城、镇原、宁县、正宁、合水、华池、环县 6 县 1 区。海拔高度在 885~2082m。在 2.7 万 km² 的总面积中,耕地占 18.9%,草地占 20.5%,林地占 10.6%,荒地占 38%。年均降水量 513.1mm,蒸发量 1504.9mm,日照时数 2421.6h,年均气温 7℃~10℃,无霜期 140~180d,属内陆性季风气候。农业以草畜、果品、瓜菜为主要的三种产业优势明显。主要蜜源为刺槐、荞麦、油菜、小茴香、杏子、紫花苜蓿、草木樨、百里香、枸杞等。

2. 平凉市蜜源植物概况

平凉地区位于甘肃省东部,南接天水和陕西省,北与庆阳地区及宁夏的固原地区相连,东与陕西及庆阳地区接壤,西面与定西地区相邻。该地区辖崆峒区及泾川、灵台、华亭、崇信、庄浪、静宁等 6 个县。全区东西狭长,陇山纵横本区中部,其东部为陇东黄土高原,西部属陇西黄土高原。陇山海拔在 2000m 以上,最高峰达到 2857m。全区气候温和,雨量适中,属温带半湿润气候,全年平均气温 7℃~9℃,全年平均降水量 500~700mm,集中于 7~9 月。降水分布从东南向西北递减。干旱、冰雹和霜冻是本区的三大自然灾害。主要蜜源为刺槐、紫花苜蓿、荞麦、油菜、小茴香、杏子、草木樨、百里香等。

3. 天水市蜜源信息

天水市,位于甘肃东南部,自古是丝绸之路必经之地。全市横跨长江、黄河两大流域,新亚欧大陆桥横贯全境。境内四季分明,气候宜人,物产丰富,素有西北"小江南"之美称。天水市适宜多种粮食作物、经济作物和林果瓜菜生长,为全国十大苹果基地之一。森林覆盖率达 26.2%,是西北最大的天然林基地之一。境内交通便捷,五横三纵省道国道及市区环形交通的贯通,天兰、陇海铁路复线的通车,使天水的交通更为便利。主要蜜源为刺槐、油菜、狼牙刺、漆树、椴树、紫花苜蓿、五倍子、五味子、荞麦、柿子、杏子等。

4. 陇南市蜜源植物信息

陇南市位于甘肃省东南端,东接陕西省,南通四川省,扼陕甘川三省要冲,素有"秦陇锁钥,巴蜀咽喉"之称。下辖武都区、康县、文县、成县、徽县、两当县、西和县、礼县、宕昌县 8 县 1 区,辖区面积 2.79 万 km²,总人口 287 万人。陇南是甘肃省唯一属于长江水系并拥有亚热带气候的地区,被誉为"陇上江南"。境内高山、河谷、丘陵、盆地交错,气候垂直分布,地域差异明显,有水杉、红豆杉等国家保护植物和大熊猫、金丝猴等 20 多种珍稀动物。拥有 2 个国家级自然保护区(白水江国家级自然保护区、甘肃裕河国家级自然保护区)、1 个省级自然保护区(文县尖山大熊猫自然保护区)、3 个国家森林公园(文县天池、宕昌官鹅沟、成县鸡峰山)和 2 个国家湿地公园(文县黄林沟国家湿地公园、康县梅园河国家湿地公园)。陇南气候温润,光热水资源丰富,富集着诸多物种资源,特别是蜜粉源植物分布广、花期长,总面积达 3833 万亩,种类达 600 多种,其中,党参、黄芪、五味子、五倍子、漆树、椴树、板栗、狼牙刺、洋槐、油菜、荞麦等主要蜜源植物有 10 余种,是全省中华蜜蜂的重点养殖区。据初步测算,全市蜂产业总体发展潜力在 40 万群以上。

5. 定西市主要蜜源植物信息概况

定西市位于甘肃省中部,辖安定区、陇西县、通渭县、临洮县、岷县、漳县、渭源县,共 6 县 1 区。全区总面积 29.131 万 km²,森林面积 199.31 万亩,林覆盖率 4.56%,除渭源植被较好外,其他几县植被稀少,尤以中部和北部突出。全区大部属于黄土高原,海拔 1300~200m,地形多山少川。年平气温 4℃~7℃,通渭华家岭最低为 3.4℃,日照时数 240~322h,无霜期 140~180d,年平降水量从北向南递增。有油菜、党参(潞党)、黄芪、红芪、小茴香、百里香、益母草、香薷(野藿香)、紫花苜蓿、草木樨、红豆草、芸芥、瑞苓草、凤毛菊、老瓜头、葵花等。

6. 甘南藏族自治州蜜源植物概况

甘南藏族自治州是全国十个藏族自治州之一,地处青藏高原东北边缘,南与四川阿坝州相连,西南与青海黄南州、果洛州接壤,东面和北部与本省陇南、定西、临夏毗邻。域内海拔 1100~4900m,大部分地区在 3000m 以上,平均气温 1.7℃,没有绝对无霜期。甘南州有丰富良好的天然植被,在海拔 400~4000m 均有植被分布,其中 3100~4000m 高度的阳坡是禾本科和莎草科为主草地,阴坡是灌丛植物。在 1400~3000m 的高度上,阳坡多为草坡或农田,阴坡多为茂密的森林。树种多为云杉、冷杉、落叶松、油松等。森林上层还有以杜鹃为主的灌木林,底层有以栎、桦为主的杂木林。一些经济林木如花椒、苹果、梨、核桃、杏等,主要生长在舟曲、迭部、临潭、卓尼四县。甘南有草原面积4084万亩,甘南有林地1382万亩,占全省森林资源总面积的30%,森林蓄积量占全省总量的45%。主要蜜源为油菜、瑞苓草、凤毛菊、紫花苜蓿、香薷(野藿香)、草木樨、红豆草等。

7. 临夏回族自治州蜜源资源概况

临夏回族自治州辖临夏市、临夏县、永靖县、和政县、广河县、康乐县、东乡族自治县、积石山县。平均海拔2000m。自治州大部分地区属温带大陆性气候,冬无严寒,夏无酷暑,四季分明,气候适宜,空气新鲜,清爽宜人。年均气温6.3℃,最高气温32.5℃,最低气温-27.8℃,年平均降雨量537mm,蒸发量1198~1745mm,日照时数2572.3h,无霜期137d。经调查,全自治州有蜜粉源植物221种,分属110属,44科。其中主要蜜粉源植物有玉米、油菜、瑞苓草、凤毛菊、香薷(野藿香)、草木樨、红豆草、紫花苜蓿、枣树、荞麦等。枣树主要分布在永靖、东乡两县,其他全州均有分布。

(二)中蜂生产特点

1. 岷县中蜂越冬存在的问题及解决对策

由于中华蜜蜂主要死亡出现在蜂群越冬和春繁前前期,死亡率在20%~80%,养殖技术好的死亡率不到20%,补养者、技术差的死亡率高达80%以上,针对这一情况,我们对越冬死亡率高这一问题进行了调查分析,对制定出中华蜜蜂保险条款有所借鉴。

(1)越冬出现的问题

①越冬时保温过度

在调查中发现许多蜂农惧怕保温不到位把蜂群冻死,保温材料太多,其不知在越冬时外界气温不低于-7℃的情况下,不能过度保温,箱内温度太高,蜜蜂经常飞出巢外,由于外界气温低,飞出的蜜蜂将会冻僵,难以回巢,因此冻死冻伤许多,这属于保温过度现象,蜜蜂越冬蜂团不稳,影响蜂群大量活动,造成寿命缩短,形成春衰现象。

②缺少适当的保温物

在许多蜂场看到缺少蜂箱盖、没有隔板、不盖棉垫或草帘、巢脾过多等现象,造成气候变化蜂群难以抵御风寒。每年在岷县调研时都能看到有少数蜂场缺少覆布、副盖和箱盖等情况;或用塑料薄膜、旧衣服顶替棉布做蜂箱覆布,这种情况属于保温太差情况。

③放蜂场所选择不当

许多养蜂者在放蜂场地选择、蜂群摆放等方面存在诸多问题。有的蜂群摆放的公路边上,有的摆放在人、畜、禽容易出没的噪杂地带,蜂群难以安静越冬。有的蜂场放在昼夜大小车辆出进,振动很大,非常喧嚣,对蜂群安全越冬影响很大。有的蜂场放在空旷无遮挡的河谷地带,还有蜂箱置于支架上,使弱小的蜜蜂处于寒风中,哪能经得寒风袭击,一个寒冬蜜蜂损失较大。

④把握不住越冬饲料饲喂时间与方法

有的蜂农对蜜蜂越冬饲料的贮备没有经验,不知越冬饲料对蜜蜂安全度过漫长冬季的重要性,掌握不住应留饲料的多少和饲喂时间,不注重越冬饲料质量。有的蜂场冬天有给中蜂喂白糖的习惯,冬季喂白糖干扰了蜜蜂正常的越冬秩序,白糖是蜜蜂饲料代用品,蜜蜂取食后腹部会蓄积大量粪便,寒冷的冬天,蜜蜂难以出巢排泄,造成越冬蜂团紊乱,打乱了蜜蜂冬眠的生物习性,增加了蜜蜂的劳动,降低了蜜蜂寿命,造成蜜蜂越冬混乱,春衰成定局。

⑤蜂群放置于较强的光下

许多蜂农不知蜜蜂对光线敏感,蜂农不了解蜜蜂具有趋光性的生物学特性,或者只考虑到人的方便,而忽视了蜜蜂的存在。有的蜂农蜂箱受阳光直接照射,蜂箱巢门前无遮盖物,有的蜂农将蜂群置于强光源附近,越冬期间受光线刺激容易兴奋,骚动不安。许多养蜂户,将蜂群放在自家庭院中,农民有走廊檐柱上和庭院大门上挂电灯的习惯,照亮了主人的同时,也照亮蜂箱巢门(蜂箱巢门前无遮盖物),灯光刺激蜜蜂,造成蜜蜂的飞出死亡,大大影响越冬效果。

⑥蜂群缺少喂水

大多养蜂者没有喂水习惯,在调研中多次看到冬天有太阳的时间,蜜蜂到池塘、河边、洗衣盆等处采水,采水的蜜蜂大量冻僵死亡。从这些情况来判断,蜂群缺水,但我们在调研的过程中,没有看到有一个蜂场中有喂水设施。

(2)解决问题的对策

分析产生问题的原因是多方面的,主要是科学养蜂普及不全面,蜂农对蜜蜂生物学知之甚少,缺乏对蜜蜂特性的了解,放蜂场有局限性,养蜂设施不全等方面影响,针对存在问题,提出解决对策。

①加大培训力度,扩大培训范围

开展中蜂养殖技术培训,对于中蜂的生物学特性、中蜂的四季管理、蜜蜂病虫害防治、蜜蜂产品标准化生产等等做了多次的培训,但受培训资金和时间的限制,培训班的规模小,学员受到限制,参加学员参差不齐,有初学者,有刚刚进入行业但基础低的学员,有饲养多年的老养蜂员,他们对培训要求各不相同,讲的深了初学者听不懂,讲的浅了老养蜂员觉得没有意思,有的老养蜂员总认为他的那种管理方法正确,对科学养蜂不以为然,培训效果也不均衡,培训覆盖面窄,中蜂科学饲养知识普及慢,蜂农对于蜜蜂的认识普遍不高。今后应改变培训方式,扩大蜂业培训的覆盖面,到田间地头去、到蜂场中去,要分层次、抓时效、选对象,针对不同层次养蜂者,采取针对性培训。深入示范蜂场,观摩指导,将养蜂员在实际操作中的问题、脑海中的疑惑一一解读,使他们搞清楚,弄明白其中的道理,增加他们科学养蜂信心。

②重视秋季管理,为安全越冬打基础

在养蜂界"一年之计在于秋",如果秋季蜂群管理不到位,到了冬季,任何措施也难以改变已形成的局面，来年蜂群难以快速发展，甚至造成春衰，一年不会有好的收入，造成的这种现象是无法弥补。秋季蜂群繁殖的数量和质量既是越冬的基础，更是下一年春季繁殖的基石。一是秋季做好越冬适龄蜂的繁殖，所谓越冬适龄蜂，就是在越冬前培育，没有参加过采集、哺育和酿蜜工作，并经过飞翔排泄的蜜蜂就是越冬适龄蜂。越冬适龄蜂越冬安全，在春繁时相当于青年蜂，吐泌浆量大，哺育采集能力强劲，是翌年繁殖开始的第一批哺育蜂，因此也是来年繁殖的开端，是下一年养蜂生产夺取高产的基础。二是留足越冬饲料，越冬饲料越冬饲料的优劣，直接影响着越冬成败，所以一定要优质、成熟、不结晶的好蜂蜜，越冬饲料的贮备应早动手，在秋季最后一个蜜源时要留足蜜脾，如果不够时，可在培育越冬蜂时补足。利用群内老蜂的存在补足越冬饲料，越冬蜂培育成功之后不能再喂，确保适龄越冬蜂不能参与酿造越冬饲料工作，绝对不能在越冬期饲喂。三是严防起盗，秋季蜜源逐渐结束，管理不到位，最容易发生起盗现象，如果发生盗蜂现象，盗群、被盗群双双受损，两败俱伤，蜂群遭殃。秋季管理时要格外仔细，修补好蜂箱缝隙，合并弱小群，保持蜂数密集。

③加强管理，做好越冬重要环节

岷县高寒阴湿，越冬期长，更应注重越冬方面的各个环节，那个环节管理不到位都会影响越冬效果，在越冬前期越冬蜂培育、饲料贮存工作准备就绪的情况下，还应在越冬过程注重相关环节。一是强群越冬，越冬蜂群强，则抵御不良因素能力强，自动调节复杂气候能力强，冬团稳定，节省饲料，蜂群在越冬过程中下降率低，不会出现春衰现象，越冬安全。在秋末做好越冬蜂的培育，保持强壮的群势，中蜂群势达不到4足框蜂的应合并，保证4足框以上蜂群越冬，就没有大问题。二是把握保温环节，在北方蜂群越冬，给蜂群加保温物是必须的，但不能过度保温，蜂群应始终保持"宁冷勿热"，也不能纯粹不保温，任其自然，越冬蜂群保温要有个度，在外界气温-10℃~-6℃时，蜂箱实地摆放，可在蜂箱上盖草帘之类保温即可，在外界气温-15℃~-10℃时，就要在蜂箱后、侧、上加盖保温物，箱内空处适当垫充保温物，但要时常注意天气，如果气温升高应即时拆减保温物，保持蜂群安静结团，防止过热蜂团散开，蜜蜂飞出冻僵死亡。三是选择良好越冬场所，越冬场所应在背风、向阳、安静、通风的环境下，要远离公路、停车场、有噪音的工厂、畜禽圈舍，防止振动、喧嚣干扰越冬蜂群，要远离河滩沟口，如果确实蜂群摆放在空旷地带，也应有围墙或篱笆将蜂群围起来，避开寒风直袭蜂箱。四是避免强光直射巢门，在放有蜂群的地方晚上尽量不开灯或少开灯，平时可以用纸板、草帘遮掩巢门，减少强光刺激蜂群，减少蜂群骚动。

④加强室外越冬蜂群的观察，注意特殊气候环节

中蜂一般蜂农都习惯于室外越冬，保持蜂群安静就可以，在越冬期间不开箱检查，在箱外观察蜂群情况，判断巢内蜂群状态，耳朵贴近巢门口，或用听诊器放入巢门，轻轻敲打一下，可听到"唰"声音，而且很快消失，是正常现象。时常收听天气预报，注意长时间阳

光强射暖冬情况,也要注意大雪、寒流等特殊情况,根据气温调节巢门大小,调整遮挡物、保温物。越冬后期每隔20d左右在巢门口掏除死蜂,保证蜂群通风畅通,如果发现蜜蜂口渴,可用巢门喂水器适当喂水,防止出外寻水而冻死冻伤,注意防火、防鼠。

2. 中华蜜蜂优质蜂蜜生产技术

蜂蜜优质高产的三要素是蜜源、蜂群和天气。对蜜源的要求,在蜂群的增长阶段,也就是蜂蜜生产群培育期,粉源和蜜源较丰富,为蜂群的恢复和发展提供充足的食物来源;对蜂群的要求,健康、群强、脾新;理想的天气,晴、无风或微风,昼夜温差较大。在无污染、无残留、安全卫生的前提下,蜂蜜的品质体现在成熟度,成熟度的标志之一是蜂蜜的含水量。解决中华蜜蜂封盖蜜成熟度不足的关键技术是将蜂蜜生产群育子区和贮蜜区分开,不取子脾上的贮蜜。提高蜂蜜的档次,需要提升中华蜜蜂生产单花蜜的技术,克服中华蜜蜂多生产杂花蜜的问题。

(1)中华蜜蜂蜂蜜生产蜂群的培育和组织

蜂蜜生产群育子区和贮蜜区分开的蜂群基础是强群。在流蜜期前的蜂群增长阶段,快速恢复和发展蜂群和适时培育适龄采集蜂对中华蜜蜂优质蜂蜜生产至关重要。

①中华蜜蜂蜂蜜生产蜂群的培育

大流蜜期开始前50d至流蜜期结束前40d蜂王产下的卵发育成为主要蜜源花期的适龄采集蜂。通过促王产卵、饲料充足、巢温调节等技术手段,大量培养健壮的适龄采集蜂。

强群是蜂蜜优质高产的基础,也是蜂群健康的基本条件。健康强群需要抗病力强、维持强群、产卵力强的蜂王,提供蜜蜂健康生长发育的营养条件和良好的巢温条件。

②人工育王

蜂王对蜂群快速增长、控制分蜂维持强群、减少病害有非常重要的作用。良好的蜂王是培育强盛蜂蜜生产群的必要条件。

③种用群的选择

种用群包括提供种用雄蜂的父群,提供移虫的母群和培育蜂王的哺育群。种用群应具有突出的维持强群、分蜂性弱,群势恢复发展快,抗中蜂囊状幼虫病,造脾能力强、贮蜜封盖快;采蜜能力强等遗传特征;无其他特别不良性状。种用群可在同一生态环境下100km范围内选择,杜绝跨生态区引种。在选择种用群时,要注意保持蜂场的遗传多样性,也就是种用群不能太少,越是周边中华蜜蜂少的地方,越是要注意保持蜂场的遗传多样性。

④优王培育

在分蜂热发生季节的初期育王

分蜂热是蜂群准备分蜂的状态,也是蜂群大量培育蜂王的时期。这个季节蜜粉源丰富,雄蜂健壮且数量多,群势强盛。在进化过程中,蜜蜂选择了最适宜的季节培育蜂王,所以此时育王的质量最好。

育王群哺育力强

哺育力强的育王群要求群势强盛,哺育蜂多,卵虫数量不宜过多,巢内贮蜜粉充足,外界有相对丰富的蜜粉源。小幼虫巢房底部有较充足的白色浆状物。必要时,在育王期间,将卵和小幼虫脾调出,以保证培育蜂王所需要的充足王浆。

控制培育蜂王的数量

王台数量过多,可能因营养不足导致培育的蜂王发育不良。建议每个育王群一次育王,不超过 20 个王台。

⑤促进蜂群快速增长

参见《中华蜜蜂高效养殖技术》。技术要点:培育产卵力强、分蜂性弱的优质蜂王;维持适当的群势,保持巢温稳定和保证充分的哺育能力和饲喂能力;调整蜂脾比,保证粉蜜充足和供蜂王产卵的空巢房。

⑥适龄采集蜂培育

大流蜜期开始前 50d 至流蜜期结束前 30d(为维持流蜜期结束后的群势,限制蜂王产卵推迟 10d),蜂王产下的卵发育成为主要蜜源花期的适龄采集蜂。通过促王产卵、饲料充足、巢温调节等技术手段,大量培养健壮的适龄采集蜂。适龄采集蜂培育结束,根据实际情况,可以考虑限王产卵。

(2)病虫害防控

参见《中华蜜蜂健康养殖技术》。技术要点:(1)防控防疫,封闭蜂场,场外人员禁止动蜂群,本场人员不动场外蜂群,开箱操作前穿干净消毒过的工作服,用肥皂将手洗净,蜂场、蜂箱和工具定时消毒,避免蜂群感染疫病;(2)增加蜂群对疫病的抵抗力,抗病育王、强群养殖、蜂脾相称、营养充足、小环境良好。

①中华蜜蜂蜂蜜生产蜂群的组织

a. 组织强群

在流蜜期到来前群势不足的蜂群可采取群势调整和蜂群合并的方法组织强群。

b. 育子区与贮蜜区分开

用隔王板将蜂巢分隔成育子区和贮蜜区。育子区 2~53 张脾,供蜂王产卵和蜂群育子。贮蜜区无王,初组织时可以有子脾,取蜜时贮蜜区的巢脾中的蜂子已全部羽化,并贮满蜂蜜。

单箱体蜂蜜生产群组织

将巢箱用框式隔王栅分隔为两个区,育子区和贮蜜区。育子区根据蜂蜜生产阶段的长短决定巢脾的数量,流蜜阶段时间长,需要多放巢脾,保持蜂群可持续发展;流蜜阶段时间短育子区巢脾少放,适当限制蜂王产卵。育子区一般放脾 2~53 张。

继箱蜂蜜生产群组织

用平面隔王栅将双箱体蜂群分隔为育子区和贮蜜区。贮蜜区提倡用浅箱。

②优质蜂蜜生产技术

优质蜂蜜生产的要点,单一蜜种、成熟高、安全无污染。

a. 清空巢内贮蜜

在流蜜期初,将所有贮蜜区的巢脾贮蜜全部清空。保证所生产的蜂蜜高纯度。

b. 在花期结束后一次性取蜜

花期不取蜜

花期取蜜影响蜜蜂采集活动,蜂蜜质量不高。

加贮蜜继箱或贮蜜巢脾

在流蜜期结束后一次性取蜜。巢内贮蜜区贮蜜80%时,加贮蜜继箱或贮蜜巢脾。

不取子脾上的蜂蜜

子脾上的蜂蜜含水量偏高。取子脾蜜对蜂子伤害大。

对含水量高的成熟蜜进行干燥室脱水

干燥室要求清洁、密闭, 安全高温除温装置。干燥室内温度35℃~36℃, 相对湿度30%~50%。使蜜脾中蜂蜜含水量降至17%。

干燥室可尝试通过能够加热且有除湿功能的空调,作为调节室内温度和湿度的装置。也可以考虑用专业的除湿器降低干燥室内的空气相对湿度。

取蜜作业

在清洁卫生的取蜜车间室内操作。保持环境温度30℃以上,相对湿度50%以下。优质蜂蜜含水量低,黏度大,干燥室取出的蜜脾,蜂蜜黏度相对较低,应直接进行取蜜作业。取出的蜂蜜需要马上过滤封装。

蜂蜜贮存

优质蜂蜜的贮存环境,除了卫生清洁外,需保持低温0℃,避光干燥,相对湿度50%。

③集成单花蜂蜜的生产技术

a. 场地选择

在大流蜜期只有一种主要蜜源开花泌蜜。

花期长,泌蜜量大。

环境良好。冬季蜜源花期背风向阳;高温季节通风遮阴。

必要时可以根据不同主要蜜源的花期分段取蜜。

b. 清空贮蜜区的杂蜜

在大流蜜开始时清空贮蜜区的所有巢脾中的贮蜜。

c. 促贮蜜封盖

对蜜源即将结束,大部分蜂群贮蜜不足的情况下,取出蜂场部分蜂群的成熟度不足的蜂蜜。将取出蜂蜜的蜂蜜饲喂到强群中。注意防盗蜂。只取成熟的封盖蜜,不成熟的留在群内供蜜蜂加工饲料。

(三)中蜂蜂群成本价值调研

通过对麦积区、清水县、岷县、漳县、宕昌县、徽县、西和县等县调查,综合各县情况,形成的数据。蜂群饲养成本由蜂群、饲料、工具保温材料、人工(自己人工不算,只算雇工)等组成。

1. 蜂群成本

蜂群成本包括蜂群按4脾一群算,且每张巢脾挂蜂数量不得少于2000只;子脾发育正常,巢脾均为一年内的新脾,有一定的存蜜,有正常产仔的蜂王。参照当地当时蜜蜂(不

表1 每群蜂蜂群成本

单位:元

年份	蜂群(4脾)	蜂箱(标准箱)	巢框(10)	巢础(10)	饲料盒	合计
2017	800~1200	135	28	20	2	985~1385
2018	700~1000	135	28	20	2	885~1185
2019	500~800	135	28	20	2	685~85

含蜂箱)的实际价格。蜂箱、巢框、工具、保温材料、饲料盒等市场波动不大。蜂群价格是不同地方蜂群市场价的波动范围,在保险时可只考虑蜂群低价范围,不考虑其他养蜂用具。

2. 饲料成本

表2 每群蜂饲料投入成本

单位:元

年份	蜂蜜(50元/500g)	白糖(13.5元/500g)	花粉(15元/500g)	合计
2017	100(1000g)	135(5000g)	15(500g)	250
2018	250(2500g)	52.5(7500g)	15(500g)	317.5
2019	100(1000g)	135(5000g)	15(500g)	250

中蜂消耗饲料少,在蜜源正常,天气好的情况下基本很少喂饲料,当然自然界不会以人为意愿,经常会有异常天气,蜜源受损等情况。

3. 用工成本

中蜂养殖大多都是定地饲养,1人养80群蜂基本可不用雇工,在80群以上的饲养

表3 每群蜂雇工投入成本(按100群蜂场)

单位:元

年份	技术工(300元/天·人)	一般工(100元/天·人)	合计
2017	90(30d)	50(50d)	140
2018	30(10d)	30(30d)	60
2019	60(20d)	40(40d)	100

量在大忙生产繁殖季节可以雇工，一般 30~60d，技术人员每天 300 元，每群每天投入 3 元，一般人员 100 元。按 100 群蜂场算，雇工费用 90~180 元，每群每天投入 1 元。

(四)蜂场收入

中蜂大多数都是定地养殖，这样一个地方一年就那么 1~2 个大蜜源，掌握熟练技术的养蜂员，在不受异常天气的影响下，多年的调查了解，收入是比较好的，保守估算群产 5kg，每群蜂可发展 1.5 群蜂。

表 4 每群蜂收入情况 单位:元

	蜂蜜(25 元/kg)	蜂群(600 元/群)	蜂蜡(40 元/kg)	合计
价值	500	600(本群)+900(增加群)	40	2040

(五)蜂场投入与收入比

蜂群的投入由于蜂群价格逐年下降，其他项目基本稳定，所以只考虑蜂蜜和蜂群的投入和收入，投入按三年最低中间值计算。

正常年份每群中蜂净收入=蜂群收入 2040 元-(每群蜂成本 835 元+蜜蜂饲料成本 250 元+雇工成本 100 元)=855 元。

说明只要正常年份，按规范养殖的情况下，中蜂养殖是没有大的风险。

三、中华蜜蜂保险风险分析

(一)养殖技术风险

中华蜜蜂养蜂技术要求较高，特别是贫困户大多文化基础差，接受养蜂新技术能力速度慢，掌握技术熟练程度低，短期的技术培训远远不能满足产业发展。许多地方中蜂养殖普遍存在重数量、轻质量，重规模、轻产量的问题，蜂农只重视蜂群扩繁，不重视强群产蜜。加之养蜂贫困户投资意识不强，蜂群管理技术不精，在受灾缺蜜时不愿意投入资金补饲白糖去挽救蜂群，尤其是越冬蜂群管理不到位，蜂群死亡率高，造成损失严重，存在技术风险。

(二)产业管理和服务体系不健全风险

养蜂业属于特种养殖业，具有独特的生物特性和生产方式，产业管理引导和技术服务非常重要，特别是建档立卡贫困户发展养蜂更需要持续加强的技术培训。技术培训和产业管理工作量大面宽，但市、县层面都没有成立专门的养蜂业管理机构，农牧部门普遍缺乏养蜂专业技术人才，尤其是基层技术服务体系普遍缺乏技术人才，服务体系不健全，成为当前制约蜂产业发展的瓶颈。

(三)异常气候制约蜂业发展风险

养蜂业是个脆弱行业,受异常气候、极端天气影响很大,蜜蜂养殖业受灾严重,新发展的养蜂户,特别是贫困户损失尤为明显。如2018年4月,连续两次低温冻害和持续的低温、暴雨等异常天气,蜜源植物花朵、嫩芽、枝条冻伤损坏,使主要蜜源植物停止流蜜,其他蜜源植物流蜜期推迟或流蜜受阻,蜜蜂冻死、飞逃现象严重,部分蜂场出现严重的病害,养蜂几近绝收。

(四)病虫害危害风险

蜂病与养蜂生产往往结伴同行,蜂病防治是养蜂生产中不可避免的因素。危害严重的一些蜜蜂病害,传染性强,死亡率高,防治困难。天气变化异、蜂群饲料缺乏、群内蜂体密度过小等等,常是蜜蜂病害发生的主要诱因。特别是早春天气异常变化,往往成为蜂群高死亡性,严重威胁着蜂群春繁养蜂生产的正常发展。

(五)职业道德风险

由于个别蜂农职业道德缺失,故意或浅意识制造蜂群死亡事件,伪造、变造有关证明、资料或者其他证据,编造虚假的事故原因或夸大损失程度,骗取保险的可能性存在。

四、承保条件

由于蜜蜂养殖中存在着养殖技术、管理服务、异常天气、疫病危害、职业道德等方面的风险,所以在蜜保险时,要求蜜蜂养殖企业、正常蜂农饲养的蜂群都应具备相应保险条件。

1. 以集体或合作社为经营组织者投保的须具有《养蜂证》,且《养蜂证》须在有效期内;

2. 养殖场地及设施符合蜜蜂饲养要求,饲养管理规范,投保时蜜蜂健康无疾病。蜜蜂养殖以《蜜蜂饲养综合技术规范》为标准进行饲养、防疫和生产,以集体或合作社为经营组织者投保的应建立养殖档案及养蜂日志;

3. 投保品种在当地饲养1a以上(含1a);

4. 每个蜂群中的巢脾数量不得少于3张,且每张巢脾挂蜂数量不得少于2000只;

5. 每个蜂群内的越冬饲料不得少于10kg;

6. 越冬期蜂群必须为板材厚度大于2cm、且覆布上面加保温物的标准蜂群;

7. 越冬期蜂群放置在背风、向阳、安静、清洁的地方;

8. 投保蜜蜂蜂群必须有保险人统一喷印标识信息。

五、承保时间

1. 由于10月以后北方大部分地方都是已经无花,气候逐渐变冷,蜜蜂活动相继停止,到10月中下旬(常以霜降节气为节点)进入休眠初期,这时蜂群停止繁殖,停止生产,越冬饲料饲喂结束,蜂群处于下降状态,调整合并蜂群,这时候蜂群数量就最少,这也就是蜂群一年来的存栏数,衡量蜂群达到越冬蜂群要求。蜂群越过冬到立夏前处于志在恢复期,蜂群还没有分群阶段。所以保险期间从当年的霜降前(或立夏前)起至第二年的霜降前(或立夏前)止,这段时间也是蜜蜂最艰难时段,是蜂群死亡最多的时段,蜂农保险主要是这段时间。

2. 在霜降前保险时,应勘察好蜂群,每个蜂群中的巢脾数量不得少于 3 张,且每张巢脾挂蜂数量不得少于 2000 只,每个蜂群内的越冬饲料不得少于 10kg,越冬期蜂群必须为板材厚度大于 2cm、且覆布上面加保温物的标准蜂群。这样保险既保护了蜂农利益,又降低了风险。

六、保险金额

1. 保险蜜蜂每群的保险金额参照当地承保时蜜蜂(不含蜂箱)的实际价格,保险蜂群数量为承保时实际存栏群数与增值数之和。承保时实际存栏群数与蜂群繁殖后分蜂增加的蜂群指数之积,蜂群增值指数指正常年,每群蜂可增加 1.5 群蜂。

保险金额=每群保险金额(元/群)×保险数量(群)

保险数量=承保时实际存栏群数+承保时实际存栏群数×蜂群正常繁殖增指数(除另有约定外为 1.5,并在保单中载明)。

2. 赔偿处理

为了将所有蜂群保足保全,保证保险行业的健康发展,保险时可按蜂群发展高期承保,赔偿时按实际存栏数赔偿。在正常年份时每个蜂群会有平均 1.5 蜂群的繁殖后分蜂增加的蜂群,在赔偿时不应该将这部分计算进去(每群保险金额=总保险数−增殖数)。

赔偿金额=每群保险金额×死亡群数×(1−每次事故绝对免赔率)

七、促进蜂产业健康发展与保险建议

1. 健全服务体系,探索保险方法

县上要承担起产业发展的领导职能,认真研究,落实责任,设立蜂业管理机构,专人负责养蜂技术推广工作,成立由专干和当地有养蜂技术的合作社负责任人、土专家组成的养蜂技术服务团队,开展对本乡镇的养蜂技术服务,建立健全市、县(区)、乡镇蜂业技术服务体系和养蜂技术服务队伍。在蜜蜂保险中风险相对偏高,操作难度偏大,尤其是中蜂保险认定及损失程度的测定,暂没有成熟的资料或经验可参考,需要在今后工作中不断总结完善。

2. 强化技术支撑,降低死亡风险

组织专家团队对蜂产业发展把脉会诊,加强技术培训,以大规模集中培训、小规模入村培训、基础知识培训、技术提升培训、现场观摩培训、实践互动培训等形式,通过培训,标准化、规范化、规模化饲养意识加强，有效提高养蜂农户生产水平，提升新型蜂农养殖技术，特别是越冬技术的提升，降低蜜蜂死亡率。

3. 发挥政策优势，创造品牌效应

利用扶贫专项资金和东西部扶贫协作资金优势等优惠政策，加快品牌认证，打造特色品牌，提升产业效益，通过优势品牌打开销售市场，通过市场销售实现效益增值，使产业得到健康有效发展，同步提高贫困群众的收入，增加养好蜂的信心，避免收成价格风险。

4. 抓点示范带动，保险助力扶贫

通过对贫困户保险，给予贫困户一个定心丸，抓点示范，在养殖技术成熟的合作社，树立一批中蜂产业促进精准扶贫的先进和典型，建立保险养蜂扶贫示范点，扶贫示范点办成功了，通过保险，养蜂风险降低了，蜂农有收益了，周边贫困群众看到了经济效益和发展前景，群众就会主动想办法筹措生产资料，主动学习生产管理技术，主动去发展产业，确保贫困户稳定增收，打造中蜂产业扶贫脱贫攻坚样板。

5. 统筹区域保险，创新理赔方式

在蜜蜂保险理赔中，遵循《中华人民共和国保险法》《农业保险条例》等法律规定，为了贫困县蜂产业可持续发展，应当创新蜜蜂保险理赔方式，相关县根据《中国人民财产保险股份有限公司甘肃省地方财政补贴型蜜蜂养殖保险条款》，可制定蜜蜂保险补充实施方案，采取"保蜂赔蜂、先补栏，后赔付、集中补栏"的方式。由供蜂企业对属于保险责任的死亡蜜蜂按照原供蜂标准和要求及时补栏到合作社（户），供蜂企业由承保公司筛选确定，贫困户向供蜂企业出具理赔转账授权书。蜜蜂赔付金额由承保公司与供蜂企业按市场实际价值商议确定。补栏蜜蜂要从当地环境气候条件相适应的地区引进补栏蜜蜂，首选当地合作社（企业）养殖的本地蜜蜂作为补栏蜂群。补栏结束后，对代养合作社（贫困户）由乡镇政府自验合格后提出申请，县农业农村局、县扶贫办、县财政局、县畜牧兽医局、县财保公司组成补栏工作联合验收小组进行县级验收，县财保公司根据验收结果兑付理赔资金到供蜂企业账户。补栏蜜蜂于次年5月20前补栏到合作社（户）。这样可加强当地优良蜂种繁育，培育和扩繁地方蜂源，为贫困户供给当地蜂或近区域蜂，避免蜜蜂病害的传播蔓延和蜂种混杂的风险，突出保险效应，降低保险风险。

几个中华蜜蜂养殖规范

根据国家蜂产业技术体系岗位科学家周冰峰教授要求、指导、建议,结合甘肃省中蜂饲养状况起草了《蜜蜂规模化饲养示范蜂场建设要求》《中华蜜蜂地方良种选育建场规范》《甘肃中华蜜蜂传统饲养规范》《中华蜜蜂规模化饲养技术规范》等规范要求。

一、蜜蜂规模化饲养示范蜂场建设要求

(一)范围

本建设要求规定了蜜蜂规模化饲养示范蜂场的环境与蜜粉源场地选择、蜂种及蜂群数、蜂场卫生、蜂机具及卫生消毒、蜜蜂疾病预防、养蜂日志等内容,其中多处引自于农村部行业标准"蜜蜂饲养技术规范"。

(二)蜜粉源植物和蜂场环境

1. 蜜粉源植物

距蜂场 3km 范围内应具备丰富的蜜粉源植物。蜂场附近至少要有两种以上主要蜜粉源植物和种类较多、花期不一的辅助蜜粉源植物。

2. 蜂场环境和用水

(1)蜂场及周围空气质量优。

(2)蜂场场址应选择在地势高燥、背风向阳、温度适宜、排水良好、远离噪声的地方;远离铁路、大型公共场所;交通方便。

(3)蜂场附近应有便于蜜蜂采集的优质水源。

(4)蜂场 3km 范围内无化工区、矿区、农药厂库、垃圾处理场及经常喷施农药的果园和菜地;无糖厂和生产含糖量高的食品工厂。

(5)蜂场正前方要避开路灯、诱虫灯等强光源。

(三)蜂场卫生保洁和消毒

1. 蜂群及养蜂用具排列、摆放整齐,保持清洁。

2. 保持蜂场环境清洁、整齐。

3. 及时清理蜂场死蜂和杂草,清理的死蜂及时深埋。

4. 蜂场每月用 5%的漂白粉乳剂喷洒或生石灰消毒一次。

5. 养蜂员要保持个人卫生,在管理蜂群过程中要着工作服,在生产蜂产品过程中要戴口罩。

(四)蜂种和蜂群数

1. 选用抗病性、抗逆能力和生产能力强、适合当地环境条件和蜂场生产要求的蜂种。

2. 蜂群数不低于 70~100 群。

(五)养蜂机具与装备

1. 选用完整、不破损的郎氏标准蜂箱,蜂箱颜色统一,统一编号,并标示"国家蜂产业技术体系建设示范蜂场"字样。

2. 覆布、隔王板、饲喂器、脱粉器、集胶器、取毒器、台基条、移虫针、取浆器具、起刮刀、蜂扫、幽闭蜂王和脱蜂器具等都必须无毒、无异味。

3. 使用不锈钢割蜜刀、不锈钢或全塑无污染分蜜机。

4. 蜂产品储存器具要无毒、无害、无污染、无异味。

(六)蜜蜂疾病预防

1. 疾病防治以预防为主,主要通过蜂群饲养管理手段和蜂群、蜂场的卫生消毒措施来保证蜂群健康和卫生,预防病虫害的发生。

2. 优先选用借日光、烘烤、灼烧、洗涤和铲除等机械的或物理的消毒方法,必要时使用消毒药物对饲养环境、蜂箱、巢脾和器具等进行消毒。

(七)养蜂日志

建立养蜂日志,记录养蜂场生产情况,记录应真实、清晰。

二、中华蜜蜂地方良种选育建场规范

通过种用群的收集,采用自然交配的集团闭锁选育技术的实施,在保持遗传多样性的前提下,以抗病和维持强群为主要性状,以累代选择有益性状改良蜂种,选育具有区域特点的中华蜜蜂地方良种。中华蜜蜂地方良种选育建场工作主要是场地选择和种用群选择。

(一)场地选择

育王场和种性考察场。

1. 育王场要求

育王场的功能是培育蜂王,新王交尾。要求具备基本的隔离条件。直线距离 10~20km 范围内,野生的和人工饲养的中华蜜蜂数量少。

2. 种性考察场

丰富的蜜粉源,保证周年要有 1 个以上主要蜜源和在蜜蜂活动季节有连续的辅助蜜粉源。良好的遮阴和避风条件,水源清洁。避开大面积水域。

种性考察场主要从抗病性、群势增长和维持等考察蜂种特性。要求具备良好的生产条件,能够充分表现生产性状。

可与中华蜜蜂规模化饲养技术示范蜂场结合。

(二)种用群的建立

1. 种用群的数量

种用群选择 50 群。为保证种用群的数量,后备种用群的数量应为 70~80 群。

2. 后备种用群选择

在地方良种选育场及周边地区 200km 范围内,且生境相似,选择性状优良的蜂群作为种用群备用。尽可能避免亲缘关系过近。人工育王的蜂场,每一蜂场只选 1~2 群;非人工育王蜂场可选 1~5 群。

3. 后备种用群记录

详细记录种用群信息,包括原收集地的地点(经度和纬度、省、市、乡、村),原主人信息(姓名、电话等联系方式),生境(山区或平原、植被、蜜源),饲养方式(活框或原始),所在蜂场规模(群),原育王换王方式等。

4. 种用群的考察确定

放在种性考察场中观察,经完整一周年考察后,再作为种用群放入良种选育场。根据各地的中华蜜蜂遗传特征确定种用蜂群和种用蜂王标准。

(1)抗病:中蜂囊状幼虫病和欧洲幼虫腐臭病抗性强。

(2)强群:在分蜂季节能够维持的群势比当地中蜂同期平均群势强 20% 以上。

(3)其他性状:其他生物学性状和生产性能无明显缺陷包括管理难易、盗性、认巢性、清巢性、温驯性、护脾能力等。

三、中华蜜蜂饲养规范

(一)术语与定义

1. 蜂群:由一只蜂王,1000 只以上工蜂,少数雄蜂组成的营独立生活的群体。

2. 巢脾:两面具正六边形巢房的蜡板,是构成蜂巢的基本单位。

3. 子脾:巢房内以卵、幼虫、封盖蛹为主称子脾。以卵、幼虫为主叫卵虫脾。以封盖蛹为主叫封盖子脾。

4. 人工分蜂:从一群或几个蜂群中,抽出部分工蜂。子脾和蜜蜂脾诱入一只新蜂王或成熟王台组成新蜂群的活动。

5. 活框饲养:巢脾固定在活动的巢框内,能在箱内随意移动,采用人工巢础造脾,可以随时检查和管理的饲养方式。

6. 繁殖期:蜂群以繁殖为主,群势不断扩大的时期。

7. 流蜜期:外界有一种以上主要蜜源植物开花泌蜜,蜂群能生产蜂蜜的时期。

8. 分蜂热:蜂群内部产生自然王台,工蜂出勤减少,蜂王产卵急剧下降时称发生分蜂热。

9. 交尾群:供处女王交尾使用的小蜂群。

10. 主要蜜粉源植物:数量多、面积大、花期长、蜜粉丰富,能生产出商品蜜或花粉的植物。

11. 辅助蜜粉源植物:能分泌花蜜、产生花粉,对维持蜜蜂生活和繁殖起作用的植物。

12. 有毒蜜粉源植物:产生的花蜜和花粉会造成蜜蜂或人畜中毒的蜜粉源植物。

13. 补饲:为补充蜂巢内饲料不足,对蜂群进行的一种饲喂方式。

14. 奖饲:为刺激蜂群繁殖和采集所采取的一种饲喂方式。

(二)蜂场环境

1. 蜂场附近应有便于蜜蜂采集的良好水源,水质符合饮用水标准。

2. 蜂场场址应选择地势高、干燥、背风向阳、排水良好、小气候适宜的场所。

3. 蜂场周围3km内无大型蜂场、蜂蜜加工厂、以蜜糖为生产原料的食品厂、化工厂、农药厂及经常喷洒农药的果园。

4. 蜂场3km范围内应具备丰富的蜜粉源植物。定地蜂场附近至少要有两种以上主要蜜粉源植物和种类较多,花期不一的辅助蜜粉源植物。

5. 半径5km范围内有毒蜜粉源植物开花期不应放蜂,主要有毒蜜源植物有雷公藤、博落回、藜芦、紫金藤、棱枝南舌藤、钩吻、乌头、狼毒等。

(三)养蜂机具

1. 标准蜂箱是由巢框、箱身、箱底、继箱、门档、副盖、箱盖以及隔王板组成的。

2. 巢础要求蜂蜡纯净,巢房的六角形准确,规格大小整齐一致,色泽鲜艳,房底透明度均匀。

3. 隔王板为竹质或塑料材料制成。

4. 标准蜂箱、隔王板、饲喂器、脱粉器等选用无毒、无味材料制成。

5. 分蜜机选用不锈钢或全塑无污染分蜜机。

6. 割蜜刀选用不锈钢割蜜刀。

(四)引种

不应从疫区引进生产用种王、种群或输送卵虫养王。

(五)蜂群管理

1. 人员　蜂场工作人员至少每年进行一次健康检查。传染病患者不得从事蜜蜂饲养和蜂产品生产工作。

2. 饲料

(1)饲喂蜂群的蜂蜜、糖浆、花粉或花粉代用品须经灭菌处理。

(2)重金属污染、发酵的蜂蜜,生虫、霉变的花粉代用品不得当作蜂群饲料。

(3)花粉代用品不应添加未经国家有关部门批准使用的抗氧化剂、防霉剂、激素等。

3. 春季管理

(1)蜂场设置喂水器并定期清洗消毒。

(2)对蜂群做全面检查,清除箱底死蜂、蜡渣、霉变物,保持箱体清洁。

(3)对蜂群做局部检查,了解蜂王是否健全,群内是否产生分蜂热,有无病虫害和饲料贮备情况等。

(4)适时补饲或奖饲,低温阴雨天气要给蜂群巢门喂水。

(5)根据蜂场所在地气候特点进行箱内或箱外保温。

(6)密集群势,保持强群繁殖。

(7)适时扩大蜂巢,加速蜂群群势增长。

(8)注意防治巢虫。

4. 夏季管理

(1)定期全面检查,清除自然王台、加强通风,防止自然分蜂。

(2)采用遮阴、洒水等措施为蜂群生产和繁殖创造适宜温、湿度条件。

(3)采取转场等措施,防止蜜蜂农药中毒或有毒蜜粉源植物中毒,防止农药污染蜂产品。

(4)及时加础造脾,扩大蜂巢,并用新脾更换老脾。

(5)适时控制分蜂热。

5. 秋季管理

(1)培育适龄越冬蜂。

(2)对全场蜂群进行全面检查,调整群势。

(3)遮阴、供水、少开箱检查,防止蜂群起盗,及时控制蜂群产生飞逃"情绪"。

(4)将蜂箱垫高,以防蟾蜍及蚂蚁危害,并经常捕打胡蜂。

(5)留足越冬饲料,越冬饲料中不应含有甘露蜜。

(6)注意防治巢虫。

6. 越冬管理

(1)室外越冬选择背风、干燥、安静的地方作为越冬场所,并遮蔽阳光,使蜂群安静。

(2)室内越冬选择干净卫生的越冬室,保持温度 4℃左右,湿度保持在 75%左右。

(3)越冬后期注意补充饲料,预防蜂群下痢。

7. 转地饲养

转地过程中应执行农业农村部有关养蜂管理暂行规定中的相关条款。

(六)蜂场、蜂机具的卫生消毒

1. 消毒剂

应对人和蜂安全、无残留毒性，对设备无破坏性，不会在蜂产品中产生有害积累。

2. 蜂场环境的卫生消毒

(1)每周要清理一次蜂场死蜂和杂草，清理的死蜂应及时深埋。

(2)蜂场每季应用5%的漂白粉乳剂喷洒消毒一次。

3. 养蜂用具的卫生消毒

(1)木制蜂箱、竹制隔王板、隔王栅、饲喂器，可用酒精喷灯火焰灼烧消毒，每年至少一次。塑料隔王板、塑料饲喂器、塑料脱粉器可用0.2%的过氧乙酸，0.1%新洁尔灭水溶液洗刷消毒。

(2)起刮刀、割蜜刀

经常消毒，可用火焰灼烧法或75%的酒精消毒。

(3)蜂刷、工作服

经常用4%的碳酸钠水溶液清洗和日光曝晒。

(4)巢脾的消毒与保管

a. 巢脾的消毒

选用0.1%的次氯酸钠、0.2%的过氧乙酸或0.1%的新洁尔灭水溶液中的一种浸泡12h以上对巢脾进行消毒，消毒后的巢脾要用清水漂洗晾干。

b. 巢脾保管

储存前用96%~98%的冰乙酸，按每箱体20~30ml，密闭熏蒸，以防止大、小蜡螟对巢脾的危害。保存巢脾的仓库应清洁卫生、阴凉、干燥、通风，以避免巢脾霉变。

(七)蜜蜂病敌害的防治

1. 坚持常年饲养强群和保持蜂机具清洁卫生，减少蜜蜂疾病的发生。

2. 及时治疗患病蜂群。

3. 蜜蜂病敌害防治药物使用应符合用药规定。

(八)生产管理

1. 总则

(1)患病蜂群不应用于蜂产品生产。

(2)所有用于蜂产品生产的设备及用具应对人蜂无毒、无害。

(3)蜂产品生产前后，应对所有与蜂产品直接接触的用具进行清洗消毒。

(4)蜂产品的生产期，生产群不应使用任何蜂药。

(5)农作物及其他栽培作物蜜源施药期间，不应进行蜂产品生产。

2. 蜂蜜生产

(1)蜂蜜生产应符合相关规定。

(2)取蜜场所应清洁卫生。

(3)商品蜜生产前,应取出生产群中的饲料蜜。

3. 蜂花粉生产

(1)蜂花粉生产应符合相关规定。

(2)安装脱粉器前,应洗净生产群蜂箱前壁和巢门板上的尘土,防止污染花粉。

(3)刚采收的鲜花粉质地松软,容易散团,不应过多翻动。

(4)脱出的花粉应采用适宜方法及时干燥处理,密封保存。

(5)天气炎热时,强群应去掉脱粉器,避免闷死蜜蜂。

4. 蜂蜡生产

蜂蜡生产应符合相关规定。

四、中华蜜蜂传统饲养技术规范

(一)范围

本标准规定了蜂场的要求、设施要求、饲养管理技术、敌害的防治。

本标准适用于海拔 400~2500m 中华蜜蜂华中型传统饲养。

(二)术语与定义

1. 蜂群 Bee colony

蜜蜂的一个群体。由蜂王、工蜂和雄蜂组成。

2. 蜂巢 comb

蜂群生活和繁殖后代的场所,由巢脾构成。

3. 群势 colony strench

是指一群蜜蜂中工蜂个体的数量,是反映蜂群繁殖和生产力的主要标志。

4. 子脾 brood comb

蜜蜂培育卵、蛹和幼虫的巢脾。

5. 蜜粉脾 honey and pollen comb

蜜蜂贮存蜜、粉的巢脾。

6. 传统饲养 traditional bee keeping techveike

采用圆桶、长方形高箱或笼屉式蜂箱,自然巢脾,自然王台,单王繁殖,自然分蜂,定地饲养,强群采蜜。

7. 繁殖期 Colony developing period

蜂群以繁殖幼虫为主,群势不断扩大引起自然分蜂的时期。从 2 月中下旬至 5 月中下旬。

8. 流蜜期 nectar flow period

蜜源植物蜜腺分泌花蜜的一段时间。分为泌蜜量少的初花期、泌蜜量多的盛花期和泌蜜量减少的末花期。

9. 分蜂 swarming

蜂群在繁殖阶段内部产生自然王台,工蜂出勤减少,蜂王产卵急剧下降,并由蜂王带走部分蜂离开原蜂群的现象。

10. 蜜粉源植物 nectar and pollen plants

能为蜂群生存、繁衍提供花粉和花蜜的显花植物总称。提供花粉的植物称粉源,提供花蜜的植物称蜜源。

(三)蜂场的要求

1. 周围环境要求

空气质量优,方圆6km内无污染,相对安静,有清洁水源,视野广阔,蜜粉源植物丰富。

2. 场地选择

背风向阳、地势高燥、无山洪或径流冲刷,蜜蜂飞行方向无遮拦物。

(四)蜂箱要求

1. 材质要求

宜选用干燥质地坚实、无异味的木材。以漆树、泡桐树、春树、紫杉树为优。

2. 蜂箱种类

宜采用长方形、圆桶形传统蜂箱及笼屉式蜂箱,禁刷油漆。

3. 蜂箱处理

(1)新蜂箱

揭开蜂盖,置于室外干净处放置半个月,再用艾叶熏至箱内变黄黑后放于干燥通风处。

(2)旧蜂箱

对旧箱内外用刷或刀进行清理,去除残渣及小虫,放于干燥通风处。

(3)使用前处理

①消毒

用蒸汽的方法进行消毒。消毒时将蜂具置于蜂箱之中,然后将箱置于锅中,密封煮沸20~30min即可;也可采用酒精喷灯火焰灼烧消毒。消毒后蜂具自然晾干。

②缝隙修补

检查蜂箱内外有无缝隙,对缝隙处用黄泥掺干净水进行糊补抹平。黄泥配比可采用:黄泥+草木灰+盐,比例2∶1∶0.01。也可采用草木灰和百草浆做黏合剂。

③艾叶熏箱

修补干燥好的蜂箱用艾叶进行烟熏。箱底这垫一石头,将点燃的艾叶置于箱底,盖上箱盖烟熏两小时至箱内充满艾叶味道。

4. 蜂箱放置

(1)分散排列,巢门错开。利用斜坡置放的蜂群,以高、低不同地势错开各箱巢门。

(2)蜂箱稍倾斜放置在距地面高 25~30cm 的木桩支架上,或在箱底隔垫石块或水泥砖,支架或水泥砖上再垫木板,垫板尺寸比蜂箱长、宽多 3~5cm。

5. 遮雨设施

在蜂箱盖板上再固定一块比蜂箱大 1 倍,与蜂箱成 20°夹角的防雨材料。

(五)饲养管理技术

1. 蜂种要求

选用本地华中型中华蜜蜂。

2. 饲养方式

采用传统饲养方式。

3. 收蜂管理

(1)分蜂时间

越冬后的蜂群,在 4~5 月会进行分蜂。

(2)分蜂群确定及观察

①蜂群蜂少的群势弱的蜂群不让其进行分蜂。分蜂季节对弱蜂群进行检查,察看蜂群有无王台出现,若有王台出现,待王台封盖后,用消毒处理过的针将王台内的幼王刺死,控制分蜂。

②群势好的分蜂群,可进行分蜂扩大生产,察看王台情况,记录王台数量,位置,封盖、出王时间,封盖后约 6d 时间出盖,王台顶端变黑则新王将出;新王出盖约两天会出现分蜂现象。

(3)分蜂前征兆

分蜂前 10min,分蜂群会绕着蜂箱飞转,待箱内工蜂胁裹蜂王后会一起飞离原蜂。

(4)收蜂方法

①收蜂台

在蜂场设置收蜂台。在蜂箱前方 20~30m 处,竖一根 1~1.5m 的木桩(木桩比蜂箱高 1m),木桩上钉一块 30cm 见方的木板,在木板上涂抹一些蜡渣做引诱物。

②收蜂架

在距蜂群飞行方向 30~50m 处,设置收蜂架,放置经处理的旧蜂箱,蜂箱上涂抹蜂蜡,引诱飞逃蜂。

③收捕蜂群

发现蜂群分蜂或有外来蜂群时采取清洁用水喷雾的方法使蜂群降落。收捕时先将蜂箱放好,取出涂有蜂蜜的蜂盖,紧贴分蜂团,用蜂刷慢慢地向蜂盖上刷蜂,待蜂群完全集中后放入处理好的蜂箱。

(5)新收蜂群处理

①新收多群混合蜂群时,先关闭巢门,经 6~8h 后再打开巢门即可。

②补饲

新收蜂群应补喂蜂蜜糖浆,蜂蜜与水比例 2：1 的糖浆,以 250ml 为宜,连续奖饲 3d。

③补饲方法

天黑后放置饲喂器皿,并在糖浆上放悬浮物,第二天下午察看是否饮完,收回器皿,清洗消毒待用,同时察看底板是否有蚂蚁,并进行清扫。

④过 2~3d 查看新蜂群是否造出新脾,是否有采集蜂正常进出采蜜。

4. 日常管理

(1)蜂帚、工作服等用品勤用 4%的碳酸钠水溶液清洗和曝晒。

(2)观察

宜每天进行箱外观察,察看是否有采集蜂正常采集,颜色是否正常,雄蜂是否增多等情况,是否有巢虫、蚂蚁等害虫侵入。出现异常需从箱底或开箱察看子脾、护脾、王等情况。

(3)清扫

在正常情况下,每隔 5~7d(冬季除外),夏季炎热间隔稍长,宜在晴天中午,稍倾斜掀开箱底,尽量不移动上下盖板,彻底清扫蜂箱底板,刮去残留的蜡渣和垫板上的残留物、害虫等杂物,并集中烧毁。

(4)艾叶熏蜂

3 月中旬蜂群开始繁殖,在清扫同时用干艾叶烟熏一次,每次烟熏 3~5min,持续 3~4次。宜在中午结合清除杂物后同时进行。秋冬、早春及天气变冷(气温 15℃以下)不再进行熏蜂。

(5)害虫防治

①勤检查蜂箱四周及箱底,修补漏洞,清除杂草、蛛网及时处理巢虫、蚂蚁、蜘蛛等害虫,在蜂箱的四周及蜂底板周围撒生石灰或草木灰进行预防。

②在胡蜂活动季节,应加强人工捕打,保证工蜂飞行畅通。

5. 季节性管理

(1)春季管理

①2 月底气温上升到 15℃,逐步取掉保暖遮盖物。晴天中午对蜂箱进行快速检查。察看是否失王,箱内饲料及蜂群强弱等情况。

②适时奖励饲喂

雨水节气过后,进行奖励饲喂。奖励饲喂方法按前述方法进行。

(2)夏季管理

①蜂箱放置通风、凉爽地方。可在蜂箱上设置遮阴措施,或放于树下,将蜂箱前端用木板或石片支高 1~2cm,便于通风散热。炎热夏季在蜂场设置人工饮水器,蜂场周围洒水

降温。

②割掉老脾、劣脾，保持蜂多于脾。

③重点防范胡蜂及巢虫。

(3)秋冬季管理

①留足越冬蜜蜂。

②冬季补饲

补饲方法按前述方法进行。

③保持蜂群安静，越冬期非特殊情况不得开箱。经常检查蜂箱外情况。

④10月开始对蜂箱进行保暖。秋季割蜜后宜用塑料薄膜进行多层包裹或用晒干消毒后的杂草或其他保暖材料进行四周捆扎，只留巢门。

6. 失王群处理

(1)直接合并

对将合并群按500ml清水兑5滴蛋糕用香精水喷洒蜜蜂，喷湿后将无王群蜜蜂按前述方法进行合并。

(2)间接合并

失王已久，蜂箱规格一致的蜂群，揭开有王蜂箱盖板，上放一钻有小孔的报纸，并将四周固定好，把被合群底板揭开放到报纸上，四周尽量对齐，被合群盖板不揭开，待工蜂自行咬破报纸自动合群。宜在晴天傍晚进行。

(3)介王

选择规矩、大而未出台的自然王台，将其固定于失王群巢脾之中。

7. 取蜜期管理

(1)取蜜群确定

蜂箱上部全部封盖的成熟蜜，下部有1/3以上造出新脾的即可确定为取蜜群。

(2)取蜜时间

每年取蜜一至两次；一般在6~10月，选择晴天早上或傍晚进行。

(3)取蜜用品

蜂帽、工作服、手套、熏烟器、启刮刀、割蜜铲、瓷盆、不锈钢容器等，取蜜用具等使用前蒸汽消毒。

(4)取蜜

①驱蜂

使用熏烟器从上向下驱赶蜂群，待上部蜂全部集中到下箱时，用启刮刀慢慢开启箱盖，即可取蜜。

②割取蜜脾

取蜜深度一般为15~20cm。用割蜜铲沿蜂箱四边向下切割使蜜脾与箱板分离，取出带蜜巢脾。一定要留足越冬饲料。

③割脾后的清理

对割蜜区边缘的老脾、周边掉的蜜、巢脾等进行彻底清除。再直接过箱或倒箱。

(5)取蜜过箱

①过箱蜜蜂宜在傍晚取蜜。

②对有病虫害危害或其他原因需换箱的,换箱动作要轻、快、准。

③过箱方法

把刚取完蜜清理后的箱挪出原蜂位,将处理好的同一规格新蜂箱放置原蜂位处,新箱巢门大开,再将老箱口与新蜂箱对接,上盖板留一条缝进行烟熏,同时轻敲老箱,观察王的动向,老箱已无蜂王、蜂王及大部分蜂到新箱中后,拿开老箱,刷出剩余蜜蜂,迅速盖上盖板,拿走老蜂箱至100m之外或拿到屋里,关上门窗。两小时后观察蜂群情况。

(6)倒箱

5~7d后待巢脾完全封好后倒箱。倒箱前揭开蜂盖熏蜂观察,再次清理老脾及垃圾,最后将蜂箱轻轻倒过来盖好,用草木灰和百草浆调合成黏合物,封闭箱盖间隙。

(7)蜂蜜过滤与储存

过滤原蜜使用60目绢网,过滤时间不超过24h,再用80目的绢网过滤。对过滤好的蜂蜜,装入陶瓷、玻璃或不锈钢容器内密闭,在20℃以下保存。

(8)蜡渣、老巢脾处理

老巢脾、过滤蜂蜜后的蜡渣宜保存在干净的处,可做收蜂引诱物。

(9)熔蜡

对多余的蜡渣可进行熔蜡。将腊渣放在干净的锅内加热熔化,再用纱布进行过滤,常温下保存。

(六)敌害防治

1. 原则

坚持"预防为主",优先采取物理防治、生物防治,严禁使用限制性兽药。

2. 蜡螟(巢虫,俗称绵虫)的防治

3月中旬蜂群开始繁殖,每隔10d用干艾叶烟熏一次,每次烟熏3~5min,持续3~4次。彻底清扫蜂箱底板,刮去残留的蜡渣和垫板上的残留物,将扫除的残渣、残留物集中烧毁。

3. 蜘蛛的防治

在蜘蛛活动期,经常清除箱前的杂草,随时清除蛛网。

4. 胡蜂的防治

在胡蜂活动季节,应加强人工捕打,保证工蜂飞行畅通。

5. 飞鼠、青蛙、蟾蜍、鼠害的预防

垫高蜂箱的位置,修补蜂箱裂缝,堵塞底部漏洞。经常检查,及时驱赶。

6. 防止黑熊危害

不宜放在黑熊经常出没的地方,增强防护措施。

第四篇

蜜蜂授粉

蜂类授粉增产技术

祁文忠

地球上有授粉昆虫种类 100 万种以上，而蜜蜂是最好的授粉昆虫之一，占授粉昆虫总量的 85% 以上，这是因为蜜蜂本身的形态结构特征适宜携带和传播花粉，蜜蜂授粉的专一性、可运营性、可驯化性和饲料的可贮存性都决定了蜜蜂是一种理想的授粉昆虫，大量的研究资料证明了这点。

养蜂的经济价值不仅在于生产众多的蜂产品，而且在于利用蜜蜂为农作物、果树、蔬菜、牧草、中草药等植物授粉，可促使农产品大幅度提高产量和质量，其经济价值远远超过蜂产品本身的价值。如美国利用蜜蜂为农作物授粉的间接收益是蜂产品收入的 100 倍以上，蜜蜂授粉可使果树增产 32%~40%，葵花增产 20%~64%，草莓增产 60% 以上。授粉作为一项农业增产措施，越来越受到世界各国的重视。许多国家已形成"蜜蜂授粉业"，把养蜂业被誉为"农业之翼"。中国近几年来授粉业发展也很迅速，山东、山西、北京、河北、浙江、上海、辽宁等省在蜜蜂授粉方面做了大量工作，取得了可喜的成就。

目前，提倡食用有色食品、绿色食品、无公害食品，这三类食品，突出的共性是食用安全，而生产、加工这些食品都要采用无污染的工艺技术，实行了从土地到餐桌的全程质量控制，保证了食品的安全性。蜜蜂授粉不但增产增收，而且是农业食品安全生产体系建设的重要措施。因此，提倡利用蜜蜂授粉，越来越显得重要。

一、蜜蜂与植物的关系

蜜蜂授粉主要是以有花植物而言。蜜蜂以植物的花粉、花蜜为食料来生活并繁殖生息。而植物开花，散发芬芳香味和分泌花蜜是为了招引蜜蜂和其他昆虫。蜜蜂在采集花粉、花蜜的过程中为植物传播花粉，将异花的花粉带到花器上，实现受精。两者在自然条件下相互适应，是长期自然选择的不断进化，不断完善的结果。植物的花器和蜜蜂的形态构造以及生理上的巧妙适应，在遗传性上形成了它们之间的内在联系。如果没有花粉、花蜜，蜜蜂就不能生存和繁殖；反之，如果没有传粉昆虫，植物不能传播花粉，许多被子(有花)植物也不能传宗接代。这里面包含着植物进化的丰富内容，也是现代农业利用蜜蜂传粉的理论根据。为了提高蜜蜂授粉的效果，增加养蜂业的经济收入，提高蜜蜂授粉的社会效益和生态效益，为了理解蜜蜂与植物传粉的关系，必须了解有关植物开花、传粉、结实的基本知识，了解花的构造、受精的生理过程。

(一)花的构造

被子植物(有花植物)的种类繁多,花也千姿百态,但都具有基本的构造。典型的花由花托、花萼、花冠、雄蕊和雌蕊五部分组成。

花托:花托是花柄顶端的膨大部分。花萼、花冠、雄蕊和雌蕊都有着生在花托上。

花萼:花萼由3~5片绿色叶片状萼片组成,着生于花托的外边,在开花前的花蕾期起保护作用。

花冠:一般由颜色鲜艳,具有芳香气味的花瓣组成。花瓣呈一轮或两轮排列,每轮3~5片,着生在花萼里边。花冠内面基部常有不同形状的蜜腺,当花开放,花粉成熟时,分泌大量蜜汁,引诱蜜蜂或其他昆虫去采集,同时,传播了花粉。

雄蕊:雄蕊由花药和花丝组成。花丝的下端着生在花托上,顶端为膨大的花药。花药通常分为四室或二室,每一室就是一个花粉囊。成熟时花粉囊裂开,吐出花粉。雄蕊的数目常与萼片或花瓣的数目相等,或为它们的倍数,成一轮或两轮排列。

雌蕊:着生于花托中央,可分为柱头、花柱和子房三部分。柱头是雌蕊接受花粉的地方,常呈球状、盘状或羽毛状,分泌甜的粉性液体,以利于黏附花粉。花柱为柱头与子房连接部分。下面膨大部分称为子房,受精后发育成果实。内有胚珠,经过传粉受精后形成种子。

以上为花的模式结构,但在自然界中,因植物的亲缘关系和进化程度不同,花的结构变异较大。缺少花萼或花瓣者称为单被花,只有雄蕊或只有雌蕊者,或者两者都有,但其中之一已丧失繁殖功能者,称为单性花,分别叫雄花或雌花,如南瓜的花。

花内蜜腺一般位于花冠的雌蕊或雄蕊基部,花粉成熟时,分泌大量蜜汁,引诱蜜蜂或其他昆虫去采集,传播花粉,为之授粉。但有的植物的蜜腺位于花冠之外,如棉花在叶片中脉和苞叶上,橡胶树在叶脉上,称为花外蜜腺,但分泌蜜汁的时间与开花期基本一致。也起着引诱昆虫的作用。

(二)传粉与受精

植物的传粉与受精是两个不同的过程。当花药中的花粉和胚珠中的胚囊发育成熟,或其中之一发育成熟时,花就开放。成熟的花粉囊发育裂开,散出花粉,借外力的作用以不同方式传到雌蕊的柱头上,这一过程叫作传粉。当花粉传到雌蕊的柱头上,花粉粒萌发形成花粉管。花粉管继续向下伸长,穿过花柱中央到达子房而进入胚囊,花粉管顶端破裂,释放出细胞质、营养核和精核等内含物一起流入胚囊内,精细胞与卵细胞和极核相结合,这一过程称为受精。

花粉落到柱头上能否萌发,花粉管能否生长并通过花柱组织进入胚囊进行受精,取决于花粉与雌蕊的"亲和性"。在自然界中,有一半以上的被子植物存在自交不亲和性。

同一朵花粉的粉传到雌蕊柱头上,完成受精作用,叫作自花授粉,不是同一朵花的花粉传到雌蕊柱头上,完成受精作用,叫作异花授粉。在自然界,任何一种植物开花时,都有机会接受多种的花粉,但只有接受在遗传性上相配的花粉,才能顺利完成受精作用。水稻、小麦等都属于自花传粉作物,但也可以进行异花传粉。玉米、南瓜、油菜、果树等均属异花传粉。大多数植物都是种内异花受精,这样既能保持种的稳定性,又能保证后代生活力,这是植物在生长期进化过程中所形成的一种适应现象。

不论是自花传粉还是异花传粉,都需要传粉媒介。借助风力传粉者,称风媒花,如水稻、小麦、玉米等。风媒花的花被子很小或已退化,没有鲜艳的颜色,无特殊香气,无蜜腺,但花丝细长,容易随风摆动。花粉粒小而轻,数量多,便于被风吹到远处。靠昆虫传播花粉者,称虫媒花,苹果、瓜类、油菜等,花被一般较大而显著,常有鲜艳的颜色,芬芳的香气和蜜腺。花粉粒大而有黏性,便于引诱昆虫前来采集花蜜和花粉,同时,将花粉粒黏附在昆虫身上,达到传粉目的。

一般情况开花后传越快,受精的可能性越大。失去时机,花粉常因受潮、失水而变质,活性丧失而不能萌发。

传到柱头上的花粉数量,直接影响果实、种子的形成。一般传到柱头上的花粉数量应超过胚珠的几百倍。花粉的数量越多,酶的活性就越活跃,代谢能力就增强。含维生素,生长素就越能促进花粉的萌发和花粉管的生长,增加了受精的选择性,有利于受精后果实和种子的形成,提高果实和种子的质量。

(三)蜜蜂传粉的适应性

在传粉昆虫中,蜜蜂、胡蜂、蛾类、蓟马、甲虫等,蜜蜂是最有效的传粉昆虫。蜜蜂对传粉的适应,主要表现在它的解剖结构、生理习性等方面。

从解剖结构来看,蜜蜂的足具有专门适应采集花粉的花粉刷、花粉栉、花粉耙和花粉篮。蜜蜂周身携带的花粉可达 500 万粒,超过了其他任何昆虫。蜜蜂具有特别的视觉和嗅觉,两只复眼像望远镜,能看到很远的地方,能分辨白、黄、蓝和淡紫色,并能看到人眼所不能见的紫外线。它的嗅觉器官是一对触角,一刻也不停地向四周转动,能嗅出花粉内微量花蜜的香味,因而使它能即时找到采集目标,放弃没有花蜜的花,节约劳动时间。同时,它有两个异常强健的翅膀,飞行时每秒钟抖动 400 次,每小时飞行可达 60km,一只蜜蜂一次飞行常采集几百朵花,因此,有很高的效率。此外,蜜蜂体内有贮存花蜜的蜜囊,容量重可达体重的一半,在蜂巢内有贮存花粉和花蜜的仓库。

从生理习性和生物学特性上看,蜜蜂是能够适应多种气候条件的群居性的社会性昆虫,数量大而集中。它们分工严密,有条不紊地形成一个"社会性"的统一的生物群。"蜜蜂舞蹈"有人称为蜜蜂的"语言",能告诉同伴采集地点的方位、距离和蜜源的种类,使蜂群有可能组织最大限度的力量来完成采集和传粉的任务。同时蜜蜂采集具有专一性,每次外出只采集一种植物的花粉和花蜜,一直到花谢蜜少的时候才转移到别的地方。这些习性,不但有利于蜜蜂采集和保存食物,战胜自然灾害和种间斗争,使自己的种族生存下来,而且对植物传粉也是极为有利的。蜜蜂与植物传粉的巧妙适应,是其他昆虫不可比拟的,因此是最理想最优秀的传粉昆虫。

二、蜜蜂授粉的必要性

(一)规模化农业的发展

规模化农业和产业化农业导致一定区域内授粉昆虫数量相对不足,不能满足作物授粉的需要。就甘肃省许多地区来说,近几年来大量发展林果业,但授粉昆虫数量不多,从而直接影响果树授粉,坐果率低,在一定程度上限制了产量和质量的进一步提高。例如一条山农场的果树坐果率低,结果少,产量低,收成差。经科技人员分析后认为是缺乏授粉所致。通过引进蜜蜂授粉后,产量提高了 40%,果子质量也提高了许多,果子形状也好了,销售流畅,大大增加了收入。在生产中采用人工授粉或增加授粉树种等,都无法与昆虫授粉相比,引入蜜蜂授粉是从根本上解决授粉昆虫不足的重要途径。

(二)农药的大面积使用

杀虫剂的大量使用,对消灭害虫,保护农作物正常生长起到了积极作用。但是,也造成了自然界有益昆虫的大量死亡,致使授粉昆虫数量急剧下降,对农作物授粉影响很大,所以需要授粉的虫媒花作物对人为引入授粉昆虫的依赖性更大。要想提高植物的坐果率、产量和质量,目前植保界积极研究生防技术,研究新型的高效环保农药,保护昆虫生态平衡外,同时积极推广和应用蜜蜂授粉。蜜蜂授粉不但能够弥补授粉昆虫不足的缺陷,而且还能提高植物的产量、质量和果质品质。所以,大力发展蜜蜂授粉事业,确实是一项很好的农业生产增产手端,是农业食品安全生产体系建设的重要措施,是中国可持续发展农业和绿色农业的重要组成部分。

(三)设施农业的飞速发展

近几年来,随着农业结构的调整,中国设施农业的飞速发展,高科技园区、智能化工厂农业也如雨后春笋。因为设施农业种植的农作物有较高的经济效益,在中国发展速度相当快,1997 年中国就已成为蔬菜保护地面积最大的国家,共有 84 万 hm²,其中温室面积达 14.8 万 hm²,塑料大棚 69.2 万 hm²,园艺设施占全国蔬菜播种面积的 7.5%。目前中国设施农业面积已发展到 140 万 hm² 以上,在设施农业生产中,由于大棚(温室)内几乎没有授粉昆虫,作物授粉直接受到影响,因此出现结实率低、产量低、质量差的现象。例如西葫芦、番茄等作物根本不能授粉受精,虽然有的农民采取给花涂抹 2,4-D 等措施保护花果,但是畸形瓜果的数量多,口感不好,而且涂抹激素既费工,又不可靠,在促进果实生长的同时还会造成化学激素污染,急需人为配置授粉昆虫。

随着中国加入 WTO,国内农业必将面临严峻的挑战,如何快速有效地提高中国农产品的产量和品质,加快农业现代化,增强中国农业竞争力,已是时代摆在我们面前刻不容缓的问题,中国已在生物资源应用领域突破了生物授粉技术,它利用自然界传粉昆虫,驯化饲养后取代人工辅助授粉或喷洒激素法来提高作物的坐果率。因此给温室引入昆虫授粉是非常必要的。由于其他昆虫群体小、数量少,人工饲养不易掌握其繁殖规律和特性,而且不能随意搬动,所以蜜蜂是设施农业量为理想的授粉昆虫。

(四)劳务工资的提高

蔬菜制种和温室栽培黄瓜、西葫芦、番茄、果树,以前都采用人工授粉的办法来提高坐果率、结籽数量和产量,但是近年来由于劳务工资提高,生产成本大幅度上升,特别是十字花科蔬菜制种,人工授粉费用很大。例如大白菜自交不亲和系繁种,因其花小,花粉量少,授粉难度大,费工费时,每亩的制种地,3天授粉1次,每次30个工,授粉8次,每个工以20元计,需人工授粉工费4800元。此外,人工授粉不均匀,授粉时间不恰当,常常造成结荚少,每荚籽数少,产量低。因此,蜜蜂授粉的应用不仅降低了成本,而且提高了产量和质量。有人曾估算,一群蜜蜂用于制种田授粉,相当于2000个授粉劳动力。

(五)任何增产技术都不能取代

不论是增加肥料、增加灌溉,还是改进耕作措施,都不能代替蜜蜂授粉的作用,蜜蜂授粉还能使这些增产措施发挥更大的作用。由于蜜蜂授粉更及时、更完全和更充分,对提高坐果率、结实率效果突出,所以可以更有效地协调作物的生殖生长和营养生长,在提高产量和品质方面,特别是在绿色产品和有机食品的开发生产中,具有不可替代的作用。

三、蜜蜂授粉的可行性

发展蜜蜂授粉是十分必要的,也是非常重要的,之所以不发展其他昆虫,而要利用蜜蜂来完成授粉,是因为蜜蜂本身具有以下几个特点。

(一)形态构造的特殊性

蜜蜂为了生存,在长期的进化过程中也逐渐向有利于携带花粉的方向进化,因此形成了容易黏附花粉的绒毛和花粉筐等特殊器官。

蜜蜂的绒毛,尤其是头、胸部的绒毛,有的呈分支或羽状,容易黏附大量微小、膨散的花粉粒,这对采集花粉和促进植物授粉结实具有特殊的意义。

蜜蜂的三对足不仅是蜜蜂的运动器官,还具有采集花粉和携带花粉回巢的重要作用。前足刷集头部、眼部和口部的花粉粒;中足收集胸部的花粉粒;后足集中和携带花粉粒,在后足上有花粉刷、花粉栉、花粉耙和花粉筐等特殊的构造。蜜蜂采集花粉的过程是:当跗节的花粉刷充分装满时,以左右足相互摩擦的方式,用胫节端部的耙把对面跗节花粉刷上的花粉刮下一小团,刮下来的花粉小团落在耳状突朝外倾斜的上表面,因此,当跗节向胫节合起来时耳状突上的花粉就被向上挤,并向外压在胫节外表面,这里又湿又黏,从而把花粉沾在花粉筐的底部,这个过程反复进行,直至花粉团形成。一只蜜蜂可携带500万粒花粉,就是在蜜蜂回巢将携带的花粉团卸下后,留在身上的还有1万~2.5万粒花粉,蜜蜂身上所带的花粉粒比其他多毛昆虫都多,因此当一只蜜蜂在花丛中飞来飞去采蜜采粉时,就起到了传递花粉的作用。

(二)授粉活动的专一性

蜜蜂在采集花粉和花蜜的过程中,每次出巢都采同一种植物的花粉和花蜜。这种特殊性对同种异花植物完成授粉作用是十分有利的。蜂群到一个新的场地后,以及每天清晨首先出巢的采集蜂,都会将采到花粉的方位和离蜂箱的距离用舞蹈的方式告诉同伴,同伴相互传信息以至全群采集蜂都到同一地点采集同一植物的花粉和花蜜,直到将这一信息周围的全部花朵的花粉花蜜都采集完后才接受新的信息,然后转移到另一种作物上去。一般情况下,蜜蜂一次出巢不会在两种作物上采集。并且喜欢在$10~20m^2$的小范围内采集,能较长时间集中地固定采集特定的花种,同时具有驱逐其他蜜蜂进入此区采集的特征,因此保证了同一种植物的授粉效果。

(三)蜜蜂生活的群居性

蜜蜂属于社会性昆虫,群体越大生命力越强,生产能力也越强。一群蜂就是一个完整的有机体,由一只发育完全的(雌性)蜂王,成千上万只发育不完全(雌性)工蜂和数量不多的春夏季节出现的发育完全的雄蜂组成。在繁殖高峰时,一群蜜蜂可达5万~6万只,一个中等蜂群有3万只。工蜂承担着群内的一切劳动,为了蜂群的繁荣昌盛,成年工蜂的主要工作是采集花蜜和花粉。蜜蜂每天要出巢十多次,一次飞行能采集350朵向日葵花、500朵荞麦花、200朵棉花花。蜜蜂采集1kg花蜜,大约需要出巢采集3万次以上。一群蜂一天可采集5万~5.4万次,授粉次数多于其他任何单一群体的授粉昆虫。

(四)蜜蜂的可移动性

蜜蜂是人类饲养的经济昆虫,生活在活框饲养的蜂箱内,每天都在辛勤采集后,到傍晚归巢休息或酿蜜育子,这是蜜蜂的恋巢性所决定的,根据蜜蜂的这一习性,当要转移蜂群为第二种植物授粉时,只需要在晚上关闭巢门,装车运输到第二个授粉场地进行授粉,这一点其他授粉昆虫是无法相比的。这就可以保证了一群蜂能给不同时间、不同地点开花的一种或数种植物授粉。

(五)蜜蜂饲料的可贮存性

在自然界里,植物的开花期是短暂的,多则几十天,少则几天,蜜蜂在长期的自然选择过程中,形成了与之相适应的能在短期内大量贮存食物的生物学特性。在植物开花季节,蜜蜂不辞辛苦反复往返在花丛之间,将采到的花蜜和花粉,暂存在蜜囊和花粉框内,回巢后脱掉花粉团,吐出蜜囊内的花蜜,内勤蜂经过酿造,贮存在巢内,外勤蜂再次出巢采集,就这样来回不停的采集,保证了蜜蜂无数次出巢为作物授粉。

(六)蜜蜂授粉行为的可训性

蜜蜂在采集某一种植物的花朵时,对那种植物的色、香、味均能产生一定的条件反射,回巢后会用舞蹈的方式告诉同伴这种花的位置和距离,从而使本群采集蜂到达这个地方采花授粉。人们可以充分利用这一特性,利用某种花香的糖浆诱导训练蜜蜂为目标作物授粉。

四、授粉蜂群的管理

蜜蜂授粉作为一项农业增产增收措施,近几年来才被农业生产者不断应用。但授粉蜂群的管理与以前所讲的蜂群管理有所不同,授粉蜂群的管理分为两大类,一类是大田农作物授粉的蜂群管理,另一类是温室作物授粉的蜂群管理,这两类在授粉管理方面差异很大。

(一)大田授粉蜂群管理技术

1. 蜂箱的排列　进行为大田农作物授粉的蜂场,蜂群的排列应考虑蜜蜂飞行的半径、风向和互相传粉的因素。通常采用分小组排放,如每六箱蜂群为一组,不宜将一个蜂场放在一起,这样离蜂场较远的作物授粉不充分,蜂箱附近授粉蜜蜂则过剩;也不宜采用单群排列,这样一是管理不便,二是蜜蜂飞行范围受局限,不利于异花授粉。

蜜蜂为果园授粉,特别是高大果树,采用小组排放更有利于异花授粉,蜜蜂建立起飞行路线时,蜂群与蜂群之间,小组与小组之间有互相授粉交叉区,一个蜂群内的蜜蜂,有的在主栽品种上采集授粉,有的在授粉树上采集授粉,它们归巢后在蜂箱里来回移动,将自身携带的花粉经过摩擦传到另一只蜜蜂身上,这样蜜蜂再飞往自己采集过的线路采集时,将身上所带的花粉,传到所采集的花上,达到了异花授粉的目的。单箱摆放蜂群,蜜蜂采集将局限在果园有限的面积上,甚至一系列的采集飞翔活动都局限在一棵树上或者邻近的几棵树上,造成授粉不均匀,结果量就会下降,减产就是必然的了。

2. 早春蜂箱应加强保温　因为早春蜂群弱,外界温度低且变化大,如果不加强保温,大部分蜜蜂为了维持巢温会降低出勤率,消耗饲料,有的甚至会造成春衰,这样必定会影响蜜蜂的授粉效果。保温采取箱内和箱外双重保温办法,放蜂地点应选择避风向阳。

3. 选择强群、蜂数多的蜂群　为早春梨树、苹果树授粉,组织强群特别重要。这个时期的蜂群刚经过越冬,春繁第一批蜂刚出房,蜂数少,蜂群内子多蜂少,内勤工作量大,负担重,能够出勤的蜜蜂少。只有选择强群,有足够蜂数的蜂群才能确保足够的出勤率。强群在外界温度为13℃时开始采集,但弱群在外界温度达到16℃时才能出巢采集。一般春季温度比较低,变化幅度大,因此只有强群才能保证作物的授粉效果。

4. 脱收花粉　有些植物面积大花粉多,可采取脱收花粉的办法提高蜜蜂采花授粉的积极性。当蜂群处于繁殖状态,花粉仅仅能够满足蜂群需要,没有剩余时,蜜蜂采集积极性最高。脱粉的多少可根据蜂群内的饲料的多少而定,群内不要出现粉压子的现象就可以。

5. 防止中毒　在蜂群进入授粉场地之前和授粉期间,要做好几点工作,一是要加强蜜蜂授粉对农作物好处的宣传,让种植户知道花期后不施农药不但不会影响收成,而且还会提高产量的意识;二是在蜂群进入授粉场之前要与种植户签订授粉合同,在合同中强调花期不打农药予以约束;三是不要用打过农药的器皿喷洒水或给蜂喂水,以免农药残留引起蜜蜂中毒;四是要注意在授粉范围内的水源不要被污染,否则会引起大范围的蜂群中毒。

(二)温室作物授粉蜂群管理技术

蜜蜂为温室授粉提高产量,改善品质增产增收效果非常突出,已引起人们的高度重视,已有越来越多的温室作物种植人员引入蜜蜂为温室授粉,解决温室内缺少昆虫授粉的问题。但温室授粉的蜂群管理与一般常规蜂群管理方法又不同,必须采取相应的温室蜂群管理办法,否则将无法达到授粉的目的。

1. 蜜蜂进入温室前的准备　蜜蜂进入温室前首先应对温室内作物的病虫害进行一次详细全面的检查,并针对性地进行综合防治,以免蜜蜂进入温室后治疗,造成蜂群中毒。在具体操作时应做到以下几点:

(1)防治后第二天中午将放风口打开,使新鲜空气进入更换温室内的有毒气体,3天后才能将蜂群搬进温室。

(2)将使用过的农药瓶和喷过农药和器具全都要放在温室外面。

(3)为了防止授粉蜜蜂在室外温度较高时,从通风口飞出而难以回巢,夜晚冻死在外面,应在通风口遮挡纱网。

(4)在温室中部离后墙1.5m的地方搭一个架子,架子高30cm,长55cm,宽44cm,用于放置蜂箱。

(5)采用蜜蜂授粉的作物不要打掉雄花,否则会影响蜜蜂授粉效果,这是非常关键的。

(6)将要进入温室授粉的蜂群,选晴天搬进湿度较小的空大棚中飞行排泄2~3d,以免蜜蜂将粪便排泄到植物的叶子上,减少擦洗叶子的麻烦。

2. 喂水　喂水是蜜蜂进入温室必不可少的工作,喂水的方法有两种,一是巢门喂水,即采用巢门喂水器进行喂水;二是在温室内固定位置放一个浅盘子,每隔两天换一次水,为了防止蜜蜂溺水死亡,在水面放一些漂浮物,供蜜蜂采水时蹬踏。

3. 喂蜜　温室内的植物都流蜜不好,即使流蜜好的作物,也因面积小,花蜜根本不能满足蜂群的生活需要,特别是蜜腺不发达的黄瓜、草莓更应该喂蜜。喂蜜时蜜水比例为

1：3，即喂了蜜又喂了水，一举两得。

4. 喂花粉　温室内作物的花粉根本不能满足蜂群繁殖的需要，如不补充喂花粉，蜂群内幼虫将不能孵化，直接影响授粉效果。喂花粉一般采用喂花粉饼，其制作方法是选优质花粉磨成细粉状。蜜粉比为3∶5，将蜂蜜加热至70℃，趁热将花粉倒入盆内，搅拌均匀，浸泡12h，充分搅拌让花粉团散开。揉合均匀放在框梁上，其硬度以不往巢箱底下流为宜，一般是越软越有利于蜜蜂取食。饲喂量根据蜂群的具体发情况而定，以群内不缺粉为宜。

5. 蜂脾关系　温室内温度昼夜变化较大，为了促进蜂群的繁殖，应保持蜂多于脾或蜂脾相称。

6. 保温　温室主要靠白天的积温来维持温室内的温度，昼夜变化幅度大，夜间温度最低时在8℃左右，而中午太阳直射温室时温度很高，最高时达到近40℃。为了保证蜂群的正常繁殖，提高授粉效果，晚上必须进行对蜂群保温，确保蜂箱内温度相对稳定。

7. 湿度的影响　温室内湿度较大，容易使蜂具发生霉变，引起蜜蜂病虫害的发生，所以，应将多余的蜂具和巢脾放在温室外妥善保存

8. 防止中毒　防止中毒在温室授粉中很重要，因温室空间小，空气流通慢，很少量的有毒气体都会对蜂群造成严重危害。最好在蜜蜂已经直入温室进行授粉期间不要用药，确实需要用农药时，应在用药前一天，关闭巢门，将蜂群搬到温室外温度在15℃左右的避光处，然后进行用药。在冬季熏烟后放风2~3d即可将蜂群搬进温室，春季温室内外空气交换比较慢，药效时间长，用药后3~5d才能搬进温室。

9. 授粉蜂群的配置　温室内植物授粉的蜂群应根据植物种类区别对待。经邵有全等专家研究证明，为温室黄瓜和草莓授粉，蜜蜂数量应稍多些，一般300m²的温室放4脾足蜂就可以了，温室或大或小可根据面积增加或减少蜜蜂数量。为温室里的西葫芦、南瓜等花少的作物授粉，蜜蜂可少些，一般300m²的温室有2脾足蜂即可。

10. 放蜂时间　放蜂时间对授粉效果影响较大。温室种植的果树一类作物，花期短开花集中，这时正值蜂群冬眠，因此在作物开花前5d将蜂群搬进温室，让蜜蜂试飞、排泄、适应环境，同时奖励饲喂，补充饲喂花粉，刺激蜂王很快产卵，这样待果树开花时蜂群已进入积极授粉状态。若给蔬菜授粉，由于授粉时间长，初期花少，开花速度也慢，因此在开花时将蜜蜂搬进温室就可以保证授粉效果。蜂群进温室的准确时间确定以后，傍晚将蜜蜂搬进温室，30min后打开巢门，第二天观察蜜蜂的试飞情况。

11. 防鼠害　冬季老鼠在外面找不到食物，很容易进入温室繁殖生活，对蜂群危害很大，咬巢脾，吃蜜蜂，扰乱蜂群秩序，因此必须严防鼠害。防治可以采取放鼠夹、堵鼠洞、投放鼠药等一切有效措施，同时缩小巢门，防止老鼠进入蜂箱。

12. 选择蜂种　意大利蜜蜂产卵力强，繁殖能力好，一般进入温室三天后授粉就正常，适合为温室作物授粉。中华蜜蜂适应性强，出勤率高，授粉效果好，特别是中华蜜蜂对

温室草莓授粉效果优于意大利蜜蜂。

五、国外利用蜜蜂授粉的增产效果

蜜蜂为农作物授粉,能大幅度提高农作物产量,成为农作物增产的一项重要措施,日益受到世界各国重视。不少国家认为,蜜蜂授粉已经发展成一项专业,是世界上现代化农业发展的必然趋势。

随着现代化农业生产的发展,对蜜蜂授粉业的需要更加迫切,对养蜂业的发展起到促进作用,这项事业的推广应用,不占耕地,不增加生产投入,还不会产生副作用,养蜂业由主产蜂产品,逐渐演变到了蜜蜂授粉。授粉与蜂产品的价值相比,有更大的潜力和广阔的前途。综合国外研究结果证明,蜜蜂为牧草、油料作物、果树和蔬菜授粉,增产作用十分显著(见表1)。

表 1　国外利用蜜蜂授粉的增产效果

增产(%)	试验国家	作物名称	增产(%)	试验国家
18~41	美国	青年苹果树	32~40	苏联
14~15	美国	老年苹果树	43~52	苏联
12~15	德国	苹果树	209	匈亚利
20~64	加拿大	梨树	107	意大利
43~60	苏联	梨树	200~300	保加利亚
200~500	匈牙利、苏联	樱桃树	200~400	德国、美国
300~1000	罗马尼亚	吧嗒杏树	600	美国
76	美国	紫花苜蓿	300~400	美国
170	美国	红苜蓿	52	匈牙利
10~15	德国	亚麻	23	苏联
15~20	英国	醋果	700	美国
200	瑞典	野豌豆	74~229	美国
22~40	苏联	葡萄	33~45	苏联

根据表数据可以看出,国外利用蜜蜂授粉增产,已引起世界各国农业科研机构和生产单位的高度重视,并且其应用范围和领域十分广泛。为了更好地了解世界各国蜜蜂授粉动态,下面介绍几个国家的授粉情况。

(一)美国

美国对蜜蜂授粉十分重视,近几年来蜜蜂授粉得到长足发展,实现了专业化和产业化,养蜂者已将授粉业收入当作一项重要的收入来源。1962 年米特卡夫(Metcalf)等人研究估算,1957 依赖和需要蜜蜂授粉所生产种子和果实的产品价值为 45 亿美元,到 1971 年增加到 67 亿美元。据美国农业部亚利桑那州卡尔·海登蜜蜂研究室主任列文(M. D lerin,1983)估计,1980 年蜜蜂授粉的价值已达到 200 亿美元,当年蜜蜂授粉的价值比蜜蜂产品的价值高 140 倍以上。美国现有蜜蜂 420 多万群,农场和果园每年约租用 100 万群,每箱蜜蜂的租金为 20~30 美元。美国农业部估计,加利福尼亚州的养蜂者出租 45 万群蜜蜂为作物授粉,租金收入达 1550 万美元,占养蜂总收入的 2/3。亚利桑那州每年蜜蜂授粉价值 1800 万美元,加利福尼亚州高达 3 亿多美元。

美国政府充分认识到蜜蜂为农作物授粉所带来巨大的经济效益,为了保护养蜂业,充分发挥蜜蜂授粉的增产作用,在 20 世纪 70 年代,美国法律就规定因施用化学农药造成蜜蜂中毒死亡的,施农药者对每群蜜蜂要赔偿 20 美元。

美国农业部的农业研究中心 1994 年在制定近期蜜蜂研究室重点研究项目计划时,认为美国在近期会出现授粉蜜蜂短缺,可能对农业生产造成影响,同时认为有些地区已出现"授粉危机",因此他们决定,从国家 5 个重点研究中心抽出 2 个实验室,专门研究蜜蜂授粉与杀虫剂对蜜蜂的影响。驯养野生蜂种,研究人工饲养和周年繁殖技术,解决为温室作物授粉的问题。

美国农业部的调查数据表明,1998 年用于租赁授粉的蜂群已达 250 万群,比 1989 年的 203.5 万群增长了 18.6%。美国的农业增长速度和收成的好坏与蜜蜂授粉有直接关系,1989 年蜜蜂授粉使农作物增产价值为 93 亿美元,1998 年为 146 亿美元,增长了 36.3%。所以蜜蜂为农作物授粉增产这一产业,在美国得到全面重视和广泛应用。

(二)苏联

苏联国内种植的虫媒植物所占面积为 16 000hm² 以上。每年用蜜蜂进行授粉增加产量的价值达 20 亿卢布。而国内 1000 万群蜜蜂的蜂产品产值 1 亿~2 亿卢布。他们十分重视蜜蜂授粉工作,利用蜜蜂授粉对提高荞麦、油料作物、蔬菜、瓜果的产量,提高细纤维棉花品种的收获量,以及扩大苜蓿和三叶草的种植面积等,都有着非常重要的意义。

俄罗斯、摩尔达维亚、白俄罗斯等国家对租用蜜蜂授粉的价格做了规定:为荞麦、芥菜、葵花、驴喜豆授粉,每群蜂付 20 卢布;为蔬菜、瓜果授粉,每群付 15 卢布;为三叶草和苜蓿的留种区授粉,每群付 20 卢布。并且规定,授粉群势要强,幼蜂和采集蜂要多,采集积极性高。养蜂者在作物开花时,要进行对蜜蜂为授粉作物专一性授粉训练。在开花期,离蜂场 3~5kg 的范围内,租户不能使农药。

大量的科研工作证明:提高苜蓿种子的产量,蜜蜂起着十分重要的作用。从许多材料看，乌兹别克斯坦得到蜜蜂授粉的苜蓿花朵达 48%；苏联的欧洲南部地区达授粉花朵 35%，中部地区 12%，北部地 8%。

苏联的许多研究结果证明：利用蜜蜂为农作物授粉，不仅可以提高产量，而且还可以提高质量。雅罗斯拉夫尔地区对粗饮料豆研究表明：无蜂地段一个植株结荚 10.3 个，有蜂地段一个植株结荚 14.2 个。相同条件下，蜂场的远近不同豆荚的重量也不同。距离 300m 以内比距离 900m 以外的豆荚重 21.1%。有蜂地段豆荚的长度要比无蜂地段长 17.8%。

不同蜜蜂密度地段与不同成熟期收获的豆荚蛋白质含量也有所不同。每百平方米平均有蜂 10.88 与 5.51 只，豆荚蛋白质含量分别为 14.94% 与 13.98%。有蜂与无蜂授粉不同成熟期的豆荚蛋白质含量分别为 21.8% 与 2.41%。经过蜜蜂授粉的种子百粒重量为 71.03g，无蜂授粉的为 63.20g，种子的生活力分别为 15.5% 与 11.5%。

用蜜蜂进行棉花品种内和品种间异花授粉，能够改进棉花的品种特性，增强生力，促进植株生长，提高杂种后代的产量。阿塞拜疆农学院库里耶夫教授多年研究试验证明：用蜜蜂进行品种内异花授粉，使 "C-1472" T "20187" 两个品种的单位面积产量提高了 23.2%~25.9%。季米里亚捷夫农学院养蜂教研室的试验也表明，借助蜜蜂进行异花授粉使 "2421" 品种的棉铃重量增加 11.2%~14%，种子重量增加 6.6%~8%，皮棉重量增加 34.8%~40%，纤维平均长度增加 60%。

另外还有资料表明，苏联利用蜜蜂为温室黄瓜授粉，增产率高达 76% 以上；为苹果授粉，每公顷果园配 2~3 群蜜蜂，能增产 65% 以上。还证明苹果花必须经蜜蜂采集 3 次以上，才能保证充足授粉，产量可提高 47% 以上。利用蜜蜂为亚麻授粉，种子数量能增产 8.5%，产麻量提高 23.9%。经蜜蜂授粉的萝卜，种子产量可增加 22%。

(三)加拿大

据资料统计表明，1982 年加拿大依赖蜜蜂授粉的农产品的价值为 120 亿加元，而当年蜂产品的价值还不到 6000 万加元，授粉价值比蜂产品价值高 200 倍。

据加拿大农业部统计，利用蜜蜂授粉的葵花，结子率提 1 倍，产量提高 64%。如果合理配置蜂群，使授粉率达到 90%，每公顷葵花产量就能提高到 4.5t 以上。利用蜜蜂为油菜授粉，油菜籽的含油率可高达 44.8%。

(四)保加利亚

保加利亚积极鼓励和支持养蜂者为果树、葵花、苜蓿等作物授粉，从 1966 年起就对为农作物授粉的蜜蜂不收运输费，有的农业部门还与养蜂者签订合同，每年定期去该地放蜂授粉。据保加利亚的授粉实践证明，葵花在没有蜜蜂授粉的条件下，每公顷产量 1500kg，经蜜蜂授粉每公顷产量 2540kg。因油料、棉花等作物需蜜蜂授粉，保加利亚每年约有 40 万群蜜蜂转地饲养。1970 年国家规定，蜜蜂为果园授粉，每群可得 5~10 列瓦报酬，转运费用支出全部由果园承担。

六、国内利用蜜蜂授粉的效果

中国蜜蜂授粉业与发达国家相比,起步晚,发展慢,但有了良好的开端。在 20 世纪 50 年代初,就开始利用蜜蜂为农作物授粉,中国农业科学院养蜂研究所与果树研究所用蜜蜂为果树授粉,浙江农业大学利用蜜蜂为棉花授粉都取得了显著效果。1991 年 11 月中国养蜂学会在江苏省苏州市召开的理事会上,成立了蜜源与授粉专业委员会,同时召开了第一次学术研讨会。1995 年在甘肃敦煌召开了以"蜜蜂授粉促农"为主题的学术研讨会,会上就全国对蜜蜂授粉工作的研究成果和动态,进行交流和研讨,开创了中国蜜蜂授粉工作的新局面。以后中国养蜂学会每两年召开一次蜜源与授粉会议,对授粉工作中所取得的成就和经验进行交流和总结,对今后的发展方向和存在的问题加以探讨和改进,有力地促进了中国授粉业工作的顺利开展。

一些农民开始关注蜜蜂授粉的价值,并逐渐尝试把它作为农业实现优质高产的一个有效的技术手段加以应用。据山东省蜂业协会统计报道,自 1991 年以来,山东省境内的果农、菜农花钱租蜂为果树、蔬菜授粉的已不下 2 万群次,农民增加收入约 1000 万元,蜂农的授粉收入近 100 万元,平均每群蜂通过授粉增加收入约 50 元,为在全国推进蜜蜂授粉产业化商品化带了个好头。

到 20 世纪末,中国蜜蜂授粉工作已取得了较大成就,福建、浙江、山东、山西、北京、河北、云南、辽宁、黑龙江、甘肃、新疆、宁夏等省、市、自治区的科研单位、高等院校和生产部门,已先后对 20 多种植物利用蜜蜂授粉增产效果作了试验研究。现就授粉情况、存在问题、解决措施概述如下。

(一)各种作物的授粉情况

1. 农作物

(1)油菜　是中国主要油料作物之一,也是主要的蜜源植物,属异花授粉作物,依靠昆虫传递花粉。花期长,分泌花蜜多,是中国主要蜜源植物,全国种植面积 466 万~533 万 hm^2,总产量 66.3 亿~76.5 亿 kg,

中国农科院蜜蜂所和浙江农大试验证明,利用蜜蜂为油菜授粉后平均产量提高 40% 以上;有效荚果达 63%,无蜂授粉的有效荚果为 34%;有蜂授粉区平均每个荚果有 18 颗籽粒,无蜂区 13.3 颗籽粒,提高了 35%;有蜂授粉区千粒重为 3.85g,无蜂区为 3.42g;有蜂授粉区 100kg 菜籽榨油 43.74kg,无蜂区为 39.51kg,提高了 10.7%。

(2)葵花　是中国三北地区的主要油料作物。是典型的异株异花授粉作物,自花授粉结实率极低,必须依赖昆虫授粉,才能受精结实。葵花有许多管状小花,具有发达的蜜腺,泌蜜丰富,对蜜蜂有很大的吸引力。

葵花自花授粉结实率为 0.36%~1.43%。一般在没有授粉昆虫的时候,常采用粉扑子和花盘接触的方式进行人工授粉,一个花期需要授粉 4~5 次,既费时又费工,还要付给大量的工费。蜜蜂是葵花最好的授粉昆虫,一只蜜蜂一次飞行能采集 350 朵花。据中国农科院蜜蜂所、黑龙江省牡丹江地区农科所试验证明,蜜蜂为葵花授粉产量提高 34%~46%,通过蜜蜂授粉葵花的空壳率仅为 14.8%,饱满籽率为 85.2%;有蜜蜂授粉的葵花千粒重增加 53%~66%,出仁率提高 48%。

(3)棉花 棉花是中国主要的经济作物之一,棉花虽然可以自花授粉,但在长期发育过程中,为了适应外界条件变化,增强生活力,异花授粉的效果更为显著。

据霍福山等人用蜜蜂为棉花授粉试验表明,有蜂区棉花结铃率为 44.5%,无蜂区为 30%;有蜂区皮棉产量提高 38%;棉绒长度提高 8.6%;种子发芽率提高 27.4%;还缩短了花期,收获时间提前 5~7d。浙江大学陈盛禄等人研究结果表明,蜜蜂授粉区每 667m² 可采摘棉花 121.5kg,而无蜂授粉区为 81.19kg;通过蜜蜂授粉产量提高 49.6%;有蜂授粉区结铃率为 95%,而无蜂区结铃率为 31.43%;蜜蜂授粉区有伏铃 3436 个,无蜂区有伏铃 2474 个,提高了 38.9%;蜜蜂授粉区有秋铃 3826 个,无蜂区有秋铃 3208 个,提高了 19.26%;蜜蜂授粉区皮棉率平均为 44.77%,无蜂区皮棉率为 40.55%,增加 4.22%;蜜蜂授粉区每朵棉花孕籽平均为 8.474 粒,无蜂区为 8.08 粒。蜜蜂授粉后种子的发芽率增加 29%。蜜蜂授粉后棉花花期缩短,收获期可提前 7 天。中国农科院蜜蜂所对蜜蜂为棉花授粉进行了试验,试验表明,有蜂区结铃率比无蜂区增加 39%左右,皮棉平均产量提高 38%,且有蜂区棉花纤维有光泽,质量好,棉绒长度增加 8.6%。

(4)荞麦 是山区重要的粮食作物,也是很好的秋季蜜源植物,泌蜜丰富,开花时有浓烈的香味,易吸引蜜蜂前来采蜜授粉。

中国农科院蜜蜂所利用蜜蜂为荞麦授粉试验表明,产量增加 35.9%~64.3%;黑龙江省牡丹江农科所试验表明,产量增加 25%~44.7%,出粉率提高 37.7%;云南省泸西县试验结果,产量增加 77.7%,千粒重提高 3%。

2. 果树类

(1)苹果 是一种虫媒花植物,同一品种的花粉在同一花的柱头上不萌发,不能受精结实,影响坐果和苹果的产量。蜜蜂在采集时吻伸入雄蕊和雌蕊之间舔吸花蜜,这种反复的采集过程,起到了传粉的作用。

大连市是苹果主产区,从 1957 年开始,研究利用蜜蜂授粉,在大连华侨果树农场试验结果表示,蜜蜂授粉比自然授粉花期短,坐果率高,产量高。比无昆虫自然授粉增产 84%,有的可增产 1~3 倍,比有昆虫自然授粉增产 28%。宁夏回族自治区贺兰县杨春元的研究表明,有蜂授粉区比无蜂授粉区产量提高 2 倍以上。甘肃省景泰县一条山农场的苹果由于缺乏昆虫授粉,连年产量低,果质差,通过引进蜜蜂授粉,产量提高了 2 倍多。1999年鹿明芳用蜜蜂给 3 种苹果做了授粉试验,结果见表2。

从表中看出,蜜蜂授粉、壁蜂授粉和自然授粉 3 个苹果品种的坐果率及亩平均产量

表2　苹果利用蜜蜂、人工授粉对比效果表

品种	授粉方法	花朵数	坐果数	坐果率(%)	平均单果重(g)	平均每亩产量(kg)	坐果率较自然授粉增加(%)
红富士	蜜蜂	2625	1802	68.6	200	2310	41.5
	壁蜂	2750	1870	68.0	210	2230	40.9
	人工授粉	2845	1920	67.5	200	2200	40.4
	自然授粉	2867	776	27.1	180	1830	
乔纳金	蜜蜂	2950	1848	61.3	180	2450	40.4
	壁蜂	3040	1893	62.3	185	2380	41.4
	人工授粉	2925	1781	60.9	183	2350	40.0
	自然授粉	2895	605	20.9	175	1870	
新红星	蜜蜂	2870	1742	60.7	225	1580	50.4
	壁蜂	2645	1629	61.6	228	1500	51.3
	人工授粉	2930	1769	64.4	223	1490	50.1
	自然授粉	3010	310	10.3	224	1200	

影响不大,但坐果率较自然授粉提高40%~51.3%。蜜蜂授粉和自然授粉相比红富士每亩增产480kg,增产26.2%;乔纳金每亩增产580kg,增产31%;新红星每亩增产380kg,增产31.7%。

(2)梨　梨多为自花不育,果园一直采用人工授粉的方法提高产量,但人工授粉花费劳力多,工序繁琐(摘花蕾、剥花、筛花药、干燥花粉等),很不经济。梨花花粉充足,花内有蜜腺,适合蜜蜂采集。

中国农业科学院养蜂研究所与砀山园艺场协作,1983—1984年利用蜜蜂为砀山梨授粉试验,坐果率蜜蜂授粉、人工授粉和自然授粉区分别为:19.1%~45.9%、15.3%~33.3%和2.2%~5.6%。蜜蜂授粉区平均株产量比全场提高15%以上。采用蜜蜂授粉梨树上下部结果均匀,能够充分利用阳光,通风好,营养均衡充足。果实的质量普遍提高,含糖量提高1%,还原糖提高了0.24%。1995年邵永祥利用蜜蜂为香梨授粉,坐果率比自然授粉提高了25%,蜜蜂授粉区亩产量1679kg,自然授粉区为1219kg,产量提高了37.74%。在蜜蜂近粉区香梨达90g标准的占90%。从以上结果可以看出,蜜蜂为梨树授粉是一项很好的增产措施。

(3)柑橘　1988年陈盛录对蜜蜂为柑橘授粉做了试验研究,结果表明,蜜蜂授粉区柑橘坐果率达到12.74%,无蜂区坐果率为8.26%,坐果率提高了54.24%,产量提高了38.55%。有人担心蜜蜂授粉后柑橘会出现大量的种子,使品质变差,经对试验区和对照区果实的果重、瓣重以及柠檬酸、转化糖、还原糖、维生素C和可溶性固形物含量进行了测定,数值虽然有变化,但t检验两者差异不明显,说明蜜蜂授粉不会影响果实品质。西南农大利用蜜蜂为柑橘授粉,结果表明,增产 24.93%~35.26%。

(4)猕猴桃　猕猴桃是雌雄异株,是异花授粉果树,花大乳白色,直径 3~5cm,具有 5~6 个花瓣,花期 2~6 周,雌雄花泌蜜量都很小,果实的大小与受精充分与否有直接关系,只有雌花获得足够的具有活力的花粉,才能结出优质产品的果实来。据邵有全介绍,蜜蜂采集猕猴桃花时,一般倾向于采雄花,采雄花的蜜蜂很少去采雌花,采雌花的蜜蜂很少去采雄花,互相授粉是在巢房内完成的,采雄花的蜜蜂回到巢中脱下花粉团,它们不经心地将花粉散落在其他采集蜂身上,于是这些蜜蜂去采集雌花时就会将花粉散在雌花上,达到授粉的目的。

云南省农科院园艺所等单位,利用蜜蜂为猕猴桃授粉研究表明,产量增加 32.3%。1990 年学者杨龙龙对中国中华猕猴桃生区的授粉昆虫进行了调查研究,结果表明,中华蜜蜂和意大利蜜蜂是最理想的授粉昆虫。

(5)李子　李子自花授粉坐果率低,产量低。云南农业大学东方蜜蜂研究所、昆明市科委协作,经匡邦郁等专家对东方蜜蜂为李子授粉进行了研究,蜜蜂授粉组比无蜜蜂授粉的对照组开花时间缩短 2.5d,有蜂授粉比无蜂授粉坐果率提高了 50%。产量提高 35.39%。

(6)荔枝　华南农大与华南师大等单位协作,进行了利用蜜蜂为荔枝授粉的试验研究,结果显示平均坐果率提高 2.9 倍。

3. 瓜菜类

(1)西瓜　西瓜是雌雄同株异花,雄花多于雌花,花粉黏而重。早晨 5 时左右开花,且单花有效期为 5~6h,最佳授粉时间是上午 9~10 时。西瓜花有雄蕊 3 枚,花药开裂时放出花粉,雄蕊基部有蜜腺,蜜蜂穿过花药与花瓣之间的狭缝,进行用倾斜或倒立的方式采集,这样花粉就会沾在头及胸部,当蜜蜂在雌花上采集时,同样用这种采集方式,从而完成了授粉。北京市利用蜜蜂为西瓜授粉,西瓜可提早上市 5~7d,含糖量高,产量提高 11.4%。尤其是日光温室、大棚种植的西瓜更应注重蜜蜂授粉,如果没有蜜蜂授粉,同时又不采取其他授粉措施,就难以结出西瓜。利用蜜蜂授粉坐果率可达 41.2%~95%。

(2)西葫芦　西葫芦是一年生蔓生瓜,雌雄同株异花,花期 1 天,蜜粉充足,虫媒作物。最佳授粉时间是上午 9 至 11 时,中午以后花逐渐凋谢。山西省农业科学研究院园艺研究所邵有全 1999 年首次将蜜蜂授粉应用于西葫芦生产上,取得了显著成效。通过蜜蜂为大棚西葫芦授粉,产量提高 13.4%~34.9%,并且在一个 300m² 的温室,一个生产周期可节省人工涂抹 2,4-D 生长素所付的劳务工资 750 元。利用蜜蜂为西葫芦授粉还能提高产品的商品性状,菜农认为西葫芦的最大直径相差超过 1.2cm 或者呈弯形的为畸形瓜,经过蜜蜂授粉区一次采收的 1904 条瓜进行鉴定,其中畸形瓜只有 174 条,占瓜总数的 9.1%。在未经过蜜蜂授粉,而涂抹 2,4-D 人工授粉生产区采收的 1555 条瓜中,畸形瓜有 657 条,占总瓜数的 42.25%。采用蜜蜂授粉的西葫芦质优、价高、好销售,为市民提供了无公害无污染的蔬菜。

(3)草莓　草莓大多是自花授粉,近几年来,利用节能温室、大棚种植草莓的越来越多,由于温室没有昆虫授粉,大大影响草莓的产量。许多专家研究利用蜜蜂为温室草莓授粉,取得了良好的效果。1997年吉林省养蜂科学研究所葛凤晨研究员报到,利用蜜蜂为草莓授粉,具有坐果率高,个体大,畸形果少,色泽好,生长快,成熟早,味道好等优点;山西省忻州市解原张六金用蜜蜂为温室种的土特拉品种草莓授粉,与人工授粉相比,一个300m² 的温室每天节约劳力1.5个,增产35%以上,畸形果减少80%,;2001年刘如馥利用蜜蜂为温室草莓授粉试验表明,产量可提高20%~30%,每亩可节省授粉人工60多个;1999年王星报道,辽宁1500hm² 的草莓采用蜜蜂授粉技术,不但品质得以改善,而且增产38%以上。李建伟等人利用蜜蜂为草莓授粉, 增产20.5%~40.1%, 坐果率平均提高30.8%,畸形果率减少30%左右,商品价值得到提高。大棚和温室采用蜜蜂授粉,每亩纯收入增加2100~2500元。利用蜜蜂为草莓授粉的租赁费每群150~250元不等,最高的租赁费可达320元(山东省龙口市)。据周万友、闫启荣等人报到中蜂为草莓授粉效果优于意大利蜜蜂。许多利用蜜蜂为草莓授粉的研究人员,就授粉的操作规程方法,授粉蜂群的配置,蜂群的管理,授粉时间、温度的控制以及存在问题的解决等方面做了大量细致的工作,使蜜蜂为大棚草莓授粉技术趋于成熟。

(二)中国授粉业存在的问题

在中国养蜂业被称为"农业之翼""空中农业"和"生态农业"。多年来,中国养蜂界以及关心蜜蜂粉工作的研究人员,在蜜蜂授粉方面做了大量的工作,中国蜜蜂授粉的产业化进程已经拉开序幕,蜜蜂授粉市场开始启动。当然,虽然中国已在蜜蜂授粉业中,取得了一定成就,但我们也应看到蜜蜂授粉为社会创造巨大财富的重要意义,还远远没有被有关部门和绝大多数种植业所认识,更没有为授粉服务的中介组织应运而生。因此当前在中国绝大多数潜在的蜜蜂授粉需求者,也就很少主动出资邀请蜂农为其种植的农作物进行蜜蜂授粉。尽管有一部分果农已经认识了蜜蜂授粉的巨大作用,但却苦于没有相应的组织为其提供必要的中介服务和信息咨询,致使蜜蜂授粉产业难以实现,产业化水平也难以提高,造成授粉业至今未发展成为大产业,究其原因有多方面,中国农业科学院蜜蜂研究所副所长、研究员吴杰和有关业内人事归纳为以下几个方面。

1. 人们对利用蜜蜂为农作物授粉增产、提高品质的重要性认识不足,加上媒体对蜜蜂为农作物授粉增产的意义宣传不够,造成人们对于应用蜜蜂为农作物授粉增产这一技术措施缺乏感性认识和主动性。

2. 不少农民缺乏正确、安全施用农药的意识,往往在作物花期使用高毒性的农药,造成授粉蜂群大量死亡,从而影响养蜂员出租蜂群的积极性。

3. 人们缺乏绿色农业和生态农业的意识,在温室中有许多果蔬类蔬菜依然采用激素蘸花来促使作物坐果,而使用激素会造成污染,对人体健康有害,发达国家已经禁止使用激素蘸花,而广泛采用蜜蜂或熊蜂授粉的方式来促使农作物坐果。

4. 缺乏政府部门的政策性扶持,包括立法鼓励蜜蜂为农作物授粉增产、禁止使用农药和使用激素蘸花等。

5. 缺乏为蜜蜂授粉产业化、商品化服务的中介机构,没有强有力的中介服务,提供蜜蜂授粉的养蜂者和需要蜜蜂授粉的农作物种植者双方必然处于脱节状态。

6. 供需双方缺乏在权威性媒介上联系蜜蜂授粉业务的手段。目前无论是在中国的专业性权威杂志上,还是其他商业性传播媒介,或电视、广播等新闻媒体上均未见蜜蜂授粉方面的招商广告,而在发达国家却司空见惯。

(三)推进蜜蜂授粉产业化、专业化、商品化进程的主要措施

根据中国蜜蜂授粉产业的现状和存在的问题,提出如下解决办法:

1. 加大宣传力度,提高认识水平

首先,要针对蜂业主管部门和行业组织的领导进行必要的蜜蜂授粉专业知识的普及与宣传。这不仅有助于使他们掌握蜜蜂授粉的专业知识,同时也有利于政府部门制定相应的法规,才能为蜜蜂授粉的产业化创造必要的条件。

其次,是以有关部门的有关领导和广大的农作物和林果业种植者为主要宣传对象,进行蜜蜂授粉巨大作用和重要意义的宣传,使他们牢固地树立起蜜蜂授粉是现代化大农业实现优质高产的最佳途径的观念,并使他们了解蜜蜂授粉产业化发展必要措施。

宣传方式:各级养蜂主管部门和行业组织,将蜜蜂授粉对农业的巨大作用和社会效益、生态效益的具体事例写成报告呈报省、地主管农业的职能部门,对县乡主要领导通过参观、观摩、开现场会等形式,进行蜜蜂授粉增产典型事例实地直观考察,起到眼见为实的效果,加深对蜜蜂授粉显著效果的印象,争取他们对蜜蜂授粉业的支持。对广大农作物和林果、蔬菜种植者来说,通过广播、电视、报刊等媒体大量宣传蜜蜂授粉的好处及其操作方法。这样,通过多层次、全方位、有的放矢的宣传,才能引起上上下下、方方面面的重视,使蜜蜂授粉真正成为大农业的一项产业。

2. 建立中介服务机构,提供优良社会化服务

蜜蜂授粉是一种商业性很强的市场活动,无论是对蜜蜂授粉者来说,还是对需要蜜蜂授粉的农业生产者来说,提供必要的市场供求信息、技术咨询,发布蜜蜂授粉有关政策等社会化服务都是必不可少的。这一切商业运作都离不开中介服务机构。这个中介服务机构,可以县级蜂业协会、养蜂技术推广站、养蜂管理站等部门为依托而设立。

当然中介服务机构也可以以股份合作制经济原则为基础建立起来的专业公司为依托设立,也可以农村基层供销社为依托。但最佳组织形式莫过于以蜂协、蜂业技术推广站为依托建立起来的中介服务机构。

3. 组织推广试验示范,刺激引导市场授粉需求

能否直观地让种植户看到蜜蜂授粉后的优质高产效果,是推广蜜蜂授粉技术成功与否的关键环节之一。因此,必须通过中介服务组织机构或养蜂研究所、蜂业技术推广站组织各种主要授粉植物的授粉增产效果对比试验。将试验结果公布于众,最好配合中介服务机构组织开现场观摩会,起到直观效应。

4. 行政主管部门组织协调,给予资金和政策扶持

推广蜜蜂授粉技术是一项较之其他技术更为困难的事情,因为它在中国还是个新生事物,不仅要求政府有关部门给予一定的资金支持,进行试验示范,更重要的是需要行政主管部门组织协调,鼓励和引导农民利用蜜蜂授粉增产增收,刺激农民的授粉需求,而且还要求政府有关部门制定一定的法规,确保技术推广顺利进行。对授粉前后出现的问题得到有效的解决与协调,确保各项工作的顺利开展。

5. 加强授粉蜂群的实用配套饲养管理技术研究

蜜蜂授粉产业作为一种商品化的行业来说在中国尚处于起步阶段,以前提到的蜂群四季管理,只是为了提高蜂产品产量而采取的一系列管理办法,当蜂群的主要任务是为农作物授粉时,其管理技术就相应要改变。因此对于蜜蜂授粉蜂群的饲养管理技术要加以研究,并将研究的一整套实用性强、易于操作田间管理和温室管理的配套蜜蜂授粉蜂群管理技术,通过各种媒体向全国推广。

七、影响授粉效果的因素

(一)天气

天气的好坏,直接影响着蜜蜂为农作物授粉作用的发挥。当外界气温低于16℃或高于40℃时,蜜蜂飞行次数显著减少。强群在低于13℃,弱群在低于16℃的条件下几乎停止采集授粉活动。风速过大也会影响蜜蜂的出勤,当风速达24km/h,蜜蜂飞翔完全停止。过低的温度以及有云、有雾或雷雨、暴雨天气都会影响蜜蜂的采集活动。过低的温度和灾害性的天气,不但影响蜜蜂的飞翔采集,还会对植物的花器官造成损害,晚霜冻会冻坏花器官。4℃~10℃的低温会延缓花粉的萌发和花粉管的生长,导致受精失败。长期低温阴雨天则影响雄蕊花粉的成熟。炎热的天气和干热风,会使花的雌蕊柱头过于干燥而影响花粉的萌发。

为了避免气候因素的影响,一定要在授粉前做好充分准备,把握和利用好短暂的好天气,以最大限度地利用有限时间进行授粉,才能获得较好的收成,否则将造成减产。

(二)蜂群

蜂群大小、采集蜂的多少、蜂王的优劣以及蜂群的繁殖力,都会影响授粉效果。春季气温较低,强群适应低温的能力比弱群强,是保证授粉的主要条件,蜂王产卵力强,群内

哺育力强,蜂群出勤早,采集积极性高,蜜蜂采集的次数就多。用当地蜂群作为授粉蜂群,授粉效果优于外来蜂群。无王群、处女王群、病蜂群授粉效果极差。

(三)授粉时间

蜂群能否按时运达授粉目的地,是授粉成败的关键所在。授粉时间的确定,要考虑授粉作物的特点,当地环保因素,尤其是需要授粉的作物对蜜蜂吸引力的大小更为重要,一般来说,对蜜蜂吸引力较小的植物,如梨树等,应在开花25%以上时,运进蜂群;紫花苜蓿应在始花后10d,运进一部分,经过一周后再运进另一部分;樱桃、葵花、杏等初花就应把蜂群运进去。因此授粉之前必须充分了解每种植物的特殊性,掌握清楚每种植物的准确开花时间,才能适时运进授粉蜂群,达到最佳授粉效果。

(四)植物生长状况

植物生长状况的好坏,对蜜蜂授粉效果有直接影响。若植物生长状态差,营养不良,尽管蜜蜂授粉很充分,坐果数增加,但因营养供给不足而造成大量落果,也无法获取高产。植物长势好,营养良,用蜜蜂授粉的效果才能充分地体现出来。所以,不论是温室、大棚,还是普通地块种植的作物,都必须加强追肥浇水,才能使蜜蜂授粉获得显著的增产效果。

(五)作物对授粉的依赖性

授粉增产幅度大小,与作物对昆虫传粉的依赖程度有很大关系。若是风媒花植物,蜜蜂授粉后的效果不明显,既可虫媒又可风媒授粉的植物,蜜蜂授粉后增产效果较明显,纯属于虫媒花植物,采用蜜蜂授粉后增产效果十分显著。

(六)农药的影响

在开花期施用农药,不仅会把蜜蜂毒死,授粉工作不能完成,而且花上也会残留农药造成产品污染,降低质量。并且作物也因缺乏蜜蜂授粉而降低产量,这使两方面都造成巨大的损失。为了确保蜜蜂安全授粉,种植者与养蜂者必须密切配合,计划在花期前或花期后施药,开花期严禁施用农药。

八、提高蜜蜂授粉效果的措施

(一)诱导蜜蜂授粉

为了授粉的需要,克服蜜蜂对某些作物不太喜欢采集的弱点,或为了加强蜜蜂对某种需授粉的作物采集的专一性,可以进行有针对性的训练,每天用浸泡过该种花的花瓣的糖浆饲喂蜂群,使蜜蜂建立起采集这种植物花的条件反射,引诱蜜蜂去采集。苏联研究证明,经过这种训练的蜂群,对原先不喜欢采集的红三叶的采集次数可增加4.7倍;据报道法国最新研究发现,如在蜜蜂幼虫期饲喂浸泡过花瓣的糖浆,目标植物的气味给它们留下花蜜多的印象,这种印象就会在蜂群中建立永久记忆,长久保持对这种植物的采集力。吴美根用梨花的提取物喂蜂,出勤数比喂糖浆的提高 1.49 倍。

花香糖浆的制作方法是:先在沸水中溶入相同处理重量白砂糖,待糖浆冷却到 20℃~25℃时,倒入预先放有花朵的容器里,密封浸渍 4h 以上,然后进行饲喂。第一次饲喂,最好在晚上进行,第二天蜜蜂出巢以前再喂一次,往后每天早上喂一次。喂时要将糖浆搅拌均匀,每群每次饲喂 100~150g。若喂几次蜜蜂已大量到这种花上采集,即可停止。

据美国 D.F 梅耶(1989 年)为了吸引更多蜜蜂为那些对蜜蜂没有吸引力或吸引力较小的作物授粉,提高产量,研究了一种液体(蜂味)剂,它含有 9%的激素和 40%对蜜蜂有吸引力的天然物质,另一种"增效蜂味"剂添加了蜜蜂信息素,在开花季节用直升飞机或者喷雾器将这两种物质分别喷到需要授粉的植物上,在喷后 1h、4h、24h、48h 统计授粉植物花上的蜜蜂数。结果表明,在喷后 1h、4h、24h,到树上采集的蜜蜂平均数量明显比对照组高。与对照组相比,蜂数增加 0%~90%。使用"蜂味"剂,巴特利特梨的坐果率提高 23%,安焦梨提高 44%,樱桃提高 12.%。应用"增效蜂味"引诱剂,巴特利特梨的坐果率提高 44%,樱桃提高 15%,总统李提高 88%,美味红苹果提高 6%。

苏联季米里亚席夫农学院亚·佛·古演教授研究了蜜蜂授粉训练的具体操作方法:在早晨将 100g 香味混合糖浆灌到空脾上,放入蜂群中,蜂爬满巢脾后,将其放到一个箱子中,引诱更多的蜜蜂到脾上,然后把箱子盖严,带到授粉田中,打开箱盖,1~2h 后,当有大量的蜜蜂飞来时,再把有蜂的脾子放到授粉作物的地块,均匀地摆放在田地中,蜜蜂达到相当数量时,就可用授粉作物花香糖浆代替芳香糖浆。对于那些花蜜少的作物,过一段时间后可能会出现授粉蜂减少的现象,需要在前一天晚上,给蜂群喂花香糖浆。第二天在田间仍用同样的糖浆喂蜂,以保证授粉蜂数量。这种方法在红三叶草上应用取得了良好的效果。混合芳香糖浆的制作方法是:将 500g 的糖溶解于 500g 水中,浸入授粉植物花瓣,然后加薄荷、洋茴香或茴香等香 1 滴。花香糖浆的制作法:将 200g 糖溶解于 800g 水中,并加入授粉作物的花瓣,不加香精。

(二)授粉蜂群的配置

植物在一天中的有效花数不同,初花期和末花期花数少,盛花期花朵数量是初花期和末花期数量的几倍。那么作物授粉究竟配备多少蜜蜂授粉效果最理想,这是需授粉的农业种植者和授粉工作者共同关心的问题。通过广大授粉工作者努力,假设花数一定,但蜂群的授粉能力受天气的影响和蜂群内部职员结构的不同而也有影响,而且每天出巢采集的蜜蜂数量也不一定,只能按经验做一个估计。邵有全等专家就部分植物配备蜂群的经验做了总结,每群蜜蜂承担授粉面积经验数据(见表 3)。

(三)授粉蜂群的布置

蜜蜂飞行范围虽然在 4km 左右,但蜂群离作物越近,授粉效果就越好,飞行时所消耗的能量也越少。中国农业科学院养蜂研究所对砀山酥梨的试验结果表明,蜂群距离果

表3　每一群蜜蜂可以承担的授粉面积

作物名称	面积(m²)	作物名称	面积(m²)
油菜	2700~4000	草木	2000~2700
紫云英	2700~3400	荞麦	2700~4000
苕子	2700~3400	葵花	6700~10000
棉花	6700~10000	瓜菜	1300~6700
牧草	2700~3400	果树	3400~4000

树500m以内,坐果率为44.8%;750m以内坐果率为39.2%;1000m以上坐果率为23.0%(见表4)。

表4　放蜂区不同距离坐果率分析

距离(m) ＼ 株号	1	2	3	4	5	6	坐果率平均数(%)X	差异显著性(%)
500	47.2	32.5	42.3	62.8	40.7	43.7	44.8	a
700	39.6	41.5	48.0	36.6	33.3	36.4	39.2	a
1000	35.0	16.1	22.7	18.0	13.5	33.0	23.0	b

因此,如果授粉作物面积不大,蜂群就可以布置在作物的任何一个田边上;如果是大面积的(在2km以上)或长形地段,应将蜜蜂放在地段中央或分段放置,最远范围不要超过500m,以便蜜蜂在各点出现的频率一致,这样授粉才能充分均匀,达到最佳效果;如有经常施用农药的作物,蜂群应远离该作物50m安置,以减少农药中毒,降低蜂群的损失。为了便于管理,授粉蜂群应分组放置。对蜜蜂喜欢采集的作物,一般不采用或减少诱导工作,这样对蜜蜂的生活、繁殖、生产、授粉都有好处,授粉效果好。

(四)改花期用药为花前或花后用药

作物开花时施用药,不但使蜜蜂中毒,影响采集和授粉,而且还会造成花器官因药害而受伤。山东宋心仿对油菜(见表5)的施药方法进行了研究,证实了这一点。

表5　油菜花前与花期施药情况对照表

项目	施药次数	蚜虫情况		白锈病情况		产量情况			
		检查花期	有虫率(%)	检查花期	发病率(%)	试验面积(m²)	总产(kg)	100m²产量(%)	产量比率(%)
花前施药	3	初期	2	初期	2	15267	3307	21.7	109.7
		中期	9	中期	4				
花期施药	3	初期	23	初期	4	2050	404.4	19.7	100
		中期	8	中期	4				

从表6可以看出,花前施药比花期施药每亩增产9.7%,蚜虫量明降低,白锈病的发病率和花期施药效果相同。

表6　蜂群与苹果树的距离和访花次数的关系

距　离	每朵花蜜蜂采访次数		平均每朵花
(m)	1d 内出现数	5d 内出现次数	授粉次数
50	278	1390	58.3
200	272	1360	47.95
500	80	400	10.7

云南通县农业科学研究所研究结果也证实:花前施药龙头病只占2%,比花期施药减少50%。花前施药的油菜后期蚜虫为害株占2%,而花期施药的有虫株数占23%。油菜在盛花期不宜用药, 如果必须使用, 注意不能用高浓度农药。在实验中用40%乐果乳剂、50%马拉松乳剂的1∶600倍液杀虫治病,喷洒过马拉松乳剂的125朵花结荚123朵,结荚率98.4%,平均单荚结籽数21.09粒。而花期不施药的结荚率为99%,平均单荚结籽数24.06粒。乐果处理过的138朵花中有8朵不结实,受药害的花占原花的5.8%;盛花期施乐果乳剂,平均单荚结籽数更少,仅有15.6粒,比花期不施乐果的少8.46粒。

大连市是全国苹果重点产区之一,三十里堡镇1998年有一苹果园利用蜜蜂授粉(见表5),园主在临开花前要喷一次防虫药,经蜜蜂授粉工作者建议改在授粉后施药,果农将一个授粉点改在花尾期蜂群离园施药,其他授粉点仍在临开花时施药。苹果树开花后,天气好,气温高,成片的苹果树只有这未施农药的点蜂群采集积极,而且这个点的蜂箱内蜜粉进得多,出现压子现象。而放在施过农药点的授粉蜂群,却很少出来采集,苹果树上很少有授粉蜜蜂采集活动。秋天收果时,临花时未喷农药的果园,果实累累,喜悦的丰收景象,使果农乐不可支。临花期施过农药的果园收成平平。因此,租蜂授粉的蜂农在苹果树临花期不需喷施残效时间长,如(甲胺磷)一类的农药了。只是苹果树现蕾前打一次低毒、短残留的农药,待三茬花后施农药,这时蜂群已离开了果园。这样三茬花虽然授不上粉,坐不了果,反而省去疏果的工时,因为三茬花结的果往往长不成大苹果。

九、其他授粉昆虫

在授粉昆虫中蜜蜂占相当在的比重,在农作物授粉中起主导性作用,虽然蜜蜂是一个多向性昆虫,可为许多不同植物授粉,但是它对苜蓿、番茄等有些作物授粉却不如熊蜂、切叶蜂等一些其他野生昆虫。近几年来人们在重视中华民蜜蜂和意大利蜜蜂授粉作用的同时,也逐渐开展对其他野生昆虫授粉的研究,掌握了人工饲养和周年繁育技术,并成功应用到设施农业地种植的番茄、果树和农作物的授粉生产中,取得了良好的效益。就目前已开发应用的几个授粉昆虫做以介绍。

(一)熊蜂

熊蜂(*Bombus Spp.*)为膜翅目蜜蜂总科熊蜂属昆虫的总称,是一类多食性的社会性昆虫,进化程度处于从独居到营社会性蜜蜂的中间阶段。熊蜂属世界已知 300 余种,确定命名 120 种,广泛分布于寒带和温带,中国已命名 102 种,资源相当丰富,分布也很广泛,但北方种类较多。

熊蜂全身背覆绒毛,身体有明显的黑、白、黄色斑纹,体形较大,喙长,飞行时嗡嗡作响,故英文称之为 bumblebee,中文则取其外形似"熊"。

自然界中的熊蜂多数一年一代,也有报道一年两代的,但较少见,越冬蜂王出现于早春或初夏,访花采蜜,寻觅野生小动物的弃巢或鸟窝作为巢穴,产卵繁殖后代,夏季成群活动,到秋季蜂群消退,以交尾过的蜂王在地下或岩石缝中越冬。熊蜂的喙长,采集能力强,对低温弱光高湿环境的适应能力显著优于蜜蜂和壁蜂,特别适合于为温室番茄、甜椒、黄瓜、茄子等多次开花结果蔬菜授粉。实验资料表明,用熊蜂授粉不仅可显著提高产量,还可显著提高品质。但长期以来,国内大型温室和现代化设施农业都是引进国外的商品化授粉蜂,由于经过技术处理,引进的熊蜂失去了繁殖能力,其中有效授粉期一般只有2~3 个月,需要不断引进,耗资巨大。中国以中国农科院蜜蜂研究所为主导的科研单位,对熊蜂授粉做了大量的研究,取得了可喜的成就,相继中国又有近十家科研单位,进行了熊蜂授粉工作的研究,带动了人们利用熊蜂为设施农业授粉的积极性,1998 年,浦东开发区拿出 40 万元向全国招标开发熊蜂授粉技术,从而引起有关领导和专家学者的重视。

近年来随着科学技术的进步和人民生活水平的提高,全国各地以栽培名、特、优植物为主的,以塑料大棚等温室为特征的设施农业迅速发展,栽培面积迅速增加,遍及城乡;工厂化、集约化周年生产的现代农业栽培技术日趋成熟。同时现代设施农业中存在的问题特别是授粉问题日益突出,靠人工授粉和喷施 2,4-D 生长激素来促进植物坐果,造成大量人力物力的浪费和农产品化学污染及成本增加;利用饲养蜜蜂授粉,存在趋光性强、飞撞温棚、飞出温室、不易归巢、适应性差等,因而有一定的局限性。鉴于这种情况,为了确保农产品的安全性,农业工作者从生物学角度考虑,借鉴国内外经验,从使用熊蜂、切叶蜂为红三叶、三叶草等牧草授粉中得到启发,进行了大量的研究试验工作,研究发现,熊蜂是温室植物较为理想的授粉昆虫。熊蜂既有独特的生物学特性,利用它们为温室西红柿、黄瓜、茄子、草莓等授粉,能取得良好的效果,熊蜂在人工控制条件下打破或缩短蜂王的滞育期,在任何季节,都能根据温室蔬菜授粉的需要来进行繁殖,承担授粉任务。利用熊蜂授粉,不但可以提高产量,更为重要的是可以改善果蔬品质,降低畸形果蔬的比率,解决应用化学药剂提高坐果率的方法所带来的激素污染等问题,西方一些农业发达国家,把熊蜂授粉看作是设施农业发展无公害食品生产的一项重要措施。

1. 熊蜂的三型蜂

熊蜂与蜜蜂相似,是社会性昆虫,蜂群内职蜂的数量少,每群由一只蜂王、几十或数百只工蜂和数量不多的雄蜂组成。

蜂王 蜂王是蜂群中唯一生殖器官发育完全的雌性蜂。蜂王具有孤雌生殖能力,可产未受精卵培育成雄蜂,产受精卵培育成工蜂或蜂王。授精的蜂王在早春蛰居醒来后,自己到外界采食、筑巢、产卵、育虫,第一批可产 4~16 粒卵。当第一批工蜂出房后,巢内外工作均由工蜂承担,而蜂王则专门产卵,有时协助工蜂哺育幼虫和做些巢内工作。蜂王有螫针。

工蜂 工蜂为雌性生殖器官发育不完全的雌性蜂,是由受精卵发育而成的,担负着蜂群内的各项工作,包括分泌蜂蜡、筑巢、饲喂幼虫、采集食物和保卫等工作。工蜂是熊蜂蜂群中主要成员,授粉是靠工蜂来完成的。工蜂依据个体的大小有分工,个体较小的便于在巢内窄小的通道穿行从事巢内工作,个体大的采集能力强,利于携带花粉和花蜜,主要从事外勤工作。熊蜂群发展到后期,工蜂的生殖器官也开始发育,产下未受精卵,这就意味着蜂群群体的衰退。工蜂有螫针,但螫针无倒钩,熊蜂较温顺,一般不会主动攻击人、畜,但如果其巢穴遭到侵扰,则工蜂会群起而袭击入侵者,保护家园。

雄蜂 雄蜂是由未受精卵发育而成。在新蜂王未产出之前,雄蜂已在蜂群中繁育,其职能是与新蜂王交配。雄蜂个体比蜂王小,但比工蜂大。雄蜂出房后,食用巢内的蜂蜜,2~4d 后离巢自行谋生。雄蜂与蜂王交配后不像蜜蜂的雄蜂那样立即死亡,而与其他雄蜂一样照常生活。雄蜂无螫针,头尾几乎呈圆形,很容易与蜂王和工蜂区别。另外,一些熊蜂品种的雄蜂和工蜂与蜂王有明显的体色差异。

2. 生活史

交配成功并未产卵的蜂王休眠越冬,当春天气温升高时,冬眠的蜂王开始苏醒,这时蜂王弱小而呆滞,卵巢发育不完全或者还没有发育。蜂王在自然界寻找食物,经过 3 周的营养补充和飞行锻炼,蜂王的体质变得健壮,卵巢逐渐发育完全,具备了产卵能力。此时,蜂王在树洞、草垛、荒芜的地表等地低飞,寻找合适的筑巢地点。一旦巢址选择好后蜂王开始做巢,随着天气转暖,部分植物开花,蜂王开始采集花蜜和花粉,在巢内做成花粉团,蜂王在花粉团上产卵,每粒卵长 3~4mm,粗 1mm,然后把蜡涂在花粉团表面。

卵孵化和幼虫发育的适宜温度为 30℃~32℃,温度低于 30℃,卵内胚胎和幼虫的发育都会延缓。雄蜂工蜂从卵到成虫的发育期,一般的卵期为 4~6d,幼虫期为 10~19d,蛹期 10~18d。雄蜂工蜂的发育期除了因蜂种有差异外,发育期间的温度和食物的量与质对发育期长短有着较大的影响。因此,某种环境下,熊蜂工蜂从卵到成虫的发育期约需 21d,而在另一种环境下,则需要超过 42d。

出房后的蜂王比工蜂大,但在外部特征上与工蜂并没有多大的区别,蜂王和工蜂的区别是在生理上,蜂王的寿命可长达 1 年多,而工蜂的寿命仅仅 2 个多月;蜂王可以依赖自身的脂肪体而单独安全越冬,工蜂不能单独生活,不能越冬。

当幼虫在蜂巢中生长时,虫与虫之间有薄膜隔离,巢房也随虫体变大而改变形状。蜂王用反刍吐出的食物饲喂幼虫,且从巢房顶部饲喂。第一批工蜂成熟出房后,参与巢房的建设,使得蜂巢很快扩大。并且参与帮助蜂王泌蜡、筑巢、采集和哺育幼虫。当有足够的工蜂出房时,蜂王便停止出巢采集,专心致志产卵,整个巢房无规则地向上或者向四周扩展。随着蜂群的壮大,蜂王的产卵率也逐渐提高,一般在几批工蜂出房后,即群势达到高峰期时,蜂王开始产第一批未受精卵,未受精卵发育成雄蜂。雄蜂出房后,食用巢内贮存的蜂蜜,2~4d出巢自行谋生,随着性成熟寻找处女王交配。新蜂王通常在雄蜂羽化7d后出房,出房5d后性成熟进行婚飞交配。交配的方式行为不是完全一样的。有的蜂种雄蜂爬在巢门口等待处女王飞出;有的蜂种,雄蜂按一定方式环绕飞行后急降到草丛或者嫩枝上,留下标记气味,处女王随着气味找到雄蜂交配;有的蜂种,雄蜂按确定的路线盘旋飞行,以吸引处女王。

交配后的蜂王仍多次回到母群,取食蜂蜜和花粉,待体内的脂肪体积累充分时,便离开母群巢穴找地方冬眠,一般在地面以下60~150mm,直径约30mm的洞穴中越冬。

原群熊蜂培育新蜂王和雄蜂后,蜂王尽管贮精囊中还有充足的精子,但它不再产卵培育工蜂。随着天气变冷,老蜂王和其他雄蜂也逐渐离开原群而死亡。

3. 授粉行为

熊蜂是自然界理想的授粉者和温室作物授粉能手,主要是熊蜂具有以下几方面的特征:

(1)口器较长,吻长9~17mm,具有伸入到花蕊深部采集花粉花蜜的能力。

(2)飞行时发出"嗡嗡"振动的响声,对西红柿、茄子等这种受声波振动下才能释放花粉的作物授粉效果最好。

(3)耐寒性强。熊蜂比较耐寒,能够很好地适应恶劣的天气,在自然界雨天和大风天也能采集,即使在蜜蜂难以出巢的不良天气下,熊蜂照常可以出巢采集授粉。

(4)驱光性差。在温室内,熊蜂不会像蜜蜂那样向上飞撞玻璃、塑料薄膜,而是很温顺地在花上采集授粉。

(5)采集力强。熊蜂个体大,寿命长,浑身绒毛,飞行距离长,很会利用蜜源资源,授粉能力比其他蜂更强。

(6)耐湿性强。在湿度较大的温室内,熊蜂比较适应。

(7)信息交流不发达。熊蜂的进化程度低,对于新发现的蜜源不能像蜜蜂那样相互传递信息,能专心地在温室内采集授粉,而不会像蜜蜂那样,从通气孔飞到温室外的其他蜜源上去。

(8)可以周年繁育。在人工控制条件下可缩短或打破蜂王的滞育期,在任何季节,都可根据温室作物授粉的需要而繁育熊蜂授粉群,从而解决了授粉的时间性难题。

4. 授粉的应用

随着中国设施农业的快速发展,现代化大型温室的面积也在不断扩大,温室内的作物授粉越来越成为人们关注的问题。由于冬季温室内缺乏自然授粉昆虫,研究和利用熊蜂授粉,是一项高效益、无污染的现代化农业,提高温室果蔬的产量和品质的一项必不可少的配套技术措施。目前中国野生熊蜂的驯养、病害防治、周年繁育等方面已取得了可喜的成绩,已初步建立规模化、工厂化周年繁育熊蜂的生产基地。熊蜂的授粉应用在北京、上海、深圳、吉林等省市对熊蜂授粉做了大量细致的研究,已经成功应用于西红柿、茄子、黄瓜、甜瓜、甜椒、草莓、油桃、大豆等果蔬和农作物上,取得了良好的经济效益、社会效益和生态效益。

(1)增加产量　熊蜂为西红柿授粉坐果率为98.1%,用震动棒授粉坐果率为90.16%,蜜授粉坐果率为75.89%,对照为60.87%。熊蜂授粉单果重达成40.85g,用震动授粉单果重为98.58g,蜜蜂授粉单果重为90.30g,对照组为75.54g。西红柿可增产40%~50%。茄子用熊猫蜂授粉比用震动棒授粉增产35.9%,比用激素增产51.3%。

(2)提高品质　熊蜂会在植物花粉数量最多,活力最强时进行授粉,使大量的花粉落到雌蕊柱头上并受精形成更多的胚珠,从而形成更多的种子,果实内的种子越均匀,果形越正,果实越大,产品质量也就越高。

(3)开发利用野生熊蜂资源,加强熊蜂周年繁育技术创新,提高熊蜂授粉商品化利用率,是加速生物授粉事业的发展,是中国生物资源应用领域的一项新突破,对提高中国无公害果蔬品质起到举足轻重的作用,是落实农业食品安全生产体系建设的重要措施,进而成为设施农业高效化、集约化发展中一项必不可少的配套技术工程。

(二)壁蜂

壁蜂(*Osmia*)属中可授粉的有5种,角额壁蜂和凹唇蜂应用最多。在这里主要对角额壁蜂作以介绍。

角额壁蜂(*Osmia Cornifrons*)为膜翅目、蜜蜂总科、切叶蜂科、壁蜂属的一种。角额壁蜂是早春开花果树的理想传粉昆虫,20世纪50年代日本已经研究院利用角额壁蜂为果树授粉,取得了显著成效。20世纪70年代美国从日本引进,也获得成功。1987年中国的包建中和王韧博士从日本引进了角额壁蜂,经过调查中国也有角额壁蜂这一授粉蜂种资源。

1. 形态特征

成蜂的前翅有两个亚缘室, 第一亚缘室稍大于第二亚缘室,6条腿的端部都具有爪垫,下颚须4节,胸部宽而短。雌性成蜂腹部腹面具有多排排列整齐的腹毛,被称为"腹毛刷",腹毛为橘黄色,是熊蜂的采粉器官,体毛为灰黄色,体长10~12mm。而雄性成蜂腹部腹面没有腹毛刷,在雄蜂复眼内侧和外侧各有1~2排黑色长毛,头、胸及腹部第1~6背板有灰白色或灰黄色毛,体长10~18mm。卵为椭圆形,长约2mm,白色透明。老熟幼虫虫体粗肥,呈"C"形,体表半透明光滑,长10~15mm。前蛹乳白色,头胸较小,腹部肥大呈弯曲的棒槌状。蛹初由黄白色逐渐加深,茧暗红色,茧壳坚实,外表有一层白丝膜,茧长8~12mm,直径5~7mm。

2. 生活史

角额壁蜂为独栖性,在自然界寻找石头缝隙或木质建筑物的孔隙作巢穴。人工驯养释放的壁蜂,喜欢选用一定规格的芦苇管或纸管作巢穴,繁衍后代。自然界壁蜂一年繁殖1代,一年中有300多天在巢管内生。据1988年对山东省威海市果园的观察,卵期平均为10d,幼虫期平均为15~20d。前蛹期为60d左右,蛹期25~30d。8月中下旬羽化为成蜂,成蜂的滞育期大约为90d,继续在茧壳内休眠,直至翌年春季果树开花时才出巢活动。

3. 生活习性

壁蜂必须经过冬季长时间的低温(0℃以下)作用和早春光照感应才能解除成蜂的滞育期,早春气温回升至12℃以上,果树开花时破茧出巢。雄蜂在释放当天即开始破出茧巢,释放第三天出巢达到高峰。而雌蜂出巢高峰是在释放的第5~7d。雄蜂破茧出巢后,多数在蜂巢附近作短暂飞行,然后等待雌蜂出巢,以便随时和雌蜂交尾。雌蜂出巢后即在巢管口附近与雄蜂交配,交配在白天天气晴好时进行,每次交配时间约30min。晴天成蜂活动多,遇阴雨低温或4级以上大风则出巢活动少。一天中上午8时至下午6时为活动时间,上午11时至下午3时最活跃。阴天在16℃,晴天在14℃时成蜂出巢活动,当温度到20℃~26℃时,半小时飞行次数达40~140次,而中蜂和意大利蜂只有当气温到13℃~16℃时,成蜂才开始采集活动,所以角额壁蜂是早春气温较低时的理想授粉蜂种。

4. 授粉应用技术及授粉效果

人工利用壁蜂授粉时,第一次放蜂时间为当地杏树花蕾露红时,第二次放蜂时以梨树初花为好。每公顷果园释放1000~1500只,就能达到授粉的目的。因为壁蜂有效授粉范围只有60m左右,所以应采用多点设巢箱的方式,每个蜂巢间隔80m,巢箱离地面40~50cm,巢管口以朝南或朝西为好。

（三）苜蓿切叶蜂

切叶蜂(*Megachile*)的种类较多,其中分布广、数量多、授粉效果好的是苜蓿切叶蜂(*Megachile rotundata Fabr*),是苜蓿的重要授粉昆虫。

1. 生活习性　切叶蜂营独栖生活,每年繁殖1~2代。分雄蜂和雌蜂两种,雄蜂主要是和雌蜂交配,没有采集授粉能力。雌蜂有产卵繁殖能力,也是主要的授粉者。一只雌蜂一个生活周期是2个月,一生可产30~40粒卵。

苜蓿切叶蜂将上腭切下的植物叶片卷成中空的管,在管中筑造巢室,室内填充花粉和花蜜各半的混合物,雌蜂将卵产在上面,再用切下的圆形叶片封闭巢室的顶部,第二个巢室直接筑造于第一巢室上,直至管或筒被填满。卵经过 2~3d 变成幼虫,幼虫取食室内的蜂粮,幼虫期约为 14d,老熟幼虫越冬,翌年春季化蛹,约 7d 后羽化。雄性 5~7d 羽化,从巢房中羽化出来的成蜂三分之二是雄蜂。雌蜂有螫针,但很少用,就是不慎被苜蓿切叶蜂螫一下,也只会引起一点疼痛,便于饲养。苜蓿切叶蜂飞行距离较短,将苜蓿切叶蜂蜂巢放在苜蓿田间,授粉效果最好。苜蓿切叶蜂喜欢阳光充足、温暖少雨而且有灌溉条件的环境,在良好的条件下飞行和授粉时间延长,对蜂群的繁殖更有利。

2. 授粉行为 苜蓿切叶蜂主要采集苜蓿花,同时也非常喜欢草木樨、白三叶草、红三叶草等多种豆科牧草,其采粉速度快,每分钟采集 11~15 朵花。在采蜜时首先将花朵打开,再钻进花朵内采集花蜜,这时苜蓿切叶蜂腹部在花的柱头上擦来擦去,将花粉粒黏附在绒毛上,再采访第二朵花时,仍以同样的方式采集,这样就将前一朵花的花粉传到了第二朵花的柱头上,从而完成了授粉任务。

3. 授粉应用 苜蓿切叶蜂为牧草制种授粉取得良好的经济效益,是公认的现实,人们已广泛应用。为了扩大苜蓿切叶蜂的数量,加拿大苜蓿业主专门制作"巢板"饲养,有的利用开沟的薄木板或聚氯乙烯管引诱苜蓿切叶蜂来筑巢。自巢板中取出巢室,放于户外干燥,越冬。翌年于苜蓿开花前 3 个星期,把巢室放于贮藏室的盘中,室温为 30℃,湿度为 50%~75%,盘下放紫外光灯及水盆,寄生的切叶蜂蛹羽化新蜂飞向紫外光灯,落入水盆中收集。雌性羽化后 21d 就可以在田野中授粉。巢板放在田野间应注意避免高温、强光、雨水、强风、以及鸟害和药害。用"巢板"放置苜蓿切叶蜂的好处是传粉效率高,巢板易于转移,而且不需要固定的地块,因此美国和加拿大已建立了生产"巢板"的工厂。

中国科研人员已成功地研制出一套苜蓿切叶蜂的繁殖设备及管理技术,并在生产上推广应用。中国农业大学的科研人员成功研制了苜蓿切叶蜂的蜂箱,以松木为材料,孔径为 7mm 的蜂巢板组装的蜂箱最好。利用这种蜂箱,可以比较经济地繁殖出更多的雌蜂,并且个体大,体格健壮,授粉能力强。蜂茧在 5℃冰箱中贮藏越冬,第二年初夏取出,在 29℃~30℃的孵化箱中孵育,在进行种子生产的苜蓿初花期释放于田间。每亩用蜂 1500~3000 只,可提高苜蓿的异花授粉率,种子产量增加 50%~100%。

推进蜜蜂授粉产业是加快
甘肃省现代农业发展的有效途径

祁文忠

(甘肃省蜂业技术推广总站/甘肃省养蜂研究所,甘肃天水 741020)

摘　要:发展蜜蜂授粉产业,是现代农业发展的重要途径,是农村经济走可持续发展的必选之路,是农业食品安全生产体系建设的重要措施。本文在对甘肃省蜜蜂授粉业现状及问题阐述的同时,提出了如何推进蜜蜂授粉业进一步发展的思路。

关键词:蜜蜂授粉;现代农业;发展;途径

养蜂业被称为"农业之翼""空中农业"和"生态农业"。养蜂的经济价值不仅在于生产众多的蜂产品,更重要的是蜜蜂授粉的贡献更大,蜜蜂授粉是最有效和最廉价的农业增产方式之一,特别是一些水果、蔬菜、制种生产完全依赖于蜜蜂授粉。近年来,随着现代农业的迅猛发展,设施农业的发展呈现出良好趋势,其所创造的良好效益也被人们普遍认同,与之配套的技术措施也得到发展。由于蜂类与植物长期的协同进化,使得蜂类在设施农业授粉中得到广泛应用,如苹果、桃、杏授粉增产率在 40%~65%,瓜类在 29%~90%,草莓 25%~74%。由于大棚(温室)内几乎没有授粉昆虫,作物授粉直接受到影响,因此出现结实率低、产量低、质量差的现象。例如西葫芦、番茄等作物根本不能授粉受精,虽然有的农民采取给花涂抹 2,4-D 等措施保护花果,但是畸形瓜果的数量多,口感不好,而且涂抹激素既费工,又不可靠,还会对产品造成激素污染,这样就急需人为配置授粉昆虫,提高产量和质量。目前许多地方果树、蔬菜制种和温室果蔬生产,都采用人工授粉的办法来提高坐果率、结籽数量和产量,人工授粉不均匀,授粉时间不恰当,常常造成结荚少,每荚籽数少,坐果率低,产量低。近年来由于劳务工资提高,生产成本大幅度上升,尤其是十字花科蔬菜制种,人工授粉费用很大,蜜蜂授粉的应用不仅降低了成本,而且提高了产量和质量。蜜蜂授粉业是农业生态平衡不可缺少的链环,是农业食品安全生产体系建设的亮点,蜜蜂为农作物授粉带来增产的巨大效果世人公认。然而遗憾的是目前甘肃省蜜蜂授粉还没有被绝大多数种植者和相关部门所重视,授粉业至今未还没有全面兴起,所以,加快推进甘肃省蜜蜂授粉产业化进程势在必行。

一、蜜蜂授粉业发展的现状

授粉作为一项农业增产措施,越来越受到世界各国的重视。据美国农业部的调查数据表明,1998 年用于租赁授粉的蜂群已达 250 万群,比 1989 年的 203.5 万群增长了 18.6%。美国的农业增长速度和收成的好坏与蜜蜂授粉有直接关系,1989 年蜜蜂授粉使农作物增产价值为 93 亿美元,1998 年为 146 亿美元,增长了 36.3%。进入新世纪每年可创造约 200 亿美元的授粉价值,授粉所产生的农作物增产价值是蜂产品本身价值的 143 倍,蜜蜂授粉已经成为西方国家农业发展不可缺少的重要组成部分。近些年来,越来越多的证据表明,授粉昆虫的数量已开始大量减少,例如 2006 年冬到 2007 年春,"蜂群衰竭失调"(简称 CCD)病席卷了美国、加拿大、法国、德国、瑞典等许多国家,造成这些国家蜂群数量锐减,并引发严重的农作物授粉危机以及对农业发展的担忧。美国国会已出巨资对蜜蜂进行研究和保护,并且在 2007 年 7 月份出台的美国国会议案中将蜜蜂种质资源、蜜蜂栖息地保护列入野生动物保护条例的重点。

中国蜜蜂授粉业与发达国家相比,起步晚,发展慢,但有了良好的开端。在 20 世纪 50 年代初,中国开始研究利用蜜蜂为农作物授粉,到 20 世纪末,中国蜜蜂授粉工作已取得了较大成就,福建、浙江、山东、山西、北京等省、市的科研单位、高等院校和生产部门,已先后对农作物、果树、蔬菜、牧草、药材等五类 30 多种植物利用蜜蜂授粉增产效果作了试验研究,取得了可喜的效果。1997 年中国蜂产品产值约 40 亿元,而蜜蜂授粉的增产值就可达 1420 亿元。许多地区已实行有偿租蜂授粉。2010 年农业部相继出台了"农牧发〔2010〕5 号'农业部关于加快蜜蜂授粉技术推广促进养蜂业持续发展的意见'和农牧发〔2010〕8 号'农业部办公厅关于印发《蜜蜂授粉技术规程的》通知'"文件,有力推进了中国授粉产业的发展。

甘肃从 20 世纪 80 年代,以甘肃省养蜂研究所为主的研究人员和关心蜜蜂授粉工作的有关人事,在蜜蜂授粉方面作了探索,蜜蜂授粉的产业化进程拉开了序幕,蜜蜂授粉业市场开始启动。1995 年中国养蜂学会在甘肃敦煌召开了首次以"蜜蜂授粉促农"为主题的学术研讨会,会上就全国对蜜蜂授粉工作的研究成果和动态,进行交流和研讨,开创了中国蜜蜂授粉工作的新局面,同时也推动了甘肃省蜜蜂授粉工作的进一步发展。近些年来,甘肃省蜂业技术推广总站(甘肃省养蜂研究所)在景泰、张掖、武威、甘南、嘉峪关、天水等市县进行了利用蜜蜂为大田油菜、苹果、温室果蔬的授粉试验研究,取得了良好效果,特别是近两年利用项目拉动,对温室种植的黄瓜、西葫芦、甜瓜、草莓、茄子、油桃、桃子、杏等果蔬进行蜜蜂授粉试验示范,推动蜜蜂授粉业的迅速发展,引导农民寻求致富新思路。目前,温棚蔬菜、大棚果树种植面积剧增,张掖、武威、嘉峪关、天水等市出现了利用蜜蜂为农作物授粉和引进熊蜂授粉的强烈愿望,蜜蜂授粉业已被越来越多的人们所认识,出现温棚种植户租蜂授粉的好现象,相信在不远的将来,蜜蜂授粉业将会成为甘肃省农业增产增收的新举措。

二、甘肃省蜜蜂授粉业发展中存在的问题

综合国内外授粉业发展进程和甘肃省的现状，近几年虽然甘肃省蜜蜂授粉业得到有效发展，但发展的状态还不尽人意，蜜蜂授粉业至今未发展成为大产业，究其原因是多方面的，归纳起来主要有以下几点。

1. 人们对利用蜜蜂为农作物授粉增产、提高品质的重要性认识不足。甘肃省各种媒体，对蜜蜂为农作物授粉增产意义宣传很少，人们对于应用蜜蜂为农作物授粉增产这一技术措施，缺乏感性认识和主动性，没有得到社会的足够理解与关注。虽然蜜蜂授粉对提高农作物产量和质量的效果很好，但不像农作物发生了虫害，使用农药后马上就可看出效果，社会上又普遍存在着急功近利的现象，蜜蜂授粉这项很有发展前景的产业却往往被忽视。专业性权威杂志上、电视、广播等媒体上还没有出现蜜蜂授粉方面的招商广告。

2. 思想观念落后，妨碍着蜜蜂授粉业的发展。有些农民不知道蜜蜂授粉的好处，片面认为蜜蜂采花授粉只有蜂农得利，对自己没有好处，从而消极对待蜜蜂授粉。还有的个别农民比较愚昧，如认为蜜蜂咬坏了花朵，造成农作物减产，甚至有的偏僻地方，还认为蜜蜂吸取了植物的精华，影响了收成和品质，发生驱赶、殴打放蜂者，水淹、投毒伤害蜂群等等现象，这些现象都对蜜蜂授粉业的推广应用产生了不利的影响。

3. 不少农民缺乏正确、安全施用农药的意识，滥施农药严重阻碍了蜜蜂授粉业的发展。蜂农与种植业间缺乏默契感和主动性，种植户往往在作物花期滥施高毒性的农药，造成授粉蜂群大量死亡，而且当事件发生后，受害蜂农又得不到法律的有效保护，这种只顾防虫治病，不顾授粉蜜蜂的死活，致使养蜂人不敢去果园、菜园等需蜂授粉的场所放蜂，从而影响养蜂员出租蜂群的积极性。

4. 缺乏产品质量安全认识，对农产品质量安全体系建设重视不够。发达国家已经禁止使用激素蘸花，而广泛采用蜜蜂或熊蜂授粉的方式来促使农作物坐果。而甘肃省许多种植者，缺乏绿色农业和生态农业的意识，对利用生物技术授粉提高农产品质量安全认识不够，而对使用激素会造成一定污染，对人体健康和农产品在国际上竞争力等问题考虑甚少，许多温棚种植者依然采用激素蘸花来促使作物坐果，忽视利用蜜蜂等生物授粉的方法来提高产量。

5. 缺乏政府部门政策、资金的扶持，对发展授粉业缺少相应的政策措施。大多数地县没有对蜜蜂授粉业实行税收优惠政策、还没有立法鼓励蜜蜂为农作物授粉增产、很少有禁止在花期使用农药和使用激素蘸花的机制，虽然有关部门在这方面做着大量的工作，但终因人力、财力的缺乏，总是心有余而力不足，达不到预期效果。

6. 缺乏为蜜蜂授粉产业化、商品化服务的中介机构。供需双方缺乏在权威性媒介上联系蜜蜂授粉业务的手段，难以提供蜜蜂授粉的养蜂者和需要蜜蜂授粉的农作物种植者

的供求信息,双方必然处于脱节状态。

三、推进蜜蜂授粉业进一步发展的思路

甘肃省蜜蜂授粉的产业化进程已有良好的开端,蜜蜂授粉产业市场开始起动。但我们也应看到蜜蜂授粉为社会创造巨大财富的重要意义,还远远没有被有关部门和绝大多数种植业所认识,种种问题致使蜜蜂授粉产业发展困难重重,产业化水平也难以提升,为把蜜蜂授粉产业积极地推广开来,推进蜜蜂授粉业进一步发展应从以下方面加强工作。

1. 加大宣传力度,提高感性认识

要对广大农民大力宣传蜜蜂授粉增产增收的明显效果,使他们充分了解蜜蜂是农作物、果树、牧草、蔬菜等植物最好的"月下老人",明确认识到蜜蜂为农作物授粉所带来巨大的经济效益、社会效益和生态效益。一是要针对蜂业主管部门和行业组织的领导进行必要的蜜蜂授粉专业知识的普及与宣传,使他们领悟到用蜜蜂授粉业是现代大农业优质高产的最佳途径之一,进而关注授粉产业,制定相应的政策措施,为蜜蜂授粉产业的发展创造必要的条件。二是通过参观、观摩、开现场会等形式,邀请县乡主要领导、种植大户,进行蜜蜂授粉增产典型事例实地直观考察,起到眼见为实的效果,加深对蜜蜂授粉效果显著的印象。三是通过广播、电视、报刊等媒体大量宣传蜜蜂授粉的好处及其操作方法,让广大种植者,充分了解、运用这一技术。这样,通过多层次、全方位宣传,引起上上下下、方方面面的重视。

2. 普及授粉技术,建立培训长效机制

按照国家蜂业发展"十二五"规划和农业部农办牧〔2010〕5 号和 8 号文件要求,结合当地实际,开展蜂农、种植户授粉技术基础培训,建立试验示范基地,指导示范,做好形式多样,生动活泼的授粉技术研讨与交流,每年根据实地情况和出现的问题具有针对性的培训,解决生产第一线中的实际问题,普及授粉技术,带动授粉业全面发展。

3. 建立中介服务机构,提供优良社会化服务

建立蜜蜂授粉商业运作中介服务机构,无论是对蜜蜂授粉者来说,还是对需要蜜蜂授粉的农业生产者来说,都是非常必要的。提供必要的市场供求信息、技术咨询,发布蜜蜂授粉有关政策等社会化服务都是必不可少的。这个中介服务机构,可在甘肃省蜂业技术推广总站的大力推动下,依托各县级蜂业协会、养蜂技术推广站、养蜂管理站等部门而设立,架设蜜蜂授粉信息桥梁,创造供需双方沟通条件。

4. 行政主管部门组织协调,给予资金和政策扶持

推广蜜蜂授粉技术是一项较之其他技术更为困难的事情, 因为它还是个新生事物,不仅要求政府有关部门给予一定的资金支持,进行试验示范,更重要的是需要行政主管部门组织协调,鼓励和引导农民利用蜜蜂授粉增产增收,刺激农民的授粉需求,而且还要求政府有关部门制定一定的法规,县上相关部门应有人关注,确保技术推广顺利进行。对

授粉前后出现的问题得到有效的解决与协调,确保各项工作的顺利开展。

5. 加大监管力度,大力提倡食用天然安全食品

积极呼吁有关部门,建立鼓励蜜蜂为农作物授粉增产的法规,发布禁止在花期使用农药和使用激素蘸花的禁令,加大农产品监管检测力度,提高蜜蜂授粉业产品的价格,鼓励种植户利用蜜蜂授粉,大力提倡食用蜜蜂纯天然的自然生物授粉生产的产品。

6. 加强授粉实用配套技术研究,提高授粉效能

蜜蜂授粉产业作为一种商品化的行业来说,在甘肃尚处于起步阶段,因此对于蜜蜂授粉蜂群的饲养管理技术要加以研究,并将研究的一整套实用性强、易于操作的田间管理和温室管理蜜蜂授粉技术,通过技术指导,推广示范加以推广。对野生昆虫授粉,进行了深入研究,掌握了熊蜂、壁蜂、切叶蜂等一些野生昆虫人工饲养和周年繁育技术,应用到设施农业作物的授粉生产中,加强研究,加大合作,引进技术,拓宽授粉产业化发展路子,使甘肃省蜜蜂授粉业走上可持续发展道路。

参考文献:

[1]吴杰,邵有全.奇妙高效的农作物增产技术——蜜蜂授粉[M].中国农业出版社,2011.

[2]逯彦果,罗术东,等.黄土高原南部地区天水油菜开花生物学研究[J].中国农学通报,2012,28(32)16-20.

[3]祁文忠,田自珍,等.黄土高原油菜意大利蜜蜂授粉效果研究报告[J].中国养蜂,2009,(10).

[4]田自珍,祁文忠,等.河西走廊油菜蜜蜂授粉研究报告[J].蜜蜂杂志,2010(4).

[5]张贵谦,祁文忠,等.蜜蜂授粉密度对红富士和金冠苹果坐果率影响的研究[J].中国蜂业,2012(9).

[6]逯彦果,祁文忠.黄土高原中南部地区苹果花上访花昆虫的观察研究[J].中国蜂业,2012(9).

[7]刘晓敏,祁文忠,王鹏涛,等.施药期温室大棚果蔬授粉蜂群的管理[J].蜜蜂杂志,2009(6):18.

[8]李乃光,彭文君,安建东.熊蜂为温室蔬菜授粉技术应用[J].蜜蜂杂志,2002(11).

[9]陈廷珠,杜桃柱,等.中国蜜蜂授粉产业进程中亟待解决的若干问题[J].中国养蜂,2000(4).

[10]王凤鹤,姜立刚.蜜蜂授粉的研究与推广应用[J].蜜蜂杂志,1991.

论文发表在《甘肃畜牧兽医》2016 年第 11 期。

黄土高原油菜授粉效果初报

祁文忠[1]，田自珍[1]，缪正瀛[1]，刘晓敏[1]，张世文[1]，安建东[2]

（1.甘肃省养蜂研究所，甘肃天水 741020；

2.中国农业科学院蜜蜂研究所，北京 100093）

摘　要：为了探明黄土高原地区油菜蜜蜂授粉增产效果，建立蜜蜂为油菜授粉示范推广基地。在黄土高原中部干旱、半干旱地区甘谷安远镇进行蜜蜂为油菜花授粉试验，选择距蜂群 500m、700m、1000m、2000m、3000m、4000m、5000m 和无蜂区大田白菜型天油 4 花号油菜应用蜜蜂授粉，观测不同实验组的油菜籽产量、出油率、结荚率、千粒重和角粒数 5 个指标，结果表明：授粉距离越近，访花蜜蜂数越多，授粉效果越好，与自然授粉比较，油菜籽产量增产 9.01%~48.7%、结荚率提高 1.88%~73.3%、千粒重增加 1.63%~8.07%、出油率提高 1.94%~10.12%。在黄土高原蜜蜂为白菜型天油 4 号油菜授粉，授粉有效半径越小，授粉效果越显著，500~1000m 区域内授粉效果差异达极显著水平。

关键词：黄土高原；油菜；意大利蜜蜂；授粉

中图分类号：S897　　　文献标识码：A

Preliminary report of oilseed rape（Brassica compestris L.）pollination by honeybee（*Apis Mellifera Ligustica*）in Loess Plateau

Qi Wenzhong *[1], Tian Zizhen[1], Miao Zhengying[1],

Liu Xiaomin[1], Zhang Shiwen[1], An Jiandong[2]

（1. Gansu institute of Apiculture, Tianshui 741020, China

2. Institute of Apiculture, Chinese Academy of Agricultural Sciences, Beijing 100093, China）

Abstract：In order to acquire the effect of honeybee pollination on oilseed rape production and make out an efficient honeybee pollination technology in Loess plateau, we used honeybee to pollinate the oilseed rape under the high elevation and cool circumstance. The honeybee colony was place on the near edge of rape field. The oilseed production yield, rate of oil, pod setting rate and thousand−seed weight were measured from the rape tree where it was far from the colony 500m、700m、1000m、2000m、3000m、4000m、5000m. The results showed that the honeybee pollination oilseed rape field increased the production yield from 9.01% to

48.7%, rate of oil from 1.94% to 10.12%, pod setting rate 1.88% to 73.3% and thousand-seed weight from 1.63% to 8.07%. With the distance far from the colony, the bee visiting frequency decreased, pollination was affected greatly by the distance. Honeybee can significantly improve the oilseed rape production quantity and quality in 500m to 1000m.

Keyword: Loess plateau, *Brassica compestris* L., *Apis Mellifera Ligustica*, pollination

多年来,世界农业生产的实践证明,利用蜜蜂为农作物授粉是农作物提高产量和质量的一项有力措施,已日益受到世界各国的重视。许多发达国家已将蜜蜂授粉发展成一项产业,这也是农业现代化的必然趋势。中国在应用传粉昆虫为农作物授粉方面,做了许多积极的探索,尤其是在利用蜜蜂为农作物、果树、牧草、蔬菜等授粉增产、提高品质等都方面取得了显著成效和经验。据试验报道,利用蜜蜂为棉花传花授粉试验,获得试验组比隔离区对照组增产皮棉 1.5%~18%;利用蜜蜂为梨树、柑橘进行传花授粉试验,研究发现这两种果树的坐果率大大提高,产量分别提高 30% 以上。同时,研究还发现,经蜂授粉过的果实品质明显得到改善。例如,经蜂授粉过的番茄果实籽粒饱满,内容物丰富,营养品质高,畸形果率低,而用激素喷花处理的番茄多为空心,没有种子且畸形果率高,果实口感差。因此,蜂授粉技术不仅能增加作物产量、改善农产品品质,同时,还能带来巨大的社会效益、经济效益和不可估量的生态效益。

油菜是中国重要的油料作物,也是黄土高原的一种重要的经济作物。蜜蜂为油菜授粉已成为不争的事实,但由于受科技推广、示范工作的限制,在实际生产过程中,黄土高原地区主动应用蜜蜂为油菜授粉的意识不强,且不同地区由于气候和环境条件的不同而在授粉效果上存在差异。因此,为探明黄土高原地区油菜蜜蜂授粉增产效果,加强蜜蜂为油菜授粉试验的示范与推广,我们于 2008 年在甘肃省甘谷县对大田油菜蜜蜂授粉进行了初步的研究与示范,现将试验结果初报如下。

一、材料与方法

试验油菜为天油 4 号(Tianyou 4),属于白菜型油菜,俗称北方小油菜。授粉用蜂群为意大利蜜蜂,实验蜂群数量 400 群。蜂群的管理采取紧脾、促繁、脱粉、奖饲等生产管理方法,取蜜、取浆如常。为保证蜂群的安全,试验期间不喷施农药。

试验地位于甘肃省甘谷县西北部的安远镇,该镇位于渭河上游四季分明,属温带季风半湿润地区,年平均气温 8.8℃,年平均降水量 470mm,年日照时数达 2130h 以上,地貌复杂,为黄土高原沟壑地。授粉区域海拔 1351~1447m,纬度 34°52′02″~34°52′14″,经度 105°15′12″~102°15′01″,试验区域属干旱半干旱气候特征。试验设对照组和试验组两组,其中对照组为自然授粉,距蜜蜂授粉点 5km 以外,土质、地貌、气候特征、耕种条件、油菜品种与蜜蜂授粉试验区一致。

在相距蜂群 500m、700m、1000m、2000m、3000m、4000m、5000m 的地方，分别测量划定 100㎡ 的试验田各 6 块，记录各点的产量、出油率、结荚率、千粒重、角粒数、发芽率等指标，并观测记录蜜蜂访花次数，并用 SPSS 进行分析。

二、结果与分析

通过认真观测、记录数据，统计每个区位各试验田的数据作平均数，并计算出平均数、标准误，分析各区位数据见表 1。

在黄土高原干旱半干旱地区，蜜蜂为白菜型天油 4 号油菜授粉，授粉距离不同，授粉效果也不同。结果表明，蜜蜂为油菜授粉的效果呈现散射状逐渐减弱的趋势，即距离蜂箱越远的地方授粉效果越差。对油菜单位面积产量的测定分析表明：在 500~5000m 的范围内呈现出三个水平级的梯度，即 5000m 以外的单位面积产量和自然对照组的差异不显著，4000m 处和 5000m 处的差异不显著，但和自然对照的差异显著。1000~2000m 的单位面积产量与对照组差异显著，700m 以内的与前两个水平的差异显著。而在结荚率与出油率的测定比较中发现，1000m 以内的各点的结荚率显著高于 2000m 以外的，而且 2000m 处与3000m 以外的差异显著，而 3000m 以外的则与对照组比较差异不显著。

表 1　甘肃甘谷油菜（天油 4 号）蜜蜂授粉效果

距离（m）	结荚率（%）	角粒数/30 角	千粒重（g）	产量（kg/67m²）	出油率（%）
500	66.46 ± 0.81 f	769.00 ± 16.28 c	2.82 ± 0.01 d	16.27 ± 0.03 d	38.59 ± 0.27 d
700	64.85 ± 0.59 ef	715.83 ± 25.28 bc	2.81 ± 0.01 d	16.26 ± 0.02 d	38.40 ± 0.19 d
1000	64.27 ± 0.16 e	695.17 ± 23.43 bc	2.81 ± 0.00 d	16.16 ± 0.02 d	37.83 ± 0.26 cd
2000	61.40 ± 0.31 d	689.83 ± 24.71 bc	2.77 ± 0.02 d	16.16 ± 0.02 d	37.66 ± 0.26 cd
3000	57.00 ± 0.33 c	672.33 ± 28.48 bc	2.67 ± 0.03 c	15.36 ± 0.17 c	36.85 ± 0.40 c
4000	51.67 ± 0.33 b	589.83 ± 48.71 ab	2.38 ± 0.04 b	13.94 ± 0.29 ab	35.96 ± 0.29 ab
5000	47.05 ± 0.53 a	584.33 ± 39.23 ab	2.18 ± 0.03 a	13.59 ± 0.24 ab	35.28 ± 0.38 a
自然	46.24 ± 0.47 a	525.50 ± 25.44 a	2.14 ± 0.03 a	13.13 ± 0.23 a	34.85 ± 0.33 a

注：同列数值后不同小写字母表示差异达显著水平（Tukey HSD，$P<0.05$）

以自然对照处的增产率、结荚提高率，千粒重增长率、出油提高率和角粒数增长率作为基础数据，依据上表得到所测各点的增长率，如下表所述（表 2）。结果表明，从 5000~500m 的各点，结荚率提高 1.75%~43.73%，千粒重增加 1.61%~31.83%，角粒数增加11.2%~46.34%，出油率提高 1.94%~10.12%。授粉效果随着授粉有效半径不同各项指标差异明显，授粉有效半径越近，效果越显著，在距离蜂群 500~1000m 效果特别显著。授粉距离和蜂数对授粉效果有较大影响，从试验数据看，距离越近，访花蜂次数越多，授粉效果越好,500m 距离内授粉效果最好。

表 2 不同距离放蜂区油菜产量、结荚率、千粒重和出油率提高效果

距离(m)	增产率(%)	结荚提高率(%)	千粒重增加率(%)	出油提高率(%)	角粒数增长率(%)
500	23.91	43.73	31.83	10.12	46.34
700	23.84	40.25	31.19	10.04	36.21
1000	23.08	38.99	31.13	9.44	32.27
2000	23.08	32.79	29.54	9.31	31.27
3000	16.98	23.27	24.78	6.36	27.94
4000	6.17	11.74	11.34	4.11	12.24
5000	3.5	1.75	1.61	1.94	11.2
CK	0	0	0	0	0

三、结论与讨论

油菜是中国主要的油料作物,本研究以甘肃甘谷县的油菜为研究对象,首次研究了黄土高原干旱半干旱地区大田油菜蜜蜂授粉试验,迈出了黄土高原蜜蜂大田授粉的第一步。试验表明:蜜蜂授粉结果呈现授粉有效半径越近,访花蜂数越多,授粉效果越好的现象,说明蜜蜂可以在干旱半干旱地区正常进行授粉,自然环境条件没有多大影响,授粉效果显著,为建立蜜蜂为秋季油菜授粉的研究与示范基地打下基础。

本研究将对照区放在自然状态下进行,不影响其他授粉昆虫和风等自然条件的授粉,较为客观的评价了蜜蜂为油菜授粉的增产效果。以前试验将对照区隔离起来,把其他任何授粉昆虫隔绝了,同时减弱了风力等,在某种意义上讲夸大了蜜蜂授粉的效果。

大田农作物长在自然环境中,大多数种植户没有认识到蜜蜂授粉有利于增加产量和改善品质,在生产中没有去追求而是任其自然。因此造成了农作物种植者与养蜂者脱节。建议政府发挥作用,加大蜜蜂授粉作用宣传力度,建立蜜蜂授粉试验示范基地。

由于条件限制,对授粉机理、蜜蜂访花行为、访花次数、芥酸含量、种子发芽率等没有进行系统试验研究,在以后工作中有待于深入研究,加大对授粉蜂群管理的进一步研究,总结出行之有效蜜蜂为油菜授粉的配套技术,加以示范推广。

参考文献:

[1]葛凤晨,历延芳.利用蜜蜂为农作物授粉前景广阔[J].蜜蜂杂志,1997(9):26-28.

[2]阿力甫·米吉提.蜜蜂授粉能促进农作物增产[J].新疆农业科技,1997(6):29-30.

[3]周冰杰,张淑娟.蜜蜂授粉效果与增产机理[J].养蜂科技,1994(4):34-36.

[4]申晋山,祁海萍,郭媛,等.向日葵授粉昆虫调查研究[J].中国蜂业,2008,59(5):27-28.

[5]逯彦果,黄斌,刘晓鹏,等.蜜蜂为荞麦授粉大配套技术[J].蜜蜂杂志,2008(12):30.

[6]郑军,陈盛禄,林雪珍,等.蜜蜂为棉花授粉增产试验报告[J].中国蜂业,1981(5):3,22-25.

[7]吴美根,陈莉莉.蜜蜂为砀山酥梨授粉增产研究初报[J].中国蜂业,1984(9):7-10.

[8]陈盛禄,林雪珍,徐步进,等.蜜蜂为柑桔授粉试验总结报告[J].中国蜂业,1988(9):7,26-29.

[9]徐环李,吴燕如.内蒙古主要豆科牧草传粉蜜蜂种类及其传粉行为[J].草业科学,1993,10(6):33-36.

[10]郭媛,邵有全.蜜蜂授粉增产机理[J].山西农业科学,2008,36(3):42-44.

[11]李洪芳.蜜蜂传粉在油菜增产中大应用技术[J].北方园艺,2007(11):123.

[12]杨建利,高贵廉.蜜蜂传粉与油菜增产[J].作物杂志,2000(4):17.

[13]张军,陈勇,石声琼.在杂交油菜大田生产中应用效果初探[J].耕作与栽培,2006(3):47.

[14]吴曙.油菜蜜蜂授粉增产试验简报[J].蜜蜂杂志,1991(6):8-9.

论文发表在《中国蜂业》2009年第10期。

河西走廊油菜蜜蜂授粉研究报告

田自珍[1],祁文忠[1],缪正瀛[1],刘晓敏[1],

程瑛[1],毛玉花[1],张世文[1],安建东[2]

(1.甘肃省养蜂研究所,甘肃天水 741020;2.中国农业科学院蜜蜂研究所,北京 100093)

摘 要:为了探明河西走廊地区祁连山脚下油菜蜜蜂授粉增产效果,建立蜜蜂为油菜授粉示范推广基地, 我们进行蜜蜂为油菜花授粉试验, 选择距蜂群 500m、700m、1000m、2000m、3000m、4000m、5000m 和无蜂区大田白菜型青油 9 号油菜应用蜜蜂授粉,观测不同实验组的油菜籽产量、出油率、结荚率、千粒重、角粒数、发芽率 6 个指标,结果表明:授粉距离越近,访花蜜蜂数越多,授粉效果越好,与自然授粉比较,油菜籽产量增产 3.06%~21.52%、出油率提高 0.60%~8.91%、结荚率提高 3.19%~24.26%、千粒重增加 1.37%~12.88%、角粒数增加 7.62~48.90%,发芽率的增长没有多大影响。在河西走廊地区祁连山脚下蜜蜂为白菜型青油 9 号油菜授粉,授粉有效半径越小,授粉效果越显著,500~1000m 区域内授粉效果差异达极显著水平。

关键词:河西走廊;油菜;意大利蜜蜂;授粉

Preliminary report of oilseed rape (*Brassica compestris* L.) pollination by honeybee (*Apis Mellifera Ligustica*) in the Hexi (Gansu) Corridor

Tian Zizhen [*1], Qi Wenzhong [1], Miao Zhengying[1], Liu Xiaomin[1],Cheng Ying,

MaoYuhua, Zhang Shiwen[1], An Jiandong[2],

(1. Gansu institute of Apiculture, Tianshui 741020, China

2. Institute of Apiculture, Chinese Academy of Agricultural Sciences, Beijing 100093, China)

Abstract: In order to acquire the effect of honeybee pollination on oilseed rape production and make out an efficient honeybee pollination technology on the foot of a Qilian mount in the Hexi (Gansu) Corridor, we used honeybee to pollinate the oilseed rape under the high elevation and cool circumstance. The honeybee colony was place on the near edge of rape field. The oilseed production yield, rate of oil, pod setting rate and thousand−seed weight were measured from the rape tree where it was far from the colony 500m, 700m, 1000m, 2000m, 3000m, 4000m, 5000m. The results showed that the honeybee pollination oilseed rape field increased the production yield from 3.06% to 21.52%, rate of oil from 0.60% to 8.91%, pod setting rate

3.19% to 24.26% and thousand-seed weight from 1.37% to 12.88%,amount of rapeseed 7.62 % to 48.90% , no influence about germinating ability. With the distance far from the colony, the bee visiting frequency decreased, pollination was affected greatly by the distance. Honeybee can significantly improve the oilseed rape production quantity and quality in 500 m to 1000 m.

Keyword: the Hexi (Gansu)Corridor, *Brassica compestris* L., *Apis Mellifera Ligustica*, pollination

　　利用蜜蜂为农作物、果树、牧草、蔬菜等授粉增产、提高品质等多方面取得了显著成效和经验,已在国内外得到认可。油菜是中国重要的油料作物,也是河西走廊的一种重要的经济作物。蜜蜂为油菜授粉已成为不争的事实,但由于受科技推广限制,在实际生产过程中,甘肃河西地区主动应用蜜蜂为油菜授粉的意识不强,且不同地区由于气候和环境条件的不同而在授粉效果上存在差异。因此,为探明河西走廊地区祁连山脚下区域油菜蜜蜂授粉增产效果,加强不同区域蜜蜂为油菜授粉试验的示范与推广,我们于2008至2009年在甘肃省河西走廊地区祁连山脚下山丹军马场,对大田油菜蜜蜂授粉进行了研究与示范,现将试验结果初报如下。

一、试验地物候特征

　　山丹军马场是河西走廊祁连山脚下的一片肥沃的土地,是大马营草原上辽阔美丽的地方,南屏祁连,北依焉支,地形平坦,土壤肥沃,牧草丰茂,宜牧宜农,有2000多年的养马历史,自汉代骠骑将军霍去病屯兵养马之后,代相承递,以至于今。现已成为全国最大的油菜籽连片生产区之一,每年种植油菜约13000hm²。海拔2420~4933m(试验区海拔2485~2680m),属高寒半干旱和(半湿润)大陆性气候,年平均气温1.8℃,年最高气温28℃,最低气温-24℃,无霜期95~115d,年降雨量240mm,蒸发量2058mm。

二、材料与方法

(一)试验材料

1. 设备

12 CHANNEL型手持GPS接收机、DS-P73照相机、温湿度表、米尺、AY220电子天平、YZYX10-6螺旋榨油机、HH·B11·500电热恒温培养箱等。

2. 油菜

试验油菜为白菜型油菜(rape seed)青油9号(Qinyou 9),俗称北方小油菜。特征特性:5月上旬择日抢墒播种,采取机耕播种,种植密度100~140株/㎡,株高70~120cm之间,平均高97.5cm,分枝部位33.2cm,分枝数2~4个,8月中、下旬收割,生长期110~120d,由于种植时间的先后不同,开花时间也有差异,初花时间为6月中下旬,不断生长不断开花,盛花期为6月25日~7月15日,末花期7月中下旬,总花期30多天。

3. 蜜蜂

实验蜂群数量 400 群,品种为意大利蜜蜂(*Apis mellifera ligustica Spinola*)。

(二)试验方法

1. 试验设计

在相距蜂群 500m、700m、1000m、2000m、3000m、4000m、5000m 的地方,分别测量划定 100㎡的试验田各 6 块,作为测定产量、出油率、结荚率、千粒重、角粒数、发芽率等指标和观测蜜蜂访花次数的试验区。蜂群的管理采取紧脾、促繁、脱粉、奖饲等生产管理方法,取蜜、取浆如常。为保证蜂群的安全,试验期间不喷施农药。自然授粉点距蜜蜂授粉点 5km 以外,土地平坦,土质、地貌、气候特征、耕种条件、油菜品种与蜜蜂授粉试验区一致。

2. 授粉区域地理坐标位置 用手持 GPS 接收机测量授粉区域坐标为,北纬 38°06′28″~38°10′24″,东经 101°12′22″~101°17′56″,平均海拔 2485~2680m。

3. 天气状况 6 月份平均气温 19.4℃,与历年相比较较正常,11 日和 21 日出现过两次沙尘天气。7 月份平均气温 21.5℃,与历年比稍有偏高。授粉期晴天平均气温 8:00 为 8℃,14:00 为 25℃,18:00 为 17℃,雨天平均气温 14℃。2008 年干旱,从 4 月 22 日—7 月 23 日降水量偏少 5 成,4 月 22 日—6 月 11 日旱段达 51 天,6 月份降雨量 21.5mm,与历年比减少 41%,7 月份降雨量较历年偏少 45mm。

4. 测定产量 对不同距离每个试验田块取 67㎡地块各 6 块,油菜成熟后收割、自然晒干、脱粒、称重、求平均数。

5. 测定出油率 对不同距离授粉试验田油菜籽收集 6 个样称重,用 YZYX10-6 螺旋榨油机榨油,测定出油率。

6. 测定结荚率 对不同距离授粉试验田块油菜,各取 3 个田块,每个田块随机数 6 株,数每株上的总荚数、有效荚和无效荚数量,计算结荚率。

7. 测定千粒重 对不同距离授粉试验田油菜中,随机在 6 个不同区位,采集成熟油菜籽,晒干后各数千粒,分别用电子天平称重,计算平均数。

8. 测定角粒数 对不同距离授粉试验田成熟油菜,各不同田块随机取 6 株,每株分上、中、下各取 10 个油菜角,分别数每个角中籽粒,计算出每株上的籽粒数,再计算出角粒数。

9. 测定发芽率 选用同等大小培养皿,取两张大小合适的定性滤纸作为发芽介质,在其上放置吸水快保水力强的无菌卫生纸作为介质,随机取不同距离授粉试验田的成熟油菜籽 400 粒,分 4 组,每组 100 粒。在种子置床时,先使发芽床充分湿润,并将其下存在的空气赶出,把第一组种子均匀放置在发芽床上,以保证每粒种子水分条件的一致性。在种子着床前,用定量一次性注射器给各重复加入等量的无菌水,使发芽床充分湿润,在种子发芽期间,适时检查,防止水分缺失,加水时保证各重复的加水量相同。选用 20℃恒温条件,发芽箱温度一致、稳定,变幅不超过±2℃,在检查、记数时数完一个重复放回箱内,再取另一重复。做完第一组再以相同条件做其他组。统计数据,计算发芽率。

三、结果与分析

(一)结果

油菜试验,通过认真观测、记录数据,统计每个区位各试验数据,并计算出平均数、标准误,分析各区位数据见(表1)。

在河西走廊祁连山脚下山丹军马场,属于干旱半干旱地区,蜜蜂为白菜型青油9号油菜授粉,距离不同,授粉效果也不同,结果表明,蜜蜂为油菜授粉的效果呈现散射状逐渐减弱的趋势,即距离蜂箱越远的地方授粉效果越差。对油菜单位面积产量的测定分析表明:在500~5000m的范围,500~700m差异不显著,2000m处和4000m处的差异不显著,但和自然对照的差异显著。1000m以内的单位面积产量与对照组差异显著。结荚率与出油率的测定比较中,1000m以内的各点的结荚率之间差异不显著,而显著高于2000m以外的各点,而且2000m处与3000m以外的差异显著,而4000m以外的则与对照组比较差异不显著。千粒重700~2000m差异不显著,但与3000m以外的则与对照组比较差异显著。角粒数500~700m间差异不显著,1000~3000m间差异不显著,4000m以外各点差异不显著,呈现出三个水平级的梯度,梯度间差异显著。发芽率的各区段表现差异不大。

表1　蜜蜂授粉区不同距离的油菜产量、结荚率、千粒重、出油率、角粒数、发芽率分析

距离 (m)	产量 (kg/667㎡)	出油率 (%)	结荚率 (%)	千粒重 (g)	角粒数 (30个角)	发芽率 (%)
500	15.53±0.24a	41.55±0.20a	67.35±0.48a	3.30±0.03a	771.33±9.05a	100
700	15.38±0.12ab	41.42±0.17a	67.01±0.64a	3.22±0.02b	758.00±14.43a	99.75
1000	14.93±0.11b	40..88±0.13ab	66.82±0.64a	3.19±0.03b	708.33±15.27ab	99.75
2000	14.78±0.14c	40.27±0.18bc	64.65±0.75b	3.19±0.03b	707.17±21.04ab	99.50
3000	14.43±0.14c	39.73±0.20cd	61.66±0.55c	3.10±0.01c	666.50±12.33b	100
4000	13.72±0.22c	39.15±0.26d	58.64±0.92d	3.03±0.02cd	588.00±28.84c	99.75
5000	13.17±0.16d	38.38±0.33e	55.93±0.42e	2.96±0.02de	557.50±42.08c	99.00
CK	12.78±0.19e	38.15±0.24e	54.20±0.50e	2.92±0.02e	518.00±22.41c	98.00

注:同列数值后不同小写字母表示差异达显著水平(P<0.05)。

(二)分析

以自然对照处的增产率、出油提高率、结荚提高率、千粒重增长率和角粒数增长率作为基础数据,依据上表得到所测各点的增长率,如下表所述(表2)。结果表明,从5000~

500m 的各点,油菜籽产量增产 3.06%~21.52%、出油率提高 0.60%~8.91%、结荚率提高 3.19%~24.26%、千粒重增加 1.37%~12.88%、角粒数增加 7.62%~48.90%。在河西走廊地区祁连山脚下蜜蜂为白菜型青油 9 号油菜授粉,授粉效果随着授粉有效半径不同各项指标差异明显,授粉有效半径越小,授粉效果越显著,500~1000m 区域内授粉效果差异达极显著水平。发芽率的增长没有多大影响。

表 2　不同距离放蜂区油菜产量、结荚率、千粒重、出油率、角粒数、发芽率提高效果　（每亩）

距离 (m)	产量提高 (%)	出油提高 (%)	结荚率提高 (%)	千粒重增长 (%)	角粒数增长 (%)	发芽率提高 (%)
500	21.52	8.91	24.26	12.88	48.90	2.04
700	20.34	8.57	23.63	10.07	46.33	1.78
1000	16.82	7.16	23.28	9.27	36.74	1.78
2000	15.65	5.53	19.28	9.3	36.51	1.53
3000	12.91	4.14	13.76	5.92	28.66	2.04
4000	7.36	2.52	8.19	3.66	13.51	1.78
5000	3.05	0.60	3.19	1.37	7.62	1.02
CK	0	0	0	0	0	0

（三）影响蜜蜂授粉的主要因素

山丹军马场地处河西走廊祁连山脚下高寒干旱半干旱地区,温差大,蜜蜂出勤晚、收工早, 相对授粉时间短。从 4 月 22 日—7 月 23 日降水量偏少 5 成,4 月 22 日—6 月 11 日旱段达 51 天,6 月份降雨量 21.5mm, 与历年比减少 41%,7 月份降雨量较历年偏少 45mm。干旱造成油菜长势差,株高与历年比少了 9~18cm,对授粉效果有一定影响。

四、讨论

1. 本试验研究针对河西走廊山丹军马场油菜为对象,每年油菜种植面积约 13000 公顷,选择该地作为试验区,具有大宗代表性,易于宣传与示范推广。通过试验证明在不同的环境下,蜜蜂授粉结果呈现授粉有效半径越近,访花蜂数越多,授粉效果越好的现象,说明蜜蜂可以在高寒干旱半干旱地区正常进行授粉,自然环境条件没有多大影响,授粉效果显著,为建立蜜蜂为秋季油菜授粉的研究与示范基地打下基础。

2. 本研究将对照区放在自然状态下进行,不影响其他授粉昆虫和风等自然条件的授粉,较为客观的评价了蜜蜂在自然状态下为油菜授粉的增产效果。以前试验将对照区隔离起来,把其他任何授粉昆虫隔绝了,同时减弱了风力、光照等,在某种意义上讲有夸大蜜蜂授粉效果之嫌。

3. 目前大多数种植户没有认识到蜜蜂授粉有利于增加产量和改善品质,在生产中没有去追求而是任其自然。因此造成了农作物种植者与养蜂者脱节。建议政府发挥作用,加大蜜蜂授粉作用宣传力度,建立蜜蜂授粉试验示范基地,引导农民积极支持和主动引用蜜蜂授粉。

4. 由于条件限制,对授粉机理、蜜蜂访花行为、蜜蜂授粉喜欢方向、芥酸含量等没有进行系统试验研究,在以后工作中有待于深入研究,同时加大对授粉蜂群管理配套技术研究。

参考文献:

[1]葛凤晨,历延芳.利用蜜蜂为农作物授粉前景广阔[J].蜜蜂杂志,1997(9):26-28.

[2]阿力甫·米吉提.蜜蜂授粉能促进农作物增产[J].新疆农业科技,1997(6):29-30.

[3]周冰杰,张淑娟.蜜蜂授粉效果与增产机理[J].养蜂科技,1994(4):34-36.

[4]申晋山,祁海萍,郭媛,等.向日葵授粉昆虫调查研究[J].中国蜂业,2008,59(5):27-28.

[5]逯彦果,黄斌,刘晓鹏,等.蜜蜂为荞麦授粉大配套技术[J].蜜蜂杂志,2008(12):30.

[6]郑军,陈盛禄,林雪珍,等.蜜蜂为棉花授粉增产试验报告[J].中国蜂业,1981(5):3,22-25.

[7]吴美根,陈莉莉.蜜蜂为砀山酥梨授粉增产研究初报[J].中国蜂业,1984(9):7-10.

[8]陈盛禄,林雪珍,徐步进,等.蜜蜂为柑桔授粉试验总结报告[J].中国蜂业,1988(9):7,26-29.

[9]徐环李,吴燕如.内蒙古主要豆科牧草传粉蜜蜂种类及其传粉行为[J].草业科学,1993,10(6):33-36.

[10]郭媛,邵有全.蜜蜂授粉增产机理[J].山西农业科学,2008,36(3):42-44.

[11]李洪芳.蜜蜂传粉在油菜增产中大应用技术[J].北方园艺,2007(11):123.

[12]杨建利,高贵廉.蜜蜂传粉与油菜增产[J].作物杂志,2000(4):17.

[13]张军,陈勇,石声琼.在杂交油菜大田生产中应用效果初探[J].耕作与栽培,2006(3):47.

[14]吴曙.油菜蜜蜂授粉增产试验简报[J].蜜蜂杂志,1991(6):8-9.

论文发表在《中国蜂业》2009年第10期。

河西走廊苜蓿授粉昆虫初步调查

祁文忠，师鹏珍，田自珍，郭长辉

(甘肃省蜂业技术推广总站　甘肃省养蜂研究所,甘肃天水 741020)

紫花苜蓿作为牧草之王,不仅具有优良的饲用功能,而且具有强大的生态功能,同时在调整优化农业产业结构,推动农业供给侧结构性改革方面具有重要作用。甘肃是种草大省，更是苜蓿种植大省,苜蓿种植面积占全国苜蓿种植总面积的1/3，种植面积达到1043万亩,甘肃的河西走廊是甘肃省苜蓿主要产地,这一地区是苜蓿制种的好区域,为了进一步促进草产业发展,了解苜蓿授粉昆虫情况,探索蜜蜂、切叶蜂为苜蓿授粉前景,我们在玉门丰花草业有限公司苜蓿种植制种区进行了授粉昆虫调查。

一、调查情况

调查地在位于古丝绸之路玉门市黄花农场境内，调查时间 2018 年 6 月 15 至 7 月 13 日。调查范围东经 97°05′~97°21′,北纬 40°41′~40°28′。属于典型的西北内陆性温带干旱沙漠气候区,年日照时数 3280h,大于 0℃的有效积温为 3157℃,大于 10℃有效积温为 2800℃,年降水量 51.6mm,年蒸发量 2534.4mm,相对湿度 35%,无霜期一般为 130d 左右,少雨干燥,昼夜温差大,光热资源丰富,病虫害少,满足规模化优质牧草种子生产需求。调查区域苜蓿种植面积 1.5 万亩。苜蓿种子田区域及田间管理实际,苜蓿种子田以一茬收种或一茬收草二茬收种两种方式进行种植管理,但主要以一茬收种田为主。一茬种子田每年于六月中上旬进入开花盛期,二茬种子田则在七月中下旬进入开花盛期。由于该区域近年来种子田数量不断增加,加之本地区有很大面积的其他蜜源作物,如葵花、茴香等作物,因此每年 6 月初开始就会有大量转地饲养西方蜜蜂陆续进入,故而该地区虽然没有引入蜜蜂授粉,但实际上有大量蜜蜂授粉情况。

二、调查结果

2018 年 6 月 15 日至 7 月 13 日这段时间陆续调查,发现有 19 种授粉昆虫在苜蓿开花时采集授粉(见表 1)。

从调查情况看,切叶蜂、蜜蜂数量较多。在调查询问中了解到,一种是调查了原甘肃省养蜂研究所对蜜蜂苜蓿授粉试验研究,经隔离蜜蜂授粉,从授粉结果看,授粉效果大大高于自然授粉,分析原因是强制性授粉蜜蜂数量多,访花次数频繁。另一种说法是相关人

表 1　甘肃玉门苜蓿传粉昆虫

1	苜蓿准蜂	3 雄	Melitta leporina (Panzer)
2	苜蓿准蜂	3 雌	Melitta leporina (Panzer)
3	索氏切叶蜂	3 雌	Megachile (Chalicodoma)saussureiow
4	苜蓿准蜂	3 雌	Melitta leporina (Panzer)
5	双斑切叶蜂	3 雌	Megachile(Eutricharaea)leachellaCurtis
6	苜蓿准蜂	2 雌	Melitta leporina (Panzer)
7	苜蓿准蜂	3 雄	Melitta leporina (Panzer)
8	意大利蜜蜂	3 工蜂	Apis mellifera L
9	苜蓿准蜂	3 雌	Melitta leporina (Panzer)
10	意大利蜜蜂	2 工蜂	Apis mellifera L
11	承德分舌蜂	2 雄	Colletes chengtehensis Yasumatsu
12	宽板尖腹蜂		Coelioxys(Allocoelioxys)afra Lepeletier(盗寄生蜂)
13	山无垫蜂	1 雄	Amegilla montivaga (Fedtschenko)
14	白戎斑蜂	1 雌	Triepolus tarsalis (Meade–Waldo)(盗寄生蜂)
15	山无垫蜂	1 雌	Amegilla montivaga (Fedtschenko)
16	拟绒毛隧蜂	1 雌	Halictus (Vestitohalictus)pseudovestitus Blüthgen
17	西部淡脉隧蜂	1 雄	Lasioglossum (Lasioglossum)occidens (Smith)
18	亚维斯地蜂	1 雌	Andrena (Plastandrena) eversmanni Morawitz
19	拟绒毛隧蜂	1 雌	Halictus (Vestitohalictus)pseudovestitus Blüthgen

员认为意大利蜜蜂对紫花苜蓿传粉效率极低,究其原因是意大利蜜蜂主要以"侧压"方式进行访花,该行为几乎不能打开紫花苜蓿花中的龙骨瓣,因此授粉率低。第三种是大多数人认为苜蓿切叶蜂授粉效果较好,是苜蓿制授粉昆虫的首选。

通过这次初步调查,了解本区域紫花苜蓿授粉昆虫的种类,以便于以后对种群数量估算以及是否需要引入蜜蜂、苜蓿切叶蜂进行授粉奠定基础。

论文收录在《21 世纪第三届全国蜂业科技与海峡两岸蜂产业发展大会暨首届北京密云蜂业发展高峰论坛》2018 年。

也谈温室蜜蜂授粉技术

祁文忠，王鹏涛，师鹏珍，逯彦果

(甘肃省养蜂研究所 甘肃省蜂业技术推广总站,甘肃天水 741020)

摘　要:随着现代农业的蓬勃发展,温室作物种植技术要求越来越精,蜜蜂温室授粉配套技术显得越来越重要,通过多年温室授粉经验,总结了温室蜜蜂授粉技术措施,为种植户提供温室蜜蜂授粉技术支撑,促进温室作物种植增产增收,取得更大的经济效益。

关键词:温室;蜜蜂;授粉;技术

蜜蜂授粉是最有效和最廉价的农业增产方式,特别是一些水果、蔬菜、制种生产完全依赖于蜜蜂授粉。近年来,随着现代农业的迅猛发展,设施农业的发展呈现出良好趋势,其所创造的良好效益也被人们普遍认同,与之配套的技术措施也得到发展。由于蜂类与植物长期的协同进化,使得蜂类在设施农业授粉中得到广泛应用,如苹果、桃、杏授粉增产率达 65%,瓜类达 90%,草莓 25%。由于大棚(温室)内几乎没有授粉昆虫,作物授粉直接受到影响,因此出现结实率低、产量低、质量差的现象。例如西葫芦、番茄等作物根本不能授粉受精,虽然有的农民采取给花涂抹 2,4-D 等措施保护花果,但是畸形瓜果的数量多,口感不好,而且涂抹激素既费工,又不可靠,还会对产品造成激素污染,这样就急需人为配置授粉昆虫,提高产量和质量。温室内的小环境与自然环境差异很大,会彻底改变蜜蜂的生活习性,这在设施农业授粉中是非常值得人们研究,探索授粉技术,为了减少蜜蜂蜂群的损失,同时获得良好的授粉效果,前人做了许多授粉试验研究,总结出了温室蜜蜂授粉技术措施,学习前人授粉方法总结这几年我们在温室授粉中的实践经验,也谈温室蜜蜂授粉技术,与大家共同探讨,摸索更切合实际的授粉技术。

一、蜜蜂蜂温室授粉的特点

蜜蜂具有形态结构独特性、生活群居性、饲养可运性、授粉专一性、饲料贮存性、行为可训性等特性等的特点,而其他昆虫群体小、数量少,人工饲养不易掌握其繁殖规律和特性,而且不能随意搬动,所以蜜蜂是设施农业最为理想的授粉昆虫。在冬季大棚授粉中意蜂特点各有差异。

中蜂具有嗅觉灵敏、飞行敏捷和可采低浓度花蜜的特点,有利于发现和利用零星蜜源。蜂群可以利用花蜜浓度较低的蜜源,也可在花蜜浓度较低时抢先采集,这一特点在设施农业中对作物、蜂群的生长发育及授粉效果都有起到明显作用，中蜂耐寒，7℃飞行，13℃大量采集，10点出巢，11点大量采集。冲撞棚膜现象较意蜂多。

西方蜜蜂对光线敏感程度较中蜂小，性情较中蜂温顺，在温室大棚授粉较中蜂碰顶的少，损失小，群势较中蜂强，授粉更充分，但意蜂对温度要求比中蜂高，10℃飞行，16℃大量采集，11点出巢，12点大量采集。收工早于中蜂1h多，所以有效授粉时间短。

二、授粉前温室工作准备

(一) 温室环境

1. 飞行空间狭小 一般标准温室面积在450~700㎡，棚顶最高部位一般在3m左右，前后跨度在7m左右。空间狭小，制约蜜蜂飞行，造成大量蜜蜂冲撞棚膜而死亡，蜜蜂损失较多。每次换一个棚，蜜蜂进行适应飞翔，要损失四分之一的蜜蜂。

2. 大棚内小气候的影响 果蔬大棚内的环境高温高湿，在这种环境下，易引起蜜蜂生理机能紊乱，发育不良，蜜蜂孵化后，不能飞行，有的蜜蜂还会出现麻痹现象，在大棚前沿底边及蜂箱周围爬行，直至死亡。因此，在有利于大棚果蔬最佳生长的条件下，应考虑到蜜蜂适宜生存的环境条件，及时开启通风口，调节大棚内的温湿度，创造作物和蜜蜂共生的良好环境。

3. 水源不清洁 空气、土壤中有害物质或农药残留物，因温室内湿度大，棚壁会凝结大量的水珠，地面棚膜皱褶处有时也会积水，这些水往往含有大量有害物质。蜜蜂采集后容易引发蜜蜂病害，甚至大量蜜蜂中毒死亡，有的会溺水死亡。

4. 没有良好蜜粉源条件 受温室小气候影响，温室作物花量少、泌蜜少、花粉少，所提供的蜜粉源不足，蜜粉根本不能满足蜂群繁殖的需要，长期缺少花粉，就会造成幼虫和蛹发育不良。

(二)温室管理

1. 调控温湿 授粉期间，温湿度要求更加严格，出现偏差应及时采取措施。温度高于32℃，蜜蜂就会滞工降温，全部爬出蜂巢，结团在箱外。湿度过大容易使蜜蜂得麻痹病，飞出蜂巢后不易再返回，群势下降太快，影响授粉效果。所以授粉前要将温室温湿度调节到适宜蜜蜂生活条件。调节温湿度简便有效的措施是：通风换气降温降湿，加热洒水增温增湿。

2. 提前施药 在蜜蜂进入温室前5d，应对作物的病虫害进行一次全面检查，发现有病虫害的应彻底防治。要使用高效、低毒、低残留的药物，在实施防治病虫害措施后，进行充分的通风换气，将有毒气体或有害气体排净。在施药后3~5d放入授粉蜂群，这样蜜蜂就不会被毒死。

3. 温室检查 蜜蜂进温室前要检查棚膜是否有破洞，防止蜜蜂从破洞通风口飞出，无法返回而冻死。通风口安放纱网，既能防止蜜蜂飞出，又有助于预防作物病虫害的发生。棚膜与棚壁之间,要压平整不能有缝隙,刚进温室的蜜蜂由于对环境不适应,一直想寻找能飞出温室的地方,蜜蜂进入缝隙会闷死。棚膜要贴紧地面压平,不能有褶皱,防止积水淹死蜜蜂。

4. 保留雄花 为了减少植株营养消耗和浪费,在温室生产管理时,常会去除雄花。应用蜜蜂授粉的作物不应打掉雄花,否则影响蜜蜂授粉,也影响蜜蜂种群的繁殖。

5. 温室棚膜的选择 蜜蜂授粉的大棚,要选择塑料薄膜透光性能好的新薄膜,旧薄膜的表面不洁净,容易在表面凝结水珠,致使膜的透光性下降,湿度增大,使蜜蜂极易产生病虫害,并且在蜜蜂飞行时,蜜蜂极易触碰薄膜使翅膀粘住不易飞离而死亡。

三、蜜蜂温室授粉技术管理措施

(一)蜂群的准备

选择蜂群 选择的蜂群为无病、群强王健、活框饲养,一般标准温室面积在450~700㎡左右,有3~4脾蜂/群就能完全满足授粉需要,400㎡以下的温棚有2足脾蜂就可以了。

蜂箱放置 蜂群放置在用砖头或木材搭起的高度为20~50cm的架子上。应选在大棚中间距背墙150cm处,巢门向前,同时还要避开热源,如火炉等。

(二)温室蜂群管理

掌握进棚时间 掌握进棚时间对授粉效果好坏很关键。果树花期短,开花期较集中,在开花前3天搬进温室。让蜜蜂试飞,适应环境,待果树开花时,蜂群已进入积极授粉状态。蔬菜授粉,初花期花量少,开花速度也慢,花期延续时间长,授粉期长,因此,等到开花时,再将蜂群搬进温室就可以保证授粉效果,蜂群搬进温室的时间选择傍晚。

调整群势 工蜂的出勤率和工蜂数量是蜜蜂授粉的效果好坏的主要因素。根据授粉作物的种类不同也有所不同,一般面积为500㎡以上的温室初次进入时要调整到3~4足框蜜蜂。经验告诉我们,蜂足群强,蜂群处于正常繁殖状态,采集积极性高,授粉效果好,蜂群也不会下降,这样作物的最长花期能维持两个多月,短的只有十几天,一个冬季要换4~5个大棚,蜂群还能保持正常发展。如果蜂群小,蜂数不足,蜂群会很快下降,授粉效果不充分,虽然由于中蜂能利用零星蜜源,到后期余下半脾蜂还能授粉,但效果不佳。如果只为温室果树授粉时,由于果树花量大,花期短而集中,应根据花朵数量确定放蜂数量。日光节能温室温度高,蜂群能正常繁殖发展,群势也应控制在2足框以上,整个授粉期间一直要保持蜂多于脾或者蜂脾相称的状况,蜂群不会下降,授粉效果好。

入室后的检查 长期在外界的蜂群,习惯于较大空间自由飞翔,搬进温室的第二天老蜂会拼命往外飞,直撞棚膜,大量采集蜂会撞死。到第三天基本上就可以适应环境,蜜蜂就开始采集花粉、花蜜。这时就要进行一次全面检查,看群内是否有失王现象,抽出蜂群内多余的老巢脾或者无子巢脾,使蜂脾相称或蜂多于脾,然后清理干净蜂箱底部的蜡渣。抽出来的巢脾不要放在蜂箱内,因为温室内湿度大,容易使蜂具巢脾发生霉变引发病虫害,所以蜂箱内多余的巢脾应全部取出来,新脾放在温室外妥善保存。老脾、不规则的巢脾应化蜡处理掉。

保温降湿 温棚内昼夜温差大,对蜂群正常生活有较大影响,夜间加强蜂箱的保温。使箱内温度相对稳定,保证蜂群正常繁殖,保持蜜蜂的出勤积极性,延长蜂群的授粉寿命和提高授粉效果。白天,蜂群必须保持良好的通风透气状态,以防高温高湿造成危害。温室内湿度较大,蜂群小,调控能力有限,应经常更换保温物,保持箱内干燥。

喂水喂盐 蜂群进入温棚后必须喂水。喂水时,常用盛水容器中放干草、细木棍等供蜂停落,防止蜜蜂溺水致死;采用巢门供水,可用巢门喂水器,也可在巢门边放一个小瓶或竹筒,里面盛水,用一根棉布或脱脂棉条,一端放入水中,另一端放入巢门内,蜜蜂不出巢门即可饮水。在喂水时加入少量食盐,补充足够的无机盐和矿物质,以满足蜂群幼虫和幼蜂正常生长发育的需要。

奖励饲喂 为了长期保持蜂群正常繁殖,具有良好的授粉能力,入室前应喂足饲料。温棚作物因面积小,花量少,根本不能满足蜂群的生活需要,为了维持蜂群的授粉能力和采集积极性,必须每晚奖励饲喂。糖水可采用1:2的比例,每天喂一次。

补饲花粉 温室内蜂群采集的花粉远远不够蜂群繁殖需求,必须补饲花粉,喂花粉宜采用喂花粉饼的办法。饲喂量3d喂一次最好,每次根据蜂群大小吃完为标准定量,直至温室授粉结束为止。

防止飞逃 中华蜜蜂在温室恶劣环境下易发生飞逃现象,处理办法是剪掉蜂王2/3翅膀。

严防鼠害 蜜蜂对敌害防御能力较弱,特别是授粉群小,更难抵御鼠害。蜂群入室后应缩小巢门,防止老鼠从巢门钻入危害蜂群。

(三)施药期蜂群的管理

一般情况下,在蜜蜂进入温室前5d就应施药结束,但在特殊需要时授粉期间也会施药,那么就要将授粉蜂群采取搬移,然后继续授粉。

选择放置地点 按用药计划,提前选择安静、黑暗的室内(温室贮藏室)安置蜂群,因是冬春季,室内温度不会太高,蜂箱需用黑色塑料布包裹避光,放置室门窗遮挡严,不能有光亮,保持室内黑暗。

蜂群放置方法 距地面5cm处放置蜂箱,防潮湿;去掉覆布,关闭巢门;保持空气流通,尤其是在包裹蜂箱时,一定要检查透气通风情况。

蜂群放置时间 因施药而定。棚内施药完后,入棚前认真检查棚内通风情况,直到基本无药物残留气味为止,再处理好用药后的包装,蜂群即可搬入原址,一般3d即可。

有些蔬菜温室大棚一般十多天就需要施药一次。在施药期间,蜂群搬出后最好不要搬入其他大棚内,这样会使蜜蜂因不适应环境而盲目撞击棚膜致死,蜂群死亡率高,有的甚至可以达到85%以上。若多次搬出搬入,群势将急剧下降,有的蜂群几乎全部覆没。因此,蜂群搬出施药大棚必须关闭巢门,在黑暗、安静处放置,这样不影响蜂群正常生活秩序。施药过后放回原址开巢门后,撞击棚膜的蜜蜂较少,采集蜂出勤正常,蜂群损失少。

(四)平时检查

平时不宜太频繁的检查,检查时应多在箱外观察蜂群采蜜、采粉出勤情况,若一切正常就不需要开箱检查。只有出现出勤异常就应进行开箱全面检查,开箱检查必须轻拿轻放,不要干扰到蜂群。意蜂较好管理,只要保持有足够的蜂数,饲料充足,就能正常工作。中蜂怕震动,易离脾,中蜂蜂王受惊时易飞出蜂巢,这时就应更加注意,防止失王现象。检查时还应注意箱内饲料是否充足,正常情况下,巢框下方必须要有3cm宽的封盖蜜。如果封盖蜜不足,奖励饲喂就应加量。如果有蜜多压子的现象,就应停止奖励饲喂,割开子圈外的封盖蜜,扩大产卵区。每次割时不能一下全部割掉,只需割掉子圈外的1~2cm即可,逐步扩大产卵区。每次检查必须清理干净箱底蜡渣,防止巢虫寄生,危害蜂群。

(五)授粉蜂群的后期管理

授粉蜂群经过一个冬季的转棚授粉,到了后期群势比较弱,可将蜂群放在原地不动,授粉后期,大棚内温度高,蜂王能正常产卵进行繁殖,不需要奖励饲喂,这样可以少刺激蜜蜂飞行,较弱的群也可合并。每隔三天喂一次花粉,要是群内饲料不足时,可在隔板外放一个蜜脾,割开封盖让蜜蜂取食。西北地区在3月中旬至4月中旬天晴时,温室内温度比较高,蜂群不宜在棚内,便可搬出温室,可以将蜂箱放置在温室外,这样可保证蜂群安全,又可完成授粉任务。

参考文献:

[1]吴杰,邵有全.奇妙高效的农作物增产技术——蜜蜂授粉[M].中国农业出版社,2011.

[2]国占宝.浅谈设施农业蜜蜂授粉管理技术[J].蜜蜂杂志,2007(6):18-20.

[3]邵有全,杨蛟峰,邵连生.授粉蜂群的管理——保护地授粉蜂群管理技术[J].蜜蜂杂志,2000(11):26-27.

[4]刘晓敏,祁文忠,王鹏涛,等.施药期温室大棚果蔬授粉蜂群的管理[J].蜜蜂杂志,2009(6):18.

浅析中华蜜蜂温室授粉管理技术

王鹏涛[1], 祁文忠[1], 刘晓敏[1], 王颖[2]

(1.甘肃省养蜂研究所 甘肃省蜂业技术推广总站,甘肃天水 741020;

2.甘肃农业大学 兰州 73000)

摘 要:随着设施农业的迅猛发展,使其配套的蜜蜂授粉技术也随之产生并发展,应用蜜蜂为作物授粉的增产增收效果显著。特此针对中华蜜蜂的生理特点及习性,结合温室环境特点,通过多年的学习和一年的温室授粉试验研究,总结出中华蜜蜂授粉技术在设施农业中的管理措施。其中加强温室的科学管理和中蜂养殖管理是管理措施的重点。

关键词:设施农业;中华蜜蜂;温室授粉;管理技术

近年来,随着农业的迅猛发展,设施农业的发展呈现出良好趋势,其所创造的良好效益也被人们普遍认同,与之配套的技术措施也得到发展。由于蜂类与植物长期的协同进化,使得蜂类在设施农业授粉中得到广泛应用。温室内的小环境与自然环境差异很大,会彻底改变蜜蜂的生活习性,在设施农业授粉中,为了减少蜜蜂蜂群的损失,同时获得良好的授粉效果,根据嘉峪关区域没有人为饲养中蜂,针对缺乏授粉昆虫这一现象,我们从甘肃东南部运来中蜂进行授粉试验研究,通过一年多时间试验,授粉蜂群的饲养管理就显得尤为重要。本文分析了中华蜜蜂的特点及设施农业的环境特点,结合设施农业日常管理和蜜蜂生物学特点,总结了一套行之有效的设施农业中蜂授粉综合管理技术,为应用于中蜂设施作物授粉并获得满意的授粉效果奠定理论基础,对设施农业增产增收具有重要指导意义。

一、中蜂温室授粉的突出特点

中蜂具有嗅觉灵敏、飞行敏捷和可采低浓度花蜜的特点,有利于发现和利用零星蜜源。蜂群可以利用花蜜浓度较低的蜜源,也可在花蜜浓度较低时抢先采集,这一特点在设施农业中对作物、蜂群的生长发育及授粉效果都有起到明显作用。

二、温室管理

(一)温室环境措施

1. 飞行空间狭小

嘉峪关试验温室面积在 450~700m²,棚顶最高部位一般在 3m 左右,前后跨度在 7m

左右。空间狭小,制约蜜蜂飞行,造成大量蜜蜂冲撞棚膜而死亡,蜜蜂损失较多。每次换一个棚要损失 1/4 的蜜蜂。

2. 大棚内小气候的影响

果蔬大棚内的环境高温高湿。在这种环境下,易引起蜜蜂生理机能紊乱,发育不良,蜜蜂孵化后,不能飞行,有的蜜蜂还会出现麻痹现象,在大棚前沿底边及蜂箱周围爬行,直至死亡。因此,在有利于大棚果蔬最佳生长的条件下,应考虑到蜜蜂适宜生存的环境条件,及时开启通风口,调节大棚内的温湿度,创造作物和蜜蜂共生的良好环境。

3. 水源不清洁

空气、土壤中有害物质或农药残留物,因温室内湿度大,棚壁会凝结大量的水珠,地面有时也会积水,这些水往往含有大量有害物质。蜜蜂采集后容易引发蜜蜂病害,甚至大量蜜蜂中毒死亡。

4. 没有良好蜜粉源条件

受温室小气候影响,作物花器和花粉粒的发育不良,授粉和受精能力下降,形成了花量少、泌蜜少、花粉少的蜜粉源条件,对蜜蜂的吸引力很小。温室内的花粉根本不能满足蜂群的需要,长期缺少花粉,就会造成幼虫和蛹发育不良。

(二)温室管理

1. 调控温湿

授粉期间,温湿度要求更加严格,出现偏差应及时采取措施。温度高于 32℃,中蜂就会滞工降温,全部爬出蜂巢,结团在箱外。湿度过大容易使中蜂得麻痹病,飞出蜂巢后不易再返回,群势下降太快,甚至造成蜂群全部死亡,影响授粉效果。调节温湿度简便有效的措施是:通风换气降温降湿,加热洒水增温增湿。

2. 提前施药

在蜜蜂进入温室前 3d,应对作物的病虫害进行一次全面检查,发现病虫害的彻底防治。在实施防治病虫害措施后,进行充分的通风换气,将有毒气体或有害气体排净。

3. 温室检查

蜜蜂进温室前要检查棚膜是否有破洞,防止蜜蜂从破洞通风口飞出,无法返回而冻死。通风口安放纱网,既能防止蜜蜂飞出,又有助于预防作物病虫害的发生。棚膜与棚壁之间,要压平整不能有缝隙,刚进温室的蜜蜂由于对环境不适应,一直想寻找能飞出温室的地方,蜜蜂进入缝隙会闷死。棚膜要贴紧地面压平,不能有褶皱,防止积水淹死蜜蜂。

4. 避免中毒

预防大棚内蜜蜂中毒的主要措施是:使用高效、低毒、低残留的药物;严格按照防治有效的最低剂量使用药,严格遵守药物配比及操作规程;制订严格控制有效的施药计划,并按用药计划对蜂群采取相应的管理措施,以保护蜜蜂,提高授粉效果。

5. 保留雄花

为了减少植株营养消耗和浪费,在温室生产管理时,常会去除雄花。应用蜜蜂授粉的作物不应打掉雄花,否则影响蜜蜂授粉,也影响蜜蜂种群的繁殖。

6. 温室棚膜的选择

蜜蜂授粉的大棚,要选择塑料薄膜透光性能好的新薄膜,旧薄膜的表面不洁净,容易在表面凝结水珠,致使膜的透光性下降,湿度增大,使蜜蜂极易产生病虫害,并且在蜜蜂飞行时,蜜蜂极易触碰薄膜使翅膀粘住不易飞离而死亡。

三、中蜂温室授粉技术管理措施

(一)中蜂蜂群的准备

1. 选择蜂群

由于嘉峪关当地没有人工饲养的中华蜜蜂,我们从甘肃陇东南天水、徽县分批购置中华蜜蜂作为授粉试验研究,选择的蜂群为无病、群强新王、新法活框饲养,并多贮备蜂王,以备失王和调整蜂群使用。

2. 调整群势

工蜂的出勤率和工蜂数量是蜜蜂授粉的效果好坏的主要因素。根据授粉作物的种类不同也有所不同,一般面积为 $500m^2$ 的温室初次进入时要保持 3~4 足框蜜蜂。作物的最长花期能维持两个多月,短的只有十几天,一个冬季要换 4~5 个大棚,由于中蜂能利用零星蜜源,到后期余下半脾蜂还能正常为大棚授粉。如果为温室果树授粉时,由于果树花量大,花期短而集中,应根据花朵数量确定放蜂数量。日光节能温室昼夜温差大,为了有利于蜂群的维持和发展,群势也应控制在 2 足框以上,整个授粉期间一直要保持蜂多于脾或者蜂脾相称的状况。做好繁殖工作,并在蜂群越冬前就做好授粉准备。

3. 蜂箱放置

蜂群放置在用砖头或木材搭起的高度为 50~70cm 的架子上。应选在大棚中间距背墙 150cm 处,巢门向前,同时还要避开热源,如火炉等。

(二)中蜂蜂群温室管理

1. 掌握进棚时间

掌握进棚时间对授粉效果好坏很关键。果树花期短,开花期较集中,在开花前 3d 搬进温室。让蜜蜂试飞,适应环境,待果树开花时,蜂群已进入积极授粉状态。蔬菜授粉,初花期花量少,开花速度也慢,花期延续时间长,授粉期长,因此,等到开花时,再将蜂群搬进温室就可以保证授粉效果,蜂群搬进温室的时间最好选择傍晚。

2. 入室后的检查

长期在外界的蜂群,习惯于较大空间自由飞翔,搬进温室的第二天老蜂会拼命往外飞,直撞棚膜,大部分采集蜂会撞死。到第三天基本上就可以适应环境,蜜蜂就开始采集花粉、花蜜。这时就要进行一次全面检查,看群内是否有失王,抽出蜂群内多余的老巢脾或者无子巢脾,使蜂脾相称或蜂多于脾,然后清理干净蜂箱底部的蜡渣。抽出来的巢脾不要放在蜂箱内,因为温室内湿度大,容易使蜂具巢脾发生霉变引发病虫害,所以蜂箱内多余的巢脾应全部取出来,新脾放在温室外妥善保存。老脾、不规则的巢脾应化蜡处理掉。

3. 保温降湿

温棚内昼夜温差大,对蜂群正常生活有较大影响,夜间强蜂箱的保温。使箱内温度相对稳定,保证蜂群正常繁殖,保持蜜蜂的出勤积极性,延长蜂群的授粉寿命和提高授粉效果。白天,蜂群必须保持良好的通风透气状态,以防高温高湿造成危害。温室内湿度较大,蜂群小,调控能力有限,应经常更换保温物,保持箱内干燥。

4. 喂水喂盐

蜂群进入温棚后必须喂水。喂水时,常用盛水容器中放干草、细木棍等供蜂停落,防止蜜蜂溺水致死;采用巢门供水,是在巢门边放一个小瓶或竹筒,里面盛水,用一根棉布或脱脂棉条,一端放入水中,另一端放入巢门内,蜜蜂不出巢门即可饮水。在喂水时加入少量食盐,补充足够的无机盐和矿物质,以满足蜂群幼虫和幼蜂正常生长发育的需要。

5. 奖励饲喂

为了长期保持蜂群良好的授粉能力,入室前应喂足饲料,确保蜂群正常繁殖。温棚作物因面积小,花量少,根本不能满足蜂群的生活需要,为了维持蜂群的授粉能力和采集积极性,必须每晚奖励饲喂。糖水可采用1∶4的比例,每天喂一次。

6. 补饲花粉

温室内蜂群采集的花粉远远不够蜂群繁殖需求,必须补饲花粉,喂花粉宜采用喂花粉饼的办法。饲喂量3天喂一次最好,每次根据蜂群大小吃完为标准定量,直至温室授粉结束为止。

7. 防止飞逃

中华蜜蜂易发生飞逃现象,特别是在温室恶劣环境下,会更容易出现蜂群飞逃。处理办法是剪掉蜂王2/3翅膀。

8. 严防鼠害

中华蜜蜂对敌害防御能力较弱,特别是授粉群小,更难抵御鼠害。蜂群入室后应缩小巢门,只让2只蜜蜂同时进出,防止老鼠从巢门钻入危害蜂群。

(三)施药期蜂群的管理

1. 蜂群放置地点　按用药计划,提前选择安静、黑暗的室内安置蜂群,蜂箱需用黑色塑料布包裹避光。

2. 蜂群放置方法　距地面5cm处放置蜂箱,防潮湿;去掉覆布,关闭巢门;保持空气流通,尤其是在包装蜂箱时,一定要检查透气通风情况。

3. 蜂群放置时间　因施药期而定。棚内施药完后,入棚前认真检查棚内通风情况,直到基本无药物残留气味为止,再处理好用药后的包装,蜂群即可搬入原址。

4. 注意　温室大棚一般十多天就需要施药一次。在施药期间,蜂群搬出后不能搬入其他未用药大棚内,这样会使蜜蜂因不适应环境而盲目撞击棚膜致死,蜂群死亡率甚至可以到85%以上。若多次搬出搬入,群势将急剧下降,有的蜂群几乎全部覆没。因此,蜂群搬出施药大棚必须关闭巢门,在黑暗、安静处放置,这样不影响蜂群正常生活秩序。放回原址开巢门后,撞击棚膜的蜜蜂较少,采集蜂出勤正常,蜂群损失少。

(四)平时检查

中蜂怕震动易离脾,平时不宜太频繁的检查,检查时应多在箱外观察蜂群采蜜、采粉出勤情况,若一切正常就不需要开箱检查。只有出现出勤异常就应进行开箱全面检查,开箱检查必须轻拿轻放,不要干扰到蜂群。中蜂蜂王受惊时易飞出蜂巢,这时就应更加注意,防止失王现象。检查时还应注意箱内饲料是否充足,正常情况下,巢框下方必须要有3cm宽的封盖蜜。如果封盖蜜不足,奖励饲喂就应加量。如果有蜜多压子的现象,就应停止奖励饲喂,割开子圈外的封盖蜜,扩大产卵区。每次割时不能一下全部割掉,只需割掉子圈外的1~2cm即可,逐步扩大产卵区。每次检查必须清理干净箱底蜡渣,防止巢虫寄生,危害蜂群。

(五)授粉蜂群的后期管理

授粉蜂群经过一个冬季的转棚授粉,到了后期群势比较弱,有些只剩下半脾蜜蜂,这时即不能转棚,又不能搬出大棚繁殖,就应将蜂群放在原地不动。授粉后期,大棚内温度高,蜂王能正常产卵进行繁殖,不需要奖励饲喂,这样可以少刺激蜜蜂飞行。每隔三天喂一次花粉,要是群内饲料不足时,可在隔板外放一个蜜脾,割开封盖让蜜蜂取食。西北地区在3月中旬至4月中旬天晴时,温室内温度比较高,蜂群不宜在棚内,便可搬出温室,可以将蜂箱放置在温室外,这样可保证蜂群安全,又可完成授粉任务。授粉期结束,大部分蜂群蜂量很少,无法进行正常繁殖,应及时合并蜂群,或从蜂场正常蜂群中抽调蜜蜂补充。

参考文献:

[1]葛凤晨,历延芳.利用蜜蜂为农作物授粉前景广阔[J].蜜蜂杂志,1997(9):26-28.

[2]阿力甫·米吉提.蜜蜂授粉能促进农作物增产[J].新疆农业科技,1997(6):29-30.

[3]杨冠煌.中华蜜蜂[M].中国农业科学技术出版社,2001:18-30.

[4]国占宝.浅谈设施农业蜜蜂授粉管理技术[J].蜜蜂杂志,2007(6):18-20.

[5]刘晓敏,祁文忠,王鹏涛,等.施药期温室大棚果蔬授粉蜂群的管理[J].蜜蜂杂志,2009
　　(6):18.

[6]邵有全,杨蛟峰,邵连生.授粉蜂群的管理——保护地授粉蜂群管理技术[J].蜜蜂杂
　　志,2000(11):26-27.

论文发表在《中国蜂业》2010年第7期。

蜜蜂授粉密度对红富士和金冠苹果坐果率影响的研究

张贵谦，申如明，田自珍，逯彦果，张世文，祁文忠

(甘肃省养蜂研究所/甘肃省蜂业技术推广总站，天水 741020)

摘　要：我们通过蜜蜂为红富士和金冠(也称黄元帅)授粉研究发现：红富士对蜜蜂授粉依赖性高，蜜蜂授粉比自然授粉坐果率提高了 46.78%，同时，每群蜂给 5 亩果园授粉比每群蜂给 10 亩果园授粉的坐果率能提高 15.8%；而金冠对蜜蜂授粉依赖性低，蜜蜂授粉和自然授粉的坐果率无差异，在没有蜜蜂授粉和人工授粉的前提下，其能正常开花坐果，满足生产的需要。

关键词：授粉密度；红富士；金冠；坐果率；影响

蜜蜂授粉不仅能节约劳动力，替代人工授粉，而且能够提高苹果的坐果率，增加产量和改善品质，已经成为公认的事实。苏联 A. N. Melnichenko 指出，蜜蜂授粉可提高苹果产量 50%~60%；鹿明芳(1999)用蜜蜂为苹果授粉试验表明：红富士蜜蜂授粉比自然授粉坐果率提高 41.5%，每亩增产 480kg，增产 26.2%；邵有全(2008)对红富士苹果理化指标测定显示：蜜蜂授粉试验组果形指数 0.8282 小于自然授粉试验组的果形指数 0.8516，说明蜜蜂授粉组的果实外形更接近圆形；蜜蜂授粉组的固形物含量与自然授粉组接近，但果实的酸度 0.3374 显著低于自然授粉组果实的酸度 0.0425($P<0.01$)，固酸比 0.4098 显著地高于自然授粉组 0.3334($P<0.01$)，果实的口感明显好于自然授粉组。许多科研工作者都对苹果蜜蜂授粉做了深入地研究和探索，取得了良好的效果。

甘肃是中国苹果生产大省之一，果树栽培遍布全省 14 个市(州)，约 80 个县(市、区)，2008 年全省苹果 (苹果人才网) 挂果总面积 17.23 万 hm²，产量 205.78 万 t，产值 24.60 亿元，分别占全国的 13.27%和 5.89%，种植面积居全国第 3 位，仅次于陕西、山东。苹果产业在全国苹果格局中占据重要地位，是甘肃省在全国具有明显竞争优势和发展潜力的特色产业，是主产区农民增收的支柱产业。甘肃由于地域特点、生态环境影响，大部分地区自然授粉昆虫较少，满足不了苹果授粉。

蜜蜂授粉技术是现代农业生产的重要配套措施之一，蜜蜂对苹果的授粉效果已得到了广大果农的普遍认可，邵有全等在单位面积防护网中苹果蜜蜂授粉强度做了深入细致

研究,但在露天果园中放多少蜜蜂才能达到比较理想的授粉效果,还未见相关研究报导,为了不断完善蜜蜂授粉的配套技术,为果树蜜蜂授粉提供技术依据,我们在推广试验中,着重对蜜蜂在露天自然状态下授粉密度的大小及对不同苹果品种坐果率的影响进行了研究。目的是通过蜜蜂授粉对比试验验证蜜蜂授粉增产技术,同时采取举办培训班和组织观摩会等多种方式充分宣传蜜蜂授粉增产技术,并进行大面积的示范,使蜜蜂授粉成为果树生产的一项重要措施,让果农广泛应用,果农增产增收 15%以上,充分发挥蜜蜂授粉提质增产的重要作用。

一、材料与方法

(一)材料

试验地特点:试验地点选在甘肃省景泰县省畜牧管理总站果园内,该果园占地 400亩,果园内主要种植红富士、金冠等苹果树,树龄均为 15 年。景泰县位于甘肃省中部,河西走廊东端,甘、蒙、宁三省(区)交界处。地处东经 103°33′~104°43′,北纬 36°43′~37°38′之间,西南接黄土高原,东北靠腾格里沙漠,地势由东北向西南倾斜,平均海拔 1620m,年日照时数 2725h,年均降雨量 186mm,蒸发量 3038mm,无霜期 141d。该地区气候干燥,荒漠化程度严重,森林资源稀少、植被覆盖率低,自然界野生授粉昆虫种类稀少,授粉昆虫严重不足。

红富士果树 6 株,金冠果树 6 株,8 目纱网,脚手架,意蜂蜂群(每群 6~8 脾)。

所有果树都是在同一承包人的同一地块的果园中随机选取的健康树,树龄 15 年,长势相近,除授粉方法不一样外,其他田间管理方法均一致。

(二)方法

在试验果园中苹果开花前搭建隔离架,将 3 株红富士(分别编号自授树红 1、自授树红 2、自授树红 3)与 3 株金冠(分别编号自授树金 1、自授树金 2、自授树金 3)圈在一起,两者互为授粉树,然后用 8 目纱网罩住,作为自然授粉数据采集树。另在该果园中随机选取 3 株红富士(分别编号蜜授树红 1、蜜授树红 2、蜜授树红 3)和 3 株金冠(分别编号蜜授树金 1、蜜授树金 2、蜜授树金 3),作为蜜蜂授粉数据采集树。在上述 12 株树上分别随机选取即将开花或刚开花的 60 个花序进行标记,并统计花朵数和花蕾数。

4 月 26 日傍晚,在试验果园中苹果开花到 10%~15%时放入 40 群蜜蜂,蜂群密度 10亩/群;4 月 30 日早晨,在试验果园中苹果开花到 40%~50%时再次放入 40 群蜜蜂,蜂群密度达到 5 亩/群,同时在 6 株蜜蜂授粉数据采集树上再次随机标注 60 个即将开花或刚开花的花序,并统计花朵数和花蕾数。

5 月 10 日,全园开花基本结束,拆除隔离网和隔离架,撤出授粉蜂群;5 月 23 日,自然落果期结束,苹果幼果基本坐稳,在疏果前进行了坐果数统计。

表 1　投入 40 群蜂时标记的花朵坐果率统计结果

	花序数(个)	花朵数(个)	坐果数(个)	坐果率(%)	平均坐果率(%)
蜜授树红 1	60	318	145	45.60	
蜜授树红 2	60	301	139	46.18	43.22
蜜授树红 3	60	288	108	37.50	
蜜授树金 1	60	298	265	88.93	
蜜授树金 2	60	306	267	87.25	88.74
蜜授树金 3	60	302	272	90.07	

表 2　投入 80 群蜂时标记的花朵坐果率统计结果

	花序数(个)	花朵数(个)	坐果数(个)	坐果率(%)	平均坐果率(%)
蜜授树红 1	60	258	150	58.14	
蜜授树红 2	60	270	180	66.67	59.02
蜜授树红 3	60	270	141	52.22	
蜜授树金 1	60	261	234	89.66	
蜜授树金 2	60	273	240	87.91	89.18
蜜授树金 3	60	270	243	90.00	

表 3　自然授粉树坐果率统计结果

	花序数(个)	花朵数(个)	坐果数(个)	坐果率(%)	平均坐果率(%)
自授树红 1	60	302	38	12.58	
自授树红 2	60	302	34	11.26	12.24
自授树红 3	60	303	39	12.87	
自授树金 1	60	295	262	88.81	
自授树金 2	60	302	260	86.09	88.07
自授树金 3	60	300	268	89.33	

二、结果与分析

从表 1、表 2、表 3 的数据分析可以看出:

不论何种授粉方式,金冠的坐果率远远大于红富士的坐果率,红富士对蜜蜂的授粉依赖性强,且授粉密度的大小对其有较大的影响,而金冠几乎不受蜜蜂以及授粉密度大小的影响。

对于红富士而言,蜜蜂授粉密度(5 亩/群)比较大的果树比蜜蜂授粉密度(10 亩/群)比较小的果树坐果率提高了 15.8%;而蜜蜂授粉 (5 亩/群) 较自然授粉坐果率提高了 46.78%,差异极显著。因此,在自然授粉状态下,红富士苹果的坐果率极低,无法满足生产中的需要。

对于金冠而言,蜜蜂授粉密度(5 亩/群)比较大的果树蜜蜂授粉密度(10 亩/群)比较小的果树坐果率仅提高了 0.44%;而蜜蜂授粉 (5 亩/群) 较自然授粉坐果率提高了 1.11%,差异不显著。无论哪种情况,对于 88% 以上的金冠苹果坐果率而言,蜜蜂授粉在实际生产中都是没有太大作用的,只会大大增加果农们疏果时的劳动力,因此,在自然授粉状态下,金冠苹果的坐果率完全能够正常满足生产的需要。

三、讨论与结论

1. 试验地的选择上我们充分考虑到天水、陇南等甘肃东南部地区,自然条件优越,生态多样性明显,植被良好,树种复杂,森林资源丰富,自然昆虫不但种类繁多,而且数量巨大,完全满足了苹果花期的授粉需要,并且由于苹果坐果率太高,造成了后期大量的人工疏果现象,耗费劳动力十分巨大。因此,选黄土高原中北部甘肃省景泰县为授粉试验点代表性强,更有意义。

2. 蜜蜂授粉密度大小直接影响红富士的坐果率,从而影响产量,在没有蜜蜂授粉或外界野生昆虫较少时,要采取人工授粉。

3. 若采取蜜蜂为红富士授粉,建议按 5 亩/群蜂的密度进行配置,苹果花期相对较短,建议在全树开花 15% 左右时投放蜂群。金冠果园,不需要蜜蜂授粉,也不需要人工授粉。

4. 在第二批放入 40 群蜜蜂时,由于第一批标记的花朵还未完全凋谢,部分花朵还处在授粉期,新放入的蜜蜂对其还要授粉,因此投放 40 群蜂花朵的坐果率统计数据比实际数据要偏大。

5. 考虑到试验地所在的 400 亩果园每年均需引进蜜蜂进行授粉,如果仅仅将隔离区内的几株果树用蜜蜂授粉,那隔离区外的所有果树均将进行自然授粉,损失巨大。因此我们将隔离的 6 株苹果树作为了自然授粉树,虽然最大限度的降低了外界环境对于隔离区果树授粉的影响(采用了 8 目纱网进行隔离),但无可否认,实验得出的隔离区苹果的坐果率数据仍存在一定误差,尤其考虑到风媒对于苹果授粉的影响,因此实际自然授粉坐果率应该比试验数据略高。

参考文献：

[1]吴杰,邵有全.奇妙高效的农作物增产技术——蜜蜂授粉[M].北京:中国农业出版社,
2011:4.

[2]程浩明.甘肃省苹果产业发展现状、问题及对策[J].农业工程技术农产品加工业,2009(9).

[3]孙德勋,张成东.利用蜜蜂为苹果授粉的研究和推广的效果[J].养蜂论文选集,1982:1.

[4]周冰杰,张淑娟.蜜蜂授粉效果与增产机理[J].养蜂科技,1994(4).

[5]逯彦果.蜜蜂授粉试验研究中使用隔离网应注意的几个问题[J].中国蜂业,2012(4).

论文发表在《农业科技与信息》2013年第1期。

第五篇
中蜂病虫害防治

中华蜜蜂几种病虫害防治

祁文忠

中华蜜蜂病虫害较多,有幼虫病、成蜂病、各种虫敌害,常见的有囊状幼虫病、欧洲幼虫腐臭病、痢疾病、孢子虫病等;常见的虫敌有巢虫、胡蜂、蚂蚁等。

影响中华蜜蜂养殖最大的病虫害有三种,即两病一虫(囊状幼虫病、欧洲幼虫腐臭病、巢虫)。

一、囊状幼虫病

(一)病原

蜜囊状幼虫病,是由囊状幼虫病病毒所引起的。囊状幼虫病病毒,在离开活体后的失毒温度和时间为:在59℃的热水中10min,在70℃的蜂蜜中10min。病毒的体外保毒期为:在室温条件下,干燥状态的病毒,可存活3个月;在阳光直射下,干燥状态的病毒可存活4~6h,悬浮在蜂蜜里可存活5~6h。在夏天低温条件下,悬浮在蜂蜜里的病毒,可存活一个月。在腐败的过程中,可保存毒力达10d,在1%~2%的石炭酸溶液里,可存活三星期。

蜜蜂囊状幼虫病又叫做"囊雏病""囊状蜂子"。西方蜜蜂对这种病害的抵抗力较强,感病后可以自愈;而东方蜜蜂对这种病害的抵抗力较弱,一经感染就容易蔓延流行,使蜂群遭受巨大的损失。

(二)症状

经试验查明,囊状幼虫病病毒,主要使1~2d龄的幼虫感染,潜预期5~6d。因此,感病幼虫一般都在5~6d龄时大量死去,很少见到在化蛹后死亡的,在感染的子脾上可以发现,刚封盖的巢房被重新开盖。

第一阶段,感病幼虫没有明显的外表症状,与健康幼虫相似,只是伸张幼虫的前端稍低垂,同时幼虫头部前端的1/3处变得透明,提取分节明显;在放大镜下,可看见气管和皮下渗出液在流动。

第二阶段,幼虫头部离开巢房壁、上翘,形成"勾状幼虫"。体色苍白变褐色,幼虫组织也开始变成水状液体。

第三阶段,幼虫头部低垂至接近巢房壁;失去弹性,体呈褐色,实体表皮变得坚固,若用镊子夹出时,则形成"囊状"。

第四阶段,幼虫尸体逐渐干枯,并脱离巢房壁,形成以硬皮,如龙船状。大多蜂群有飞逃现象。

(三)诊断方法

对囊状幼虫病,一方面可根据上述症状进行诊断,另一方面可进行病原诊断。病原诊断,可采用一般微生物学的方法进行检查,若未发现有其他致病微生物类群,即可从负结果进行验证。

(四)传播途径

1. 个体和被污染的饲料,是囊状幼虫病的主要传染来源。

2. 带毒的工蜂,是病害传播的主要媒介。

3. 内勤蜂对幼虫的饲喂,通过消化道感染,是囊状幼虫病病毒的主要侵入途径。

4. 病害在群蜂中传播,则主要是通过蜜蜂互相的采集活动,而将病毒带到健康的蜂群里。

5. 养蜂人员不遵守卫生规则的操作活动。

6. 蜂场上的盗蜂和迷巢蜂等,也可能将病毒传给健康的群蜂。

7. 囊状幼虫病在蜂群间的传播速度,是速度相当快的。

(五)发病与环境条件的关系

1. 囊状幼虫病的发生,与气候、蜜源以及蜂种等都有关系。

2. 从气候方面看,囊状幼虫病一般都在春末夏初发生比较严重。

3. 从蜂群群势方面看,似乎无明显的关系,无论强群或弱群均会发病。

4. 从饲料方面看,当蜜粉资源缺乏的情况下,容易发病。

5. 从蜂种方面看,不同蜂种对囊状幼虫病的抵抗力是不相同的。

(六)防治方法

对于囊状幼虫病的防治,目前尚无特效的治疗药物,主要是采取以抗病选种为中心的综合治疗措施。

1. 选育抗病品种　从发病蜂场中选择抗病力强的蜂群培育蜂王,替换病群的蜂王。在育王期间,驱杀病群雄蜂。

2. 加强饲养管理　主要包括以下几个方面的措施。

(1)密集蜂群,加强保温,弱群适当合并,缩小蜂巢,做到蜂多于脾,以提高蜂群的清巢和保温能力。

(2)断子清巢,减少传染来源,通过换王或幽闭蜂王造成断子,以利用蜂清扫巢房,减少幼虫重复感染的机会。

(3)保证蜂群有充足的饲料,以提高蜂群对病害的抵抗能力,特别是蛋白质饲料及多种维生素等的饲喂。

3. 药物治疗　药物治疗也是综合防治措施中不可缺少的一环。根据近几年大面积群防群治的经验,凡是有清热解毒作用的中草药,均有一定的疗效。此外,磺胺类药物和某些消毒药物也有较好的疗效,常用的处方,有以下几种:

(1)半枝莲(狭叶韩信草)30g;

(2)虎杖 15g,甘草 6g;

(3)五加皮 30g,金银花 15g,桂枝 9g,甘草 6g;

(4)贯众 30g,金银花 30g,甘草 6g。

在治疗时选择上述任一配方,加入适量的水,煎煮后,过滤。取滤液,按 1∶1 的比例加入白糖,配成药液糖浆喂蜂。上述每一剂可喂 10~15 框蜂。

(5)华千金藤(又名海南金不换)30g,多种维生素 10 片,先将华千金藤加适量的水煎煮后,去掉渣滓。再将滤液按 1∶1 的比例加入白糖配成糖浆,最后加入多种维生素,调匀后喂蜂。每一剂量可喂 20~40 框蜂。

(6)碘酊:将市售碘酊加水配成 1%~3% 的溶液,再加少量白糖,配成稀糖液喷脾。这类药物的消毒作用强,但刺激性大,容易引起蜂群飞逃,所以在使用时,浓度要由低到高,而且在傍晚使用。

(7)病毒灵:按每框蜂 1 片的剂量,调入糖浆内喂蜂。

二、欧洲幼虫腐臭病

中蜂欧洲幼虫腐臭病与西方蜂种中的病原一致,都是蜂房蜜蜂球菌。自 20 世纪 70 年代以后,此病在中蜂群蔓延,目前已是中蜂场春季防治的主要病害之一。

(一)病原

此病主要病原为蜂房蜜蜂球菌,其次是蜂房芽胞杆菌。蜂房蜜蜂球菌可以用含葡萄糖,酵母浸膏及钠/镁<1 的比率、pH6.5~6.6 的培养基,35℃下培养。菌落直径为 3mm,呈深白色,边缘光滑,中间呈透明突起。

(二)症状

典型的症状为幼虫 2~3d 死亡,死亡幼虫初期呈苍白色,以后变黄,尸体残余物无黏性。蜂群染病菌后,巢脾上空房和子房相间成"花子"脾,常常是空房多余子房。

(三)防治

欧洲幼虫腐臭病,早期不易被发现,通常只有少量病群出现,如外界蜜源条件好转,可以自愈。对严重的病群可用 500g 50% 的糖浆加 0.1g 红霉素喂蜂,每脾 25~50g。每隔 1d 喂 1 次,一个疗程 4 次。此外,应注意在蜂场中提供清洁饮水,避免工蜂到不清洁的地方采水回巢。

三、巢虫

巢虫又叫"绵虫",是蜡螟的幼虫,属螟蛾科。常见的有大蜡螟和小蜡螟两种。

(一)生活史及习性

蜡螟出现于3~4月,白天隐藏在缝隙里,晚上活动,潜入蜂箱里产卵。产卵于蜂箱的缝隙处或箱底的蜡屑中。初孵化的幼虫,先在蜡屑中生活,约两三天后就上脾为害。幼虫老熟后,或在巢脾的隧道里,或在蜂箱壁上,或在巢框的木质部,蛀成小坑,结茧化蛹,在羽化为成虫。在外界温度为25℃~35℃的条件下,它们完成一个世代,需6~7周。

由于巢虫在巢脾上蛀食蜡质,穿成隧道,吐丝作茧,不但毁掉巢脾,而且伤害幼虫和蛹,引起所谓的"白头病"(小巢虫为害引起蜂蛹死亡,工蜂啮去封盖,露出白头),严重时还会引起蜂群飞逃,尤以中蜂受害严重。

(二)防治方法

应采取综合防治,将预防措施和药物熏杀结合起来。

1. 饲养强群,经常保持蜂多于脾,弱群适当进行合并;

2. 注意蜂群卫生,经常清除蜂箱内的残渣和蜡屑;

3. 及时更换陈旧巢脾;

4. 当巢脾上出现巢虫为害时,应及时进行人工清除;

5. 贮藏巢脾要严密,并定期用药物进行熏杀;

6. 进行药物熏杀。熏杀巢虫常用的药物有二硫化碳、冰醋酸和二氧化硫(燃烧硫磺)等。

四、微孢子虫病

是由蜜蜂微孢子虫引起的,破坏蜜蜂中肠上皮细胞的肠道传染病。患病后期蜜蜂虚弱、体小、两翅散开尾尖发黑,有的腹部膨大,中肠膨大,体呈棕色,经常被健康蜂追咬,爬行在框、箱底、巢门外。发病与环境、气候、饲料、性别、蜂龄有关。

治疗方法

1. 酸饲料 每千克糖浆加0.5~1g柠檬酸或3~4ml醋酸;也可用1:10的山楂水煮沸去渣,按等量配成糖浆,群次0.5kg,3d一次,喂4~5次。

2. 乌洛托品 每千克糖浆加1g,群次0.5kg,3d一次,喂4~5次。

五、大肚病

又叫下痢病,多发在晚秋、冬季和早春。由甘露蜜、不合格饲料引起。病蜂多为青年蜂,腹部膨大,拉开病蜂腹部观察,后肠充满大量黄色粪便,有恶臭。轻者经常到处排泄大片粪便,重者箱底、巢门口死蜂成堆,造成蜂群冬亡或春衰。

　　防治方法：应以预防为主，留足优质越冬饲料，不能用含有甘露蜜、结晶蜜、变质发酵饲料。

　　1. 对病群调入优质蜜脾，喂大黄姜糖浆，配方为：100g 大黄，25g 生姜，加水煮沸后取汁，混入 1kg 50%的糖浆中，另加入粉碎后的 4 片食母生或酵母片，喂 20 框蜂，每天 1 次，连续 3~4 次。

　　2. 喂酸饲料，1kg 50%的糖浆中加 0.7g 柠檬酸，连喂 3 次。

天水南部中蜂囊状幼虫病调查及防控

祁文忠,师鹏珍,缪正瀛,王鹏涛,申如明,汪应祥,刘晓敏

(甘肃省养蜂研究所,甘肃天水 741020)

2010 年气候异常,甘肃省天水市南部山区暴发了中蜂囊状幼虫病,我们深知中蜂囊状幼虫病是中蜂易感染的一种恶性传染性病毒病,一旦发病传播速度快、死亡率高、很难治愈,许多蜂场可能全场覆灭,5 月 2 日接到蜂农电话,我们开展应急反映,当天组织有关人员召开会议研究应对措施,5 月 3—5 日深入发病第一线调查,发现以麦积区党川乡为中心的中蜂饲养区中蜂囊状幼虫病发病严重,并且还有扩散蔓延趋势,情况急,采取应对措施。调查情况及采取措施如下。

一、调查结果

得知有囊状幼虫病后我们组织人员分别赴陇南、陇东、陇中中蜂养殖区进行实地调查,陇南、陇中没有发病,陇东的静宁县发现少量发病,经防治控制蔓延病情没有发展。主要发病区位于甘肃省天水市南部山区,地处西秦岭山麓,属于暖温带半湿润大陆性季风气候区,海拔 704~2504m,森林覆盖面大,一年四季分明,冬无严寒,春夏交接并不明显。这些得天独厚的自然资源,为蜜蜂的饲养提供了良好的物质基础,这一区域传统上就有养殖蜜蜂的历史,多以中蜂为主。该区中华蜜蜂 2009 年底保有量大约 3 万群,全省 18 万群中蜂中,天水、陇南占 70%,约 13.5 万群,特别是大部分生息在包括麦积区党川乡的秦岭山麓,这些区域中华蜜蜂颇具地方特色,是中国中华蜜蜂种质资源遗传基因库的重要组成。天水市麦积区党川乡为中心的地区发病严重,这一区域有近 100 个蜂场,还有 10~50 群不等的小蜂场,大部分蜂场已患病,中蜂养殖户谢国正就是这一区域的蜂农,2010 年初有中蜂 85 群,到 5 月 7 日,只有 1 群未发病,其余全部感染,通过采取多种防治措施,部分蜂群有转好,但已有 43 群死亡,剩下 42 群,就损失 43 群蜜蜂,每群按照市场行情每群 200 元来计算,直接经济损失 8600 元。以麦积区党川乡一带的小陇山林区粗略统计有 4000 多群蜜蜂发病,直接经济损失达 160 万元,造成的潜在损失更大,对陇东南13.5 万群中蜂有极大的威胁,如果不能控制,将会造成不可估量的损失。特别是对中华蜜蜂这个中国瑰宝物种保护敲响了警钟。

二、发病症状

在调查过程中,发现蜂群中刚封盖的巢房被重新开盖,幼虫前端1/3处变得透明,幼

虫头部离开巢房壁、上翘,形成钩状,颜色也变成苍白色至淡褐色,尸体表皮坚固,若用镊子夹出,则形成囊状,过一段时间,再去观察同一箱蜜蜂,幼虫尸体逐渐干枯,皱缩成皮,形成一硬皮,如龙船状,病群还出现严重的拖子情况。可观察到大量的中蜂出巢而飞逃现象,有不同蜂箱之间的蜜蜂互相争斗场面,表现出囊状幼虫病特有的发病症状。

三、发病的原因分析

1. 气候异常变化　今年春季与夏初气候异常,灾害性天气频繁,早春干旱严重,春末夏初气候变化多端,特别是 4 月 13 日夜间,甘肃东南部大部分地方普降大雪,4 月 13 日—15 日,连续低温,部分地方出现霜冻,这次灾害性天气不但对蜜源有很大的影响,更重要的是对蜂群春繁造成重创,紧接着 4 月 16 日—18 日连续 3d 高温天气,最高温度达到 29℃,然后又是连续阴雨低温天气,这种异常天气对正处于繁殖高峰期的蜂群影响很大,群内幼虫多,子圈大,蜂群的哺育能力较弱,幼虫获得的营养不充足,遇上这种异常气候,巢内温度波动大,幼虫易受冻,容易感染发病。

2. 饲养管理不到位　我们检查指导时发现许多不科学的管理现象,一是保温措施不科学,个别蜂箱内无保温物,有的蜂群甚至连隔板都没有,没有外保温物,这种保温措施,就是正常气候也不利繁殖,何况灾害性天气这么多;二是平时对巢脾、蜂具消毒工作的重要性认识不足,消毒不彻底,将许多未曾消毒的旧巢脾、蜂箱等直接使用,潜伏在旧巢脾、蜂箱中的囊状幼虫病病毒被直接带到越冬后的蜂群中来,在遇上蜂群内发病条件成熟时感染发病;三是掌握不住加脾造脾时间,造成蜂巢内部结构不合理,影响蜂群正常生活,使蜂群抗病能力下降。

3. 对中蜂囊状幼虫病危害认识不足　在发病初期,许多蜂农不及时采取措施,下不了狠心,心存侥幸,不采取焚烧深埋彻底措施,甚至是主动的治疗也不够积极,而是得过且过,以至于出现大面积发病显然是很被动了。

四、采取措施

针对这种情况我们采取相应措施:一是向有关部门反映情况;二是在甘肃省农业信息网上传播消息,指出发病原因、发病症状、防治措施,提醒广大中蜂饲养者加强防范,控制发展蔓延;三是分别两次通过甘肃人民广播电台乡村大喇叭节目和 12316"三农"热线直播节目,讲谈天水南部囊状幼虫病发展状况,并指导病害识别,如何防治,传播途经,控制方法,使更多蜂农了解。四是现场指导培训。五是发放防治材料,指导防治。六是再次调查,总结经验。

我们及时进行现场考察,指导防治办法与进行处理建议:

1. 焚烧深埋　将病群全部焚烧深埋,彻底解决病原传播蔓延。

2. 采取保守措施,将病群与健康群完全隔离,阻止病源蔓延,用抗病毒的中草药进行治疗,根据前几年来的防治经验,采用清热解毒中草药,主要配方有:按贯众 50g,金银花 50g,甘草 10g,元胡 10g;虎杖 25g,甘草 10g,元胡 10g;华千金藤 30g,元胡 10g;治疗时选择任一配方加水浸泡, 以文火煎熬约 30min, 取滤液按 1:1 比例加白糖或蜂蜜制成糖浆,调匀喷脾,每剂可喷喂 30~40 脾,在喷喂之前,每群按扑尔敏 1 片,病毒灵 2 片的比例,研成粉末加入糖浆中。

3. 选用新药防治,求助国家蜂产业技术体系岗位科学家、福建农大蜂学院副院长梁勤教授研发并提供的新药,防治囊状幼虫病,将药包内药物用少量开水溶解,加入适量蜂蜜或糖浆中,傍晚时浇于巢脾上框梁上,供蜜蜂取食,每包药物用于 3~4 框蜜蜂,每天 1 次。

4. 对病群进行换箱、换脾、换王。

5. 对蜂场中所有的蜂箱和蜂机具彻底消毒,先洗净晒干,可供选择新洁尔灭,5%的高锰酸钾等传统药物,也可选择劲克、新百菌杀、新菌毒快克等消毒新药。

6. 加强管理,密集蜂群,注意保温,保持蜂足,将弱群适当合并,缩小蜂巢空间,使蜂多于脾,提高巢温和增强蜂群的清扫能力,根据天气状况可适时保温。为了增强患病群的抵抗力,应当给这些蜂群进行饲喂蜂蜜、花粉和维生素,加强营养,增强蜜蜂对病虫害的抗病力。

7. 选用抗病种王,从发病蜂群中选择抗病力较强的蜂群作父母群,选育新王更换病群蜂王。

8. 严格控制疫病传播,对患病蜂场禁止转地放养,隔离治疗,直至完全康复,并严格按照检疫制度实行检疫,防止扩散传播。

通过各方面采取积极主动措施,到 6 月 9 日再次调查,病情得到控制,没有大面积流行传播,取得了阶段性效果。

论文发表在《中国蜂业》2010 年第 8 期。

甘南中蜂蜂群中蜂螨考察初报

祁文忠，胡箭卫

（甘肃省养蜂研究所，甘肃天水 741020）

　　2005 年 7 月 21 日，我们在甘肃省甘南藏族自治州临潭县山岔乡敏家村回族青年敏恒备所养的中蜂蜂场中采集样本时，在中蜂蜂群发现了大蜂螨，在惊奇中我们又详细观察，也发现了小蜂螨，并采集了蜂螨样本。这是我们受国家农业部畜牧业司和中国养蜂学会委托，做好中国中华蜜蜂种质资源的保护和利用工作，在西北四省进行中华蜜蜂种质资源调查时，偶尔在甘南藏族自治州临潭县发现的。为了进一步详细考察蜂螨的寄生情况，2005 年 9 月 16 日—17 日我们与中国农科院蜜蜂研究所周玮研究员委派来的研究生李星一起，对甘南藏族自治州临潭县山岔乡敏家村敏恒备的中蜂蜂群，进行了再次考察。

　　临潭县位于甘南藏族自治州东部，地处青藏高原及其陇南山地黄土高原的过渡带，属陇南山地的北秦岭之西端，海拔在 2500~3578m，年平均气温为 3.1℃，年平均降雨量 535mm，高寒阴湿，低温多雨，绝对无霜期短，昼夜温差大。境内有洮河及其支流羊沙河、冶木河。地貌可分为高山草原牧区，深山茂密森林区，沟壑纵横，丘陵低山，沟浅谷宽农业耕作区。绿水青山，植被良好，蜜源植物十分丰富，花期衔接好、周期长、呈立体状，从 4 月底至 9 月初，一直有接连不断的蜜源开花泌蜜，主要蜜源植物有油菜、黄芪、红芪、党参、大蓟、飞廉、飞蓬、野藿香、益母草、黄芩、蚕豆、荞麦、大黄、瑞苓草、野菊花等。

　　经调查了解，临潭、卓尼、岷县这一区域内，由于植被生长良好，各种蜜源植物交替开花，这些地区特别是深山区中蜂养殖较多，分布广、群势强。他们饲养的蜂群的数量不多，大多为饲养 10~30 群，最多的有 70 群。大多为土法饲养，养殖采用木桶和少量背篓、简易木箱等简易蜂箱，采用原始的自生自繁、毁巢取蜜的方法饲养。一小部分养殖者采用新法饲养，新法饲养的蜂箱有 16 框横卧式的，也有 10 框标准箱，还有自制的类似高窄式蜂箱的非标蜂箱。据当地蜂业工作者、蜂产品经营者和当地农牧局有关人事介绍，匡算新法饲养占 20%，老法饲养占 80%。由于当地养蜂技术落后，蜂场规模小，人们思想观念滞后，认为蜜蜂乃"飞财"，可遇而不可求，不重视强群的培养和产品的生产，一年只取一次蜜，获得较大经济利益的少，养蜂处于自生自灭的原始生息繁衍状态，群势一般在 3~10 脾，群产蜜为 5~20kg。但我们观察群势比较强壮，随意打开一群今年分出的老法饲养的蜂群观察，测定巢脾长为 65cm，宽为 32.5cm，储蜜区厚为 5cm，共有 9 脾，蜂强蜜足，甚为观止。

临潭县山岔乡敏家村回族青年敏恒备的蜂场,位于北纬 103°49′92″,东经 34°36′21″,海拔 2724m。他饲养 30 多群中蜂,不但有老法饲养的,还大胆尝试新法饲养,用 16 框横卧式蜂箱饲养中蜂,群强蜜足,但方法不得当,蜜足不知及时取蜜,浪费了大蜜源期抓高产的机会,无休止地拉大框距,致使储蜜区巢脾加厚,有的蜂路竟到 6~7cm,16 框的横卧式蜂箱竟放了 8~9 张脾蜂箱就满了,甚至两脾间又造了赘脾,虽然他饲养的方法不得当,但蜂群还强壮。我们很有兴致地看了他的蜂群,及时指出了他饲养方法的不当之处和带来的损失与对发展蜂群不利的影响,并做了正确的饲养方法指导。2005 年 7 月 21 日我们与云南农大东方蜜蜂研究所的谭垦博士,在中蜂种质资源调查中,首次在他蜂场的蜂体上发现了大蜂螨,在蜂房中再次查找时,又在巢脾上发现了小蜂螨。当时因我们的主要工作任务是中蜂的种质普查,没有进一步调查取样,只采了 1 只大蜂螨和 1 只小蜂螨样本,并通过谭博士送中国农科院蜜蜂所进行样检。在发现蜂螨后,我们在该县所到的 5 个蜂场和临近的岷县的 5 个蜂场留心观察,但都没有发现蜂螨。

2005 年 9 月 16 日—17 日,我们与中国农科院蜜蜂研究所周婷研究员委派来的研究生李星一起,再次对敏恒备蜂场蜂螨的寄生情况作了进一步考察,这次在巢脾和巢底采集到大蜂螨 9 只,由于当时当地气温较低,蜜源也已基本结束,蜂群已停产,小蜂螨没有找到。将采集的标本由李星带到北京做进一步研究。

这一地区为高海拔高寒阴湿区,气候寒冷,蜂群越冬期长。

这一区域由于蜜源比较丰富,每年 5 月底至 8 月初,陆续有大量的西方蜜蜂来追花取蜜。

经了解,他们在长期饲养蜂群的过程中,蜂群受过巢虫的危害,也受到过烂子病(囊状幼虫病)的危害,但从来没有发现和防治过蜂螨,也没有出现过蜂群被蜂螨危害的情况。

通过对敏恒备的蜂群调查,一是首次在青藏高原与黄土高原的过渡带,海拔 2724m 的位于甘南藏族自治州东部临潭县中蜂蜂群中发现了蜂螨。二是大小蜂螨在同巢发现。三是蜂群没有受到较大的蜂螨危害。四是没有蜂螨防治史。

在调查过程中给人留下了许多疑惑和问题。中蜂群中蜂螨是从哪里来的?是本群寄生的?还是从西方蜜蜂蜂群中传播过来的?或者是从别的渠道来的呢?在这西北高海拔地区的中蜂群中蜂螨的生活史如何?这高海拔地区中蜂螨与其他地方中蜂蜂群中蜂螨的生理特点和遗传因子有什么区别?这些地区中蜂群中蜂螨与西方蜜蜂中的蜂螨种类有什么差异?由于时间的仓促,蜂螨的寄生率和生活史调查研究的不够。在这一区域更多蜂场做深入细致的调查还不到位。所有这些疑惑和问题还需要在以后的工作中,进一步加以调查研究。

论文发表在《中国养蜂》2005 年第 12 期。

第六篇
国家蜂产业技术体系甘肃工作亮点

国家蜂产业技术体系助推
甘肃蜂业健康发展

祁文忠

(甘肃省蜂业技术推广总站 甘肃省养蜂研究所,甘肃天水 741020)

2007 年农业部、财政部共同启动了现代农业产业技术体系建设,2008 年国家蜂产业技术体系建立,2011 年继续"十二五"期间的体系工作,蜂产业技术体系工作取得了良好成效,"十三五"期间蜂产业技术继续加强现代蜂业研究与示范推广。2008 年甘肃省养蜂研究所作为依托单位建立的国家蜂产业技术体系天水综合试验站,承担着甘肃省及青海、西藏部分区域蜂业技术研发和技术示范工作,本着提升蜂业高效养殖这个主题,围绕养蜂机具标准化,生产蜂群良种化、操作技术规范化、蜂群管理科学化、从业人员专业化、收取产品优质化、蜂病防控区域化、生产运输机械化的思路要求,指导养蜂生产,开展蜂产业技术体系工作。国家蜂产业技术体系"天水综合试验站",祁文忠为站长,工作团队有师鹏珍、刘彩云、田自珍、逯彦果(另外工作调出)、缪正瀛(另外工作调出)、席景平(另外工作调出)、郝海燕等。主要在甘肃省、青海省范围内从蜜蜂授粉试验研究、抗螨高产优良蜂种的试验示范、地方优良蜂种评价、规模化高效养殖、蜂业发展观测调研、蜜蜂资源动态监控、基地建设、蜂农培训、支撑产业发展等方面取得了良好成绩。大力促进了蜂业健康发展。

一、加强基础研究,解决养殖生产实际问题

项目组人员在试验研究和推广示范过程中,取得 19 项国家发明专利和实用新型专利。获得省部级科技进步奖二等奖 2 项、获得省科技进步奖三等奖 4 项、市厅级二等奖 3 项、三等奖 2 项。获全国农牧渔业丰收奖贡献奖 1 项,获得神农中华农业科技奖二等奖"抗螨-高产蜜蜂配套系的培育与应用"1 项,获得全国蜂业突出贡献奖 1 项。在《应用昆虫学报》《中国农学通报》《中国蜂业》《蜜蜂杂志》等杂志上发表专业论文 37 篇。联合出版养蜂科普图书 5 部。

(一)开展基础调查,摸清蜜源与蜂业现状,建立放蜂路线导航系统模式

甘肃地域辽阔,地形复杂,气候差异大,蜜源丰富,素有"西北大蜜库之称"随着退耕

还林还草战略的实施和农业产业结构调整,蜜源面积大幅度增加,总面积比 20 世纪增加 10% 以上,全省有效蜜源植物有 650 多种,主要蜜源植物有 30 多种,面积 230 万公顷以上,载蜂量 100 万群以上。通过对各地的蜜源结构的调查,了解蜜源不断变化状况,摸清了各地蜜源变化情况,构建了蜜源结构变化分析框架,建立了蜜源与放蜂路线导航系统模式,每年进行对各地蜜源变化、蜂群数量变化调查了解,更新系统,总结出了西北地区放蜂线路,便于指导养蜂生产,为养蜂者提供蜜源场地选择的方便。

(二)探索出了西北地区蜜蜂安全越冬方法

秦岭以北的西北地区,北纬 34° 以北,海拔 1000~2500m 范围内,蜂农习惯于室外越冬,经常越冬效果差,出现蜂群冻死现象,蜂群损失严重。为了加强促进蜜蜂规模化养殖,寻求提高规模化养蜂综合效益,探索安全越冬的最佳途径,将越冬蜂群损失降到最低,进行了这次对比试验研究。在此之前也尝试过室内越冬,取得了良好效果,但试验数量少,不连续,说服力不强,大多数蜂农对室内越冬效果将信将疑,沿用长期传统室外越冬,不敢采取室内越冬,各抒己见,自选越冬方式,损失不小。针对这种情况,从 2009—2012 年通过 3 个越冬期的室内越冬和室外越冬效果对比研究,目的是通过试验探索出可行的较好的越冬方法,解决困扰蜂农如何选择不同越冬方式犹豫不定的现象,弄清长期存在的蜂群越冬损失大,饲料消耗多,越冬效果差,春繁速度慢的这一现象,探明在这一地区蜜蜂安全越冬有效方法和最佳效果,破解越冬效率低的难题,给蜂农一个明确答复,指导蜂农选用蜂群安全方式,提升区域养蜂综合效益。

结果表明,室内越冬蜂平均死亡率为 8.30%,室外越冬蜂平均死亡率为 14.63%。室内越冬平均饲料消耗量为 3.59kg,室外越冬平均饲料消耗量为 4.77kg,室内越冬蜂的死亡率和饲料消耗量都显著低于室外越冬蜂群。室内、室外越冬的蜂群春繁都能正常进行,且室内越冬蜂群发展较好;室内外越冬温湿度记录情况看,室内温度变化不大,蜂群安静,而室外温度变化较大,蜂群不稳定。本研究说明在天水地区蜂群采用室内越冬效果优于室外越冬,室内越冬是西北越冬期漫长地区较好的越冬方法。

(三)探索出了天水地区蜜蜂定地高效养殖方法

由于近些年来,养蜂人员年龄偏大、工价上涨、运输费高、雇工难等问题,许多养蜂者都转为定地饲养,可定地饲养,收入低、规模不大、效益不高等现象困惑着蜂农。多年来通过试验研究,从秋季管理关键、越冬方式、春繁措施、高产技术和机械化取浆技术等方面,总结出了"三断子、三治螨""室内越冬"等方法,提出了天水地区蜜蜂定地规模化养殖关键技术,探索出行之有效的规模高效养殖方法。

(四)探明了在高寒地区不同区域、不同蜜源结构选用标准蜂箱、生态蜂箱、传统蜂箱养殖中蜂模式

在岷县进行了高寒地区不同区域、不同蜜源结构选用标准蜂箱、生态蜂箱、传统蜂箱养殖中蜂试验研究,通过试验生产平均群产差异明显。有大宗蜜源,流蜜集中,无霜期相对短的地区,且新法科学养蜂技术较为普及的区域,新法标准蜂箱养殖单产明显高于生态箱和传统箱养殖,这类区域适合推广标准蜂箱饲养;在山沟深处,高海拔区域,大宗集中蜜源较少,野生草花蜜源丰富,流蜜细长的地区,生态蜂箱单产高于标准箱和传统箱养殖,在这类区域发展生态蜂箱养殖较为适宜,有优势;在海拔高,山花蜜源丰富,流蜜细长,且文化基础差,新法养殖技术一时半会难以推广,交通差,学习交流不便的地区,可暂时以传统饲养为主体。在传统养殖中逐渐汲取先进技术,以生态蜂箱养殖为关键,取缔传统落后养殖方式,以标准蜂箱养殖为方向,实现中蜂养殖科学化、标准化、规模化。

(五)摸清了天水地区定地饲养蜂群群势周年变化规律

通过连续4年,每月一次固定测量,对意大利蜜蜂和中华蜜蜂定地饲养蜂群周年群势发展趋势变化测定,摸清了天水地区定地饲养蜂群群势周年变化规律,针对蜂群群势变化规律,制定高效养殖技术模式,提高养殖效率。探明了蜜蜂室内外越冬后,春繁蜂群发展趋势。

在探索蜜蜂规模化养殖过程中,蜜蜂春繁是个非常关键的环节,为了证明蜜蜂室内外越冬后春繁效果,我们在管理条件相同的情况下进行了春繁蜂群发展趋势研究。结果表明,在蜂群春繁过程中,不论是春繁的蜂群卵虫子,还是蜂数上,室内越冬蜂群增长趋势都比室外越冬蜂群增长趋势明显,都呈现出缓慢上升状态,上升到3月底时,群势平稳发展。本研究说明在天水地区蜂群室内外越冬后,蜂群春繁都能正常进行,且室内越冬蜂群发展较好。

(六)探索出了高寒阴湿地区中蜂养殖模式

针对甘肃岷县,典型的高寒阴湿、风霜雪雨、旱涝不均、气候多变、灾害频繁的主要气候特征,探讨高效养殖方法,以新法活框养殖技术培训为基础,建立示范蜂场为关键,试验研究适应当地养殖模式为突破口,通过对传统蜂箱、标准蜂箱和生态蜂箱等三种不同类型蜂箱的使用试验和对比总结,因地制宜,分类指导,即在不同气候条件和不同文化程度人群中推广应用,使岷县中蜂养殖方式发生了根本改变,逐步改变了传统落后的"杀蜂取蜜"养殖方式,养殖效益得到明显的提高,群众养蜂积极性日益高涨,使岷县中蜂养殖从家庭副业中逐步脱颖而出,蜂农生产效益明显提高,构成了岷县"四黑两绿一蜂"畜牧业支柱产业之一。

(七)开展蜜蜂为油菜授粉试验研究

为了探明河西走廊地区祁连山脚下油菜蜜蜂授粉增产效果，建立蜜蜂为油菜授粉示范推广基地，我们进行蜜蜂为油菜花授粉试验，选择距蜂群500m、700m、1000m、2000m、3000m、4000m、5000m 和无蜂区大田白菜型青油9号油菜应用蜜蜂授粉，观测不同实验组的油菜籽产量、出油率、结荚率、千粒重、角粒数、发芽率6个指标,结果表明:授粉距离越近，访花蜜蜂数越多，授粉效果越好，与自然授粉比较，油菜籽产量增产3.06%~21.52%、出油率提高0.60%~8.91%，结荚率提高3.19%~24.26%、千粒重增加1.37%~12.88%、角粒数增加7.62%~48.90%，发芽率的增长没有多大影响。在河西走廊地区祁连山脚下蜜蜂为白菜型青油9号油菜授粉，授粉有效半径越小，授粉效果越显著,500~1000m 区域内授粉效果差异达极显著水平。

二、建设标养基地,示范带动区域蜂业发展

(一)建基地,树示范

在岷县、徽县、麦积区、清水县、宕昌县、肃南县共建设7个示范基地,岷县的陈春生、梅松柏、郎孝个(2017年转为后兹芳),徽县的李景云、赵卫东、梁桂平,麦积区的董锐、杜吉换、谢国正,清水县的李全建、温志新、程永峰,宕昌县的李财生、李军强、梁淑琴15个示范蜂场蜜蜂规模达2250群,2个授粉基地，授粉蜂群550群。基地蜂群总规模2800群。通过试验示范基地建设,示范基地从事蜜蜂养殖者,达到人均饲养120~150群,生产效益提高20%,蜂蜜天然成熟。辐射带动骨干蜂场200个,辐射蜂农饲养蜜蜂10万群,授粉示范面积5000亩以上,授粉作物产量提高26.5%。扩展的示范蜂场有:岷县的赵民孝、李学刚、马明忠;麦积区的刘拥军、杨白儿、裘享禄、张荣川;徽县的杨双林、尹宪强;卓尼县的后武建;舟曲县的薛代花等,这些示范蜂场规模在100群以上,技术娴熟,效益良好,起到了示范带动作用。

示范基地具有四个方面的优势:一是示范基地位于甘肃东、南、西、北、中五个几何位置,很有区域代表性,而且是甘肃省中华蜜蜂主产区和西方蜜蜂集中区,授粉基地分别位于甘肃省的东南和西北两端,能充分起到两翼带动作用,有全省协同发展的效应;二是基地负责人,都热心基地建设工作,很有信心,群众中印象很好,熟悉行业,懂技术,有示范带动的能力;三是示范基地,蜜源植物丰富,植被完好,林草丰茂,远离村庄土地,没有污染源,是打造地方自然、环保、生态养殖的首选地点;四是示范基地交通便利,车辆能够直达蜂场,便于示范观摩,是发展养蜂、宣传养蜂、示范推广的理想地。所以建设的示范基地在经济效益、宣传效应、示范带动方面很有优势,对维持当地生态环境、维持植物多样性和提高农作物产量等效益更是不可低估的。

2. 示范基地显效益

以"准确选定示范基地,确保规模与效益,正确选点定户,确保示范推广"的思路,走"建基地、树示范、带蜂农、促发展"的路子,推动区域蜂产业发展。示范基地生产效益提高20%以上,蜂蜜天然成熟。5个示范养殖基地的11个示范蜂场,2010—2015年5年纯收入达448.2万元,辐射带动了周边区域养蜂发展,山区农民家庭养蜂积极性高涨,徽县中蜂发展3万多群,岷县已上升到2.3万群,麦积区3万群,清水2.5万群,甘谷2.5万群,5个示范县推广蜂群13.3万群,每群蜂按纯收入500元收入算,年纯收入达6650万元,出现了可喜的发展局面。2019年岷县蜂群9.1万群,徽县6.2万群,宕昌县6.7万群,麦积区7.3万群,清水县5.8万群。2019年徽县3个示范户李景云养中蜂220群、赵卫东250群、梁桂平200群。徽县示范蜂场示范带动显效益,一是主推技术示范,进行养强群,继箱取蜜,群产达到70kg。如示范场负责人李景云养蜂51年,蜜蜂养殖理论基础扎实,具有丰富的实践经验,开展的继箱生产产量高,效益好,养蜂技术水平远近闻名,经常到各县区现场授课讲经,受到蜂农信任和尊敬,经繁蜂卖蜂、蜜蜂生产收入年年超过15万元,为蜂农作出榜样。目前已建设了中华蜜蜂良种繁育场,能为陇东南及甘肃供应地方良种。二是快速繁殖,出售蜂群,每年可向贫困户出售蜂群1000群,平均每个示范蜂场,年收入在20万元以上。如示范蜂场场主梁桂平, 是徽县榆树乡苟店村土生土长的农民养蜂人,2008年时饲养中蜂30群收入8000元,经国家蜂产业技术体系天水综合试验站2008年选为示范蜂场后,通过高效养殖技术试验、研究、示范、指导,养殖技术逐渐提高,收入逐年增加,2016年蜂群达到168群收入12万元,2017年蜂群春繁增加185群, 达335群,出售蜂群185群,与蜂蜜收入共17万元,2018年由于气候异常蜂群受到较大影响,但他依靠蜂体系技术支持,蜂群繁殖没有影响,繁殖增加205群,蜂群数达到355群,由于近年来政府将养蜂作为扶贫产业,养蜂养殖热情高涨,出售蜂群205群,增加收入16万元,2019年蜂群繁殖增加255群,达455群,出售蜂群255群,与蜂蜜收入共22.85万元,养蜂效益明显, 依靠养蜂致富了。2016年翻新了家里旧房,2018年底购置了小汽车,2019年在县城购买了楼房,2019年继续带动当地建档立卡贫困户10户, 每户分红0.1万元,共分红1万元。2019年麦积区董锐、杜吉换、谢国正三个示范蜂场,都繁蜂卖蜂群、生产收入超过了15万元。示范县清水县李全健示范蜂场,扩大到3个蜂场,同时经营蜂产品,蜂产业收入超过30万元。示范县岷县示范蜂场陈春生从养蜂初级学手经过8年钻研学习,到目前已经成为养蜂技术高手,收入连年超过10万元,2019年繁蜂卖蜂群、生产收入超过了13万元,支撑了家庭妇人瘫痪、孩子上学等一切费用;示范蜂场梅松柏从福建农林大学蜂学院本科毕业后,支撑起家里养蜂担子,凭借所学技术优势,2019年蜂业收入超过16万元。岷县2008年蜂群0.8万群,养蜂总产值不足300万元,全部为传统老法毁巢取蜜饲养,效益低,由于示范蜂场示范带动作用明显,推广新法活框养殖技术,蜂业发展剧增,群众养蜂热情高涨,到 2019 年底存栏蜂群数达 9.1 万群,80% 为新法养殖,提高了养殖效益,到 2019 年蜂产业产值达到 1.54 亿元。

(三)授粉试验示范推广初显成效

开展蜜蜂授粉试验示范基地发挥了良好作用。在天水、张掖开展了油菜蜜蜂授粉的效果、油菜开花生物学特性、蜜蜂授粉行为定向性的相关研究和访花昆虫的调查等研究工作,取得了良好成果。在天水的麦积区、张掖的肃南县皇城镇、山丹军马场建立了 3 个油菜授粉示范基地,授粉示范推广面积 2500 公顷,授粉油菜产量提高 26.5%,在张掖、天水示范授粉蜂群达到 8 万多群。在天水的农业高新园区、酒钢宏丰种植园、秦安县刘坪乡、陇城镇、武威凉州区、清水县永清镇共建立 5 个以上设施果蔬授粉示范基地,示范推广 1800 余座果蔬大棚。

(四)推品种,提产量

参与中国农业科学院蜜蜂研究所研究的"中蜜一号"新品种(配套系)蜂种,引进到甘肃省的人工授精蜂王与自然交尾蜂王后,通过示范蜂场供应父、母本蜂王在甘肃省养蜂地区推广应用,7 年内在天水、陇南、定西、平凉等市累计饲养"中蜜一号"种蜂一代 11.9 万余群,与本地蜂种相比,"中蜜一号"的采集能力明显提高,平均每群新增经济效益达 100 元以上,创造经济效益 1190 万元,大大促进了蜂农的积极性,取得了明显的经济效益和良好的社会效益。

三、加强技能培训,提高科学养蜂技术水平

结合地方业务部门开展的新型职业农民培训、阳光工程培训、农村实用人才技能提升培训、高素质农民培训、国家"三区"科技人才培训等,按照"强化基础,培养能手,示范带动,逐步推广"的形式,基础理论与实践操作相结合,指导针对性强,效益明显。养蜂技术培训是提高蜂农科学养蜂技能,夺取高产的一项重要基础措施,按照"分类培训、服务产业、注重实效、创新机制"的原则。培训主要内容有"蜜蜂生物学特性""蜂群基础管理技术""蜂群四季管理技术""中华蜜蜂科学饲养技术""示范蜂场蜂群管理技术规范""流蜜期管理""蜜蜂病虫害防治""蜜蜂秋冬季管理""蜂产品安全生产注意事项""蜂场用药准则""蜂产品生产溯源要求""蜜蜂设施温棚授粉技术""温室授粉蜂群的管理"等。培训的形式有大规模集中培训、小规模入村培训、基础知识培训、技术提升培训、现场观摩培训、实践互动培训等,通过在示范县示范基地培训,标准化、规范化、规模化饲养意识加强,示范带动效果明显,培训工作取得了良好效果。2011—2019 年在陇南、天水、定西、甘南、临夏等市州以及宁夏、陕西、四川、重庆等省市共培训蜂农 201 期 474d,培训蜂农 21215 人(次)。

为了推广普及中华蜜蜂科学饲养技术,通过多年研究,探索出了中蜂规模化高效养

殖技术,邀请 CCTV-7 制作组在岷县、麦积等地完成了"一改五推一防养中蜂"和"身残志坚,甜蜜路上创业人"科普专题片,在中央电视台 7 台农广天地栏目播放,给初学养蜂者一个学习教材。

四、加强固定观测,蜜蜂资源动态监控正常

在徽县、岷县、宕昌县、麦积区、清水县 5 个养蜂重点县区建立的 60 户固定蜂农观察点,建立了蜜蜂病虫害监测风险评估预警系统,进行了蜂农养蜂生产中的蜂群发展状态、收入情况、对政策技术需求等相关内容调查,了解了养蜂动态。在徽县、麦积区、岷县、陇西县、宕昌县、清水县、甘谷县、舟曲县等县区 100 个蜂场建立了资源动态监控点,进行养蜂资源动态的监控,监测种质资源消长、蜜蜂群势变化、重要蜜蜂病虫害的调查、监测蜜蜂病虫害流行风险,建立了蜜蜂病虫害监测风险评估预警系统。

五、支撑产业发展,打造地方特色品牌优势

天水综合试验站为了推进蜂产业落地有声,推进蜂业全产业链发展,先后帮助天水汇涛蜂业有限公司、陇南鸿泰蜂业有限公司、岷县田蜜蜜蜂业有限公司、宕昌兴昌蜂业有限公司、舟曲博峪纹党花蜂业有限责任公司等,从蜂农培训、产业研发、产品安全、技术规范方面给予支持,对徽县锦绣中华蜜蜂合作社、清水县百寿康农民中蜂专业合作社、岷县人从众蜂业农民专业合作社、岷县土蜂蜜产销联合社等 120 家合作社,指导蜜蜂高效养殖技术,补充完善健全质量标准体系,面向全省蜂业着力培育壮大向规模化、标准化、产业化迈进,实现产业发展与助农增收紧密联结,加快蜂产业发展助推脱贫攻坚进程。根据地方特色优势,创造品牌影响,帮助陇南市、舟曲县申报成功了"中华蜜蜂之乡",岷县取得了全国"黄芪蜜之乡"称号。帮助 5 个示范县申报地理标志品牌认证,岷县、麦积区、宕昌县、清水县 4 个示范县的"岷县蜂蜜""麦积山花蜜""宕昌百花蜜"和"清水邽山蜂蜜"已经顺利拿到国家农产品地理标志证,2020 年 10 月 30 至 31 日"徽县蜂蜜"农产品地理标志认证通过省级评审,正在准备国家级评审。还帮助陇南市"武都崖蜜"、舟曲县"舟曲棒棒槽蜂蜜"顺利拿到国家农产品地理标志证。早在 2008 年,帮助两当县"两当狼牙蜜"获得了国家市场监管总局(时为国家质量技术监督局)国家地理标志产品认证,为两当县养蜂产业的发展尤其是"狼牙蜜"的宣传、销售起到了极大的推动和促进作用。为进一步强化"两当狼牙蜜"的品牌建设,持续助推两当县养蜂产业健康升级,最大限度提升宣传力、影响力和美誉度,两当县开展了"两当狼牙蜜"国家农产品地理标志保护认证工作。2020年 10 月 30 至 31 日"两当狼牙蜜"农产品地理标志认证通过省级评审,正在准备国家级评审。目前全省已经有 SC(食品生产许可)认证的蜂产品加工企业 52 家。这些地方特色品牌的认证,进一步提升了甘肃省蜂产品的品牌知名度和市场竞争力。

六、探索发展模式,服务县域经济稳步增长

强化产业服务质量,探索产业发展抓手。积极组织和动员贫困群众大力发展不争田、不占地、投资少、见效快、省劳力的蜂产业,有效带动和促进了贫困群众特别是蜜源植被丰富的山区群众稳定增收。国家蜂产业技术体系天水综合试验站在岷县示范县开展蜜蜂高效养殖技术示范,效果明显,全县蜂产业已基本实现了由家庭副业向支柱产业、生产依附型向销量导向型、传统粗放经营向集约化经营方式的转变,全县新法活框养殖率达到80%,规模化养殖达到65%以上,蜂产业已成为全县助推脱贫攻坚的三大特色增收产业之一。岷县县委县政府高度重视蜂产业,将中蜂产业发展作为富民产业和扶贫攻坚有力抓手。一是县上将岷县畜牧兽医局作为职能部门负责中蜂产业发展,中蜂产业定位于第二位富民脱贫产业,"药、蜂、草"成为岷县脱贫工作的主要项目。二是成立了中蜂办,梅绚主任带领团队担负起了全县中蜂产业发展业务任务。全县投入财政扶贫专项和东西部扶贫协作等各类蜂产业发展资金4070.75万元,2019年蜂群存栏9.1万群,累计带动贫困户1.56万户,蜂产业产值达1.54亿元。三是优选的24名土专家养蜂能手,成立的8支中蜂养殖义务服务队,深入乡村农户进行培训指导,推广中蜂高效养殖技术达到预期效果。四是全县建立了187个蜜蜂养殖专业合作社,带动贫困户2929户发展养蜂成效显著。五是开通微信养蜂交流平台,技术交流热烈。六是打造"政府+科技服务+蜂农"的岷县模式有良效。七是"养好十箱蜂,增收一万元"成为现实,形成了"双培双帮双带"发展模式。八是每年召开"岷县中蜂产业推进会暨赛蜜大会"和"养蜂知识竞赛会",内容丰富,形式多样,气氛活跃,激发了群众养蜂积极性,参加人数达880人,将岷县中蜂养殖业逐步推向高潮。九是6个"扶贫车间"为蜂蜜标准化生产和贫困户蜜蜂销售提供保障。十是"县中蜂产业办公室"和"乡镇中蜂养殖技术专干"配备,运行顺畅。

七、发展中蜂产业,科技助力产业精准扶贫

甘肃扶贫开发形势依然严峻,贫困连片区的六盘山片区、秦巴山片区、四省藏区贫困片区包涵甘肃,全省58个片区县和17个"插花型"贫困县中,80%的贫困村和66%的贫困人口集中在这三大片区,山大沟深,高寒阴湿,生态脆弱,灾害频发。这些地区贫困发生率达41%,农民人均纯收入仅为全省贫困地区平均水平的60%,扶持成本高、脱贫难度大,返贫现象突出。这些片区大多都山大沟深,交通不便,文化基础差,产业发展困难重重。但这些区域大多林草丰茂,植被良好,特别是六盘山片区、秦巴山片区与黄土高原、秦岭西端交会处,具有良好的养蜂条件和深厚的养蜂基础。该贫困地区,政府继续实施生态移民,封山禁牧,种草种树,油菜面积大,林木茂盛,山花烂漫,盛产中药材,特别是党参、红芪、黄芪、柴胡、黄芩等者是非常好的特种蜜源,从每年3月至10月各种花朵衔接不断,植物开花吐粉泌蜜,尤其5至9月份的紫花苜蓿、红豆草、草木犀、黄芪、党参、板蓝

根、百里香、密花香薷等大宗主要蜜源花期交叉长达3—6个月。有较好的蜜蜂养殖条件，为养蜂业的发展提供了非常有利的条件，为中蜂养殖奠定坚实基础，靠养蜂助推精准扶贫精准脱贫水到渠成。

在打赢脱贫攻坚战、决胜全面小康社会最吃劲的关键时期，发展中蜂养殖符合贫困村扶贫产业，符合市场需求的"短平快"特色优势产业。结合落实产业扶持政策和农村"三变"改革，探索出了一些行之有效的带贫模式。如"托管代养"模式，年底按照协议分红；"产业发展公司+村集体合作社+贫困户"发展模式，风险共担、利益共享；"龙头企业+基地+合作社+贫困户"模式，保底收购；"支部控股+群众参股+贫困户持股"模式，年终按照股权配比进行分红。"合作社+贫困户"模式，保底分红等。"合作社+贫困户"这种模式较为普遍，既学习了养殖技术，又确保稳定收入。逐步实现了贫困户"户均10箱蜂，增收一万元，带贫全覆盖"产业扶贫目标。

每年结合市县组织"中蜂产业助推精准扶贫高层次人才服务基层行"活动，将国家蜂体系研究成果推广应用到生产一线。创建党建引领合作社带贫发展模式，传递党组织播撒甜蜜、消费者享受甜蜜、贫困户收获甜蜜的样板。以国家蜂产业技术体系为依托、以示范蜂场为平台、农业农村部科技助力产业扶贫专家为技术支撑，通过技术指导、培训和示范蜂场，以点带面，帮助带动当地贫困农民饲养蜜蜂，以达到减贫解困的目的。开展蜜蜂健康高效养殖技术示范、培训与推广，为当地社会经济的发展注入新的活力，帮助农民实现脱贫致富，早日建成和实现小康。

国家蜂产业技术体系天水综合试验站在全国14个连片贫困片区的六盘山片区岷县建立了3个扶贫带贫示范带动蜂场，每个示范带动蜂场各带动3个贫困户，带动贫困户达9个，每个建档立卡贫困户配发蜂箱。其中，清水镇建立的示范蜂场，场主梅松柏养殖中蜂180群，年收入在16万元以上，带动的贫困户孙彩花，由不会养蜂到目前已成为养殖中蜂能手，不但自己脱了贫，还带动了周边贫困户学习养蜂。组织社会贤达召开"岷县中蜂产业推进会暨赛蜜大会""现场养蜂技术指导、品蜜、消费观摩会"，大会内容丰富，气氛活跃，激发了贫困户养蜂积极性，推动了消费扶贫。带动的贫困户蜂场，每个蜂场饲养量到20群以上，年收入到2万元以上，人均年收入在4000元以上，已全部脱贫。

为深入贯彻落实习近平总书记关于扶贫工作的重要指示精神和中央关于脱贫攻坚的决策部署，落实(农办科〔2020〕7号)文件精神，组织宕昌县产业技术顾问团队，在宕昌县开展产业扶贫工作，宕昌县产业技术顾问团队由蜂产业技术祁文忠、中药材产业技术梁慧珍、蔬菜产业技术郁继华和畜牧养殖产业技术魏彦明、雷初朝、曹玉凤、杨博辉、李国学、李范文等4个产业方面9个专家及团队组成，主要开展解决蜂、中药材、蔬菜、畜牧养殖方面技术需求和存在的问题，在助力攻克脱贫攻坚最后堡垒中发挥作用。按照"聚焦、精准、落地"的工作要求，推动科研、推广、培训三大体系力量协同融合，做到重点聚焦，集中开展技术攻关和推广服务，推动各项科技扶贫工作落到实处。

2020 年 5 月—10 月，宕昌县产业技术顾问组在宕昌县共开展集中扶贫活动 25 次，对接新型经营主体 85 家(企业 5 家，种养大户 21 家，合作社 59 家)，完善宕昌县产业发展实施规划(方案)5 个，引进新技术 5 个，引进示范新品种新技术新模式 4 个，开展指导培训 26 场次，培训 1098 人，开展网络、微信解答疑难问题 25 次。

通过科技助力产业专家顾问组成员的精心帮扶，宕昌县在蜂、中药材、蔬菜、畜牧养殖等方面取得了良好变化，目前菌棒加工厂已生产菌棒 400 万棒，建成了 168 座大棚的食用菌产业扶贫基地；全县中华蜂养殖达到 7.6 万箱；中药材仓储企业琦昆公司与村办合作社签订订单 1 万亩，带动宕昌县北部 5 个乡镇建成 11.3 万亩中药材绿色标准化生产基地；金鸡 9 月底达到 120 万只的满产规模。宕昌县紧扣"两不愁三保障"目标，勠力同心向深度贫困堡垒发起总攻，奋力冲刺高质量脱贫目标，向全面小康迈出了更加坚实的一步。

天水综合试验站示范蜂场负责人李财生和妻子郭留香是宕昌县沙湾镇雅园村一对中蜂养殖户，认为中蜂养殖是致富增收的"甜蜜事业"，相信"小蜜蜂可以有大作为"。他们依托县委、县政府扶贫产业奖励政策，创建了中蜂养殖农民专业合作社，养殖中蜂 300 箱，2017 年收入 8 万元，2018 年由于气候异常，低温冷冻，蜜源受损，蜂蜜生产不行，但蜂群繁殖好，卖蜂收入达 30 万元，2019 年收入超过 30 万元，今年以来气候较好，蜂蜜生产与出售蜂群再创新高，信心满满。带动的 5 个贫困户，以用工形式入股合作社，得到可观收入，并指导传授养蜂技术，贫困户在他的带领下脱了贫，且都成了养蜂专业户，使中蜂养殖贫困户"零成本"投入，"零风险"增收，走出了一条经济生态双赢的扶贫特色之路。

第七篇　照片

甘肃主要蜜源蜂业实践(专利)

国家蜂体系天水综合试验站团队人员获得的专利

序号	实用新型专利	发明人	专利号	专利权人	公告日期
1	蜜蜂授粉专用隔离架	逯彦果	ZL201120403563.7	甘肃省蜂业技术推广总站	2011 年
2	蜜子脾分离镶嵌式中蜂巢框	田自珍	ZL201220177272.5	甘肃省蜂业技术推广总站	2012 年
3	可温控蜜蜂越冬室	祁文忠	ZL201420280231.8	甘肃省蜂业技术推广总站	2014 年 10 月 15 日
4	熊蜂集中饲养箱	缪正瀛	ZL201420280169.2	甘肃省蜂业技术推广总站	2014 年 10 月 15 日
5	一种巢蜜分离器	逯彦果	ZL201420280170.5	甘肃省蜂业技术推广总站	2014 年 10 月 15 日
6	用于设施农业授粉的免揭盖蜂箱	田自珍	ZL201420280232.2	甘肃省蜂业技术推广总站	2014 年 10 月 15 日
7	一种蜜蜂收蜂笼	祁文忠	ZL201420765069.9	甘肃省蜂业技术推广总站	2015 年 5 月 13 日
8	自带巢门式继箱	逯彦果	ZL201520528717.3	甘肃省蜂业技术推广总站	2015 年 11 月 15 日
9	侧开门式蜜蜂蜂箱	逯彦果	ZL201520500034.7	甘肃省蜂业技术推广总站	2015 年 11 月 15 日
10	滑轮蜂箱	祁文忠	ZL201620334274.9	甘肃省蜂业技术推广总站	2016 年 8 月 24 日
11	温室授粉蜂箱专用底座	逯彦果	ZL201620333751.x	甘肃省蜂业技术推广总站	2016 年 8 月 24 日
12	死蜂收集箱	逯彦果	ZL201520891706.1	甘肃省蜂业技术推广总站	2016 年 5 月 11 日
13	一种防盗蜂器	郝海燕	ZL201520892076.x	甘肃省蜂业技术推广总站	2016 年 7 月 6 日
14	防淹蜂饲喂器	刘晓鹏	ZL201620334273.4	甘肃省蜂业技术推广总站	2016 年 8 月 24 日
15	手控皮囊式捕蜂器	黄 斌 逯彦果	ZL201620333421.x	甘肃省蜂业技术推广总站	2016 年 8 月 24 日
16	一种生态蜂箱	祁文忠	ZL201621273037.2	甘肃省蜂业技术推广总站	2017 年 07 月 21 日
17	一种用于设施作物授粉的优良蜂种的选育方法	刘彩云	ZL 201510968531.4	甘肃省蜂业技术推广总站	2018 年
18	一种防止蜜蜂飞逃的收捕器	祁文忠	ZL201921510720.7	甘肃省蜂业技术推广总站	2020 年 06 月 16 日

甘肃省委书记林铎视察中蜂养殖(右二)

时任甘肃省省长唐仁健在蜂场视察(图中)

甘肃省委副书记孙伟蜂场调研(右二)

时任甘肃省农牧厅厅长康国玺视察省蜂业站(右三)

甘肃省农业农村厅巡视员阎奋民调研蜂产业(左二)

和全国人大代表宋心仿在一起(右一)

中国养蜂学会理事长、国家蜂体系首席吴杰在徽县考察示范蜂场（左四）

中国养蜂学会理事长、国家蜂产业技术体系首席吴杰调研中蜂继箱生产（右一）

国家蜂产业技术体系岗位科学家、
福建农林大学蜂学院院长苏松坤在岷县调研中蜂产业(右五)

甘肃省农业农村厅副厅长谢双红在岷县调研蜂产业(左一)

中国农业科学院蜜蜂研究所所长彭文君在徽县调研产品产销（左一）

国家蜂产业技术体系岗位科学家周冰峰在徽县视察示范蜂场继箱生产（右一）

岷县副县长周龙平在陈春生示范蜂场考察（右一）

国家蜂产业技术体系岗位科学家许金山在蜂场调研中蜂越冬（左二）

国家蜂产业技术体系岗位科学家李建科在岷县示范蜂场调研扶贫带贫情况（右一）

国家种畜禽遗传蜜蜂委员会主任石魏在卓尼县调查藏区中蜂（右二）

查看示范蜂场中蜂巢蜜生产试验

国家蜂产业技术体系岗位科学家周冰峰在岷县示范蜂场查看中蜂种质（前右一）

中国农业科学院蜜蜂研究所专家丁桂玲调研种王培育（前中）

吉林省蜜蜂研究所所长薛运波在示范蜂场采集中蜂精液（左一）

祁文忠在亚州养蜂会上作报告

亚蜂会上与国外友人在一起

周冰峰在岷县调研中蜂成熟蜜生产

瑞士养蜂专家马丁考察中蜂养殖(中)

在全国蜂业 40 周会上获突出贡献奖

与央视摄制组在一起

祁文忠在岷县示范蜂场查看蜂王交尾成功率

宕昌县科技助力产业扶贫

地标评审蜜源考察

与麦积区党川养蜂老人在一起

麦积区董锐示范蜂场采样

全国蜂业两会甘肃展台

现场培训指导

周冰峰、徐书法在岷县调研中蜂（左四、左三）

与甘肃农业大学扶贫人员在岷县秦许乡调研并现场培训

传统中蜂群

蜜蜂温室草莓授粉

新技术养蜂

Philliams 在甘肃甘肃省养蜂研究所鉴定熊蜂标本

全国农牧渔业丰收奖

证　书

为表彰2016-2018年度全国农牧渔业丰收奖获得者，特颁发此证书。

奖 项 类 别：农业技术推广贡献奖

获 奖 者：祁文忠

身份证号码：620503196107240717

获奖者单位：甘肃省蜂业技术推广总站

编号：FG-2019-445

国家农牧渔业丰收贡献奖

神农中华农业科技奖

证　书

为表彰在我国农业科学技术进步工作中做出突出贡献的获奖者，特颁发此证书，以资鼓励。

成 果 名 称：抗螨-高产蜜蜂配套系的培育与应用

奖 励 等 级：二等奖

获 奖 者：甘肃省养蜂研究所（第4完成单位）

证书编号：2019-KJ069-2-D04

2019年12月6日

国家神农中华农业科技二等奖

全国蜂业突出贡献奖

陕西省科技进步二奖

甘肃省科技进步三等奖

天水市科技进步二奖

天水市科技进步三等奖

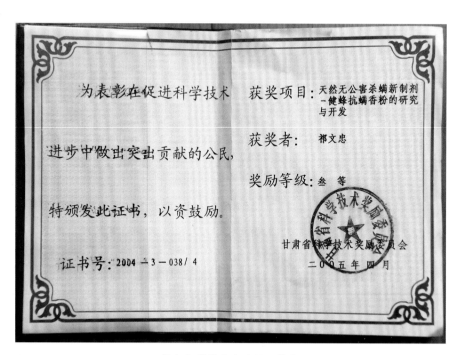

甘肃省科技进步香粉三等奖

宁夏回族自治区科技进步三等奖

甘肃省农牧科技推广先进奖

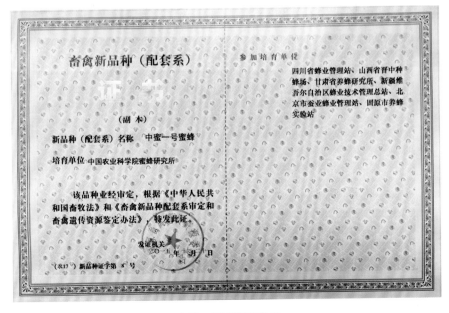

中蜜一号蜜蜂配套系

全国蜂业突贡献奖牌

祁文忠同志：

在 2012 年甘肃省农牧渔业丰收奖二等奖"甘肃省中华蜜蜂种质资源保护"项目中为第三完成人。

特发此证

编号：2012-2-16-3　　　　2012 年 8 月 28 日

甘肃省农牧渔业丰种二等奖

全国中蜂工作奖

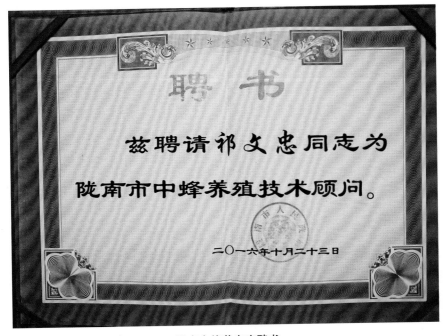

陇南市蜂养专家聘书

陇南市工作站专家聘书

岷县政府中蜂专家聘书

省扶贫专家聘书

天水市优秀共产党员奖

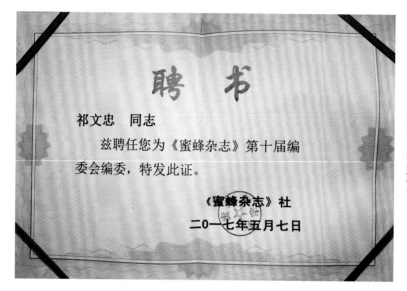

蜜蜂杂志编委聘书

陇南市特聘专家

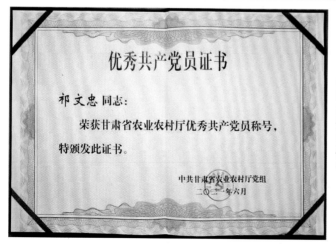

优秀共产党员证书